高等学校软件工程专业系列教材

软件测试实战教程

高科华 高珊珊 编著

清華大學出版社
北京

内容简介

本书是一本软件测试技术方面的实战教程，编写时参照国际软件测试认证委员会的软件测试人员认证课程大纲选取知识点，兼顾当前软件测试岗位对技能的要求。本书既介绍了经典的软件测试基础理论，又介绍了最新的测试方法。书中大部分章节以与软件测试技术相关的实际案例作为开篇，使得对知识的讲解更生动。主要内容包括：软件测试基础、软件测试管理、软件缺陷管理、单元测试、集成测试、系统测试、性能测试、安全性测试、Spring MVC Web应用测试、Android App测试、Web前端测试等。本书的最大特点是将理论与实际操作有机结合在一起，实训任务丰富、图文并茂、深入浅出、讲解详尽、实践性强。

本书既可作为高等院校计算机软件工程、软件技术、计算机应用技术、软件与信息服务等相关专业的教材，也可作为广大软件行业从业人员（软件测试人员、软件开发人员、项目经理等）进行软件测试实践的培训教材，还可作为参加ISTQB测试人员认证的辅助教程。

图书在版编目(CIP)数据

软件测试实战教程/高科华，高珊珊编著. —北京：清华大学出版社，2019（2025.1重印）
（高等学校软件工程专业系列教材）
ISBN 978-7-302-52192-1

Ⅰ. ①软…　Ⅱ. ①高…　②高…　Ⅲ. ①软件—测试—教材　Ⅳ. ①TP311.55

中国版本图书馆CIP数据核字(2019)第013070号

责任编辑：黄　芝　李　晔
封面设计：刘　键
责任校对：胡伟民
责任印制：沈　露

出版发行：清华大学出版社
网　　址：https://www.tup.com.cn，https://www.wqxuetang.com
地　　址：北京清华大学学研大厦A座　　**邮　　编**：100084
社 总 机：010-83470000　　**邮　　购**：010-62786544
投稿与读者服务：010-62776969，c-service@tup.tsinghua.edu.cn
质量反馈：010-62772015，zhiliang@tup.tsinghua.edu.cn
课件下载：https://www.tup.com.cn，010-62795954
印 装 者：三河市天利华印刷装订有限公司
经　　销：全国新华书店
开　　本：185mm×260mm　　**印　　张**：21　　**字　　数**：535千字
版　　次：2019年5月第1版　　**印　　次**：2025年1月第7次印刷
印　　数：7501～8300
定　　价：59.80元

产品编号：080903-02

前言

新一轮科技革命和产业变革带动了传统产业的升级改造。党的二十大报告强调“必须坚持科技是第一生产力、人才是第一资源、创新是第一动力,深入实施科教兴国战略、人才强国战略、创新驱动发展战略,开辟发展新领域新赛道,不断塑造发展新动能新优势”。建设高质量高等教育体系是摆在高等教育面前的重大历史使命和政治责任。高等教育要坚持国家战略引领,聚焦重大需求布局,推进新工科、新医科、新农科、新文科建设,加快培养紧缺型人才。

为什么写这本书

中国软件行业正处于高速发展成长期。根据工业和信息化部的统计,2017 年我国软件业务收入达到 55 037 亿元,从业人员达到 600 万人。随着软件越来越复杂,以及人们对软件工程的深入研究,越来越多的人认识到软件测试对提高软件质量的重要作用。据统计,软件评估和测试的成本占软件开发总成本(时间和资金)的 25%~50%。一些著名的公司,例如,Microsoft、IBM、Google、阿里巴巴等,对软件测试非常重视,在软件研发过程中投入了大量的资金和人力进行软件测试工作。国内软件行业对软件测试人员的需求量呈现逐年增加的态势。据国家权威部门的统计,中国软件人才缺口中,其中 30%为软件测试人才。中国软件业每年新增约 20 万测试岗位就业机会,而企业、学校培养出的测试人才却不足需求量的1/10,这种测试人才需求与供给间的差距仍在拉大。为了应对软件测试人员的匮乏问题,高等院校软件技术相关专业纷纷设立软件测试方向,有些院校还新建了软件测试专业。软件测试成为软件技术相关专业的必修课。

软件技术是一门发展很快的技术,软件测试的方法也在不断发展。从人工测试到自动化测试,从桌面应用的测试到 Web 应用的测试,再到手机 App 的测试、前端的测试。随着技术的发展,开源软件测试工具已相当成熟。我们认为,软件测试课程教学的目的不是教学生如何使用具体的软件测试工具,而是通过软件测试工具的教学,使学生掌握软件测试的基本知识和方法。我们不能保证学生毕业后在就业岗位一定会用到我们所教的软件测试工具,但是,我们可以保证学生毕业后一定会用到我们所教的软件测试方法,并且可以选择合适的软件测试工具,很快就能掌握软件测试工具的使用。现有教材选用开源软件测试工具的很少,这是我们为什么要编写这本书的原因之一。

随着智能手机的普及,需要大量手机 App 开发和测试人才。软件测试的一些方法仍然适用于手机 App 的测试,但是,由于手机 App 的特殊性,测试的关注点有所不同。需要采用更有效的方法。国内包含手机 App 测试内容的书籍很少,这是我们为什么要编写这本书的原因之二。

1997 年,英国计算机协会信息系统考试委员会成立了软件测试认证委员会,随后,各国都建立了自己的软件测试认证委员会。各国的软件测试认证委员会成立了一个联盟——国际软件测试认证委员会(International Software Testing Qualifications Board,ISTQB)。

CSTQB(Chinese Software Testing Qualifications Board)是 ISTQB 在大中华区(包括港澳台地区)的唯一分会,成立于 2006 年(http://www.cstqb.cn/)。ISTQB 的培训大纲是软件测试岗位所需知识、技能的权威文档,不管是否参加软件测试人员认证,对软件测试人员都有重要的指导意义。就作者所知,国内涉及 ISTQB 培训内容的书籍非常少,这是我们为什么要编写这本书的原因之三。

应用型本科院校是指以应用型为办学定位,而不是以科研为办学定位的本科院校。应用型本科教育对于满足我国经济社会发展,对高层次应用型人才需要以及推进我国高等教育大众化进程起到了积极的促进作用。早在 2014 年 3 月,国家教育部改革方向就已经明确:全国普通本科高等院校 1200 所学校中,将有 600 多所逐步向应用技术型大学转变,转型的大学本科院校正好占高校总数的 50%。为了落实应用型本科的改革目标,必须建设适合应用型本科的教材。因此,我们应该着力于技术应用的教学。这是我们为什么要编写这本书的原因之四。

本书内容

全书共 11 章,其中第 1～7 章是软件测试的基本内容,第 8～11 章是软件测试专题内容。用作教材时,教师可以根据本校的实际情况(课时数、相关课程的开设情况、学生素质等)灵活选择教学内容。例如,可以选择 1～7 章加若干软件测试专题内容。

第 1 章　软件测试基础。本章介绍软件测试的基础知识,它是后续各章的基础,是所有读者必读的一章(不同的读者对于后续各章可以按需阅读,有些章节可以重点阅读,有些章节可以略读,有些章节可以略过)。本章还介绍了软件测试技术的发展趋势,为软件测试人员的终身学习明确了方向。

第 2 章　软件测试管理。本章首先介绍软件测试管理的基本知识,然后介绍软件测试管理工具 TestLink 的应用技能。

第 3 章　软件缺陷管理。本章首先介绍软件缺陷管理的基本知识,然后介绍软件缺陷管理工具 Mantis 的应用技能。

第 4 章　单元测试。本章首先介绍单元测试的基本知识,然后介绍单元测试框架 JUnit 的应用技能,还介绍了白盒测试技术。

第 5 章　集成测试。本章首先介绍集成测试的基本知识,然后介绍 Jenkins 的应用技能。

第 6 章　系统测试。本章首先介绍系统测试的基本知识,然后介绍 Selenium、Robot Framework 的应用技能,还介绍了黑盒测试技术。

第 7 章　性能测试。本章首先介绍性能测试的基本知识,然后介绍 JMeter 的应用技能。

第 8 章　安全性测试。本章首先介绍安全性测试的基本知识,然后介绍 ZAP 的应用技能。

第 9 章　Spring MVC Web 应用测试。本章首先介绍 Spring MVC Web 应用测试的基本知识,然后介绍 Spring MVC Web 应用测试的方法。

第 10 章　Android App 测试。本章首先介绍 Android App 测试的基本知识,然后介绍 Android App 测试的方法,还介绍了移动应用测试工具 Appium 的使用基础。

第 11 章　Web 前端测试。本章首先介绍前端测试的基本知识,然后介绍前端测试工具 Jasmine、Karma 的应用技能，还介绍了前端测试工具 Jubula 的使用基础。

本书特色

本书的主要特色如下：

（1）课证融合。按照国际软件测试认证委员会的软件测试人员认证初级大纲选取知识点，兼顾当前软件测试岗位实战对技能的要求，精心选择教学内容。本书配套的教学资源中还提供了三套 ISTQB 模拟试卷。

（2）开源自动化工具的选择。选择的开源自动化工具都是企业、软件社区真实项目中使用的工具，便于软件行业从业人员自学。

（3）理论与实践的紧密结合。从实战的角度出发，讲解软件测试基本理论，用理论指导实践。

（4）生动的开篇案例。大部分章节以与软件测试技术相关的实际案例作为开篇，使得对知识的讲解更生动。

（5）最新的软件开发和测试工具介绍。附录中介绍了当前企业软件开发和测试的最新工具——Maven、Docker、Git，现有教材中很少涉及这些内容。

读者对象

高等院校计算机软件工程、软件技术、计算机应用技术、软件与信息服务等相关专业的学生，软件行业从业人员（软件测试人员、软件开发人员、项目经理等），参加 ISTQB 测试人员认证的备考者。

作者联系方式
高科华
QQ：527358657
Email:khgao@126.com
课程网站：http://121.15.218.198:8080/suite/wv/92375

配套资源

本书配套教学课件、教学大纲、模拟试卷、程序源码，可从清华大学出版社网站下载。本书还配套微课视频，请先扫一扫封底刮刮卡获得权限，再扫描正文章节中的二维码，即可观看完整教学视频。

目 录

第1章 软件测试基础

本章主要内容

为什么需要软件测试

什么是软件测试

软件测试的基本原则

基本的测试过程

测试的心理学

软件测试人员职业道德

软件测试级别、类型、技术和方法

软件测试工具

软件测试技术的发展趋势

2000年，老沙应聘到Z公司担任IT主管，Z公司和T软件公司联合为Z公司开发销售管理系统，项目已经进行2年了，迟迟不能交付给业务部门使用。T软件公司的软件开发人员抱怨Z公司的用户对销售管理系统的需求不确定，经常变更需求。Z公司的用户抱怨T软件公司的软件开发人员不了解业务需求，不能按时完成软件开发任务并交付用户使用。双方的合作以失败告终。T公司退出了项目，Z公司的软件开发人员纷纷离职。

老沙花了一个星期调研后发现，不是T公司的软件开发人员编程的能力差，也不是Z公司的用户对系统太苛刻。而是软件开发项目在管理上存在问题，对软件测试不够重视，用户在验收测试阶段才介入软件系统的测试。

这是作者亲身经历的一个案例，一个软件危机的典型事例，一个软件测试在软件开发过程中的重要性被忽视的事例。

本章将介绍软件测试的基础知识，它是后续各章的基础，是所有读者必读的一章。

1.1 为什么需要软件测试

提高软件质量是软件工程的重要目标之一。软件质量保证是重要的，软件测试是软件质量保证的重要内容。

1.1.1 软件测试的重要性

让我们先来回顾一下几个典型的软件质量事故案例。

1. 迪士尼的狮子王游戏，1994—1995 年

1994 年圣诞节前夕，迪士尼公司发布了第一个面向儿童的多媒体光盘游戏《狮子王童话》。由于迪士尼公司的著名品牌和事先的大力宣传及良好的促销活动，市场销售情况相当火爆。家长相当满意，孩子们相当期待，但结果相当出人意料。12 月 26 日，圣诞节后的第一天，迪士尼公司的客户支持部电话开始响个不停，不断有人咨询，抱怨为什么游戏总是安装不成功，或没法正常使用。很快，电话部门就淹没在愤怒家长的责问声和玩不成游戏孩子们的哭诉声之中，报纸和电视开始不断报道此事。后来发现是系统兼容性的问题。迪士尼公司没有对当时市场上的各种 PC 机型进行完整的系统兼容性测试，只是在几种 PC 机型上进行了相关测试。所以，这个游戏软件只能在少数系统中正常运行，但在大众使用的其他常见系统中却不能正常安装和运行，如图 1.1 所示。

图 1.1 狮子王游戏兼容性问题

2. 英特尔奔腾浮点除法软件缺陷，1994 年

在计算机的“计算器”程序中输入以下算式：

```
(4195835/3145727)x3145727 - 4195835
```

答案是多少呢？不用“计算器”程序你也能很快回答正确的答案是 0。1994 年 12 月 30 日，美国弗吉尼亚州 Lynchburg 大学的 Thomas R. Nicely 博士在他的奔腾 PC 上做除法实验时记录了一个意想不到的结果，上述算式答案竟然不是 0。他把发现的问题放到互联网上，随后引发了一场风暴。成千上万的人发现了同样的问题，以及其他得出错误结果的情形。万幸的是，这种情况很少见，仅仅在进行精度要求很高的数学、科学和工程计算中才会发生。大多数进行财会管理和日常应用的用户根本不会遇到此类问题。这是因为当时英特尔生产的奔腾处理器芯片中除法运算的一个小缺陷引起的，如图 1.2 所示。

这个故事中重要的不是软件缺陷，而是英特尔解决问题的方式：

- 他们的软件测试工程师在芯片发布之前进行内部测试时已经发现了这个问题。英特尔的管理层认为这没有严重到要修正。
- 当软件缺陷被用户发现时，英特尔通过新闻发布和公开声明试图掩饰这个问题的严重性。

- 受到压力时，英特尔承诺更换有问题的芯片，但要求用户必须证明自己受到软件缺陷的影响。

舆论因此而哗然。互联网新闻组充斥着愤怒的客户要求英特尔解决问题的呼声。最后，英特尔为自己处理软件缺陷的行为道歉，并拿出 4 亿美元支付更换芯片的费用。现在英特尔在官方网站上会及时报告已发现的问题，并认真查看用户在互联网新闻组上的反馈意见。

图 1.2　英特尔奔腾浮点除法软件缺陷

3. 美国航天局火星基地“登陆者号”探测器，1999 年

1999 年 12 月 3 日，“登陆者号”探测器在试图登陆火星表面的时候失踪了。经调查认定出现故障的原因极可能是一个数据位被意外置位（为什么不在内部测试的时候发现?）。“登陆者号”探测器首先撑开三条腿，然后实施着陆。尽管“登陆者号”探测器经过了多个小组测试。其中一个小组测试探测器的腿撑开的过程，另一个小组测试此后的着陆过程。前一个小组不去注意着陆数据位是否置位，后一个小组总是在开始测试之前复位计算机、清除数据位。双方独立都做得很好，但是没有很好地协调。结果没有发现这两个过程衔接时的问题，这个问题极有可能导致探测器下坠 1800 米后冲向地面，被撞成碎片，如图 1.3 所示。

图 1.3　“登陆者号”探测器失踪

4. 爱国者导弹防御系统,1991 年

美国爱国者导弹防御系统首次被用在第一次海湾战争对抗伊拉克飞毛腿导弹的防御作战中,总体效果相当不错,赢得了各界的赞誉。但它还是有几次失利,没有成功拦截伊拉克飞毛腿导弹。其中一枚在沙特阿拉伯的多哈爆炸的飞毛腿导弹造成 28 名美国士兵死亡。分析专家发现,拦截失败的症结在于一个软件缺陷。当爱国者导弹防御系统的时钟累计运行超过 14 小时后,系统的跟踪系统就不准确了。在多哈袭击战中,爱国者导弹防御系统运行时间已经累计超过 100 多个小时,显然那时系统的跟踪系统已经很不准确,从而造成这种结果,如图 1.4 所示。

图 1.4 系统时钟误差积累

5. 千年虫问题,1974 年

20 世纪 70 年代某个程序员为公司设计开发工资系统,当时使用的计算机存储空间很小,迫使他尽量节省每一个字节,他将自己的程序压缩得比其他人都小,并引以为豪。他使用的方法之一是把 4 位数年份缩减为 2 位数(例如 1974 直接用 74 表示)。因为工资系统非常依赖日期的处理,所以他需要节省大量昂贵的存储空间。他简单地认为只有在到达 2000 年时,程序开始计算 00、01 这样的年份时问题才发生。而且他认为那以后系统肯定就升级了,现在可以忽略它。结果那一天到来了,而他编写的这一道程序还在使用中,但这位程序员已经退休了,谁也不会想到如何深入到程序检查 2000 年兼容问题,更不用说修改了。20 世纪末作者就职于某央企,为了应对千年虫问题花费了不少精力。据估计,世界各地为了消灭千年虫问题,迎接新世纪的到来花费了数千亿美元,如图 1.5 所示。

图 1.5 千年虫问题

6. 12306 火车票网上订票系统,2012—2014 年

国内 12306 铁道部火车票网上订票系统历时两年研发成功,耗资 3 亿元人民币,于 2011 年 6 月 12 日投入运行。2012 年 1 月 8 日春运启动,9 日网站单击量超过 14 亿次,系统出现网站崩溃、登录缓慢、无法支付、扣钱不出票等严重问题。2012 年 9 月 20 日,由于正处中秋和“十一”黄金周,网站日单击量达到 14.9 亿次,发售客票超过当年春运最高值,再次出

现网络拥堵、重复排队等现象。其故障的根本原因在于系统架构规划以及客票发放机制存在缺陷,无法支持如此大并发量的交易。

2014 年春运火车票发售期间,由于网站对身份证信息缺乏审核,用虚假的身份证号可直接购票,黄牛利用该漏洞倒票。另外,在线售票网站还曝出大规模串号、购票日期穿越等漏洞,如图 1.6 所示。

图 1.6 12306 火车票网上订票系统性能问题

7. CSDN 和天涯网用户账号泄密事件,2011 年

2011 年 12 月 21 日,黑客在网上公开了知名程序员网站 CSDN 的用户数据库,高达 600 多万个明文的注册邮箱账号和密码遭到曝光和外泄,成为中国互联网历史上一次具有深远意义的网络安全事故。

CSDN 的密码外泄后,事件持续发酵,天涯、多玩等网站相继被曝用户数据遭泄密。天涯网于 12 月 25 日发布致歉信,称天涯 4000 万用户隐私遭到黑客泄露,如图 1.7 所示。

8. 高铁动车追尾事件,2011 年

2011 年 7 月 23 日 20 时 30 分 05 秒,甬温线浙江省温州市境内,由北京南站开往福州站的 D301 次列车与杭州站开往福州南站的 D3115 次列车发生动车组列车追尾事故。此次事故已确认共有六节车厢脱轨。造成 40 人死亡、172 人受伤,中断行车 32 小时 35 分,直接经济损失 19 371.65 万元。

“7 • 23”甬温线特别重大铁路交通事故是一起因列控中心设备存在严重设计缺陷、系统上道使用审查把关不严、雷击导致设备故障后应急处置不力等因素造成的责任事故,如图 1.8 所示。

在当今社会,软件系统越来越成为生活中不可或缺的一部分,包括从商业应用(比如银行系统)到消费产品(比如汽车)的各个领域。然而,很多人都有这样的经历:软件并没有按照预期进行工作。软件的不正确执行可能会导致许多问题,包括资金、时间和商业信誉等的损失,甚至导致人员的伤亡。

软件评估和测试的成本占软件开发总成本(时间和资金)的 25%～50%,软件测试是软件开发活动的重要组成部分。软件测试在软件开发过程中的重要作用越来越受到更多人的关注。

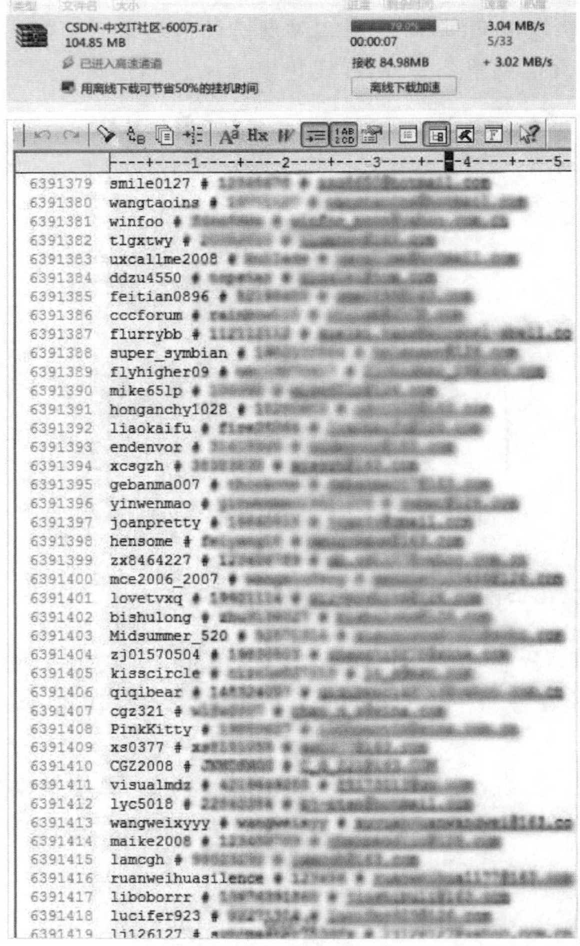

图 1.7　CSDN 和天涯网用户账号泄密事件

图 1.8　高铁动车追尾事件

1.1.2 引起软件缺陷的原因

所有的人都会犯错误(error, mistake)。因此在由人设计的程序代码或文档中也会引入缺陷(defect, fault, bug)。当存在缺陷的代码被执行时,系统就可能无法实现期望的功能(或者实现了未期望的功能),从而引起软件失效(failure)。虽然在软件、系统或文档中的缺陷可能会引起失效,但并非所有的缺陷都一定会引起软件失效。

产生缺陷的原因是多种多样的：人们本身容易犯错误、时间的压力、复杂的代码、复杂的系统架构、技术的革新以及/或者许多系统之间的交互等。

失效也可能是由于环境条件引起的,例如,辐射、电磁场和污染等都有可能引起固件中的故障,或者由于硬件环境的改变而影响软件的执行。

引起软件缺陷的原因是多方面的,常见的原因有：

- 软件需求规格说明书编写的不全面、不完整、不准确,而且经常更改。
- 软件设计人员不能正确理解软件需求规格说明书。
- 软件设计说明书存在问题。
- 编程人员不能正确理解软件设计说明。
- 编程过程中产生的错误。
- 开发过程缺乏有效的沟通。
- 软件复杂度越来越高。
- 项目进度的压力。
- 不重视开发文档。
- 软件开发工具本身隐藏的问题。
- 没有进行有效的软件测试。

按照软件开发活动,分析软件缺陷产生的原因,可以用表 1.1 描述。

表 1.1 软件缺陷产生的原因

基本活动	现象	原因	缺陷性质
需求分析	需求不符合实际 与用户需求不一致	对系统的认识不清楚 对用户需求理解有误 用户需求表达不准确 需求变更 评审不够 配置管理不严格	需求规格说明缺陷
软件设计	不符合用户需求 不符合需求规格说明 容错能力不够	对用户需求与需求规格说明理解有误 对编码有关技术和约束认识不够 设计不当 设计说明有误 需求管理有缺陷 评审不够 配置管理不严格	设计缺陷

续表

基本活动	现象	原因	缺陷性质
编码	不符合设计要求	对设计说明理解不够 所用技术不当 偶然失误 需求管理有缺陷 评审不够 配置管理不严格	编码缺陷
测试	覆盖率不满足要求 残留缺陷太多	测试设计有误 测试资源不够 测试管理欠缺 需求管理有缺陷 评审不够 配置管理不严格	测试缺陷

令人感到奇怪的是，我们发现大多数软件缺陷不是因为编程错误而产生的。从小程序到大项目的无数研究得出了一个一致的结论：导致软件缺陷的根本原因在于需求规格说明书。软件缺陷的原因占比如图 1.9 所示。

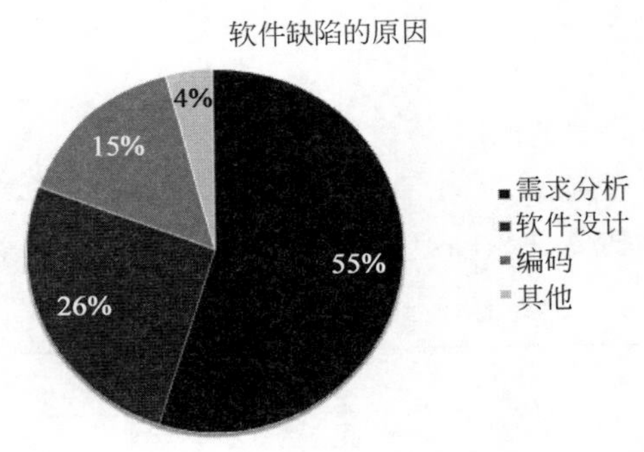

图 1.9　软件缺陷产生的原因

1.1.3　软件测试和软件质量

软件测试是改进软件质量的重要手段，但是软件测试不是软件质量保证。软件测试通过识别软件缺陷并修改软件缺陷提高了软件质量。但是，软件质量保证不仅仅是消除软件测试中发现的软件失效。按照评价软件质量的国际标准 ISO9126 软件质量模型，软件质量有六大特性：功能性、可靠性、易用性、效率、可维护性、可移植性。这些特性可以细分为若干子特性。国际标准组织于 2011 年 3 月发布了 ISO/IEC25010 软件质量评价标准，ISO/IEC25010 描述了两种质量模型：使用质量模型和产品质量模型。共有 13 大特性和 43 个子特性，如表 1.2 所示。

表 1.2 ISO/IEC25010 使用质量模型和产品质量模型

	特 性	子 特 性
使用质量	有效性	有效性
	效率	效率
	满意度	有益、可信、有趣、舒适
	低风险	降低经济风险、降低健康和安全风险、降低环境风险
	周境覆盖	周境完整性、灵活性
产品质量	功能适合性	功能完整性、功能正确性、功能适当性
	性能效率	时间特性、资源利用率、容量
	兼容性	互操作性、共存性
	易用性	适合性、可辨认性、易学习性、易操作性、用户错误防御、用户界面美观、可访问性
	可靠性	成熟性、可用性、容错性、易恢复性
	安全性	保密性、完整性、不可否认性、可归责性、真实性
	可维护性	模块性、可复用性、易分析性、易修改性、易测试性
	可移植性	适应性、易安装性、易替换性

ISO/IEC25012 描述了数据质量模型。共有 15 个质量特性，如表 1.3 所示。

表 1.3 ISO/IEC25012 数据质量模型

特 性	数 据 质 量	
	固有的	依赖系统的
准确度	√	
完整性	√	
一致性	√	
可信性	√	
现时性	√	
可访问性	√	√
依从性	√	√
保密性	√	√
效率	√	√
精密度	√	√
可跟踪性	√	√
可理解性	√	√
可获得性		√
可移植性		√
可恢复性		√

使用质量模型、产品质量模型和数据质量模型构成了软件质量模型框架。这些模型提供了一套与广泛利益相关者有关的质量特性，如软件开发商、系统集成商、需方、拥有者、维护人员、承包商、质量保证和质量控制的专业人士和用户。

这些模型的全套质量特性不是与每一个利益相关者都有关。尽管如此，每一类利益相关者应在审查和考虑各模型的质量特性关联之前完成质量特性的设置，例如建立产品和系统性能需求或评估标准。

软件测试和软件质量保证都贯穿了整个软件开发生命周期，好的测试可以有效地提高软件质量，但是软件质量保证和软件测试是软件质量工程的两个不同层面的工作。

软件生命周期每一阶段中都应包含软件测试，从静态测试到动态测试，要求检验每一个阶段的成果是否符合质量要求和达到定义的目标，尽可能早地发现错误并加以修正。如果不在早期阶段进行测试，错误的不断扩散、积累常常会导致最后成品测试的巨大困难、开发周期的延长、开发成本的剧增等等。软件测试与软件质量的相同点在于二者都是贯穿整个软件开发生命周期的。软件质量保证的职能是向管理层提供正确的可视化的信息，从而促进与协助流程改进。软件质量保证还充当测试工作的指导者和监督者，帮助软件测试建立质量标准、测试过程评审方法和测试流程，同时通过跟踪、审计和评审，及时发现软件测试过程中的问题，从而帮助改进测试或整个开发的流程等。因此，有了软件质量保证，软件测试工作就可以被客观地检查与评价，同时也可以协助测试流程的改进。而软件测试为软件质量保证提供数据和依据，帮助软件质量保证更好地了解质量计划的执行情况、过程质量、产品质量和过程改进进展，从而使软件质量保证更好地做好下一步工作。

软件测试人员的一项重要任务是提高软件质量，但不等于说软件测试人员就是软件质量保证人员，因为测试只是质量保证工作中的一个环节。软件质量保证人员和软件测试人员在软件质量工程中分工合作。软件质量保证的重要工作是通过预防、检查与改进来保证软件质量。虽然在软件质量保证的活动中也有一些软件测试活动，但所关注的是软件质量的检查与测量。软件质量保证工作是软件生命周期的管理以及验证软件是否满足规定的质量和用户的需求，因此主要着眼于软件开发活动中的过程、步骤和产物，而不是对软件进行剖析，找出问题或评估。软件测试虽然也与开发过程紧密相关，但关心的不是过程的活动，而是对过程的产物以及开发出的软件进行剖析。软件测试人员要“执行”软件，对过程中的产物——开发文档和源代码进行走查，以找出问题，报告质量。对测试中发现的问题的分析、追踪与回归测试也是软件测试中的重要工作，因此软件测试是保证软件质量的一个重要环节。

对软件系统和文档进行严格的测试，可以减少软件系统在运行环境中的风险，如果在软件正式发布之前发现和修正了缺陷，就可以提高软件系统的质量。

进行软件测试也可能是为了满足合同或法律法规的要求，或者是为了满足行业标准的要求。

可以根据测试中所发现的缺陷，对软件功能和非功能性需求以及特性(例如，可靠性、可用性、效率、可维护性和可移植性)进行度量，从而评估软件质量。

当测试发现很少或者没有发现缺陷的时候，测试就会帮助树立对于软件质量的信心。一个设计合理的测试过程完成并顺利通过，可以降低整个系统存在问题的风险。若对测试过程中发现的缺陷进行了修正，则软件系统的质量就会提高。

我们应该从以前的项目中吸取经验教训。通过分析在其他项目中发现的缺陷和引起缺陷的根本原因，可以改进软件开发过程。过程的改进反过来可以预防相同的缺陷再次发生，从而提高以后系统的质量。这是质量保证工作的一方面。

测试应该作为开发过程中质量保证工作的不可或缺的一部分(与开发标准、培训和缺陷分析一样)。

在判断测试是否足够时，需要考虑下面的因素：风险（包括技术风险、商业产品风险和项目风险等）以及项目在时间和预算上的限制等。

为了进入下一个开发过程，或将系统交付给用户，测试需要给利益相关者提供足够的信息，帮助他们决定是否发布被测软件或系统。

1.2　什么是软件测试

老沙在分析Z公司的项目失败的原因时，问Z公司的IT人员："你们进行了软件测试吗？"Z公司的IT人员回答："我们进行了软件测试，我们项目组的成员一边开发，一边测试。"他们真的做了软件测试吗？我们承认他们做了调试，但调试不等于软件测试。

1.2.1　软件测试的基本概念

乙软件公司为客户甲公司开发了一个图书管理系统软件，甲公司的小明在验收软件时发现了软件的一个功能与甲公司的要求不一致（软件失效）。小明向乙公司反馈了他的发现，乙公司的小强检查软件代码后发现是软件开发人员不小心写错了一段代码（软件错误）。乙公司的开发人员小牛在修改这段代码的过程中遇到了一些异常（软件异常）。经过分析处理终于解决了这个软件缺陷（软件缺陷）。

上述案例为我们引入了软件测试中的几个基本概念。

失效：组件/系统与预期的交付、服务或结果存在的偏差。

异常：与基于需求文档、设计文档、用户文档、标准或用户期望和经验所得出的预期之间出现的任何偏差情况，都可称为异常。异常可在且不限于在下面的过程中被识别：评审、测试分析、编译、软件产品或应用文档的使用等情形。

缺陷/Bug：组件或系统中会导致组件或系统无法执行其必需功能的瑕疵，例如，错误的语句或变量定义。如果在组件或系统运行中遇到缺陷，可能会导致失效。

错误：人为因素产生不正确结果的行为。

1983年，IEEE给出的软件测试的定义是："软件测试是使用人工或自动的手段来运行或测定某个软件系统的过程，其目的在于检验它是否满足规定的需求或弄清楚预期结果与实际结果之间的差别。"

软件测试的定义是随着人们认识的提高逐渐完善的，在不同的时期，人们对软件测试有不同的定义。在一般人的理解中，测试活动只包含了运行测试，也就是执行软件。但实际上这只是测试的一部分，而不是测试的所有活动。

测试活动包含了测试执行之前和之后的一些活动，包括计划和控制、选择测试条件、设计和执行测试用例、检查测试结果、评估出口准则、报告测试过程及被测系统，在一个测试阶段完成后要进行测试结束或总结工作。测试同时也包括文档的评审（包括源代码）和执行静态分析。

动态测试和静态测试这两种手段都可以达到相似的目标，即以提供信息来改进被测试软件系统的质量，以及改善开发和测试的过程。

软件测试的主要目标是：

- 发现缺陷。
- 增加对质量的信心。
- 为决策提供信息。
- 预防缺陷。

首先，测试的目标是以最少人力、物力和时间找出软件中潜在的各种错误和缺陷，通过修正错误和缺陷提高软件质量，规避软件发布后由于潜在的软件缺陷和错误造成的后果所带来的商业风险。

其次，没有发现错误的测试也是有价值的，完整的测试是评定软件质量的一种方法，可以建立人们对软件质量的信心。

软件测试并不仅仅是为了要找出错误。通过分析错误产生的原因和错误的分布特征，可以帮助项目管理者发现当前所采用的软件过程的缺陷，以便改进。同时，这种分析也能帮助我们设计出有针对性的检测方法，改善测试的有效性。

测试的另一个目标是预防缺陷。虽然通过软件测试不能发现软件存在的所有缺陷，但我们可以尽可能发现潜在的缺陷。有效的软件测试应该能发现软件存在的严重缺陷(例如，影响软件正常使用的缺陷，会导致生命财产损失的缺陷)。

值得注意的是，软件测试不能表明软件中不存在错误，它只能说明软件中存在错误。

在软件生命周期的早期进行测试设计的思维过程和活动(通过测试设计来检验测试依据)，可以避免将缺陷引入代码。对文档的评审(例如需求文档)并识别和解决问题也有助于防止在代码中出现缺陷。

在不同的测试阶段，需要考虑不同的测试目标。比如，在开发测试中，如组件测试、集成测试和系统测试等，测试的主要目标是尽可能地发现失效，从而识别和修正尽可能多的缺陷。在验收测试中，测试的主要目标是确认系统是否按照预期工作，是建立满足了需求的信心。而在有些情况下，测试的主要目标是对软件的质量进行评估(不是为了修正缺陷)，从而为利益相关者提供这样的信息：在给定的时间点发布系统版本可能存在的风险。而维护测试通常是为了验证在开发过程中的软件变更是否引入新的缺陷。在运行测试阶段，测试的主要目标是为了评估系统的特征，比如可靠性或可用性等。

调试和测试是两个不同的概念。动态测试可以发现由于软件缺陷引起的失效。而调试是一种发现、分析、清除引起失效原因的开发活动，随后由测试员进行的再测试是为了确认修改的代码已经解决了失效问题。每个活动的职责是截然不同的，即测试员进行测试，开发人员进行调试。

1.2.2 软件测试的发展历史

迄今为止，软件测试的发展一共经历了五个重要时期：

- 1957 年之前——调试为主(Debugging Oriented)。
- 1957—1978 年——证明为主(Demonstration Oriented)。
- 1979—1982 年——破坏为主(Destruction Oriented)。
- 1983—1987 年——评估为主(Evaluation Oriented)。
- 1988 年至今——预防为主(Prevention Oriented)。

1. 调试为主

20 世纪 50 年代,计算机刚诞生不久,只有科学家级别的人才会去编程,需求和程序本身也远远没有现在这么复杂多变,相当于开发人员一人承担需求分析、设计、开发、测试等所有工作,当然也不会有人去区分调试和测试。然而严谨的科学家们已经在开始思考"怎么知道程序满足了需求?"这类问题了。

2. 证明为主

1957 年,Charles Baker 在他的一本书中对调试和测试进行了区分。

调试(Debug):确保程序做了程序员想它做的事情。

测试(Testing):确保程序解决了它该解决的问题。

这是软件测试史上一个重要的里程碑,它标志着测试终于自立门户、师出有名了。

当时计算机应用的数量、成本和复杂性都大幅度提升,随之而来的经济风险也大大增加,测试就显得很有必要了,这个时期测试的主要目的就是确认软件是满足需求的,也就是我们常说的"做了该做的事情"。

3. 破坏为主

1979 年,《软件测试的艺术》(*The Art of Software Testing*)第一版问世,这本书是测试界的经典之作。书中给出了软件测试的经典定义:

```
The process of executing a program with the intent of finding errors.
```

测试是为发现错误而执行程序的过程。

这个观点较之前证明为主的思路,是一个很大的进步。我们不仅要证明软件做了该做的事情,还要保证它没做不该做的事情,这会使测试更加全面,更容易发现问题。

4. 评估为主

1983 年,美国国家标准局(National Bureau of Standards)发布"Guideline for Lifecycle Validation, Verification and Testing of Computer Software",也就是我们常说的 VV&T。VV&T 提出了测试界很有名的两个名词:验证(Verification)和确认(Validation)

```
Verification: Are we building the product right?
Validation: Are we building the right product?
```

人们提出了在软件生命周期中使用分析、评审、测试来评估软件产品的理论。软件测试工程在这个时期得到了快速发展:

- 出现测试经理(test manager)、测试分析师(test analyst)等岗位。
- 开展正式的国际性软件测试会议和活动。
- 出版大量软件测试刊物。
- 发布相关国际标准。

以上种种都预示着:软件测试已作为一门独立的、专业的、具有影响力的工程学发展起来了。

5. 预防为主

预防为主是当下软件测试的主流思想之一。STEP(Systematic Test and Evaluation Process)是最早的一个以预防为主的生命周期模型,STEP 认为软件测试与开发是并行的,整个软件测试的生命周期也是由计划、分析、设计、开发、执行和维护组成,也就是说,测试不是在编码完成后才开始介入,而是贯穿于整个软件生命周期。我们都知道,没有 100%完美的软件,零缺陷是不可能的,所以我们要做的是:尽量早地介入,尽量早地发现这些明显的或隐藏的 Bug。发现得越早,修复起来的成本越低,产生的风险也越小。

虽然每一个发展阶段对软件测试的认识都有其局限性,但是前辈们一直在思考和总结前人的经验,创造性地提出新的理论和方法,这种精神非常值得尊敬和学习。所谓以铜为镜,可正衣冠;以史为镜,可明得失。知道了从哪里来,才能更好地明白该到哪里去。

1.2.3 软件测试七条原则

在过去的 40 年中,软件测试界提出了很多测试原则,并且提供了适合所有测试的一些通用的测试指南。

1. 软件测试是为了找到软件的缺陷,而不是证明软件没有缺陷

测试可以显示存在缺陷,但不能证明系统不存在缺陷。测试可以减少软件中存在未被发现缺陷的可能性,但即使测试没有发现任何缺陷,也不能证明软件或系统是完全正确的。

2. 穷尽所有测试是不可能的

除了小型项目,进行完全(各种输入和前提条件的组合)的测试是不可行的。通过运用风险分析和不同系统功能的测试优先级,来确定测试的关注点,从而替代穷尽测试。

3. 软件测试活动应当尽早开始

为了尽早发现缺陷,在软件或系统开发生命周期中,测试活动应该尽可能早介入,并且应该将关注点放在已经定义的测试目标上。

4. 缺陷的存在遵循 80/20 法则(帕累托法则)

测试工作的分配比例应该与预期的和后期观察到的缺陷分布模块相适应。少数模块通常包含大部分在测试版本中发现的缺陷或失效。

5. 杀虫剂悖论

使用农药杀虫,常用一种农药,害虫最后就有抵抗力,农药发挥不了多大的效力。这种现象被称为杀虫剂悖论。

采用同样的测试用例多次重复进行测试,最后将不再能够发现新的缺陷。为了克服这种杀虫剂悖论,需要进行定期评审和修改测试用例,同时需要不断增加新的不同的测试用例来测试软件或系统的不同部分,从而发现潜在的更多的缺陷。

6. 测试活动依赖于测试背景

针对不同的测试背景，进行不同的测试活动。比如，对安全关键的软件进行测试，与对一般的电子商务软件的测试是不一样的。

7. 不存在缺陷(就是有用系统)的谬论

假如系统无法使用，或者系统不能完成客户的需求和期望，发现和修改缺陷是没有任何意义的。

除了 ISTQB 认证课程大纲列出的七条原则外，还有一些原则。

第一，测试应该由独立的第三方进行。

即避免“既是运动员又是裁判员”，软件测试工作应由专门的测试人员完成，软件开发人员按照开发软件的思维很难发现一些软件缺陷，测试人员可以从用户的角度测试软件，更容易发现一些软件缺陷。

第二，软件测试是一项复杂的、具有创造性的和需要高度智慧的挑战性任务。

人们对软件测试的一个误解是：软件测试是没有什么技术含量的，做不了软件开发的人才去做软件测试。造成这个误解的原因可能是软件测试工作的门槛比软件开发低，软件测试不仅需要执行软件测试的人员，还需要设计软件测试的人员。而软件测试设计人员需要掌握更多的技术，例如测试自动化技术等。

1.3 如何进行软件测试

老沙在分析 Z 公司的项目失败的原因时，进一步问 Z 公司的 IT 人员：“你们是如何进行软件测试的呢？”Z 公司的 IT 人员回答：“我们在编程时，发现错误就改正错误，直到程序没有错误可以运行了。我们还运行了程序，用户要求的功能我们都实现了。测试很简单，我们都会编程，难道还不会测试吗？”

软件测试真的很简单吗？

关于如何进行软件测试，我们可以这样描述：按照基本的测试过程，针对不同的测试级别、测试类型，选择适当的测试技术和测试方法，使用可能的测试工具，对软件产品进行测试。

1.3.1 基本的测试过程

测试最显而易见的活动是测试的执行。但是为了提高效率和有效性，在测试计划中，同样需要花费比较多的时间用于计划测试活动、设计测试用例、准备测试的执行和评估测试的状态。

基本的测试过程主要由下面一些活动组成：

- 测试计划和控制。
- 测试分析和设计。
- 测试实现和执行。

- 评估出口准则和报告。
- 测试结束活动。

虽然上面这些活动在逻辑上是连续的，但在整个测试过程中它们可能会重叠或同时进行。通常在相应的系统或项目环境下剪裁这些主要活动行为是必需的。

1. 测试计划和控制阶段

测试计划的主要活动是：识别测试任务、定义测试目标以及为了实现测试目标和任务确定必要的测试活动。

测试控制是持续进行的活动：通过对测试实际进度和测试计划之间的比较，报告测试的状态，包括与计划之间存在的偏差。测试控制包括在必要的时候采取必要的措施来满足测试的任务和目标。需要在项目的整个生命周期中对测试活动进行监督，以达到控制测试过程的目的。同时，测试计划的制定也需要考虑测试监控活动的反馈信息。

测试计划和控制阶段的任务将在第 2 章讲述。

2. 测试分析和设计阶段

测试分析和设计是将概括的测试目标转化为具体的测试条件和测试用例的一系列活动。测试分析和设计阶段的主要任务如下：

- 评审测试依据(比如需求、软件完整性、风险分析报告、系统架构、设计和接口说明)。
- 评估测试依据和测试对象的可测性。
- 通过对测试项、规格说明、测试对象行为和结构的分析，识别测试条件并确定其优先级。
- 设计测试用例并确定优先级。
- 确定测试条件和测试用例所需要的测试数据。
- 规划测试环境的搭建和确定测试需要的基础设施和工具。
- 创建测试依据和测试用例间的双向可追溯性。

3. 测试实现和执行阶段

测试实现和执行阶段的主要活动包括：通过特定的顺序组织测试用例来完成测试规程和脚本的设计，并且包括测试执行所需的其他任何信息，以及测试环境的搭建和运行测试。

测试实现和执行阶段的主要任务如下：

- 测试用例的开发、实现并确定它们的优先级(包括识别测试数据)。
- 开发测试规程并确定优先级，创建测试数据，同时也可以准备测试用具和设计自动化测试脚本。
- 根据测试规程创建测试套件，以提高测试执行的效率。
- 确认已经正确搭建了测试环境。
- 确认并更新测试依据和测试用例间的双向可追溯性。
- 根据计划的执行顺序，通过手工或使用测试执行工具来执行测试规程。
- 记录测试执行的结果，以及被测软件、测试工具和测试件的标识和版本。
- 将实际结果和预期结果进行比较。

- 对实际结果和预期结果之间的差异，作为事件上报，并且进行分析以确定引起差异的原因（例如，代码缺陷、具体测试数据缺陷、测试文档缺陷或测试执行的方法有误等）。
- 缺陷修正后，重新进行测试活动。比如通过再次执行上次执行失败的用例来确认缺陷是否已经被修正（确认测试）。执行修正后的测试用例或执行一些测试用例来确保缺陷的修正没有对软件未修改的部分造成不良影响或对于缺陷的修正没有引发其他的缺陷（回归测试）。

4. 评估出口准则和报告

评估出口准则是将测试的执行结果和已经定义的测试目标进行比较的活动。这个活动在各个测试级别上都需要进行。

评估测试出口准则的主要任务如下：

- 按照测试计划中定义的测试出口准则检查测试日志。
- 评估是否需要进行更多的测试，或是否需要更改测试的出口准则。
- 为利益相关者提供一个测试总结报告。

5. 测试结束活动

测试结束活动就是从已完成的测试活动中收集和整合有用的数据，这些数据可以是测试经验、测试件、影响测试的因素和其他数据。在以下几种情况下需要执行测试结束活动，例如：当软件系统正式发布、当一个测试项目完成（或取消）、当达到一个里程碑或当一个维护版本完成时。

测试结束活动的主要任务如下：

- 检查提交了哪些计划的可交付产品。
- 事件报告是否关闭或对未关闭的事件报告提交变更需求。
- 记录系统的验收。
- 记录和归档测试件、测试环境和测试基础设备，以便以后重复使用。
- 移交测试件到维护部门。
- 分析和记录所获得的经验教训，用于以后的项目和测试成熟度改进。
- 使用为测试成熟度的提高所收集的信息。

1.3.2 软件测试级别、测试类型和测试技术

软件测试贯穿软件开发的全过程，从需求分析、系统设计到交付使用，是对软件的各个方面的测试。因而从不同的角度划分，就有各种测试方法。主要有两种划分方法：按软件的生命周期划分和按测试是否需要运行软件划分。下面先熟悉一下 ISTQB 课程大纲描述的几个术语。

测试级别/测试阶段：统一组织和管理的一组测试活动。测试级别与项目的职责相关联。例如，测试级别包括组件测试、集成测试、系统测试和验收测试。

测试类型：旨在针对特定测试目标，测试组件/系统的一组测试活动。例如，功能测试、非功能测试、易用性测试、回归测试等。一个测试类型可能发生在一个或多个测试级别或测

试阶段。

测试策略：描述了一个组织或一个计划(这个计划包含一个或多个项目)执行的测试级别和需要进行的测试。

测试技术/测试设计技术/测试用例设计技术：用来衍生和/或选择测试用例的步骤。例如，静态测试技术和动态测试技术，动态测试技术主要包括白盒测试设计技术、黑盒测试设计技术和基于经验的测试技术，还有基于模型的测试技术。

测试方法：针对特定项目的测试策略的实现，通常包括根据测试项目的目标和风险进行评估之后所做的决策、测试过程的起点、采用的测试设计技术、退出准则和所执行的测试类型。

1. 软件测试模型

软件测试与软件开发密切相关，人们在软件开发模型的基础上提出多种软件测试模型。模型是对现实的抽象概括，是对某些真实事件的简化表征。

1) V 模型(顺序开发模型)

20 世纪 80 年代后期，Paul Rook 提出了著名的软件测试的 V 模型，V 模型是瀑布模型的变种，它反映了测试活动与分析和设计的关系，非常明确地表明了测试过程中存在的不同级别，以及测试各阶段与开发过程中各阶段的对应关系，如图 1.10 所示。

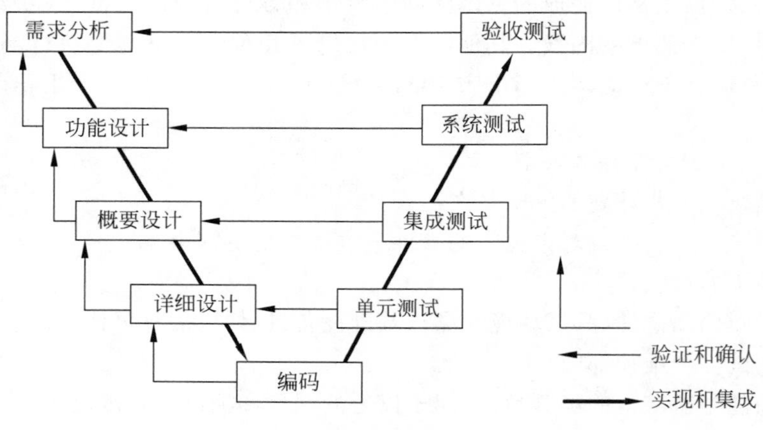

图 1.10 V 模型

虽然存在多种多样的 V 模型，但典型的 V 模型一般有四种测试级别，分别与四种开发级别相对应。

在 ISTQB 课程大纲中，这四种测试级别是：

- 组件/单元测试。
- 集成测试。
- 系统测试。
- 验收测试。

实际上，V 模型的测试级别可能会比上面提到的四种多，也可能少，或者有不同的测试级别，这取决于不同的项目和软件产品。比如，在组件测试后可能有组件集成测试，在系统测试后有系统集成测试。

在开发过程中生成的软件工作产品(比如业务场景、用例、需求规格说明、设计文档和代码)常常作为一种或多种测试级别的测试基础。通用的工作产品可以参考能力成熟度模型集成 CMMI 或软件生命周期过程(IEEE/IEC12207)。验证和确认(早期的测试设计)可以在软件工作产品的开发过程中进行。

2) 迭代-增量开发模型

迭代-增量开发模型由需求建立、设计、构建和测试等一系列相对较短的开发周期构成。比如,原型开发、快速应用开发(RAD)、统一软件开发过程(RUP)和敏捷开发模型等。在每次迭代过程中,对迭代产生的系统可能需要在不同的测试级别上进行测试。通过将增量模块加入到以前开发的模块中,形成一个逐渐增大的系统,这个系统同样需要进行测试。在完成第一次迭代后,对所有的迭代进行回归测试变得越来越重要。验证和确认可以在每个增量模块中进行。

2. 生命周期模型中的测试

在任何生命周期模型中,良好的测试都应该具有下面几个特点:

- 每个开发活动都有相对应的测试活动。
- 每个测试级别都有其特有的测试目标。
- 对于每个测试级别,需要在相应的开发活动过程中进行相应的测试分析和设计。
- 在开发生命周期中,测试员在文档初稿阶段就应该参与文档的评审。

根据项目的特征或系统的架构,可以对测试级别进行合并或重新进行组合。比如,对于商业现货软件(COTS)产品集成到某个系统,购买者可以在系统级别(例如,与基础设施集成、与其他系统的集成或与系统应用的集成)进行集成测试和验收测试(功能的和/或非功能的测试、用户和/或运行测试等)。

3. 测试级别

按照 V 模型,可将测试分为如下四个级别:

- 组件/单元测试。
- 集成测试。
- 系统测试。
- 验收测试。

对于每个测试级别,都需要明确下面的内容:测试的总体目标、测试用例设计需要参考的工作产品(即测试的依据)、测试的对象(即测试什么)、发现的典型缺陷和失效、对测试用具的需求、测试工具的支持、专门的方法和职责等。

在测试计划中应当考虑是否对系统配置数据进行测试。

1) 组件测试/单元测试

测试依据:

- 组件需求说明。
- 详细设计文档。
- 代码。

典型测试对象:

- 组件。
- 程序。
- 数据转换/移植程序。
- 数据库模型。

在独立可测试的软件中(模块、程序、对象和类等),可以通过组件测试发现缺陷,以及验证软件功能。根据开发生命周期和系统的背景,组件测试可以与系统的其他部分分开,单独进行测试。在组件测试过程中,会使用到桩、驱动器和模拟器。

组件测试可能包括功能测试和特定的非功能特征测试,比如资源行为测试(如内存泄漏)、健壮性测试和结构测试(比如分支覆盖)。根据工作产品,例如组件规格说明、软件设计或数据模型等设计测试用例。

通常,通过开发环境的支持,比如组件测试框架或调试工具,组件测试会深入到代码中,而且实际上设计代码的开发人员通常也会参与其中。在这种情况下,一旦发现缺陷,就可以立即进行修改,而不需要正式的缺陷管理过程。

组件测试的一个方法是在编写代码之前就编写完成自动化测试用例,这称为测试优先的方法或测试驱动开发。这是高度迭代的方法,并且取决于如下的循环周期:测试用例的开发、构建和集成小块的代码,执行组件测试,修正任何问题并反复循环,直到它们全部通过测试。

2) 集成测试

测试依据:

- 软件和系统设计文档。
- 系统架构。
- 工作流。
- 用例。

典型测试对象:

- 子系统。
- 数据库实现。
- 基础结构。
- 接口。
- 系统配置和配置数据。

集成测试是对组件之间的接口进行测试,以及测试一个系统内不同部分的相互作用,比如操作系统、文件系统、硬件或系统之间的接口。

对于集成测试,可以应用多种集成级别,也可以根据不同的测试对象规模采用不同的级别,比如:

- 组件集成测试对不同的软件组件之间的相互作用进行测试,一般在组件测试之后进行。
- 系统集成测试对不同系统或软硬件之间的相互作用进行测试,一般在系统测试之后进行。在这种情况下,开发组织/团体通常可能只控制自己这边的接口,这就可能存在风险。按照工作流执行的业务操作可能包含了一系列系统,因此跨平台的问题可能至关重要。

集成的规模越大，就越难以在某一特定的组件或系统中定位缺陷，从而增加了风险并会花费额外的更多时间去发现和清除这些故障。

系统化集成的策略可以根据系统结构(例如，自顶向下或自底向上)、功能任务集、事务处理顺序或系统和组件的其他方面等来制定。为了能方便快速地隔离故障和定位缺陷，集成程度应该逐步增加，而不是采用“大爆炸”式的集成。

测试特定的非功能特征(比如性能)也可以包含在系统集成测试中。

在集成的每个阶段，测试员只是把精力集中在集成本身。举例来说，假如集成模块A和模块B，测试人员应该关注两个模块之间的交互，而不是每个模块的功能。功能测试和结构测试方法都可以应用在集成测试中。

在理想情况下，测试员应该理解系统的架构，从而可以影响相应的集成计划。假如集成测试计划是在组件或系统生成之前制定，则可以根据对集成最有效率的顺序来进行设计。

3）系统测试

测试依据：

- 系统和软件需求规格说明。
- 用例。
- 功能规格说明。
- 风险分析报告。

典型测试对象：

- 系统、用户手册和操作手册。
- 系统配置和配置数据。

系统测试关注的是在开发项目或程序中定义的一个完整的系统/产品的行为。在主测试计划和/或在其所处的测试级别的测试计划内应该明确测试范围。

在系统测试中，测试环境应该尽量和最终的目标或生产环境相一致，从而减少不能发现和环境相关的失效的风险。

系统测试可能包含基于不同方面的测试：基于风险评估的、基于需求规格说明的、基于业务过程的、基于用例的、基于其他对系统行为的更高级别描述或模型的、基于与操作系统的相互作用的、基于系统资源的等测试。

系统测试应该对系统功能和非功能需求进行研究。需求可以以文本形式或模型方式描述。同时测试员也需要面对需求不完全或需求没有文档化的情况。针对功能需求的系统测试开始时可以选择最适合的基于规格说明的测试即黑盒技术来对系统进行测试。比如，可以根据业务准则描述的因果组合来生成决策表。基于结构的技术即白盒测试技术，可以评估测试的覆盖率，可以基于评估覆盖一个结构元素，如菜单结构或者页面的导航等的完整性。

系统测试通常由独立的测试团队进行。

4）验收测试

测试依据：

- 用户需求。
- 系统需求。
- 用例。
- 业务流程。

- 风险分析报告。

典型测试对象：

- 基于完全集成系统的业务流程。
- 操作与维护流程。
- 用户处理过程。
- 结构。
- 报告。
- 配置数据。

验收测试通常是由使用系统的用户或客户来进行，同时系统的其他利益相关者也可能参与其中。

验收测试的目的是建立对系统、系统的某部分或特定的系统非功能特征的信心。发现缺陷不是验收测试的主要目标。验收测试可以用来评估系统对于部署和使用的准备情况，但是验收测试不一定是最后级别的测试。比如，可能会在进行某个系统验收测试之后，进行大规模的系统集成测试。

验收测试可以在多个测试级别上进行，比如：

- 商业现货软件(COTS)产品可以在安装或集成时进行验收测试。
- 组件的可用性验收测试可以在组件测试中进行。
- 增加新功能的验收测试可以在系统测试之前进行。

验收测试有下面几种典型的类型：

- 用户验收测试。通常由商业用户验证系统的可用性。
- 操作(验收)测试。系统操作验收测试由系统管理员来进行，测试内容主要包括：

① 系统备份/恢复测试。

② 灾难恢复测试。

③ 用户管理测试。

④ 维护任务测试。

⑤ 数据加载和移植活动。

⑥ 安全漏洞阶段性检查。

- 合同和法规性验收测试。合同验收测试根据合同中规定的生产客户定制软件的验收准则，对软件进行测试。应该在合同拟定时定义验收准则。法规性验收测试根据必须要遵守的法律法规来进行测试，比如政府、法律和安全方面的法律法规。
- Alpha 和 Beta(或现场)测试。在软件产品正式商业销售之前，市场或商业现货软件开发人员希望从市场中潜在的或已经存在的客户中得到关于软件的反馈信息。Alpha 测试通常在开发组织现场进行，但测试并非由开发团队执行。Beta 测试(或实地测试)是在客户或潜在客户现场进行并由他们执行。

有些组织也可能使用不同的术语，比如在系统正式移交给客户之前或之后进行的测试分别称为工厂验收测试和现场验收测试等。

4. 测试类型

根据特定的测试目标或测试原因，一系列测试活动可以旨在对软件系统(或系统的一部分）进行测试。

每种测试类型都会针对特定的测试目标：

- 可能是测试软件所实现的功能。
- 也可能是非功能的质量特征，比如可靠性或可用性。
- 软件或系统的结构或架构。
- 相关变更，如确认缺陷已被修改（确认测试）以及更改后是否引入新的缺陷（回归测试）。

一个软件的模型可以用来开发和/或应用在基于结构的测试（例如，控制流模型或菜单结构模型）、非功能测试（性能模型、可用性模型、安全威胁建模）和功能测试（过程流模型、状态转换模型或简明语言规范）。

常用的测试类型有如下四种：

1）功能测试

系统、子系统或组件要实现的功能可以在工作产品（如需求规格说明书、用户用例或功能规格说明书）中予以描述，不过也可能没有相应的文档。功能指的是系统能做什么。

功能测试基于功能和特征（在文档中描述的内容或测试员自己的理解）以及专门的系统之间的交互，可以在各个级别的测试中进行（例如组件测试可以基于组件的规格说明书）。

可以采用基于规格说明的技术，根据软件或系统的功能来设计测试条件和测试用例。功能测试主要是考虑软件的外部表现行为（黑盒测试）。

安全性测试是功能测试的一种，它会对与安全性相关的功能（比如防火墙）进行测试，从而检测系统和数据是否能抵御外部恶意的威胁，如病毒等。互操作性测试是另一种功能测试，评估软件产品与其他一个或多个组件或系统交互的能力。

2）软件非功能特征测试（非功能测试）

非功能测试包括但不限于性能测试、负载测试、压力测试、可用性测试、可维护性测试、可靠性测试和可移植性测试。非功能性测试就是测试系统运行的表现如何。

非功能测试可以在任何测试级别上执行。术语“非功能测试”是指：为了测量系统和软件的特征而进行的测试。这些特征可以用不同尺度予以量化，比如进行性能测试来检验响应时间。这些非功能测试可以参考“软件工程—软件产品质量（ISO9126）”中定义的质量模型。非功能测试关注的是软件的外部行为表现，通常采用黑盒测试设计技术来设计测试用例。

3）软件结构/架构测试（结构测试）

可以在任何测试级别上进行结构测试（白盒测试）。结构测试技术最好在进行基于规格说明的测试之后使用，以便通过评估结构类型的覆盖来测量测试的完整性。

覆盖率是指结构通过测试套件检验的程度，用已测项数量占需要测试项数量的百分比来表示。假如覆盖率不是100%，可能需要设计更多的测试用例，来测试被遗漏的项，从而提高测试的覆盖率。

在所有的测试级别中，特别是在组件测试和组件集成测试中，可以利用工具来测量代码内某些元素的覆盖率，比如语句覆盖和判定覆盖。结构测试也可以基于系统的结构，比如调用层次结构。

结构测试方法也同样可以运用到系统、系统集成或验收测试级别（比如业务模型或菜单结构）。

4）与变更相关的测试（再测试和回归测试）

当发现和修改了一个缺陷后，应进行再测试以确定已经成功地修改了原来的缺陷，这称为确认测试。

回归测试是对已被测过的程序在修改缺陷后进行的重复测试，以发现在这些变更后是否有新的缺陷引入或被屏蔽。这些缺陷可能存在于被测试的软件中，也可能在与之相关或不相关的其他软件组件中。当软件发生变更或者应用软件的环境发生变化时，需要进行回归测试。回归测试的规模可以根据在以前正常运行的软件中发现新的缺陷的风险大小来决定。

确认测试和回归测试可以重复进行。

回归测试可以在所有的测试级别上进行，同时适用于功能测试、非功能测试和结构测试。回归测试套件一般都会执行多次，而且通常很少有变动，因此将回归测试自动化是很好的选择。

5. 测试技术和方法

1）静态测试技术

静态测试（static testing）指不需要运行软件的测试，包括评审和静态分析。评审是对软件不可运行的组成部分进行的测试，例如测试产品说明书，对此进行检查和审阅。静态分析是指不运行被测程序本身，仅通过分析或检查源程序的文法、结构、过程、接口等来检查程序的正确性。静态分析通过程序静态特性的分析，找出欠缺和可疑之处，例如不匹配的参数、不适当的循环嵌套和分支嵌套、不允许的递归、未使用过的变量、空指针的引用和可疑的计算等。静态测试结果可用于进一步的查错，并为测试用例的选取提供指导。

静态测试常用工具有 Logiscope、PRQA 等。

与要求运行软件的动态测试技术不同，静态测试技术通过手工检查（评审）或自动化分析（静态分析）的方式对代码或者其他的项目文档进行检查而不需要执行代码。

评审是对软件工作产品（包括代码）进行测试的一种方式，可以在动态测试执行之前进行。在生命周期早期的评审过程中发现并修改缺陷（例如发现需求中的缺陷）的成本会比在动态测试中才发现并修改这些缺陷的成本低得多。

评审可以完全以人工的方式进行，也可以通过工具的支持来进行。人工进行评审的主要活动是检查工作产品，并对工作产品做出评估。可以对任何软件工作产品进行评审，包括需求规格说明、设计规格说明、代码、测试计划、测试说明、测试用例、测试脚本、用户指南或 Web 页面等。

软件评审的主要好处有：尽早发现和修改缺陷、改善开发能力、缩短开发时间、缩减测试成本和时间、减少产品生命周期成本、减少缺陷以及改善沟通等。评审也可以在工作产品中发现一些遗漏的内容，例如发现需求有遗漏，而这在动态测试中是很难被发现的。

静态测试（评审、静态分析）和动态测试具有共同的目标——识别缺陷。它们之间是互补的——不同的技术可以有效和高效地发现不同类型的缺陷。与动态测试相比，静态技术发现的是软件失效的原因（缺陷），而不是失效本身。

与动态测试相比，通过评审更容易发现如下典型缺陷：与标准之间的偏差、需求内的错误、设计错误、可维护性不足和错误的接口规格说明等等。

2）评审过程

评审类型是多样化的，可以是非常不正式的评审（例如评审者没有书面指导性资料可参考），也可以是非常正式的评审（有团队参与、书面的审查结果和管理审查的书面步骤）。评审过程的正式性与以下因素相关：开发过程的成熟度、法律法规方面的要求或审核跟踪的需要。

如何开展评审由评审的目标决定（如，发现缺陷、增加理解、培训测试员和团队新成员或对讨论和决定达成共识等）。

（1）正式评审的阶段。

典型的正式评审由下面几个主要阶段组成。

① 计划阶段：

- 定义评审标准。
- 选择人员。
- 分配角色。
- 为更加正式的评审类型（比如审查）制定入口和出口准则。
- 选择需要进行评审的文档的内容。
- 核对入口准则（针对更正式的评审类型）。

② 预备会阶段：

- 分发文档。
- 向评审参与者解释评审的目标、过程和文档。

③ 个人准备阶段：

- 先行评审文档，为评审会议做准备。
- 标注可能的缺陷、问题和建议。

④ 检查/评价/记录结果（评审会议阶段）：

- 讨论和记录，并留下文档化的结果或会议纪要（针对更正式的评审类型）。
- 标注缺陷、提出处理缺陷的建议、对缺陷作出决策。
- 在任何形式的会议期间或跟踪任何类型的电子通信期间检查/评价和记录问题。

⑤ 返工阶段：

- 修改发现的缺陷（通常由作者来进行）。
- 记录缺陷更新的状态（在正式评审中）。

⑥ 跟踪结果阶段：

- 检查缺陷是否已得到解决。
- 收集度量数据。
- 核对出口准则（针对更正式的评审类型）。

（2）角色和职责。

典型的正式评审主要有下面几种角色：

- 经理：决定是否需要进行评审，在项目计划中分派时间，判断是否已达到评审的目标。
- 主持人：主持文档或文档集的评审活动，包括策划评审、召开会议和会议后的跟踪。假如需要，主持人可能还需要进行不同观点之间的协调。主持人通常是评审成功与否的关键。
- 作者：待评审文档的作者或主要责任人。

- 评审员：具有专门技术或业务背景的人员[也称为检查员(checker)或审查员(inspector)]。他们在必要的准备后，标识和描述被评审产品存在的问题(如缺陷)。所选择的评审员应该在评审过程中代表不同的观点和角色，并且应该参与各种评审会议。
- 记录员：记录所有的事件、问题，以及在会议过程中识别的未解决的问题。

从不同的角度评审软件和其相关工作产品并使用检查表可以提高评审的效果和效率。例如，从用户、维护人员、测试人员或操作者的角度编写检查表，或从典型需求问题设计检查表都有助于揭示之前未检测到的问题。

3）评审类型

一篇文档可能需要经历多次评审。如果使用了不止一种评审类型，则评审的顺序可能会有所变化。比如，技术评审之前可能会进行非正式评审，或在客户走查之前可能进行需求规格说明审查。常用评审类型的主要特点、选项和目的如下：

非正式评审：

- 没有正式的过程。
- 可以是由程序员的同行们或技术负责人对设计和代码进行评审。
- 评审结果可以文档化。
- 根据不同的评审者，评审作用可能会不同。
- 主要目的：以较低的成本获得收益。

走查：

- 由作者主持开会。
- 以场景、演示的形式和同行参加的方式进行。
- 开放式模式。
- 评审人员预备会议是可选的。
- 包含一个发现问题的列表的评审报告是可选的。
- 记录员(不是作者本人)是可选的。
- 在实际情况中可以是非常正式的，也可能是非常不正式的。
- 主要目的：学习、增加理解、发现缺陷。

技术评审：

- 文档化和定义的缺陷检测过程，需要包含同行和技术专家。
- 可能是没有管理者参与的同行评审。
- 理想情况下由专门接受过培训的主持人(不是作者本人)来领导。
- 会议之前需要进行准备。
- 使用检查表是可选的。
- 准备评审报告，包括发现问题的列表、软件产品是否符合需求的判断，对发现的问题提出建议。
- 在实际情况中可以是在不正式和非常正式之间。
- 主要目的：讨论、作决策、评估候选方案、发现缺陷、解决技术问题、检查与规格及标准的符合程度。

审查：

- 由接受过专门培训的主持人(不是作者本人)来领导。

- 通常是同行检查。
- 定义了不同的角色。
- 引入了度量。
- 根据入口、出口规则的检查列表和规则定义正式的评审过程。
- 会议之前需要进行准备。
- 出具审查报告和发现问题列表。
- 正式的跟踪过程(过程改进部分是可选的)。
- 朗读者是可选的。
- 主要目的：发现缺陷。

走查、技术评审和审查可以是在同行，即由同一组织级别内的同事内部举行，这种评审类型称为同行评审。

4) 评审成功的因素

评审成功的因素包括：

- 每次评审都有预先明确定义的目标。
- 针对评审目标，有合适的评审人员的参与。
- 测试人员参加评审有利于为后续测试工作做准备。
- 对发现的缺陷持欢迎态度，并客观地描述缺陷。
- 能够正确处理人员之间的问题以及心理方面的问题(比如对作者而言，能让他觉得有积极、正面的体验)。

评审应该在一种信任的气氛中进行，并且结果不应用于对参与者的评价。

- 采用的评审技术适合于要达到的目标、软件工作产品的类型和级别以及参与评审的人员。
- 选用合适的检查表或定义合适角色，可以提高缺陷识别的有效性。
- 提供评审技术方面的培训，特别是针对正式的评审技术，比如审查。
- 管理层对良好评审过程的支持(如在项目计划中安排足够的时间来进行评审活动)。
- 强调学习和过程的改进。

5) 静态分析的工具支持

静态分析的目的是发现软件源代码和软件模型中的缺陷。静态分析的执行并不需要使用工具去实际运行被测软件。而动态测试是真正运行软件的代码。静态分析可以定位那些在测试过程很难发现的缺陷。与评审一样，静态分析通常发现的是缺陷而不是失效。静态分析工具能够分析程序代码(比如控制流和数据流)，以及产生如 HTML 和 XML 的输出。

静态分析的好处如下：

- 在测试执行之前尽早发现缺陷。
- 通过度量的计算(比如高复杂性测量)，早期警示代码和设计可能存在问题的方面。
- 可以发现在动态测试过程不容易发现的一些缺陷。
- 可以发现软件模块之间的相互依赖性和不一致性，例如链接。
- 改进代码和设计的可维护性。
- 在开发过程中学习经验教训，从而预防缺陷。

通过静态分析工具能够发现的典型缺陷如下：

- 引用一个没有定义值的变量。
- 模块和组件之间接口不一致。
- 从未使用的变量。
- 不可达代码或死代码。
- 逻辑上的遗漏与错误(潜在的无限循环)。
- 过于复杂的结构。
- 违背编程规则。
- 安全漏洞。
- 代码和软件模型的语法错误。

开发人员通常在组件测试和集成测试之前或期间,或当代码嵌入到配置管理工具时使用静态分析工具(按照预先定义的规则或编程规范进行检查),而设计人员在软件建模期间也使用静态分析工具。静态分析工具会产生大量的警告信息,需要很好地管理这些信息,从而有效地使用静态分析工具。

编译器也可以为静态分析提供一些帮助,包括度量的计算。

6) 动态测试技术

动态测试(Dynamic testing)是指通过运行软件来检验软件的动态行为和运行结果的正确性。动态测试技术可以分为三类:黑盒测试、白盒测试和基于经验的测试。

将测试技术分为黑盒测试与白盒测试是一种比较传统的分类方法。黑盒测试设计技术(也称为基于规格说明的测试技术)是依据分析测试基础文档来选择测试条件、测试用例或测试数据的技术。它包括了功能和非功能的测试。黑盒测试,顾名思义,不需要使用任何关于被测组件或系统的内部结构信息。白盒测试是基于分析被测组件或系统的结构的测试技术。黑盒测试和白盒测试也可以与基于经验的技术结合,以补充开发人员、测试人员和用户的经验,从而决定什么应该被测试。

有些技术可以明确地归为单一的类,而有些可以属于不同的类别。

(1) 白盒测试。

白盒测试(white box testing)又称基于结构的测试或者逻辑驱动测试。

白盒测试将测试对象看作一个打开的盒子。利用白盒测试法进行动态测试时,需要测试软件产品的内部结构和处理过程,不需测试软件产品的功能。

白盒测试法的覆盖标准有逻辑覆盖、循环覆盖和基本路径覆盖。其中逻辑覆盖包括语句覆盖、判定覆盖、条件覆盖、判定/条件覆盖、条件组合覆盖和路径覆盖。

白盒测试是知道产品内部工作过程,可通过测试来检测产品内部动作是否按照规格说明书的规定正常进行,按照程序内部的结构测试程序,检验程序中的每条通路是否都能按预定要求正确工作,而不顾它的功能,主要用于软件验证。

白盒测试常用工具有Jtest、VcSmith、Jcontract、C++ Test、CodeWizard、Logiscope等。

基于结构的测试技术具有以下共同特点:

- 根据软件的结构信息设计测试用例,比如软件代码和详细设计信息。
- 可以通过已有的测试用例测量软件的测试覆盖率,并通过系统化的导出设计用例来提高覆盖率。

(2) 黑盒测试。

黑盒测试(black box testing),又称基于规格说明的测试或者数据驱动测试。

黑盒测试是根据软件的规格对软件进行的测试,这类测试不考虑软件内部的运作原理,因此软件对用户来说就像一个黑盒子。

使用黑盒测试技术,软件测试人员从用户的角度,通过各种输入并观察软件的各种输出结果来发现软件存在的缺陷,而不关心程序具体如何实现。

黑盒测试常用工具有 AutoRunner、Winrunner 等。

基于规格说明的测试技术具有以下共同特点:

- 使用正式或非正式的模型来描述需要解决的问题、软件或其组件等。
- 根据这些模型,可以系统地导出测试用例。

白盒测试技术主要用于单元测试;黑盒测试技术主要用于系统测试。我们将在第 4 章和第 6 章详细讲解。

(3) 基于经验的软件测试技术。

基于经验的测试是根据测试人员对相似的应用或技术的经验以及知识和直觉来进行测试的,如果是用来协助系统化的测试方法,这些技术能够识别一些正式技术不能获取的特殊测试,特别是当用在正式技术之后会更有效。但是,这种技术依据测试员的经验,所以产生的效果会有极大的不同。

一个比较常见的基于经验的技术是错误推测法。一般情况下,测试人员是靠经验来预测缺陷。错误推测法的一个结构化方法是列举可能的错误,并设计测试来攻击这些错误,这种系统的方法称为缺陷攻击。可以根据经验、已有的缺陷、失败数据以及有关软件失败的常识等方面的知识来设计这些缺陷和失效的列表。

探索式软件测试是另一种基于经验的软件测试技术,探索式软件测试是指依据包含测试目标的测试章程来同时进行测试设计、测试执行、测试记录和学习,并且是在规定时间内进行的。这种方法在规格说明较少或不完备且时间压力大的情况下使用更有帮助,或者作为对其他更为正式的测试的增加或补充。它可以作为测试过程中的检查,有助于发现最为严重的缺陷。

基于经验的测试技术具有以下共同特点:

- 测试用例根据参与人员的经验和知识来编写。
- 测试人员、开发人员、用户和其他的利益相关者对软件、软件使用和环境等方面所掌握的知识作为信息来源之一。
- 对可能存在的缺陷及其分布情况的了解作为另一个信息来源。

(4) 基于模型的软件测试技术。

基于模型的测试(model based testing,MBT)是一种根据模型来设计测试的高级测试方法。基于模型的测试方法支持并拓展了传统测试设计技术,比如我们熟悉的等价类划分、边界值分析、决策表、状态转换测试和用例测试等传统测试设计技术。基于模型的测试的基本思想是通过以下内容提高测试设计和测试实现活动的质量和效率:

- 基于项目的测试目标设计一个综合的 MBT 模型。通常这个综合的 MBT 模型是利用工具完成的。
- 将模型作为一种测试设计规格说明提供给测试工程师。这时模型应该包含高度格式化和详细的信息,这样才能保证能从模型自动导出测试用例。

MBT 模型及其工件应该是与组织的过程紧密结合的，也应该与方法、技术环境、工具，以及任何特定的生命周期过程紧密结合。

7）测试技术的选择

测试技术的选择基于下面的几个因素，包括系统类型、法律法规标准、客户或合同的需求、风险的级别、风险的类型、测试目标、文档的可用性、测试员的技能水平、时间和成本预算、开发生命周期、用例模型和以前发现各类缺陷的经验等。

有些测试技术适合于特定的环境和测试级别，而有些则适用于所有的测试级别。

在建立测试用例时，测试人员通常会组合多种测试技术并结合流程、规则和数据驱动技术来保证对测试对象足够的覆盖率。

1.4　测试心理学与职业道德

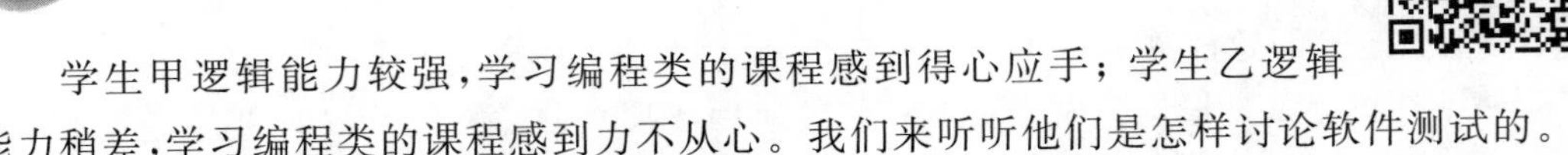

学生甲逻辑能力较强，学习编程类的课程感到得心应手；学生乙逻辑能力稍差，学习编程类的课程感到力不从心。我们来听听他们是怎样讨论软件测试的。

学生甲：程序员是一个高薪职位，工作富有挑战性，我将来要做一个程序员。

学生乙：我学不会编程，只能做一个测试员了。

学生甲和学生乙在学校的校企合作项目中分别担任程序员和测试员。学生乙测试软件时发现了一个软件错误。

学生乙：学生甲，你是怎么搞的，程序中还有这样严重的错误。

学生甲：呵呵。

这个案例反映了一个普遍现象，其中涉及测试心理学和职业道德问题。

1.4.1　测试心理学

软件测试未受到重视的一个重要原因是人们的心理因素。从软件系统开发者的角度，软件开发工作的目标是使系统能够运转起来，这是富有刺激性和创造性的任务。当付出的精力逐渐变为成果时，人们不愿做那些后续的既麻烦又可能否定自己成果的测试工作，也不愿意让别人给自己开发的软件挑毛病。正如 Myers 所说的那样，软件测试是设法从程序中找错的破坏性过程。测试人员和开发人员的这一对抗心理，在一段时间内成为测试工作的障碍，极大地影响了测试技术的发展。

在测试和评审中使用的思维方式，与在项目分析和开发中使用的不同。具有正确思维方式的开发人员可以测试他们自己写的代码。但通常将此职责从开发人员分离给测试人员，有助于开发人员集中精力，并且具有以下额外优势，例如，通过培训和使用专业的测试资源获得独立的观点。独立测试可以应用于任何测试级别。

一定程度的独立（可以避免开发人员对自己代码的偏爱）通常可以更加高效地发现软件缺陷和软件存在的失效。但独立不能替代对软件的熟悉和经验，开发人员同样也可以高效地在他们自己的代码中找出很多缺陷。

测试与开发独立是相对的，可以列出如下独立级别（从低到高）：

- 测试由软件本身编写的人员来执行（低级别的独立）。

- 测试由一个其他开发人员(如来自同一开发小组)来执行。
- 测试由组织内的一个或多个其他小组成员(如独立的测试小组)或测试专家(如可用性或性能测试专家)来执行。
- 测试由来自其他组织或其他公司的成员来执行(如测试外包或其他外部组织的鉴定)。

测试的目标驱使着小组成员和项目的活动。小组成员将根据管理层或其他利益相关者设定的目标对他们的计划进行调整,比如需要发现更多的缺陷,或确认软件是否满足其目标。因此,对测试的目标进行清晰的设定是非常重要的。

测试过程中发现的失效,可能会被看成是测试员对产品和作者的指责。因此,测试通常被认为是破坏性的活动,即使它对于管理产品风险非常有建设性作用。在系统中发现失效需要测试员具有一颗好奇心、专业的怀疑态度、一双挑剔的眼睛、对细节的关注、与开发人员良好的沟通能力以及对常见的错误进行判断的经验。

假如可以用建设性的态度对发现的缺陷或失效进行沟通,就可以避免测试员、分析人员、设计人员和开发人员之间的不愉快。这个道理不仅适用于文档的评审过程,同样也适用于测试过程。

在以建设性的方式讨论缺陷、进度和风险时,测试员和测试的负责人都需要具有良好的人与人之间沟通的能力。对于软件代码或文档的作者,缺陷信息可以帮助他们来提高他们的技术水平。如果在测试阶段发现和修复缺陷,就可以为后期(例如在正式的使用时)节省时间和金钱,而且可以降低风险。

沟通方面的问题经常会发生,特别是当测试员只是被视为不受欢迎的缺陷消息的传递者的时候。测试员和其他小组成员之间的沟通应该遵循的原则如下:

- 以合作而不是争斗的方式开始项目,时时提醒项目的每位成员:共同目标是追求高质量的产品。
- 对产品中发现的问题以中性的和以事实为依据的方式来沟通,而不要指责引入这个问题的小组成员或个人。比如,客观而实际地编写缺陷报告和评审发现的问题。
- 尽量理解其他成员的感受,以及他们为什么会有这种反应。
- 确信其他成员已经理解你的描述,反之亦然。

1.4.2 职业道德

在软件测试中包含了使个人可以获取保密的、授权的信息。为保证信息规范化使用,需要遵循必要的职业道德。ISTQB 借鉴、引用了 ACM 和 IEEE 对于工程师道德规范,陈述职业道德规范如下:

公共——认证测试工程师应当以公众利益为目标。

客户和雇主——在保持与公众利益一致的原则下,认证测试工程师应注意满足客户和雇主的最高利益。

产品——认证测试工程师应当确保他们提供的(在产品和系统中由他们测试的)发布版本符合最高的专业标准。

判断——认证测试工程师应当维护他们职业判断的完整性和独立性。

管理——认证软件测试管理人员和测试领导人员应赞成和促进对软件测试合乎道德规范的管理。

专业——在与公众利益一致的原则下，认证测试工程师应当推进其专业的完整性和声誉。

同事——认证测试工程师对其同事应持平等互助和支持的态度，并促进与软件开发人员的合作。

自我——认证测试工程师应当参与终生职业实践的学习，并促进合乎道德的职业实践方法。

1.5 软件测试技术的发展趋势

软件测试技术随着软件开发技术的发展而不断发展，下面根据网络上搜集的资料，整理列出软件测试技术的一些发展趋势。

1.5.1 自动化软件测试技术应用越来越普遍

由于软件测试很大程度上是一种重复性工作，这种重复性表现在同样的一个功能点或是业务流程的测试需要借助于不同类型的数据驱动而执行很多遍。同时，由于某一个功能模块的修改有可能影响到其他模块，因此需要对可能影响的模块进行再测试（回归测试）。回归测试可以执行以前用过的测试用例。另外，自动化测试工具可以实现人们用手工无法实现的工作，如负载测试工具可以同时模拟成千上万的用户并发操作，弥补了人工测试的不足。正是基于以上原因，人们提出了自动化测试技术，同时计算机技术的发展也为自动化测试的实现提供了条件。目前比较常见的自动化测试技术的应用体现为功能测试工具和负载压力测试工具。

在这个快速变化发展的时代，任何一款产品想要在市场具备竞争力，必须能够快速适应和应对变化，要求产品开发过程具备快速持续的高质量交付能力。而要做到快速持续的高质量交付，自动化测试将必不可少。同时，自动化测试也不是用代码或者工具替代手工测试那么简单，具有新的特点和趋势：针对不同的产品开发技术框架有着不同的自动化技术支持，针对不同的业务模式需要不同的自动化测试方案，从而使得自动化测试有着更好的可读性、更低的实现成本、更高的运行效率和更有效的覆盖率。下述六点很好地体现了自动化测试的新特点、新趋势：

- 针对微服务的消费端驱动的契约测试（consumer-driven contract testing），有助于解决随着服务增多带来集成测试效率低和不稳定的问题。消费端驱动的契约测试是成熟的微服务测试策略中的核心组成部分。
- 专门用于测试和验证 RESTful 服务的工具 REST-assured，它是一个 Java DSL，使得为基于 HTTP 的 RESTful 服务编写测试变得更加简单。REST-assured 支持不同类型的 REST 请求，并且可以验证请求从 API 返回的结果。它同时提供了 JSON 校验机制，用于验证返回的 JSON 数据是符合预期的。
- Android 系统功能测试工具 Espresso，其微小的内核 API 隐藏了复杂的实现细节，并帮助我们写出更简洁、快速、可靠的测试用例。
- ThoughtWorks 开源的轻量级跨平台测试自动化工具 Gauge，支持用业务语言描述测试用例，支持不同的编程语言，支持所支持平台的并行执行。

- 用于针对 UI 的自动化测试构建页面描述对象的 Ruby 库 Pageify，该工具关注更快地执行测试以及代码的可读性，并可以很好地配合 Webdriver 或是 Capybara 使用。
- 专门用于 iOS 应用开发的开源行为驱动开发测试框架 Quick，支持 Swift、Objective-C，它和用来做测试验证的 Nimble 捆绑发布。Quick 主要用于 Swift 和 Objective-C 程序行为的验证。它与 RSpec 和 Jasmine 具有相同的语法风格，基础环境很容易建立。Quick 良好的结构和类型断言使得测试异步程序更加容易。Quick 拥有现成的 Swift 和 Objective-C 规范文件模板，开发者只需简单几步，即可对应用进行快速测试。

工具很重要，设计不可少！自动化测试工具林林总总，选用时需要重视以下几点：

- 综合考虑项目技术栈和人员能力，采用合适的框架来实现自动化。
- 结合测试金字塔和项目具体情况，考虑合适的测试分层，如果能够在底层测试覆盖的功能点一定不要放到上层的端到端测试来覆盖。
- 自动化测试用例设计需要考虑业务价值，尽量从用户真实使用的业务流程/业务场景出发来设计测试用例，让自动化测试优先覆盖到最关键的用户场景。
- 同等看待测试代码和开发代码，让其作为产品不可分割的一部分。

但就自动化测试技术的使用情况来看，大多数公司是使用负载测试工具进行性能测试。由于国内的软件开发过程不是很规范，软件产品相对不够成熟，大多数软件往往不具备自动化功能测试工具应用的条件。功能自动化测试工具大规模的应用还需要一定的时间。

1.5.2 测试技术不断细分

纵观测试技术在中国的发展历程，可以看到，软件测试技术正在经历不断细分的过程，这种现象符合事物的发展规律。因为人们对事物的认识总是由浅入深，由最初粗浅的认识到越来越系统化。

最初大家只是关注软件功能测试，引进了功能测试技术理论，如大家所熟知的等价类划分法、边界值法等。近年来，随着人们对软件质量重视程度的提高，人们不再满足于软件功能的实现，更看重于软件产品或系统的性能。加上测试工作者及测试厂商的努力，性能测试工具得到了较为广泛的应用。在性能测试方面的实践不断得到积累，测试工作者们总结出在性能测试方面的一些理论与方法，如负载测试、压力测试、大数据量测试等。相信在不久的将来，在性能测试方面，还会有新的理论方法补充进来。除此之外，根据软件应用领域及软件类型的不同，出现了一些更加专业的测试技术类型。下面挑选几种主要的测试技术进行介绍。

1. Web 应用软件测试

B/S 架构的大行其道，催生了人们对 Web 应用软件测试的研究。Web 应用软件的测试继承了传统测试方法，同时结合了 Web 应用的特点。比起任何其他类型的应用，Web 应用运行在更多的硬件和软件平台上，这些平台的性质可在任何时间改变，完全不在 Web 应用开发人员的知识或控制之内。2003 年电子工业出版社引进了美国 Hung Q. Nguyen 所著的《Web 应用测试》，2009 年由刘德宝所著的《Web 项目测试实战 》面市。随着 Web 应用的不断发展,也同样衍生出一些新的研究方向,如云计算测试、针对SASS应用的测试等。

2. 手机软件测试

出现手机软件测试这个研究分支,主要是因为手机在中国应用特别普遍,使用范围很广,围绕手机所出现的软件种类越来越丰富,有很多专门从事手机软件的开发公司,于是自然而然出现了一批手机软件测试的工程师。同时由于手机软件的特殊性,如使用一些专门的操作系统,加上手机内存及CPU相对较小等特点,手机软件的测试有其特殊的技术方法,2009年电子工业出版社出版了《手机软件测试最佳实践》一书,手机软件测试越来越受到大家的关注。

3. 嵌入式软件测试

随着信息技术和工业领域的不断融合,嵌入式系统的应用越来越广泛。可以预言,嵌入式软件将有更为广阔的发展空间。对于嵌入式软件的测试也将有着很大的市场需求。

由于嵌入式系统的自身特点,如实时性(Real-timing)、内存不丰富、I/O通道少、开发工具昂贵、与硬件紧密相关、CPU种类繁多等等,嵌入式软件的开发和测试也就与一般商用软件的开发和测试策略有了很大的不同,可以说嵌入式软件是最难测试的一种软件。

4. 安全性测试

近些年来,随着计算机网络的迅速发展和软件的广泛应用,软件的安全性已经成为备受关注的一个方面,渐渐融入人们的生活,成为关系到金融、电力、交通、医疗、政府以及军事等各个领域的关键问题。尤其在当前黑客肆虐、病毒猖獗的网络环境下,越来越多的软件因为自身存在的安全漏洞,成为黑客以及病毒攻击的对象,给用户带来严重的安全隐患。软件安全漏洞造成的重大损失以及还在不断增长的漏洞数量使人们已经开始深刻认识到软件安全的重要性。20世纪90年代,信息安全学者、计算机安全研究人员就开始了对计算机安全问题的研究,安全性测试成为软件测试技术的一个重要分支。

安全测试贯穿整个软件生命周期。同时,给软件测试人员带来了更多的机遇和挑战,要求具备更多的安全相关知识(其中还包括更多的计算机基础知识);掌握已有的安全测试相关技术,从而在软件开发的各个阶段做好安全相关的分析和测试工作。尽管有些团队已经将安全与整个开发实践结合起来,但培养每个人在每个阶段的安全意识是相当重要的,探索新的安全测试技术、方法还有很大空间。

安全测试相关的技术和工具有很多,例如,Bug bounties、威胁建模(Threat Modeling)、ZAP和Sleepy Puppy。

Bug bounties是一个安全漏洞举报奖励制度,越来越多的组织开始通过Bug bounties鼓励记录常见的安全相关的Bug,帮助提高软件质量。威胁建模是一组技术,主要从防御的角度出发,帮助理解和识别潜在的威胁。当把用户故事变为"邪恶用户故事"时,这样的做法可给予团队一个可控且高效的方法,使他们的系统更加安全。

ZED Attack Proxy (ZAP)是一个OWASP的项目,允许你以自动化的方式探测已有站点的安全漏洞。可以用来做定期的安全测试,或者集成到CD的Pipleline中提供一个持续的常规安全漏洞检测。使用ZAP这样的工具并不能替换掉对安全的仔细思考或者其他的系统测试,但是作为一个保证系统更安全的工具,还是很值得添加到你的工具集里。

Sleepy Puppy是Netflix公司近期开源的一款盲打XSS收集框架。当攻击者试图入侵第二层系统时,这个框架可用于测试目标程序的XSS漏洞。XSS漏洞是OWASP的Top10的安全威胁,Sleepy Puppy可以用来同时为几个应用完成自动安全扫描。它可以自定义盲打方式,简化了捕获、管理和跟踪XSS漏洞的过程。Sleepy Puppy还提供了API供ZAP之类的漏洞扫描工具集成,从而支持自动化安全扫描。

5. 可靠性测试

软件可靠性是指"在规定的时间内,规定的条件下,软件不引起系统失效的能力,其概率度量称为软件可靠度"。软件可靠性测试是指为了保证和验证软件的可靠性要求而对软件进行的测试。其采用的是按照软件运行剖面(对软件实际使用情况的统计规律的描述)对软件进行随机测试的测试方法。

软件可靠性测试不同于硬件可靠性测试,这主要是因为二者失效的原因不同。硬件失效一般是由于元器件的老化引起的,因此硬件可靠性测试强调随机选取多个相同的产品,统计它们的正常运行时间。正常运行的平均时间越长,则硬件就越可靠。软件失效是由设计缺陷造成的,软件的输入决定是否会遇到软件内部存在的故障。因此,使用同样一组输入反复测试软件并记录其失效数据是没有意义的。在软件没有改动的情况下,这种数据只是首次记录的不断重复,不能用来估计软件可靠性。软件可靠性测试强调按实际使用的概率分布随机选择输入,并强调测试需求的覆盖面。软件可靠性测试也不同于一般的软件功能测试。相比之下,软件可靠性测试更强调测试输入与典型使用环境输入统计特性的一致,强调对功能、输入、数据域及其相关概率的先期识别。测试用例的设计策略也不同,软件可靠性测试必须按照使用的概率分布随机地选择测试用例,这样才能得到比较准确的可靠性估计,也有利于找出对软件可靠性影响较大的故障。

1.5.3 云技术、容器化和开源工具使得测试成本下降

测试环境的准备在过去是一个比较麻烦和昂贵的事情,很多组织由于没有条件准备多个测试环境,导致测试只能在有限的环境中进行,从而可能遗漏一些非常重要的缺陷,测试的成本和代价很高。随着云技术的发展,多个测试环境不再需要大量昂贵的硬件设备来支持,加上以Docker为典范的容器技术生态系统也在逐步成长和成熟,创建和复制测试环境变得更加简单,成本也大大降低。

1. 云测试平台

云测试平台如雨后春笋般涌现,下面介绍常见的几种。

1) Sauce Labs(saucelabs. com)

Sauce Labs是一个提供自动化功能测试的云测试服务公司,它的一个吸引人的地方就是写一个测试可以测试N个平台的M个浏览器的Z个版本。2008年创立于旧金山的Sauce Labs开始提供网站测试服务,四年后业务扩展到Android、iOS和Mac OS应用。Sauce Labs的测试平台向开发者提供基于云端的自动化测试服务,帮助开发者在整个开发周期中对Web和App应用的Bug进行持续测试,测试范围涵盖超过800种浏览器、操作系

统和设备组合。Salesforce、Lyft、Zendesk、Intuit、Visa 和 Paypal 都是 Sauce Labs 的客户。

值得一提的是，从 Node.js 到一些领先的持续集成系统，Sauce Labs 几乎适用于所有流行的开发工具。在平台中设置好项目后，开发人员可以使用 Selenium、Appium 或 Sauce Labs 支持的其他开源自动化工具执行预置的测试。

2) Xamarin Test Cloud(testcloud.xamarin.com)

Xamarin Test Cloud 是 Xamarin 工具包中的工具之一，Xamarin 的产品简化了针对多种平台的应用开发，包括 iOS、Android、Windows Phone 和 Mac App。作为一个跨平台开发框架，Xamarin 有很多优点。在这一框架内，开发 iOS、Android、Windows Phone 和 Mac App 应用可以不用转到 Eclipse 或者额外购买 Mac 并使用 Xcode，而继续在 Visual Studio 之中使用 C# 与.NET Framework 进行。

Xamarin Test Cloud 的主要特点如下：

- 通过 Cucumber 用 C# 和 Ruby 来编写测试程序。
- 在 Xamarin Studio 或 Visual Studio 中以 C# 编写测试程序。
- 集成标准 NUnit 测试运行器。
- iOS 和 Android 不同平台间可共享测试代码。
- Visual Studio Online 中自动运行 Xamarin Test Cloud，并创建和获得工作项目以便你了解需要修复什么问题。
- 通过自定义的编译后的命令来与 TFS、Jenkins、TeamCity 或任何持续集成系统进行集成。

3) TestDroid(bitbar.com/testing)

TestDroid 是一项帮助开发者从事手机应用测试的云端服务。由 Bitbar 公司推出，该公司获得了来自 DFJ Esprit、Qualcomm Ventures 等风险投资公司的 300 万美元融资。

开发者们可以将开发完毕等待测试的应用上传到 TestDroid，该服务提供了 200 多种不同移动端设备，以供测试，包括智能手机、平板电脑甚至是相机。一些知名公司例如 Evernote 和 Flipboard 已经开始使用这项服务。尽管从字面意思看来，TestDroid 似乎是针对 Android 应用测试，实际上它的测试范围已经包括了 iOS 和 HTML5。

4) Google Cloud Test Cloud (https://firebase.google.cn)

Google 为构建和测试提供了云平台，其中的 Android 测试实验室在由 Google 托管的虚拟和真机设备上为你的应用运行自动化和自定义测试。在整个开发生命周期中使用 Firebase 测试实验室来查找错误和不一致的地方，这样就可以在各种设备上提供优质的体验。

5) AWS Device Farm (https://aws.amazon.com/device-farm/)

AWS Device Farm 是一项应用程序测试服务，让你可以立即在很多设备上测试 Android、iOS 和 Web 应用程序并与之交互，或者在设备上实时地重现问题、查看视频、屏幕截图、日志和性能数据，以便在推出应用程序前查明和解决问题并提高质量。

6) 贯众云测试(cloudtest.komect.com)

贯众云测试是中国移动旗下的云测试服务平台，目前拥有超过 60 款市面主流终端，支持 Android 及 iOS 系统。提供兼容性测试、功能测试、性能测试，稳定性测试(12 小时)及网络场景测试服务(2G/3G/4G)。缺点是终端数量较少，优点是功能较为全面，且基本功能都是免费，使用成本较低。

7）TestBird(www. testbird. com)

TestBird最初是从手游测试开始起步，在手游圈积累了很高的知名度，目前也在逐步向App测试领域进军，同时TestBird也加入了智能硬件的测试领域。不仅如此，TestBird同时也开发出云手机平台，提供3500部真机，支持Android和iOS，帮助开发者和测试者实现远程真机调试、自助功能测试和自动回归测试。

8）腾讯优测(utest. qq. com)

腾讯优测是腾讯旗下的云测试服务平台，拥有超过1000款测试终端，机型数量庞大，但仅支持Android，暂不支持iOS系统。提供兼容性测试服务，不提供性能测试、功能测试及稳定性测试服务。另外，腾讯优测还提供"云手机"服务，开发者可以远程控制测试终端，实时查看App安装、运行效果。

9）Testin(www. testin. cn)

Testin是国内较早涉足云测试领域的公司之一。Testin在云端部署了300多款、1000多部测试终端，终端种类及数量都比较全面，支持Android与iOS系统。

10）百度MTC(mtc. baidu. com)

百度MTC是百度开放平台旗下的移动云测试中心，提供超过500款热门机型，目前只支持Android系统，暂不支持iOS系统。提供的测试服务种类有兼容性测试、性能测试、功能测试，并且提供了脚本录制工具，类似Testin，但脚本录制工具更新速度较慢。

11）阿里MQC(mqc. aliyun. com)

阿里MQC是阿里巴巴旗下的移动测试平台，提供上百款测试终端，支持Android及iOS系统。提供兼容性测试、功能测试、性能测试以及稳定性测试(1小时)。测试脚本需使用Robotium或Appium测试框架编写，难度较高。MQC也提供了远程的真机调试，功能与腾讯优测类似。

2. 开源测试工具

大量开源测试工具的出现，而且这些工具往往都是轻量级的、简单易用，相对于那些重量级的昂贵的测试工具更容易被人们接受。有了这些开源工具的帮助，测试工作将更加全面、真实地覆盖到要测试的平台、环境和数据，将会加快测试速度、降低测试成本。更重要的一点，有了这些工具，让测试人员能有更多的时间来做测试设计和探索式软件测试等更有挑战性的事情，使得测试工作变得更加有趣。

开源工具有很多，例如Mountebank、Postman、Browsersync、Hamms、Gor和ievms等。

在企业级应用中，对组件进行良好的测试至关重要，尤其是对于服务的分离和自动化部署这两个关系到微服务架构是否成功的关键因素，需要更合适的工具对其进行测试。

Mountebank就是一个用于组件测试的轻量级测试工具，可以被用于对HTTP、HTTPS、SMTP和TCP进行模拟(mock)和打桩(stub)。

Postman是一个在Chrome中使用的REST客户端插件，通过Postman，可以创建请求并且分析服务器端返回的信息。这个工具在开发新的API或者实现对于已有API的客户端访问代码时非常有用。Postman支持OAuth1和OAuth2，并且对于返回的JSON和XML数据都会进行排版。通过使用Postman，可以查看通过Postman之前发起过的请求，并且可以非常友好地编辑测试数据去测试 API 在不同请求下的返回内容。

随着网站应用所支持设备的增多，花在跨设备测试上的代价也在不断增大。Browsersync 能够通过同步多个移动设备或桌面浏览器上的手工浏览器测试，极大地降低跨浏览器测试的代价。通过提供命令行工具以及 UI 界面，Browsersync 对 CI 构建非常友好，并且能够自动化像填写表单这样的重复任务。

在软件开发领域，盲目地假设网络总是可靠，服务器总是能够快速并正确地响应导致了许多失败的案例。Hamms 可以模拟一个行为损坏的 HTTP 服务器，触发一系列的失败，包括连接失败，或者响应缓慢，或者畸形的响应，从而帮助我们更优雅地测试软件在处理异常时的反应。

Gor 可以实时捕获线上 HTTP 请求，并在测试环境中重放这些 HTTP 请求，以帮助我们使用这些产品环境数据来持续测试系统。使用它之后可以大大提高我们在产品部署、配置修改或者基础架构变化时的信心。

尽管 IE 浏览器的使用量日益萎缩，但对很多产品而言，IE 浏览器的用户群依然不可忽视，浏览器兼容性仍然需要测试。这对于喜欢使用基于 UNIX 的操作系统进行开发的人来说还是件麻烦事。为了帮助解决这个难题，ievms 提供了实用的脚本来自动设置不同的 Windows 虚拟机镜像来测试从 IE6 到 Microsoft Edge 的各种版本浏览器。

1.5.4 测试驱动开发

盖房子的时候，工人师傅砌墙，会先用桩子拉上线，以使砖能够垒得笔直，因为垒砖的时候都是以这根线为基准的。软件开发能否像这样，先写测试代码，就像工人师傅先用桩子拉上线，然后编码的时候以此为基准，只编写符合这个测试的功能代码。

一个新手或菜鸟级的小师傅，可能不知道拉线，而是直接把砖往上垒，垒了一些之后再看是否笔直，这时候可能会用一根线，量一下砌好的墙是否笔直，如果不直再敲敲打打进行校正。使用传统的软件开发过程就像这样，先编码，编码完成之后才写测试程序，以此检验已写的代码是否正确，如果有错误再一点点修改。

上述盖房子的例子描述了一个重要概念——测试驱动开发(Test-Driven Development，简称 TDD)，它是一种不同于传统软件开发流程的新型开发方法。它要求在编写某个功能的代码之前先编写测试代码，然后只编写使测试通过的功能代码，通过测试来推动整个开发的进行。这有助于编写简洁可用和高质量的代码，并加速开发过程。

测试驱动开发不是一种测试技术，它是一种分析技术、设计技术，更是一种组织所有开发活动的技术。相对于传统的软件开发方法，它具有以下优势：

- TDD 根据客户需求编写测试用例，对功能的过程和接口都进行了设计，而且这种从使用者角度对代码进行的设计通常更符合后期开发的需求。因为关注用户反馈，可以及时响应需求变更，同时，因为从使用者角度出发的简单设计，也可以更快地适应变化。
- 出于易测试和测试独立性的要求，促使我们实现松耦合的设计，并更多地依赖接口而非具体的类，提高系统的可扩展性和抗变性。TDD 明显地缩短了设计决策的反馈循环，使我们在几秒或几分钟之内就能获得反馈。
- 将测试工作提到编码之前，并频繁地运行所有测试，可以尽量地避免错误和尽早地发现错误，极大地降低了后续测试及修复的成本，提高代码的质量。在测试的保护下，不断重构代码，以消除重复设计，优化设计结构，提高代码的重用性，从而提高软件产品的质量。

- TDD 提供了持续的回归测试，使我们拥有重构的勇气，因为代码的改动导致系统其他部分产生任何异常，测试都会立刻通知我们。完整的测试会帮助我们持续地跟踪整个系统的状态，因此我们就不需要担心会产生什么不可预知的副作用了。
- TDD 所产生的单元测试代码就是最完美的开发者文档，它们展示了所有的 API 是如何使用以及是如何运作的，而且它们与工作代码保持同步，永远是最新的。
- TDD 可以减轻压力、降低忧虑、提高我们对代码的信心、使我们拥有重构的勇气，这些都是快乐工作的重要前提。

测试驱动开发的技术已得到越来越广泛的重视，但由于发展时间不长，相关应用并不是很成熟。现今越来越多的公司都在尝试进行测试驱动开发，但由于测试驱动开发对开发人员要求比较高，更与开发人员的传统思维习惯相违背，因此实践起来有一定困难。美国不少著名软件公司如 IBM 很早就开始向敏捷转型，在此过程中，TDD 通常是最重要也最艰难的一个，正如 IBM 开发转型部门副总裁 Sue Mckinney 所言：测试驱动开发前景非常诱人，但是"在这个过程中我们的付出可能也是最多的。"Forrester 的高级分析师 Dave West 认为：测试驱动开发就像是"圣杯"，但是"如果能达到这个目标，付出再多的辛苦也是值得的。"

TDD 的兴起说明软件测试在软件开发过程中的作用越来越重要。

1.5.5 DevOps 越来越流行

DevOps 的含义是开发运维质量保证（Development and Operations，DevOps）的融合。当代软件企业或团队的主要目标是按时交付符合质量要求的软件产品，人们逐渐认识到开发、测试、交付的深度融合有助于实现组织的目标。DevOps 重视软件开发人员和运维人员的沟通合作，通过自动化流程来使得软件构建、测试、发布更加快捷、频繁和可靠。DevOps 希望做到的是软件产品交付过程中 IT 工具链的打通，使得各个团队减少时间损耗，更加高效地协同工作。互联网巨头如 Google、Facebook、Amazon、LinkedIn、Netflix、Airbnb，传统软件公司如 Adobe、IBM、Microsoft、SAP 等，或者网络业务非核心企业如苹果、沃尔玛、索尼影视娱乐、星巴克等都在采用 DevOps 或提供相关支持产品。

DevOps 越来越深入人心，DevOps 强化了测试先行（测试驱动开发），测试和开发同步进行，持续开发、持续测试、持续交付，是一种软件开发文化的转变。云技术的应用、DevOps 工具的出现为 DevOps 添上了一双翅膀，使得 DevOps 日益成熟，DevOps 将越来越流行。

1.5.6 探索式软件测试

探索式测试可以说是一种测试思维技术。它没有很多实际的测试方法、技术和工具，但是所有测试人员都应该掌握的一种测试思维方式。探索性强调测试人员的主观能动性，抛弃繁杂的测试计划和测试用例设计过程，强调在碰到问题时及时改变测试策略。

2010 年清华大学出版社出版的《探索式软件测试》全面地介绍了探索式软件测试，作者詹姆斯·惠特克(James Whittaker)在 Microsoft 和 Google 从事软件测试工作，而 Microsoft 和

Google 这两家著名公司在软件测试领域都有不俗的表现。惠特克还是基于模型的软件测试领域的先驱。

1.5.7 基于模型的软件测试

基于模型的测试(Model Based Testing,MBT)基于模型分析设计思想在测试领域的应用,模型的引入可有效提升测试分析设计的质量和效率,并对前端的需求分析,甚至后端的测试执行均产生深刻影响。

ISTQB 有专门的基于模型的测试大纲。Microsoft 公司提供了基于模型的测试(MBT)工具 Spec Explorer,华为公司在 2014 年 TOP100 全球软件案例研究峰会上报告了华为的基于模型测试的实践。

基于模型的测试工具有 Spec Explorer、Matelo、Conformiq Qtronic、Graphwalker 等。

1. Spec Explorer

Spec Explorer 是 Microsoft 发布的一款与 Visual Studio 紧密整合的 MBT 工具。用户可以通过 Spec Explorer 对一个软件系统的期望行为进行建模，并自动生成能够在 Visual Studio 测试框架下运行的测试代码。模型可以用当前主流的程序设计语言 C# 开发，然后通过 Cord 语言脚本对模型进行配置和裁剪。

详见官网：https://msdn.microsoft.com/en-us/library/ee620411.aspx。

2. Matelo

Matelo 是一个基于马尔可夫链模型的测试工具,来源于欧盟的一个项目。Matelo 基于马尔可夫链模型和静态测试方法来自动构建测试用例，支持结构分析并生成质量报告，可以在软件开发、测试过程中精确评估软件的可靠性和性能。当生成状态机图后，可使用用户定义的方式自动计算状态之间的迁移，进而对可靠性进行评估。

详见官网 http://www.all4tec.com/matelo。

3. Conformiq Qtronic

Conformiq Qtronic 是一个用于嵌入式软件开发、测试的 MBT 工具。Conformiq Qtronic 基于 UML 模型,关注自动化测试、执行和分析，使用 C/C++、C# 和 Java 作为建模语言。根据测试部署的 API 插件可以采用不同的方式执行测试。Conformiq Qtronic 测试生成器使用 UML 状态机作为测试模型，自动执行测试、生成报告。确定了 UML 状态图后，Conformiq 会进行模型分析，生成测试用例，对模型各个方面进行覆盖。此外，Conformiq 还可以对非确定行为生成测试用例。

详见官网 https://www.conformiq.com/。

4. GraphWalker

GraphWalker 是一个开源的基于模型的测试自动化工具。它使用有向图表示测试模型,依据测试模型和生成规则生成测试用例。

详见官网 http://graphwalker.github.io/。

实训任务

阅读如下材料，并按步骤做，体验基于模型的测试。

阅读材料

Spec Explorer 是 Microsoft 的基于模型的测试（MBT）工具，它扩展了 Visual Studio，提供高度集成的开发环境，可以创建行为模型。它也是图形分析工具，可用于检查这些模型的有效性以及基于这些模型生成测试用例。

使用基于模型的测试有利有弊。最明显的好处是，在完成可测试的模型后，按一下按钮就能生成测试用例。此外，模型必须预先形式化，这样才能实现对需求不一致的早期检测，帮助团队在预期行为方面保持正确。请注意，编写手动测试用例时，已经有“模型”，但它没有形式化，只是存在于测试者的脑海中。MBT 迫使测试团队清晰地传达出其有关系统行为的预期，并使用清楚的结构将这些预期编写出来。

另一个明显的优点是项目维护成本较低。系统行为的更改或新增功能可通过更新模型反映出来，这通常比逐个更改手动测试用例简单得多。有时，仅仅确定需要更改的测试用例就是一项非常耗时的任务。请注意，模型编写也是独立于实现或实际测试的工作。这就是说，团队中的不同成员可以同时进行不同的任务。

缺点是经常需要进行思维调整。这可能是这个方法的重大挑战之一。大家都知道的一个最重要的问题是：IT 从业者没有时间尝试新工具，使用这个方法的学习曲线不容忽视。应用 MBT 可能还需要进行一些流程更改，这也可能造成一些阻碍，具体取决于团队。

另一个不利之处是，与手动编写的传统测试用例相比，必须提前进行更多工作，因此需要花更多时间才能生成第一个测试用例。另外，测试项目需要有足够的复杂度，才值得进行投资。

幸运的是，我们认为有几条经验规则可帮助确定何时适合使用 MBT。第一个特征是，系统状态集无限，可以用不同的方式满足需求。系统是反应式或分布式，或具有异步或非确定性交互的系统，这是另一个特征。另外，如果方法有很多复杂参数，也说明适合用 MBT。

如果符合这些条件，MBT 都有重大意义，可以节省大量测试工作。Microsoft Blueline 是这方面的示例，在这个项目中，数百个协议验证为 Windows 协议遵从性计划的一部分。在这个项目中，使用 Spec Explorer 来验证实际协议行为的协议文档的技术准确性。这是繁重的工作，Microsoft 花费了 250 个人年进行测试。Microsoft Research 验证了一项统计信息研究，该项研究表明，使用 MBT 为 Microsoft 节省了 50 个人年的测试工作，换句话说，与传统测试方法相比，省去了大约 20% 的工作。

基于模型的测试是非常强大的方法，在传统测试方法的基础上增加了一种系统的方法。Spec Explorer 是成熟的工具，它在高度集成、最先进的开发环境中使用 MBT 概念，并且是免费的。

Spec Explorer 2010 的下载地址：https://marketplace.visualstudio.com/items?itemName=SpecExplorerTeam.SpecExplorer2010VisualStudioPowerTool-5089

操作步骤

Spec Explorer 2010 是 Visual Studio 的插件，需要先安装 Visual Studio 2010 或 2012，Spec Explorer 2010 安装成功后在 Visual Studio 的主菜单中将增加 Spec Explorer 菜单项。

以下以 Visual Studio 2010 为例介绍具体过程。首先在 Visual Studio 2010 中，新建项目 Test-Spec Explore Model，如图 1.11 所示。

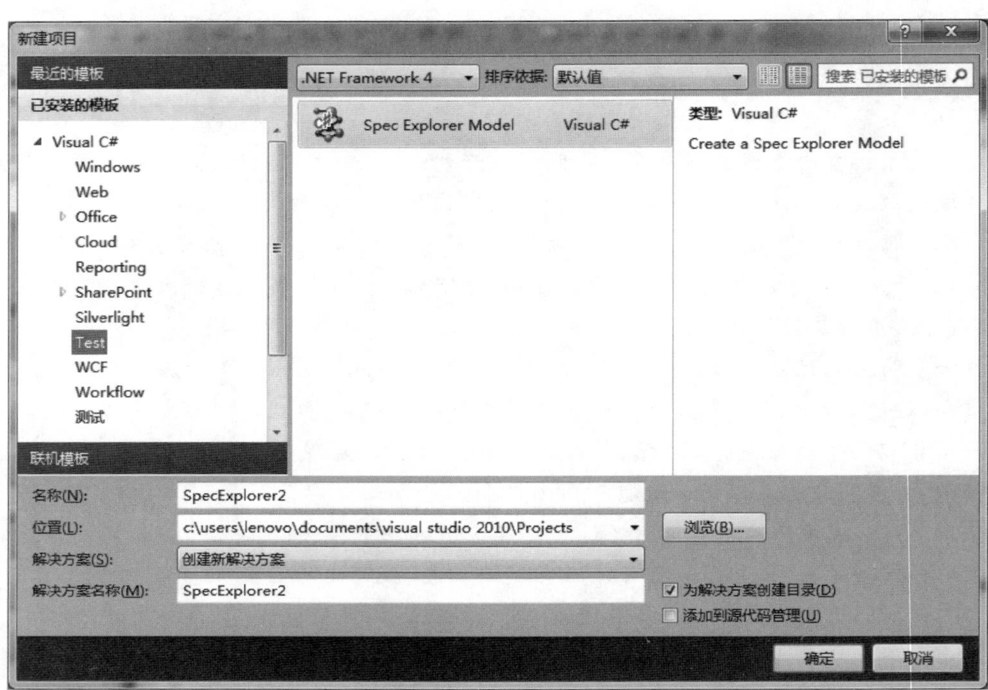

图 1.11　在 Visual Studio 中新建项目

输入项目名称，单击“确定”按钮，如图 1.12 所示。

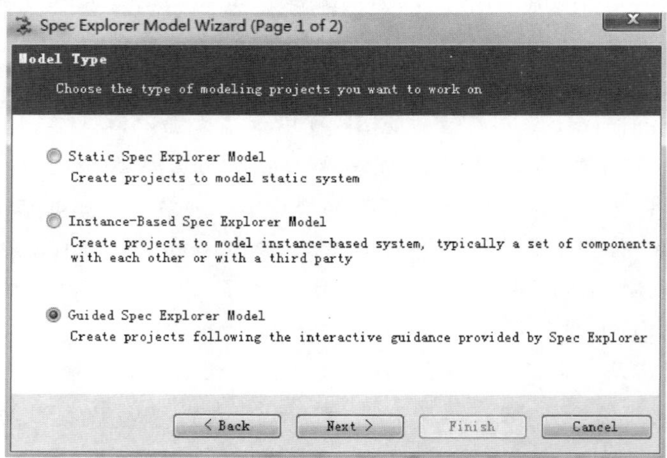

图 1.12　选择模型项目类型

选择 Guided Spec Explorer Model，单击 Next 按钮，如图 1.13 所示。

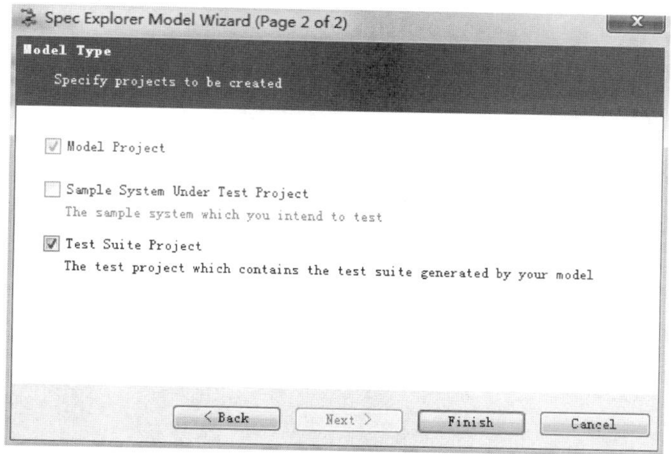

图 1.13　指定将要创建的项目

选择 Test Suite Project，单击 Finish 按钮，如图 1.14 所示。

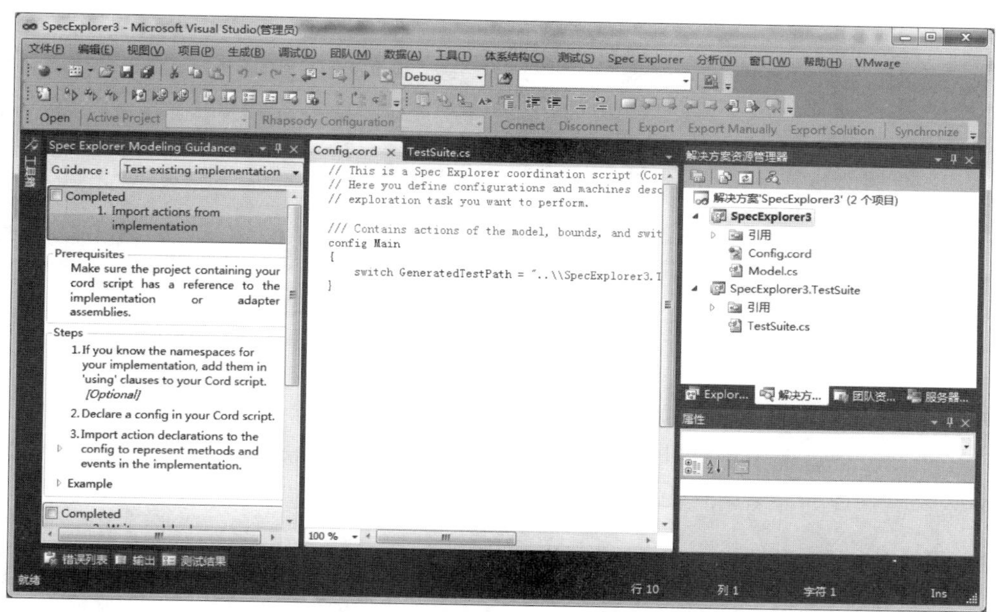

图 1.14　新建项目完成后的界面

在新建的项目中，完成如下步骤。

测试驱动开发时的测试步骤如下：

1. 声明操作

(1) 在 Cord 脚本文件中声明 config。

(2) 增加操作声明到 config，表示被测系统(SUT)的方法和事件。

```
config Main
{
    action abstract static void CalculatorAdapter.Max(int x, int y);
    action abstract event static void CalculatorAdapter.Show(int z);
}
```

2. 编写模型规则

(1) 在 C# 文件中创建类和字段，用于保存状态数据。

(2) 在 config 中为操作声明规则方法。

(3) 编写方法体。

```
using Microsoft.Modeling;
namespace Calculator
{
    static class ModelProgram
    {
        static int s; //state variable
        [Rule(Action = "Max(x, y)")]
        static void Max(int x, int y) //rule method
        {
            s = x > y ? x : y;
        }
        [Rule(Action = "Show(z)")]
        static void Show(int z) //rule method
        {
            Condition.IsTrue(z == s);
        }
    }
}
```

3. 选择场景

(1) 在 Cord 脚本中创建模型程序机。

(2) 创建一个或多个场景机，用于表示你想要测试的行为集合(可选)。

(3) 模型程序和场景结合提取选择的行为(可选)。

4. 组合参数值(可选)

(1) 增加一个 config 集成了一个 config(这个 config 使用参数组合包含了操作)。

(2) 在新增的 config 中复制操作的声明(你将为其提供组合)。

(3) 为每个声明增加 where 构造。

```
config CombinationConfig : Main //extended config for combinations
{
    action abstract static void CalculatorAdapter.Max(int x, int y)
    where {.
        Condition.In(x, -1, 0, 1);
        Condition.In(y, 2, 3);
        Combination.Interaction(x);
```

```
            Combination.Interaction(y);
            Combination.Isolated(x == -1);
            .};
    }
```

(4) 从组合 config 中构造一个或多个模型程序,或替换现有的模型程序。

```
//Replace the existing Program machine
machine Program() : Main
{
    construct model program from CombinationConfig
}
```

5. 浏览机器

(1) 从 Spec Explorer 菜单中打开 Open Exploration Manager,选择一个要浏览的机器。

(2) 单击 Exploration Manager 工具栏中的 Explorer 按钮。

(3) 声明一个接受状态条件。

```
[AcceptingStateCondition]
static bool Accept()
{
    return (s != 0); //only states where s is not zero are accepting
}
```

6. 创建一个测试用例集

(1) 选择测试用例集生成策略。

① Short Test 策略是指每当遍历到达一个接受点时生成一个测试用例。

② Long Test 策略是指在一个测试用例中包含尽可能多的步骤(多个接受点),从而使得测试用例数较少。

③ 这两个测试策略都以测试覆盖率(覆盖的步骤的百分数,每一个步骤至少经历一次)作为判定条件。

(2) 在 Cord 脚本中定义遍历机器,从模型中提取测试用例。

① 对于小型模型,可以直接遍历。

② 对于大型模型,通常按场景遍历。

```
machine TestSuite() : Main
{
    construct test cases where Strategy = "ShortTests"
    for ModelWithOneMax
}
```

(3) 在 Exploration Manager 中选择遍历机器。

(4) 单击 Explorer 按钮查看是否取得良好的测试覆盖率(可选)。

① 有效测试应当以接受状态结束。

② 无效测试(系统不允许的操作)应当以 error 或 non-accepting-end 状态结束。

(5) 单击 Generate Test Code 按钮生成测试用例文件。

① 生成的测试文件的完全路径将在 Visual Studio 状态栏中显示。

② 可以使用 config switch 指定生成的测试文件的路径和文件名称。

7. 创建一个测试适配器 adapter(可选)

(1) 在当前的解决方案中创建一个保存适配器的类库项目。

(2) 在适配器项目中定义被 Cord config 中的操作声明使用的所有类。

(3) 为 config 中的每个 call-return(non-event)操作相应的适配器定义一个公共方法，该方法与操作声明有相同的名称和参数类型。

(4) 为 config 中的每个 event 操作相应的适配器定义一个公共 event 变量，该 event 变量与操作声明有相同的名称和参数类型。

(5) 在模型项目中增加对适配器项目的引用。

(6) 在 Cord 脚本中为适配器名称空间增加 using 子句。

(7) 连接适配器和实现。

① 在适配器方法体中调用实现方法。

② 在实现中每当接收到相应的响应就调用适配器事件。

```
using System;
namespace Calculator
{
    public delegate void ShowHandler(int z);
    public static class CalculatorAdapter
    {
        public static int result;
        public static event ShowHandler Show;
        public static void Max(int x, int y) //suppose we want to test the Math class
        {
            result = Math.Max(x, y);
            Show(result);
        }
    }
}
```

8. 运行测试(可选)

(1) 创建一个测试项目(可选)。

(2) 在测试项目中增加对适配器项目的引用(可选)。

(3) 将生成的测试文件增加到测试项目。

(4) 用 Visual Studio Test Tools 工具栏中的按钮运行测试。

对现有系统的测试步骤如下：

1. 从实现中导入操作

确保包含了 Cord 脚本的项目引用了实现：

(1) 如果你知道实现的名称空间，那么在 Cord 脚本中使用 using 子句增加名称空间

(可选)。

(2) 在 Cord 脚本中声明 config。

(3) 按照 Spec Explorer 建模指南向导(或单击 Visual Studio 菜单 Spec Explorer-Assisted Procedures-Import Actions…)将操作的声明导入到 config,表示实现中的方法和事件。

```
using System;
config Main
{
    action static int Math.Max(int x, int y);
}
```

2. 编写模型规则

(1) 在 C# 文件中创建类和字段,用于保存状态数据。

(2) 按照 Spec Explorer 建模指南向导(或单击 Visual Studio 菜单 Spec Explorer-Assisted Procedures-Declare rule methods…)在 config 中为操作声明规则方法。

(3) 编写方法体,规则方法通常指定了:

① 在什么状态启用规则。

② 规则如何更新状态内容。

```
using Microsoft.Modeling;
namespace Calculator
{
    static class ModelProgram
    {
        [Rule(Action = "Max(x, y)/result")]
        static int Max(int x, int y) //rule method
        {
            int s = x > y ? x : y;
            return s;
        }
    }
}
```

3. 选择场景

(1) 在 Cord 脚本中创建模型程序机。

(2) 创建一个或多个场景机,用于表示你想要测试的行为集合(可选)。

(3) 模型程序和场景结合提取选择的行为(可选)。

4. 组合参数值(可选)

(1) 增加一个 config 集成了一个 config(这个 config 使用参数组合包含了操作)。

(2) 在新增的 config 中复制操作的声明(你将为其提供组合)。

(3) 为每个声明增加 where 构造。

```
config CombinationConfig : Main //extended config for combinations
```

```
{
    action abstract static void CalculatorAdapter.Max(int x, int y)
    where {.
        Condition.In(x, -1, 0, 1);
        Condition.In(y, 2, 3);
        Combination.Interaction(x);
        Combination.Interaction(y);
        Combination.Isolated(x == -1);
        .};
}
```

(4) 从组合 config 中构造一个或多个模型程序，或替换现有的模型程序。

```
//Replace the existing Program machine
machine Program() : Main
{
    construct model program from CombinationConfig
}
```

5. 浏览机器

(1) 从 Spec Explorer 菜单中打开 Open Exploration Manager，选择一个要浏览的机器。

(2) 单击 Exploration Manager 工具栏中的 Explorer 按钮。

(3) 声明一个接受状态条件。

```
[AcceptingStateCondition]
static bool Accept()
{
    return true; //all states are accepting
}
```

6. 创建一个测试用例集

(1) 选择测试用例集生成策略。

① Short Test 策略是指每当遍历到达一个接受点时生成一个测试用例。

② Long Test 策略是指在一个测试用例中包含尽可能多的步骤(多个接受点)，从而使得测试用例数较少。

③ 这两个测试策略都以测试覆盖率(覆盖的步骤的百分数，每一个步骤至少经历一次)作为判定条件。

(2) 在 Cord 脚本中定义遍历机器，从模型中提取测试用例。

① 对于小型模型，可以直接遍历。

② 对于大型模型，通常按场景遍历。

(3) 在 Exploration Manager 中选择遍历机器。

(4) 单击 Explorer 按钮查看是否取得良好的测试覆盖率(可选)。

① 有效测试应当以接受状态结束。

② 无效测试(系统不允许的操作)应当以 error 或 non-accepting-end 状态结束。

(5) 单击 Generate Test Code 按钮生成测试用例文件。

① 生成的测试文件的完全路径将在 Visual Studio 状态栏中显示。

② 可以使用 config switch 指定生成的测试文件的路径和文件名称。

7. 运行测试(可选)

(1) 创建一个测试项目(可选)。

(2) 在测试项目中增加对适配器项目的引用(可选)。

(3) 将生成的测试文件增加到测试项目。

(4) 用 Visual Studio Test Tools 工具栏中的按钮运行测试。

第2章 软件测试管理

本章主要内容

测试的组织结构
测试计划和估算
测试过程监控
配置管理
风险和测试
事件管理
TestLink 操作演练

2009 年，Z 公司在 IBM 咨询顾问的帮助下成立了一个 50 人的 Oracle EBS 项目实施团队，负责 Oracle EBS 的实施和二次开发。实施团队的成员包括来自 IBM 的 ERP 业务顾问、ERP 技术顾问、Z 公司的 IT 人员和关键用户。为了对二次开发过程中的需求文档、设计文档、源代码进行有效管理，IBM 咨询项目经理建议使用 VSS(Visual Source Safe)作为管理工具。VSS 在 Z 公司的 Oracle EBS 项目实施中发挥了重要作用。从此，老沙对软件开发过程既涉及技术问题，又涉及管理问题有了深刻认识。软件测试是软件开发的一个重要方面，同样应该既重视技术问题，又重视管理问题。

本章首先介绍软件测试管理的基本知识，然后介绍软件测试管理工具 TestLink 的使用方法。

2.1 什么是软件测试管理

软件测试过程既涉及技术问题又涉及管理问题，软件测试管理是软件测试的重要内容。软件测试是在有限的时间内，软件测试团队验证软件产品符合软件规格说明要求，发现可能存在的缺陷。软件测试需要借助软件测试工具的支持，软件测试是在有限的资源条件下进行的。如何利用有限的测试资源、在有限的时间内完成有效的软件测试，是软件测试管理的任务。软件测试管理的主要内容包括如何组织测试人员（测试组织）、如何充分利用有限的时间（测试计划）、如何对测试过程进行监控等。软件测试管理是对软件测试全过程的管理，软件测试过程主要包括测试准备、测试计划和控制、测试设计、测试执行和测试结果分析。

2.1.1　测试组织

在测试准备阶段，一般应成立独立的测试团队，团队成员分工合作，共同完成测试任务。测试团队需要参加有关项目计划、分析和设计会议，获取必要的需求分析、系统设计文档，进行相关产品/技术知识的培训。

1. 测试组织和测试独立性

通过独立的测试员进行测试和评审，发现缺陷的效率会提高。可能的独立测试如下：

- 不设独立的测试员，由开发人员测试自己的代码。
- 开发团队内独立的测试员。
- 组织内独立的测试小组或团队，向项目经理或执行经理汇报。
- 来自业务组织、用户团体内的独立测试员。
- 针对特定测试类型的独立测试专家，例如，可用性测试员、安全性测试员或认证测试员（他们根据标准和法律法规对软件产品进行认证）。
- 外包或组织外的独立测试员。

对于庞大、复杂或安全关键的项目，通常最好有多级别的测试，并让独立的测试员负责某些级别或所有的测试。开发人员也可以参与测试，尤其是一些低级别的测试，但是开发人员往往缺少客观性，会限制测试的有效性。独立测试员有权要求和定义测试过程及规则，但是测试员应该只在存在明确管理授权的情况下才能充当这种过程相关的角色。

独立测试的优点：

- 独立的测试员是公正的，可以发现一些其他不同的缺陷。
- 一个独立的测试员可以验证在系统规格说明和实现阶段所做的一些假设。

独立测试的缺点：

- 与开发小组脱离（如果完全独立）。
- 开发人员可能丧失对软件质量的责任感。
- 独立的测试员可能被视为瓶颈或者成为延时发布而被责备的对象。

测试任务可以由专门的测试员完成，也可以由其他的角色来完成，比如项目经理、质量经理、开发人员、业务和领域内的专家、基础架构或 IT 运行人员。

2. 测试组长和测试员的任务

在 ISTQB 课程大纲中，涉及两个测试角色：测试组长和测试员。这两个角色执行的活动和任务是由项目和产品的背景、人员的角色和组织结构来决定的。

有时候，测试组长也称为测试经理或测试协调人。测试组长的角色也可以由项目经理、开发经理、质量保证经理或测试组的经理来担任。在较大的项目中，常常会有两个职位：测试组长和测试经理。测试组长通常计划、监督和控制测试活动和任务。

测试组长的主要任务包括：

- 与项目经理以及其他人共同协调测试策略和测试计划。
- 制定或评审项目的测试策略和组织的测试方针。
- 将测试的安排合并到其他项目活动中，比如集成计划。

- 制定测试计划(要考虑背景,了解测试目标和风险)。包括选择测试方法,估算测试的时间、工作量和成本,获取资源,定义测试级别、测试周期并规划事件管理。
- 启动测试说明、测试准备、测试实施和测试执行,监督测试结果并检查出口准则。
- 根据测试结果和测试过程(有时记录在状态报告中)调整测试计划,并采取任何必要措施对存在的问题进行补救。
- 对测试件进行配置管理,保证测试件的可追溯性。
- 引入合适的度量项以测量测试进度,评估测试和产品的质量。
- 决定什么应该自动化、自动化的程度以及如何实现。
- 选择测试工具支持测试,并为测试员组织测试工具使用的培训。
- 决定关于测试环境实施的问题。
- 根据在测试过程中收集的信息编写测试总结报告。

测试员的主要任务包括:

- 评审和参与测试计划的制定。
- 分析、评审和评估用户需求、规格说明书及模型的可测试性。
- 创建测试说明。
- 建立测试环境(通常需要系统管理员,网络管理员协同完成)。
- 准备和获取测试数据。
- 进行所有级别的测试,执行并记录测试日志,评估测试结果,记录和预期结果之间的偏差。
- 根据需要使用测试管理工具和测试监控工具。
- 实施自动化测试(可能需要开发人员或测试自动化专家的支持)。
- 在可行的情况下,测量组件和系统的性能。
- 对他人的测试进行评审。

从事测试分析、测试设计、特定测试类型或自动化测试方面的工作人员都可以是这些角色的专家。根据测试级别及与产品和项目相关的风险,可以由不同的人员担任测试员的角色,以保持一定程度的独立性。在组件和集成测试的级别,典型的测试员可能是开发人员;进行验收测试的典型测试员可能是业务方面的专家和用户;进行运行验收测试(即用户验收测试,User Acceptance Test,简称 UAT)的典型测试员可能是运行操作者即用户。

2.1.2 测试计划和估算

测试计划阶段的主要工作是确定测试内容或质量特性,确定测试的充分性要求,制定测试策略和方法,对可能出现的问题和风险进行分析和估计,制定测试资源计划和测试进度计划。

1. 什么是测试计划

《ANSI/IEEE 软件测试文档标准 829—1983》将测试计划定义为:“一个描述了预定的测试活动的范围、途径、资源及进度安排的文档。它确认了测试项、被测特征、测试任务、人员安排,以及任何偶发事件的风险。”

本节将描述在开发和实施项目以及维护过程中,制定测试计划的目的。测试计划可以在项目计划或主测试计划中文档化，也可以在不同的测试级别（如系统测试和验收测试）的测试计划中文档化。

测试计划受到很多因素的影响，如组织的测试方针、测试范围、测试目标、风险、约束、关键程度、可测试性和资源的可用性等。随着项目和测试计划的不断推进，将有更多的信息和具体细节包含在计划中。

测试计划是个持续的活动，需要在整个生命周期过程和活动中进行。从测试中得到的反馈信息可以识别变化的风险，从而对计划做出相应的调整。

2. 测试计划活动

对整个系统或部分系统可能的测试计划活动包括：

- 确定测试的范围和风险，明确测试的目标。
- 决定总体测试方法，包括测试级别、入口和出口准则的界定。
- 把测试活动整合和协调到整个软件生命周期活动中去（采购、供应、开发和运维）。
- 决定测试什么（What）？测试由什么角色来执行（Who）？如何进行测试（How）？如何评估测试结果（How）？
- 为测试分析和设计活动安排时间进度。
- 为测试实现、执行和评估安排时间进度。
- 为已定义的不同测试活动分配资源。
- 定义测试文档的数量、详细程度、结构和模板。
- 为监控测试准备和执行、缺陷解决和风险问题选择度量项。
- 确定测试规程的详细程度，以提供足够的信息支持可复用的测试准备和执行。

3. 入口准则

入口准则定义了什么时候可以开始测试，如某个测试级别的开始，或什么时候一组测试准备就绪可以执行。

入口准则主要包含：

- 测试环境已经准备就绪并可用。
- 测试工具在测试环境中已经准备就绪。
- 可测的代码可用。

4. 出口准则

测试出口准则（exit criteria）的目的是：定义什么时候可以停止测试，比如某个测试级别的结束，或者当测试达到了规定的目标。

出口准则主要包含：

- 完整性测量，比如代码、功能或风险的覆盖率。
- 对缺陷密度或可靠性度量的估算。
- 成本。
- 遗留风险，例如没有被修改的缺陷或在某些部分测试覆盖不足。
- 进度表，例如基于交付到市场的时间。

5. 测试估算

有两种估算测试工作量的方法：

- 基于度量的方法——根据以前或相似项目的度量值来进行测试工作量的估算，或者根据典型的数据来进行估算。
- 基于专家的方法——由任务的责任人或专家来进行测试任务工作量的估算。

一旦估算了测试工作量，就可以识别资源和制定时间进度表。

测试的工作量可能取决于多种因素，包括：

- 产品的特点——规格说明和用于测试模型的其他信息（即测试依据）的质量，产品的规模，问题域的复杂度，可靠性、安全性的需求和文档的需求。
- 开发过程的特点——组织的稳定性、使用的工具、测试过程、参与者的技能水平和时间紧迫程度等。
- 测试的输出——缺陷的数量和需要返工的工作量。

6. 测试策略、测试方法

在特定项目中，测试方法是测试策略的具体实现。测试方法是在测试计划和设计阶段中被定义并逐步细化的。它通常取决于（测试）项目目标和风险评估。它是规划测试过程、选择测试设计技术和应用的测试类型以及定义入口和出口准则的起点。

测试方法的选择取决于实际情况，应当考虑风险、危害和安全、可用资源和人员技能、技术、系统的类型（比如客户定制与商业现货软件的比较）、测试对象和相关法规。

典型的测试方法包括：

- 分析的方法，比如基于风险的测试，直接针对风险最高的部分进行测试。
- 基于模型的方法，比如随机测试利用失效率（如可靠性增长模型）或使用率（如运行概况）的统计信息。
- 系统的方法，比如基于失效的方法（包括错误推测和故障攻击）、基于检查表的方法和基于质量特征的方法。
- 基于与过程或符合标准的方法，比如在行业标准中规定的方法或各类敏捷方法。
- 动态和启发式的方法，类似于探索式软件测试，测试在很大程度上依赖于事件而非提前计划，而且执行和评估几乎是同时进行的。
- 咨询式的方法，比如测试覆盖率主要是根据测试小组以外的业务领域和/或技术领域专家的建议和指导来推动的。
- 可重用的方法，比如重用已有的测试材料，广泛的功能回归测试的自动化，标准测试套件等。

可以结合使用不同的测试方法，比如基于风险的动态方法。

2.1.3 测试过程监控

计划与控制是项目管理的两个重要方面，软件测试计划与测试过程监控也不例外。软件测试计划是有效测试的前提，但是，只有好的计划，没有对测试过程进行有效监控，往往会导致软件测试任务的失败。因此，还必须对测试过程进行有效监控，并对测试计划进行适当修改。计划和监控的目的都是确保完成测试任务。

1. 什么是测试过程监控

测试监控的目的是提供关于测试活动的反馈信息，使测试活动保持可视性。监控的信息可以通过手工或自动的方式进行收集，同时可以用来衡量出口准则，比如测试覆盖率，也可以用度量数据对照原计划的时间进度和预算来评估测试的进度。常用的测试度量项有：

- 测试用例准备工作完成的百分比（或按计划已编写的测试用例的百分比）。
- 测试环境准备工作完成的百分比。
- 测试用例执行情况（例如，执行/没有执行的测试用例数、通过/失败的测试用例数）。
- 缺陷信息（例如，缺陷密度、发现并修改的缺陷、失效率、重新测试的结果）。
- 需求、风险或代码的测试覆盖率。
- 测试员对产品的主观信心。
- 测试里程碑的日期。
- 测试成本，包括寻找下一个缺陷或执行下一轮测试所需成本与收益的比较。

2. 测试报告

测试报告是对测试工作和活动等相关信息的总结，主要包括：

- 在测试周期内发生了什么？比如达到测试出口准则的日期。
- 通过分析相关信息和度量可以对下一步的活动提供建议和做出决策，比如对遗留缺陷的评估、继续进行测试的经济效益、未解决的风险以及被测试软件的置信度等。
- 测试总结报告的大纲可以参考软件测试文档标准（IEEE Std 829-1998）。
- 需要在测试级别的过程中和完成时收集度量信息，以评估该测试级别的测试目标实现的充分性。
- 采用的测试方法的适当性。
- 针对测试目标的测试的有效性。

3. 测试控制

测试控制描述了根据收集和报告的测试信息和度量而采取的指导或纠正措施。措施可能包括任何测试活动，也可能影响其他软件生命周期中的活动或任务。

测试控制措施的例子：

- 基于测试监控信息来做决策。
- 如果一个已识别的风险发生（如软件交付延期），重新确定测试优先级。
- 根据测试环境可用性，改变测试的时间进度表。
- 设定入口准则：规定修改后的缺陷必须经过开发人员再测试（确认测试）后才能将它们集成到产品中去。

2.1.4 配置管理

配置管理的目的是在整个项目和产品的生命周期内，建立和维护软件或系统产品（组件、数据和文档）的完整性。

对测试而言，采用配置管理可以确保：

- 测试件的所有相关项都已经被识别，版本受控，相互之间有关联以及与开发项（测试对象）之间有关联的变更可跟踪，从而保证可追溯性。
- 在测试文档中，所有被标识的文档和软件项能被清晰明确地引用。

对于测试员来说，配置管理可以帮助他们唯一地标识（并且复制）测试项、测试文档、测试用例和测试用具。

在测试计划阶段，应该选择配置管理的规程和基础设施（工具），将其文档化并予以实施。

2.1.5 风险和测试

风险可以定义为事件、危险、威胁或情况等发生的可能性以及由此产生不可预料的后果，即一个潜在的问题。风险级别取决于发生不确定事件的可能性和产生的影响（事件引发的不良后果）。风险可分为两大类：项目风险和产品风险。

1. 项目风险

项目风险是围绕项目按目标交付的能力的一系列风险，比如：

1）组织因素

- 技能、培训和人员的不足。
- 个人问题。
- 政策因素，比如：

① 与测试员进行需求和测试结果沟通方面存在的问题。

② 测试和评审中发现的信息未能得到进一步跟踪（比如未改进开发和测试实践）。

- 对测试的态度或预期不合理（比如没有意识到在测试中发现缺陷的价值）。

2）技术因素

- 不能定义正确的需求。
- 给定现有限制的情况下，没能满足需求的程度。
- 测试环境没有及时准备好。
- 数据转换、迁移计划，开发和测试数据转换/迁移工具造成的延迟。
- 低质量的设计、编码、配置数据、测试数据和测试。

3）供应商因素

- 第三方存在的问题。
- 合同方面的问题。

在分析、管理和缓解这些风险的时候，测试经理需要遵循完善的项目管理原则。软件测试文档标准（IEEE Std 829-1998）中指出，测试计划需要陈述风险和应急措施。

2. 产品风险

在软件或系统中的潜在失效部分（即将来可能发生不利事件或危险）称为产品风险，因为它们对产品质量而言是一个风险，可能的产品风险如下：

- 故障频发的软件交付使用。

- 软件/硬件对个人或公司造成潜在损害的可能性。
- 劣质的软件特性(比如功能性、可靠性、易用性和性能等)。
- 低劣的数据完整性和质量(例如,数据迁移问题、数据转换问题、数据传输问题、违反数据标准问题)。
- 软件没有实现既定的功能。

风险通常可以用来决定从什么地方开始测试,什么地方需要更多的测试。测试可以用来降低风险或可以减少负面事件的影响。

产品风险对于项目的成功来讲是一种特殊类型的风险。作为一种风险控制活动,测试通过评估修正严重缺陷的能力和应急计划的有效性来提供关于遗留风险的反馈信息。

在项目初期阶段,使用基于风险的方法进行测试,有利于降低产品风险的级别。它包括对产品风险的识别,并且将这些风险应用到指导测试计划和控制、测试说明、测试准备和执行中。在基于风险的测试方法中,识别出的风险可以用于:

- 决定所采用的测试技术。
- 决定要进行测试的范围。
- 确定测试的优先级,尝试尽早地发现严重缺陷。
- 决定是否可以通过一些非测试的活动来降低风险(比如对缺乏经验的设计者进行相应的培训)。
- 基于风险的测试需要借助于项目利益相关者的集体知识和智慧,从而识别风险以及为了应对这些风险需要采用的测试级别。

为了确保产品失效机会最小化,风险管理活动提供了一些系统化的方法:

- 评估(并定期重新评估)可能出现的错误(风险)。
- 决定哪些风险是重要的需要处理的。
- 处理风险的具体措施。

另外,测试可以帮助识别新的风险,有助于确定应该降低哪些风险,以及降低风险的不确定性。

2.1.6 事件管理

测试的目的之一是发现缺陷,所以实际结果和预期结果之间的差异需要作为一个事件被记录。事件必须进行调查,并且有可能最终被证明是一个缺陷。应当定义合理的措施以便对事件和缺陷进行有效处理。事件和缺陷应该从发现和分类就开始跟踪,直到改正并被确认已经解决。为了完成所有事件的管理,应该在组织内建立一套完整的事件管理过程和分类规则。

在软件产品的开发、评审和测试以及软件使用的过程中都会产生事件。它们可能是在代码内或在使用的系统内或以任意方式在文档(包括需求文档、开发文档、测试文档和用户文档,如“帮助”或安装手册等)内产生。

事件报告的主要目标如下:

- 为开发人员和其他人员提供问题反馈,在需要的时候可以进行识别、隔离和纠正。
- 为测试组长提供一种有效跟踪被测系统质量和测试进度的方法。
- 为测试过程改进提供资料。

事件报告的具体内容主要包括：

- 提交事件的时间，提交的组织和作者。
- 预期和实际的结果。
- 识别测试项(配置项)和环境。
- 发现事件时软件或系统所处的生命周期阶段。
- 为了能确保重现和解决事件需要描述事件(包括日志、数据库备份或截屏)。
- 对利益相关者的影响范围和程度。
- 对系统影响的严重程度。
- 修复的紧迫性/优先级。
- 事件状态(例如，打开的、延期的、重复的、待修复的、修复后待重测的或关闭的等)。
- 结论、建议和批准。
- 全局的影响，比如事件引起的变更可能会对系统的其他部分产生影响。
- 变更历史记录，比如针对事件的隔离、修改和已修改的确认，项目组成员所采取的行动顺序。
- 参考，包括发现问题所用的测试用例规格说明的标识号。

事件报告的大纲也可以参考软件测试文档标准(IEEE Std 829-1998)。

2.1.7 软件测试管理工具

“工欲善其事，必先利其器。”借助好的软件测试管理工具可以提高软件测试管理的效率和质量。通过使用测试管理工具，测试人员和开发人员可以更方便地记录和监控测试活动、测试结果，记录测试活动中发现的缺陷，提出改进措施；通过使用测试管理工具，测试用例可以被多个测试活动或测试阶段复用，可以输出测试分析报告和统计报表，对测试进度和测试结果进行更直观的管理。

目前市场上的软件测试管理工具有很多，既有一些著名的商业软件，也有一些开源软件。例如，HP公司的Quality Center、IBM公司的Rational Quality Manager、Microsoft公司的Test Manager；开源的有TestLink、QATraq等。

1. TestLink

TestLink是一个开源的软件测试管理工具。通过使用TestLink提供的功能，可以将测试过程从测试需求、测试设计到测试执行完整地管理起来。同时，它还提供了多种测试结果的统计和分析，使我们能够简单地开始测试工作和分析测试结果。TestLink的主要功能如下：

- 测试需求管理。
- 测试用例管理。
- 测试用例对测试需求的覆盖管理。
- 测试计划的制定。
- 测试用例的执行。
- 大量测试数据的度量和统计功能。

TestLink的主要功能可以用用例图表示，如图2.1所示。

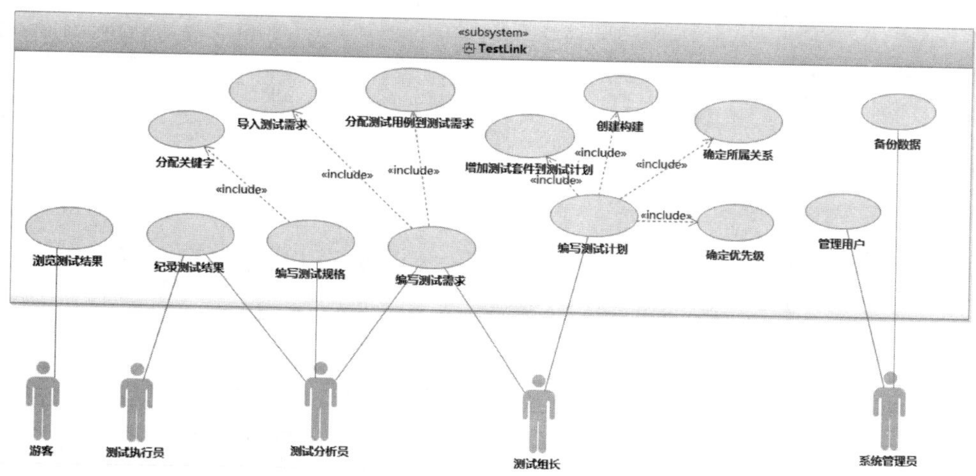

图 2.1　TestLink 用例图

TestLink 用户分为如下几种：

- Admin(系统管理员)——所有权限,包括用户管理、项目管理等特权。
- Leader(测试组长)——对测试需求、测试计划、测试用例的查看、创建、指派、执行。
- Senior tester(测试分析员)——查看、执行测试计划,查看、创建、执行测试用例。
- Tester(测试执行员)——对测试用例的查看、创建、执行。
- Test designer(测试设计员/测试分析员)——查看测试计划,查看、创建测试用例。
- Guest(游客)——查看测试计划、测试用例。

TestLink 测试管理流程如图 2.2 所示。

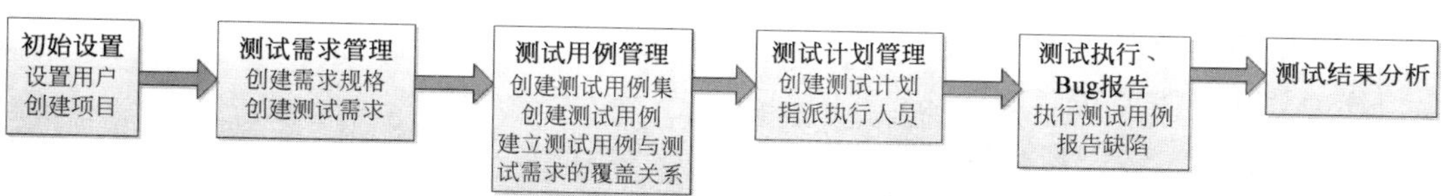

图 2.2　TestLink 测试管理流程

admin 用户功能菜单如图 2.3 所示。

详见官网：http://www.testlink.org。

2. Quality Center

Quality Center 简称 QC,是 HP 公司的一个测试管理工具。QC 的前身是 Mercury Iteractive(美科利)公司的 Test Director (简称为 TD),后被 HP 公司收购,正式命名为 HP Quality Center。现在,QC 被重命名为 HP ALM,ALM 是 Application Lifecycle Management(应用生命周期管理)的简称。

HP ALM/QC 有如下优点：

- 通俗易懂,使用方便。
- 提供与其他工具的集成,例如,用于自动化测试的 HP UFT 和用于性能测试的 HP Load Runner。

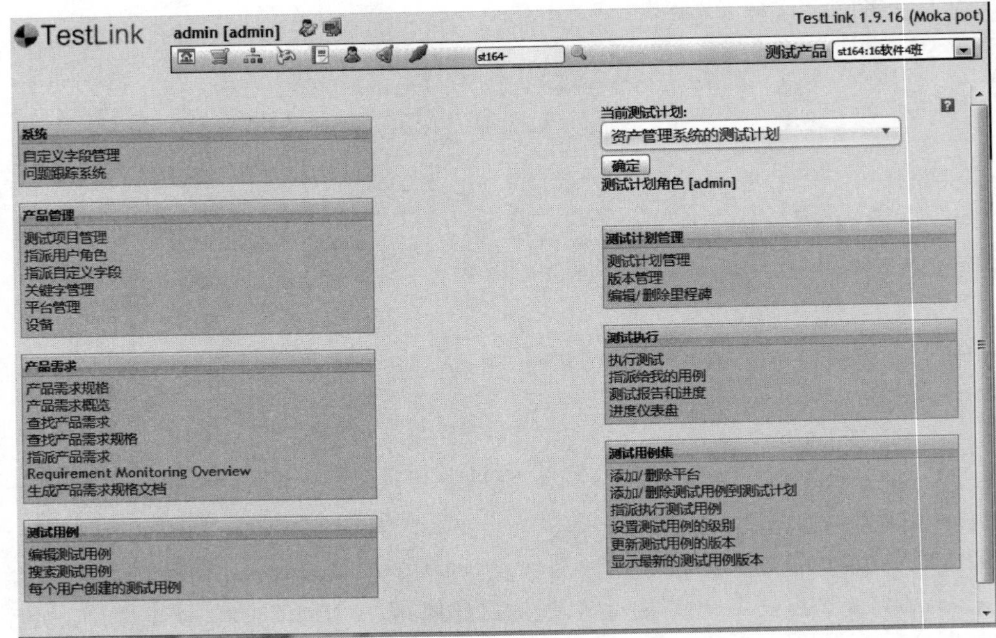

图 2.3 admin 用户功能菜单

- 项目状态对项目的所有利益相关者的可见性。
- 减少在各个阶段管理项目的若干工件相关的风险。
- 降低成本和时间。
- 使用的灵活性。

HP ALM 的主要功能如下：

- 发布管理——实现测试用例与发布之间的可追溯性。
- 需求管理——确保测试用例满足所有指定的要求。
- 测试用例管理——维护对测试用例进行更改的版本历史，并作为应用程序的所有测试用例的中央存储库。
- 测试执行管理——跟踪测试用例运行的多个实例，并确保测试工作的可信性。
- 缺陷管理——确保发现的重大缺陷对项目的所有主要利益相关者都是可见的，并确保缺陷遵循特定的生命周期直到关闭。
- 报表管理——能够生成报告和图表。

表 2.1 列出了 QC 的版本历史。

表 2.1 QC 的版本历史

序　号	名　称	版　本
1	Test Director	v1.52～v8.0
2	Quality Center	v8.0～v10.0
3	Application Lifecycle Management	v11.0～v11.5x

详见官网：https://software.microfocus.com/zh-cn/products/quality-center-quality-management/overview。

3. IBM Rational Quality Manager

IBM Rational Quality Manager 是一种基于 Web 的协作式工具，可在软件开发生命周期中提供综合性测试规划、测试构造和测试工件管理功能。

Rational Quality Manager 供各种大小的测试团队使用，并支持多种用户角色，如测试经理、测试架构设计师、测试负责人、测试员和实验室管理员等。Rational Quality Manager 也支持测试组织外的角色。

1）综合性测试计划

在 Rational Quality Manager 中定义的测试计划可在项目生命周期的各个阶段推动分布在各地的团队的活动。测试计划定义测试工作的目标和作用域，它包含的条件可帮助团队确定以下问题的答案："是否可发布？"

可对测试计划进行配置，以满足组织的需要。可以使用测试计划来执行以下任何一项任务：

- 定义业务和测试目标。
- 为测试计划和个别测试用例建立复审与核准流程。
- 管理项目需求和测试用例并建立它们之间的相互依赖性。
- 评估测试工作量。
- 定义每个测试迭代的调度并跟踪其他重要测试活动的日期。
- 列出需要测试的各种环境并生成测试配置。
- 在特定的时间点创建测试计划的只读快照。
- 定义质量目标、进入条件和退出条件。
- 创建和管理测试用例。
- 查看测试执行进度。

2）使用测试用例来测试设计

可以使用测试用例设计和构造功能来定义每个测试用例的整体设计。每个测试用例都包含一个富文本格式编辑器，可以使用此编辑器包含关于该测试用例的背景信息。另外，测试用例也可以包含指向开发项和需求的链接。可以使测试用例与其他测试工件（例如，测试计划、测试脚本和测试用例执行记录）相关联。另外，还可以将测试用例组合成测试套件。

3）测试脚本的构造和复用

Rational Quality Manager 可提供全功能的"手动测试"编辑器。可以使用关键字向手动测试添加复用和自动化功能。

使用 Rational Quality Manager，可以管理和运行由 IBM Rational Functional Tester、IBM Rational Performance Tester、Rational Robot、Rational Service Tester for SOA Quality 和 IBM Security AppScan Tester Edition 等工具创建的测试脚本。

4）测试执行

Rational Quality Manager 包括集成的测试环境，用于运行在产品内开发的测试，以及创建于其他手动、功能性、性能和安全测试工具中的测试。它提供了多个用于测试执行的选项：

- 直接运行测试用例。
- 将测试用例分组到测试套件中以并行或顺序方式执行。
- 创建测试用例和测试套件执行记录以直接将测试环境信息映射至测试用例和测试套件。

5）测试分析、报告和实时视图

Rational Quality Manager 包括一组预定义报告，可帮助你获取项目的状态。还可以安装可选的 Rational Reporting for Development Intelligence 组件或 Rational Insight，以获取更多报告以及定制报告以满足特定业务需要。

此外，只需打开测试计划或浏览测试计划列表并打开执行视图，就可以查看实时的测试执行状态。通过浏览特定测试工件列表并打开可跟踪性视图，可以跟踪测试工件、需求和开发工件之间的关系。

6）团队协作

Rational Quality Manager 便于与团队其他成员共享信息。通过在 Rational solution for Collaborative Lifecycle Management（CLM）中使用工作项系统，团队成员可以相互分配任务和指出缺陷，还可以查看每个人的状态。测试计划作者和测试用例设计者可以分发复审工作并跟踪每个复审者的状态。该团队可以查看新需求和已更改的需求。该团队也可以查看满足这些需求所需要的测试用例。团队成员可以查看登录的用户及其处理的内容。可以自动通知团队成员会影响其工作的更改、输入和迭代。

此外，测试计划、测试用例和测试脚本的作者可锁定其工件，以防止其他人对工件进行编辑。

7）实验室管理

通过 Rational Quality Manager 提供的实验室管理能力，可以为测试计划中指定的测试环境创建请求。然后，可以和实验室管理员一起确保实验室资源和测试环境在需要时可用。实验室管理员可以跟踪集中资源存储库的所有实验室资源和测试团队的服务请求。

8）Web 应用程序安全

Rational Quality Manager 通过与 IBM Security AppScan Tester Edition 集成，可帮助 IT 和安全专业人员防止受到攻击和数据违规的威胁。对 Web 应用程序进行安全测试，能够以合理的成本获得更高质量、更加安全的应用程序。

9）配置管理

可以在 Rational Quality Manager 中使用配置管理功能，以创建多个版本的测试工件并将其链接到其他团队工件，例如，需求和设计。使用来自 CLM 应用程序的配置（流和基线）管理复用、可跟踪性和并行开发。将配置组合到全局配置中，以便在 CLM 应用程序中链接的工件版本可正确解析。团队可使用其支持配置管理的 CLM 应用程序向较大的工作环境添加需求、设计、测试和全局配置。全局配置将添加的配置组合到分层树视图中。使用全局配置在软件、系统或产品线的多个版本或变体中计划和管理配置的复用。

详见官网：https://www.ibm.com/support/knowledgecenter/zh/SSJJ9R_6.0.2/com.ibm.rational.test.qm.doc/topics/c_qm_overview.html。

2.2 TestLink 起步

本节介绍软件测试管理工具 TestLink 的安装和配置。

2.2.1 系统要求

TestLink 1.9.16 服务器对系统的要求是：Apache 2.x，PHP 5.4 以上版本，MySQL 5.6.x/MariaDB 10.1.x，Postgres 9.x，MS-SQL 2008/2012。

客户端支持的浏览器是：Firefox，IE9 以上版本，Google 浏览器。

XAMPP（Apache＋MySQL＋PHP＋PERL）是一个功能强大的建站集成软件包。这个软件包原来的名字是 LAMPP，但是为了避免误解，最新的几个版本改名为 XAMPP。它可以在 Windows、Linux、Solaris、Mac OS X 等多种操作系统下安装使用，支持多语言：英文、简体中文、繁体中文、韩文、俄文、日文等。

许多人基于自己的经验认识到安装 Apache 服务器不是件容易的事儿。如果想添加 MySQL、PHP 和 Perl，那就更难了。XAMPP 是一个易于安装且包含 MySQL、PHP 和 Perl 的 Apache 发行版。XAMPP 的确非常容易安装和使用：只需下载，解压缩，启动即可。

XAMPP 的下载地址是：https://www.apachefriends.org/zh_cn/index.html。

XAMPP 安装目录中有一个可运行程序 xampp-control.exe，双击 xampp-control.exe，启动 XAMPP 控制面板，这里只需启动 Apache 和 MySQL 即可，如图 2.4 所示。

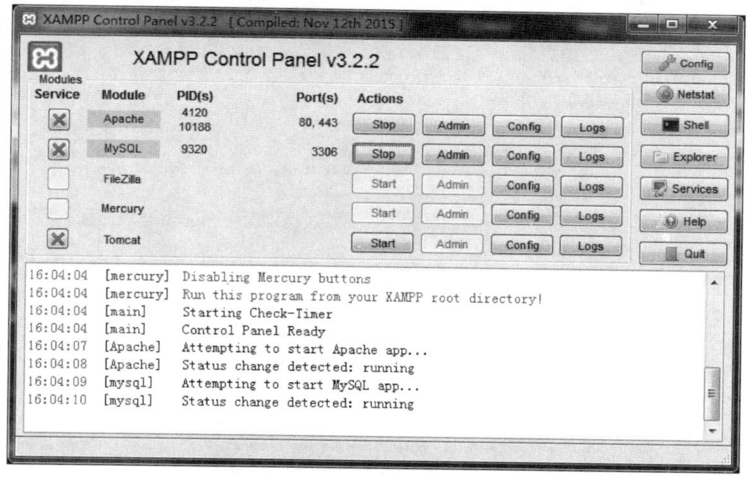

图 2.4　XAMPP 控制面板

2.2.2 TestLink 的安装

1. 下载、解压

在官网 http://www.testlink.org 下载 TestLink，以下以 testlink-1.9.16 为例。

将 testlink-1.9.16.tar.gz 解压到 xampp\htdocs 文件夹下，并将文件夹名称 testlink1.9.16 修改为 testlink。

2. 配置

在浏览器地址栏输入 http://localhost/testlink，将显示如图 2.5 所示的页面。

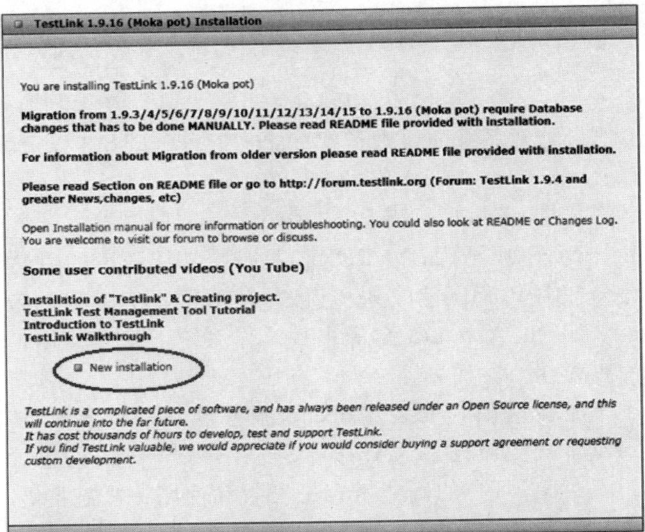

图 2.5　TestLink 安装向导 1

单击 New installation 链接，显示下一个页面(版权协议页面)，如图 2.6 所示。

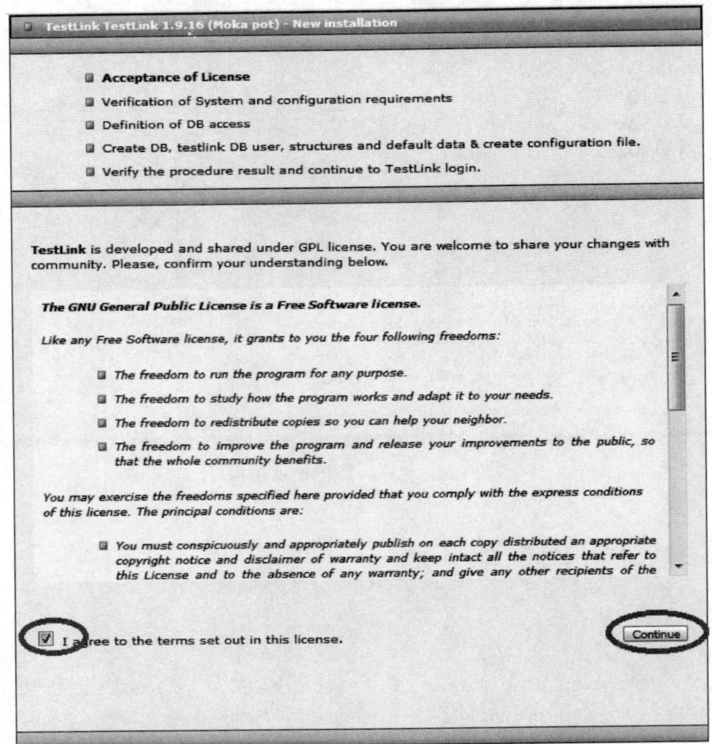

图 2.6　TestLink 安装向导 2

选中 I agree to the terms set out in this license，单击 Continue 按钮，将显示环境检查页面，如图 2.7 所示。

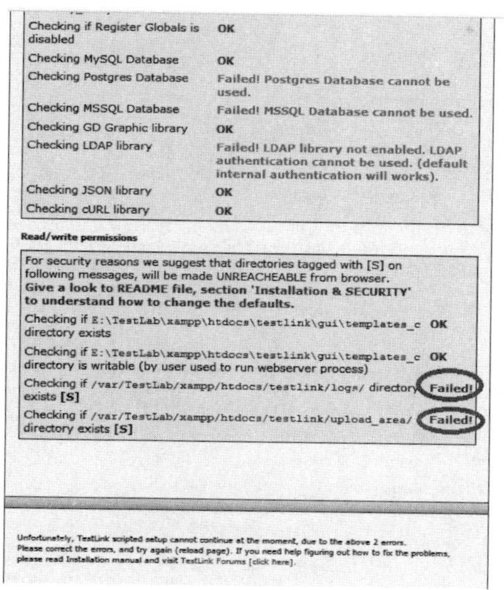

图 2.7　TestLink 安装向导 3

显示失败信息是因为没有相关文件目录，修改 xampp\htdocs\testlink 文件夹中的 config.inc.php 文件，找到 $tlCfg->log_path 和 $g_repositoryPath，将它们指向适当的文件夹。例如，

```
$tlCfg->log_path = 'E:/TestLab/xampp/htdocs/testlink/logs/';
$g_repositoryPath = 'E:/TestLab/xampp/htdocs/testlink/upload_area/'
```

保存修改后刷新浏览器页面，将显示环境检查通过页面，如图 2.8 所示。

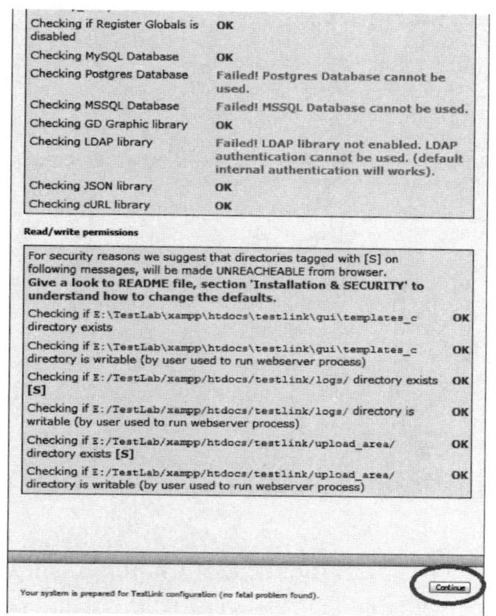

图 2.8　TestLink 安装向导 4

单击 Continue 按钮，将显示数据库配置页面，如图 2.9 所示。

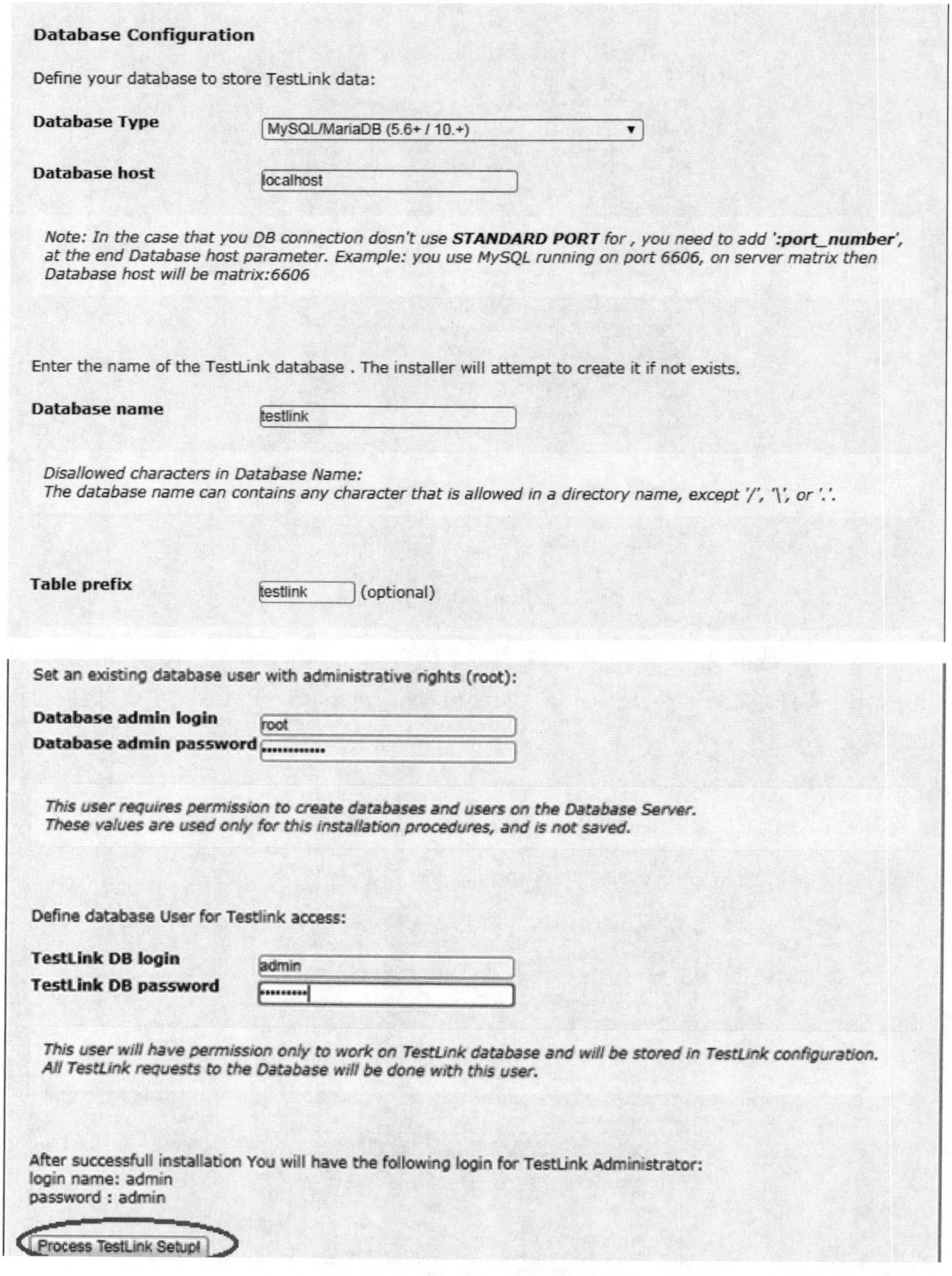

Database Configuration

Define your database to store TestLink data:

Database Type MySQL/MariaDB (5.6+ / 10.+)

Database host localhost

*Note: In the case that you DB connection dosn't use **STANDARD PORT** for , you need to add '**:port_number**', at the end Database host parameter. Example: you use MySQL running on port 6606, on server matrix then Database host will be matrix:6606*

Enter the name of the TestLink database . The installer will attempt to create it if not exists.

Database name testlink

Disallowed characters in Database Name:
The database name can contains any character that is allowed in a directory name, except '/', '\', or '.'.

Table prefix testlink (optional)

Set an existing database user with administrative rights (root):

Database admin login root
Database admin password ••••••••••••

This user requires permission to create databases and users on the Database Server.
These values are used only for this installation procedures, and is not saved.

Define database User for Testlink access:

TestLink DB login admin
TestLink DB password •••••••••

This user will have permission only to work on TestLink database and will be stored in TestLink configuration.
All TestLink requests to the Database will be done with this user.

After successfull installation You will have the following login for TestLink Administrator:
login name: admin
password : admin

Process TestLink Setup!

图 2.9 TestLink 安装向导 5

根据需要配置好数据库，然后单击 Process TestLink Setup！按钮，将显示安装成功提示页面，如图 2.10 所示。

在浏览器地址栏输入 http://localhost/testlink/login.php，将显示 TestLink 登录页面，如图 2.11 所示。可以使用默认的账号/密码(admin/admin)登录。

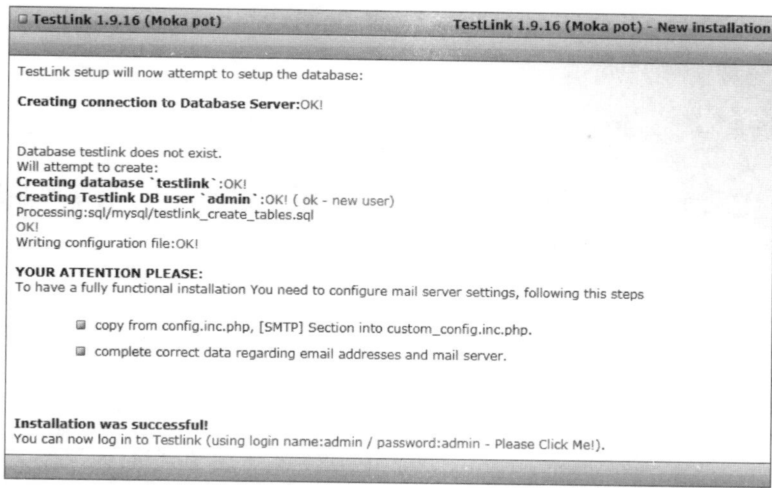

图 2.10 TestLink 安装向导 6

图 2.11 TestLink 登录页面

2.2.3 初始使用

初始使用时，将会显示创建测试项目英文页面，如图 2.12 所示。

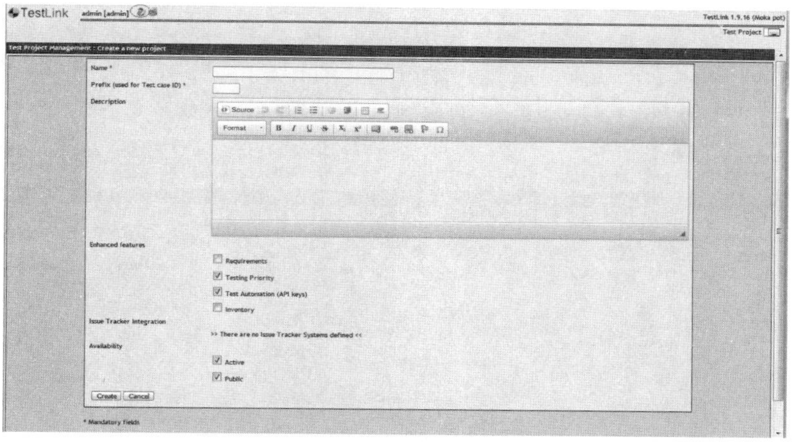

图 2.12 创建测试项目英文页面

单击图 2.12 中第一行的 admin[admin]右边的 My Settings 图标，将显示修改账号设置页面，如图 2.13 所示。

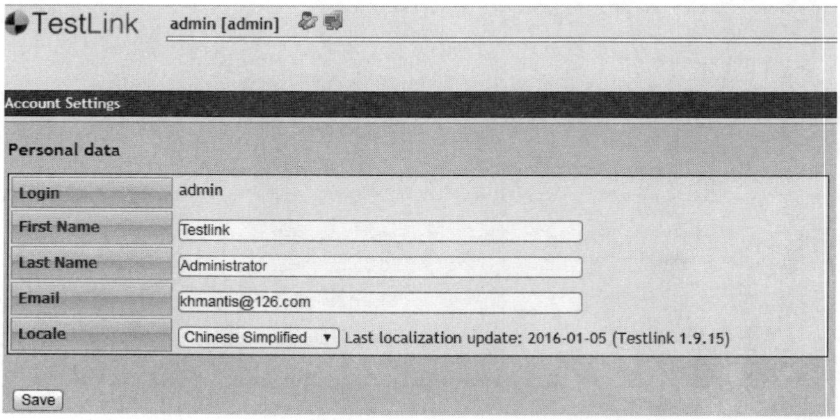

图 2.13　修改账号设置页面

输入 Email，Locale 选择 Chinese Simplified，单击 Save 按钮，刷新浏览器页面，将显示创建新的测试项目中文页面，如图 2.14 所示。

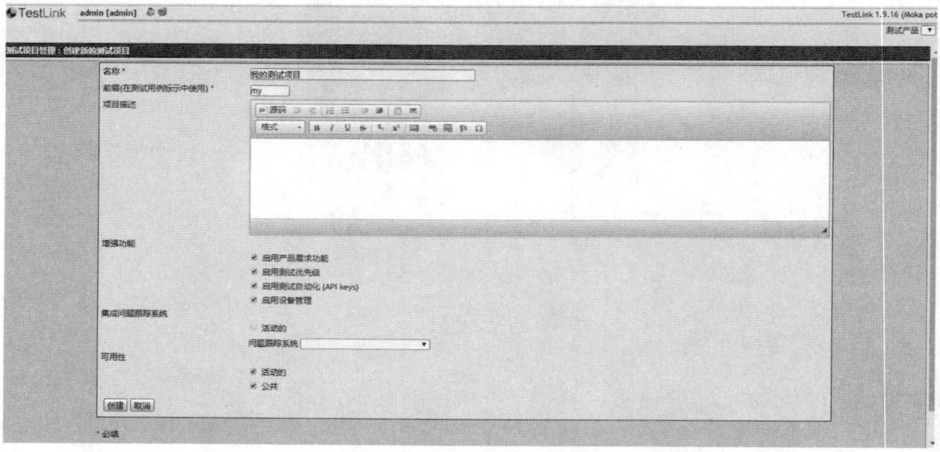

图 2.14　创建测试项目中文页面

输入名称等项目信息，单击"创建"按钮，将显示创建的测试项目列表页面，如图 2.15 所示。

图 2.15　测试项目列表页面

2.2.4 技能拓展：TestLink 的配置

在 xampp\htdocs\testlink 文件夹中，有一个文件 custom_config. inc. php. example，这是定制 TestLink 的示例文件。将它复制并命令为 custom_config. inc. php，在这个配置文件中的配置将会覆盖 config. inc. php 文件中的配置。利用配置文件 custom_config. inc. php，我们可以定制 TestLink。TestLink 非常灵活，有大量的配置，以下以邮件配置和与 Mantis 缺陷跟踪系统集成配置为例，讲解定制 TestLink 的方法。

1. TestLink 邮件的配置

打开 custom_config. inc. php，找到 SMTP，一般需要修改的 SMTP 配置项如下：

```
$g_smtp_host = 'smtp服务器地址';              # 设置 SMTP 服务器，例如，smtp.126.com
$g_tl_admin_email = '你的 Email 地址';         # 接收邮件的 Email 地址
$g_from_email = '你的 Email 地址';             # 发送邮件的 Email 地址
$g_return_path_email = '你的 Email 地址';      # 另一个 Email 地址

# Urgent = 1, Not Urgent = 5, Disable = 0
$g_mail_priority = 5;

/**
 * 发送邮件的方法有三种可供选择
 * PHPMAILER_METHOD_MAIL - mail()
 * PHPMAILER_METHOD_SENDMAIL - sendmail
 * PHPMAILER_METHOD_SMTP - SMTP
 */
$g_phpMailer_method = PHPMAILER_METHOD_SMTP;

//如果需要，设置 SMTP 的账号和密码
$g_smtp_username = '你的 Email 账号';          # 账号名称，例如，test@126.com
$g_smtp_password = '你的 Email 密码';          # 账号密码
```

应该注意到，可以提供三个 Email 地址。在做实训练习时，可以使用同一个 Email 地址。实际的项目中往往需要提供三个不同的 Email 地址，这样可方便对 TestLink 的管理。

只有配置了邮件，用户才可以自助注册账号，接收 TestLink 发送的邮件。

2. 与缺陷跟踪系统集成配置

以下以 Mantis 缺陷跟踪系统为例介绍。单击主菜单栏中的主页图标，主页左部显示如图 2.16 所示。

单击“问题跟踪系统”链接，如图 2.17 所示。

单击“创建”按钮，显示问题跟踪系统管理页面，如图 2.18 所示。

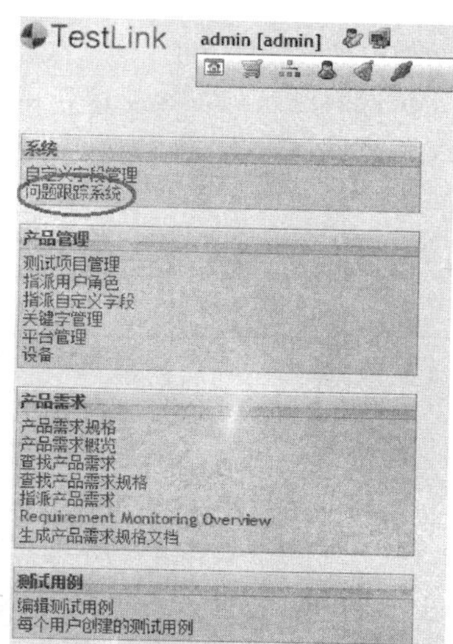

图 2.16　TestLink 主页左部的菜单

图 2.17　创建问题跟踪系统设置

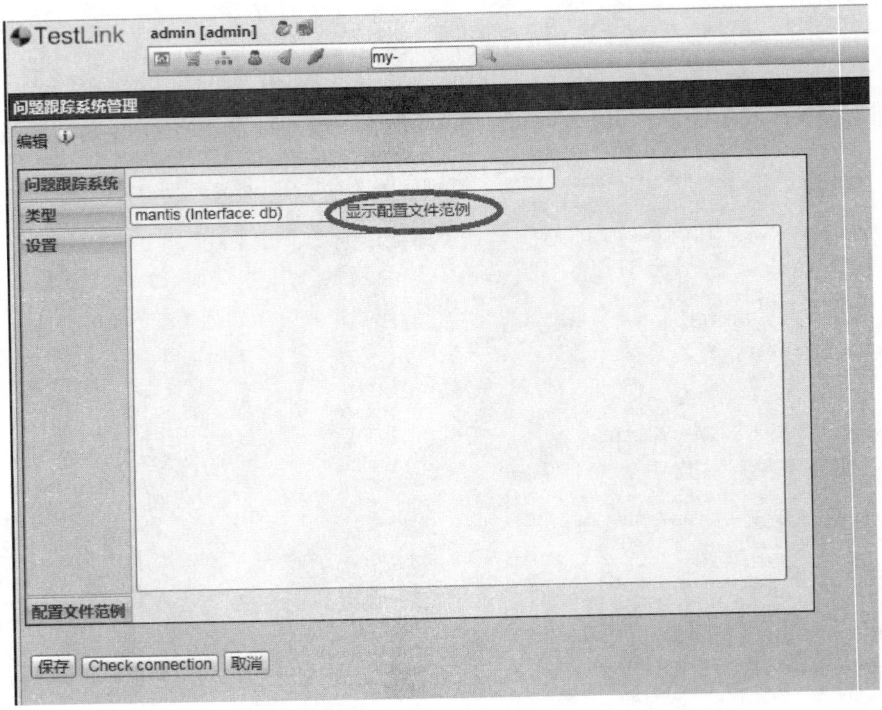

图 2.18　问题跟踪系统管理页面

输入问题跟踪系统配置名称，选择配置类型，例如，mantis(Interface：db)，单击"显示配置文件范例"链接。将配置文件范例文本框中的文本复制到设置文本框，如图 2.19 所示。

需要修改的配置如下所示：

```
<dbhost>localhost</dbhost>
<dbname>bugtracker</dbname>
<dbtype>mysql</dbtype>
<dbuser>root</dbuser>
<dbpassword></dbpassword>
<uriview>http://localhost/mantis/view.php?id=</uriview>
<uricreate>http://localhost/mantis/</uricreate>
```

单击 Check connection 按钮验证配置正确，单击"保存"按钮，保存新建的缺陷跟踪系统配置，如图 2.20 所示。

问题跟踪系统配置完成后，在执行测试用例时，将可以把执行失败的测试用例与缺陷报告系统中提交的问题报告关联起来。

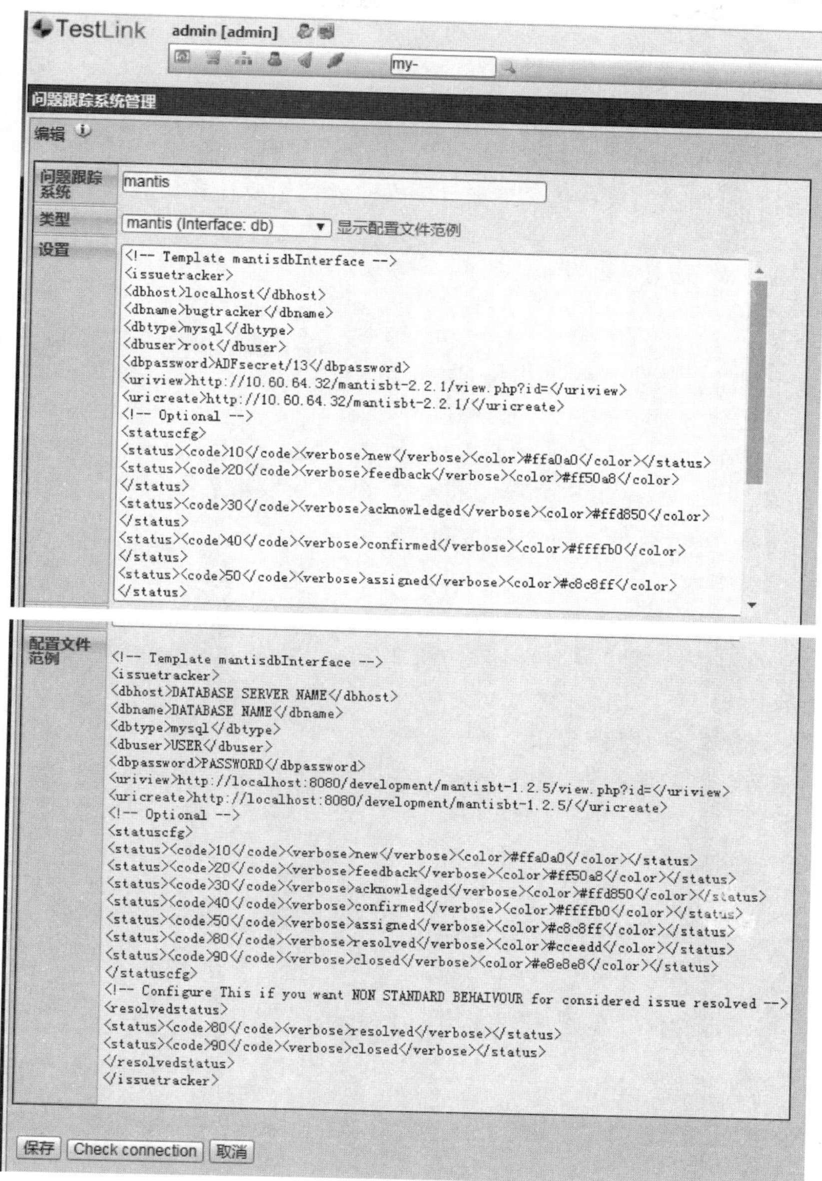

图 2.19　配置文件范例

图 2.20　问题跟踪系统配置列表

2.3 TestLink 操作演练

测试管理流程中主要的任务有测试需求管理、测试用例管理、测试计划制定、测试用例执行、测试结果分析。下面分别介绍这些主要任务。

2.3.1 测试需求管理

测试需求是开展测试的依据。TestLink 用产品需求规格组织测试用例集和测试用例，而测试用例集是一组相关的测试用例。一个测试项目一般包含一个用户需求规格、一个系统需求规格（或者只有系统需求规格）。TestLink 可以编辑需求规格，管理需求规格的多个版本。一个测试需求规格可以包含多个测试需求。

单击"主页"→"产品需求规格"链接，将显示 TestLink 主页、产品需求规格导航页面，如图 2.21 和图 2.22 所示。

单击"新建产品需求规格"按钮，输入文档 ID、标题，选择类型为系统需求规格，单击"保存"按钮，如图 2.23 所示。

可以单击"选择文件"按钮将需求规格文档作为附件上传到 TestLink。TestLink 只是对需求规格文档进行管理，需求规格的具体内容在附件中。

单击右列左上角的动作图标，将显示产品需求规格操作和产品需求操作菜单，如图 2.24 所示。

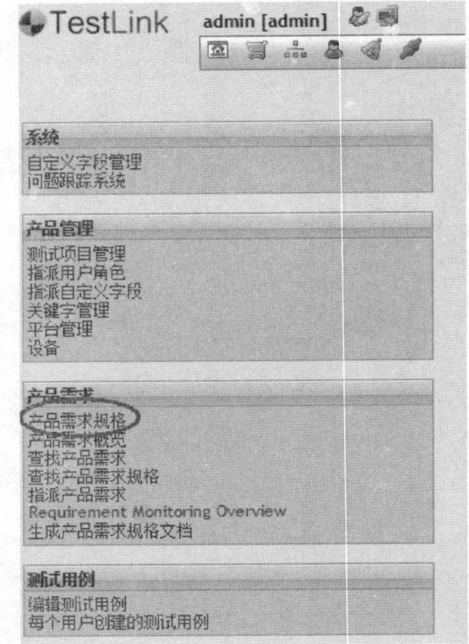

图 2.21 TestLink 主页

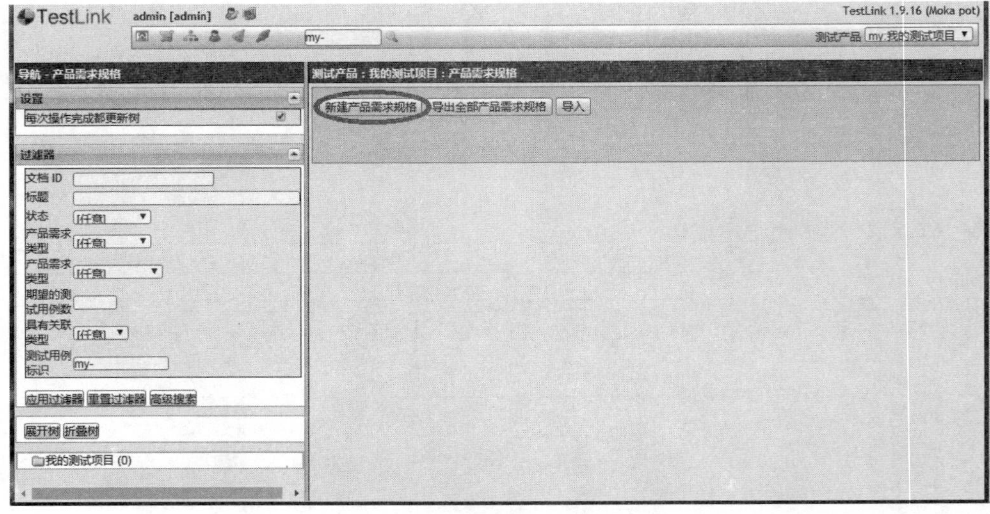

图 2.22 产品需求规格导航

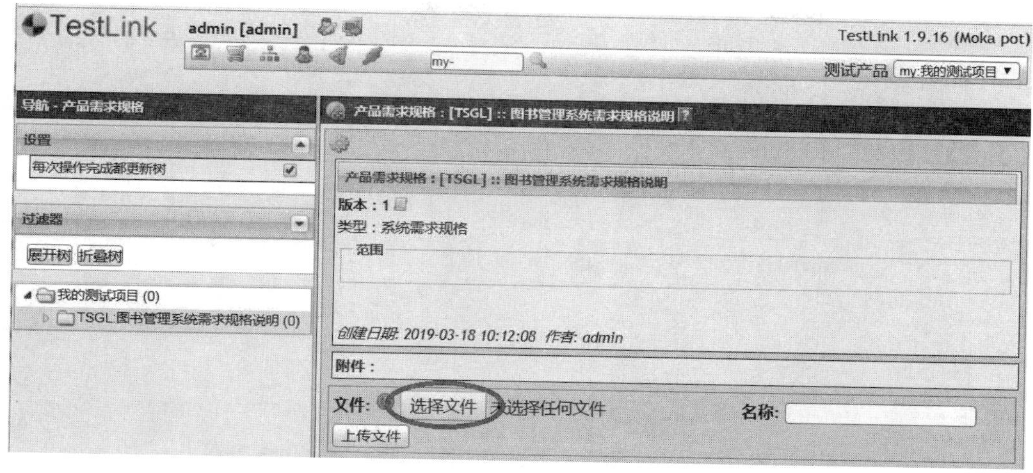

图 2.23　新建的产品需求规格

图 2.24　产品需求规格操作和产品需求操作菜单

单击“创建新产品需求”按钮，输入文档标识、标题等，类型选择为用例(其他类型还有信息的、功能、界面、系统功能等)。指定测试用例数。单击“保存”按钮。

2.3.2　测试用例管理

单击“主页”→“编辑测试用例”链接，将显示主页、测试用例导航页面，如图 2.25 和图 2.26 所示。

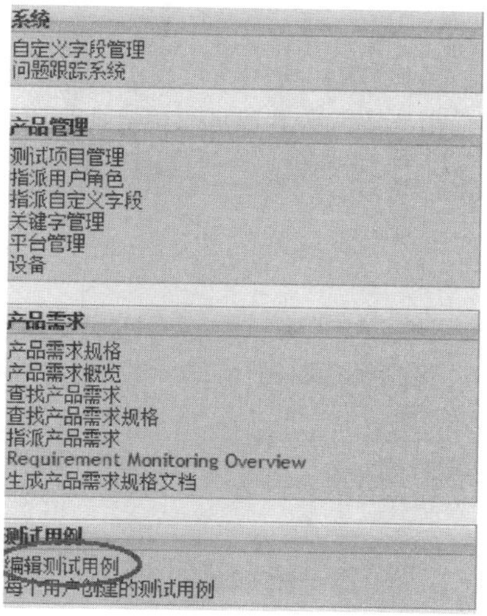

系统
自定义字段管理
问题跟踪系统

产品管理
测试项目管理
指派用户角色
指派自定义字段
关键字管理
平台管理
设备

产品需求
产品需求规格
产品需求概览
查找产品需求
查找产品需求规格
指派产品需求
Requirement Monitoring Overview
生成产品需求规格文档

测试用例
编辑测试用例
每个用户创建的测试用例

图 2.25　TestLink 主页

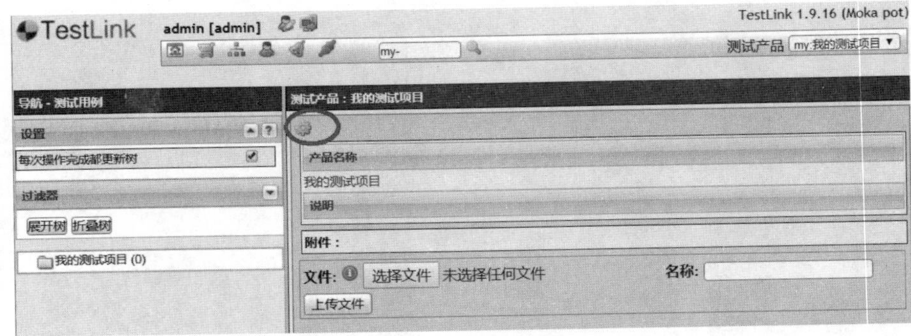

图 2.26 测试用例导航页面

单击右列左上角的动作图标，将显示测试用例集操作菜单，如图 2.27 所示。

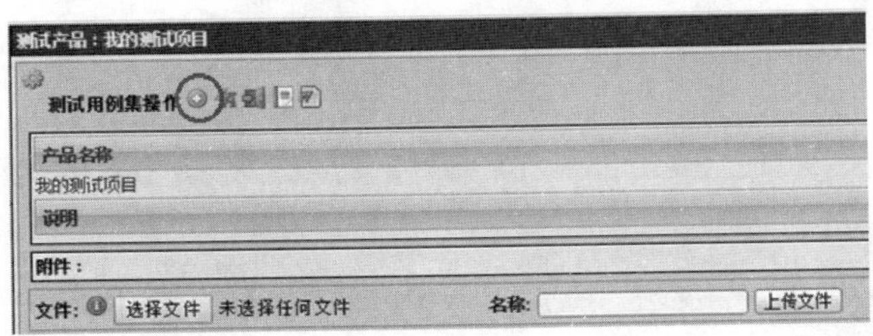

图 2.27 测试用例集操作菜单

单击“新建测试用例集”图标，将显示创建测试用例集页面，如图 2.28 所示。

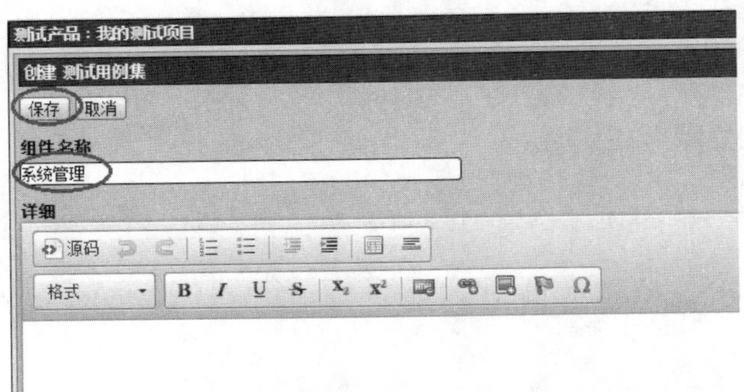

图 2.28 创建测试用例集页面

输入组件名称等，单击“保存”按钮，继续输入另一个组件名称，或单击“取消”按钮，如图 2.29 所示。

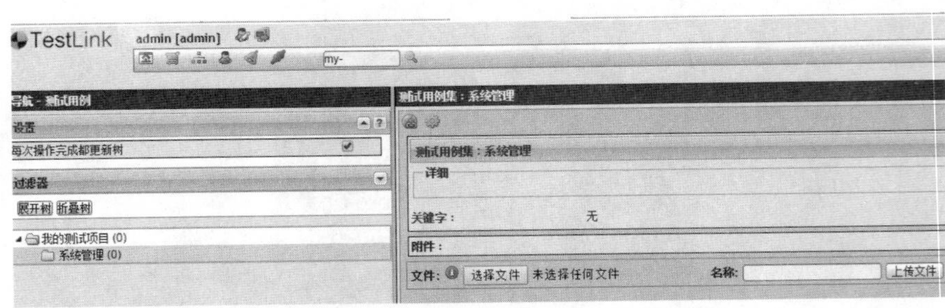

图 2.29 新建的测试用例集：系统管理

在测试用例导航中选择测试用例集，例如，系统管理，单击右列左上角的动作图标，将显示测试用例集操作和测试用例操作菜单（注意，右列第 2 行的测试用例集操作应该是测试用例操作。这是作者所用 TestLink 中文化版本的一个小 Bug），如图 2.30 所示。

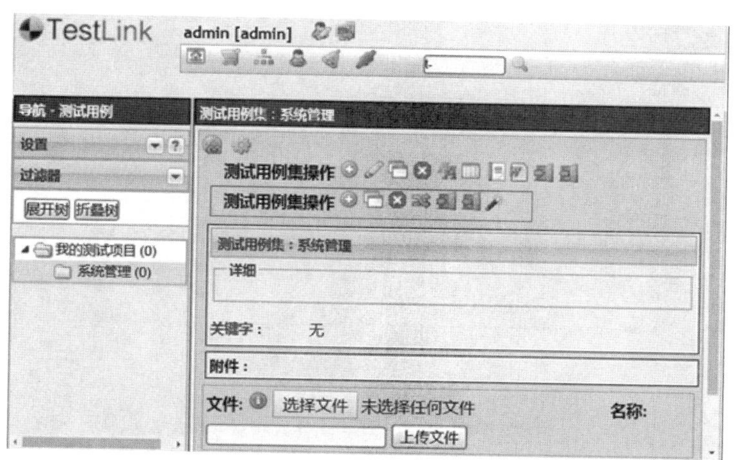

图 2.30　测试用例集操作和测试用例操作菜单

单击“测试用例操作”菜单中的“创建测试用例”图标，将显示创建测试用例页面，如图 2.31 所示。

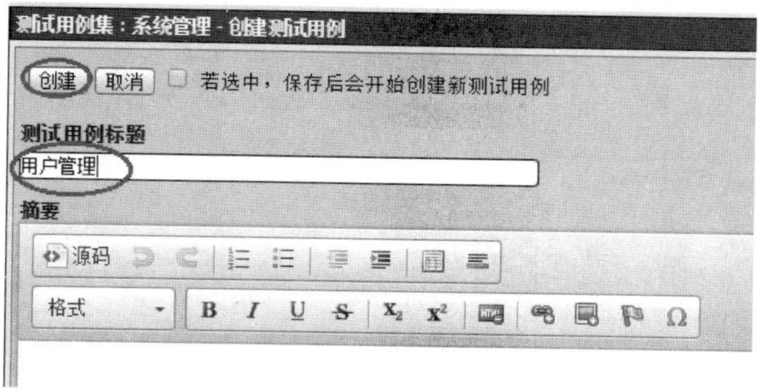

图 2.31　创建测试用例页面

输入测试用例标题等信息，然后单击“创建”按钮，将在测试用例导航中显示新建的测试用例，例如，用户管理，如图 2.32 所示。

单击“创建步骤”按钮，输入步骤动作、期望的结果，选择执行方式（手工/自动的）。

测试用例可以与产品需求关联，如图 2.33 所示。

单击产品需求右边的链接，弹出窗口，如图 2.34 所示。

选中可选的有效产品需求，然后单击“指派”按钮，如图 2.35 所示。

单击“关闭”按钮，关闭需求与测试用例关联窗口。

图 2.32 新建的测试用例

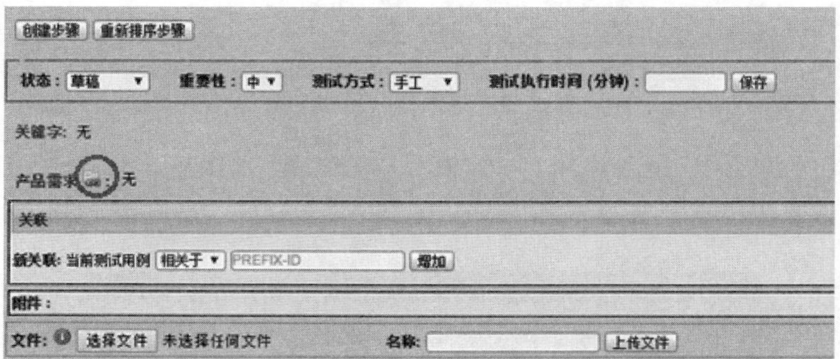

TestLink

测试用例：用户管理

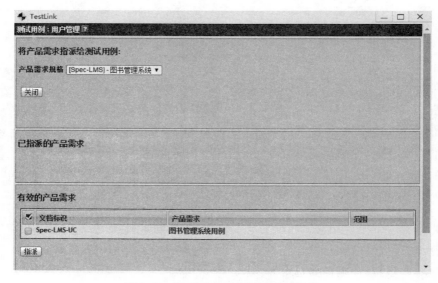

将产品需求指派给测试用例：

产品需求规格 [Spec-LMS] - 图书管理系统

关闭

已指派的产品需求

有效的产品需求

文档标识	产品需求	范围
Spec-LMS-UC	图书管理系统用例	

指派

图 2.34 将产品需求指派给测试用例

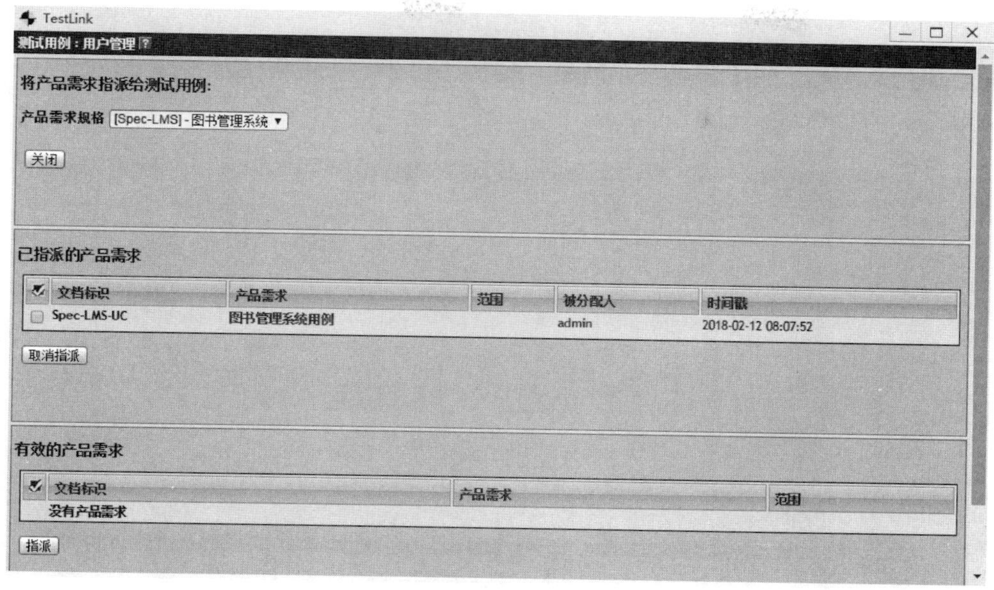

图 2.35　指派了产品需求规格的测试用例

2.3.3　测试计划制定

单击“主页”链接，在 TestLink 主页的右边，有测试计划管理菜单，如图 2.36 所示。

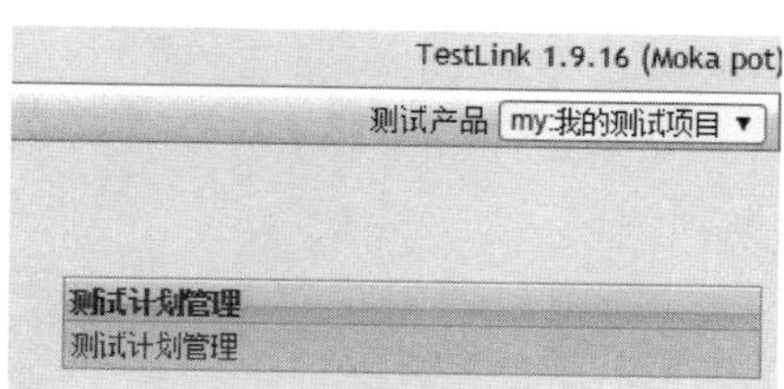

图 2.36　主页右边的测试计划管理菜单

在右上角的下拉列表框中选择测试产品（即前面创建的测试项目，例如，我的测试项目），单击“测试计划管理”链接，为测试项目创建测试计划，如图 2.37 所示。

图 2.37　创建测试计划页面

单击“创建”按钮，创建测试计划，如图 2.38 所示。

输入名称等信息，根据需要选中“活动”“公开”复选框，然后单击“创建”按钮，如图 2.39 所示。

图 2.38 测试计划编辑页面

图 2.39 测试计划列表页面

单击主菜单栏中的主页图标，返回 TestLink 主页。主页右部将显示更多的菜单，包括当前测试计划、测试计划管理、测试执行、测试用例集等，如图 2.40 所示。

单击“添加/删除测试用例到测试计划”链接，选择测试用例集，如图 2.41 所示。

选中“测试用例”，然后单击“增加选择的测试用例”按钮，如图 2.42 所示。

单击“主页”→“指派执行测试用例”链接，提示需要一个测试计划版本，如图 2.43 所示。

单击“创建一个新的版本”链接，如图 2.44 所示。

输入版本标识，单击“创建”按钮。创建了一个测试计划的版本，如图 2.45 所示。

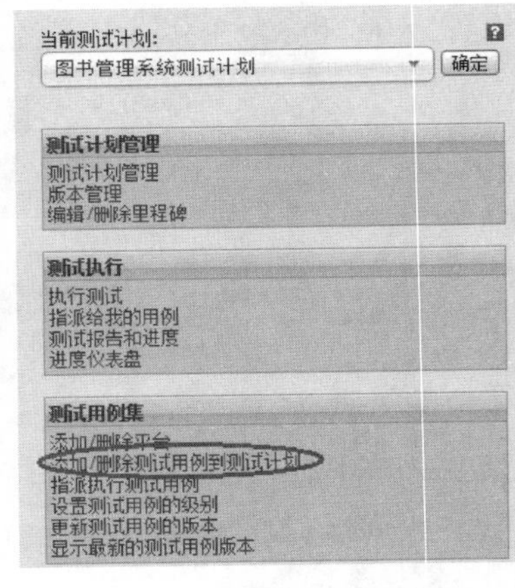

图 2.40 创建了测试计划的测试项目的主页

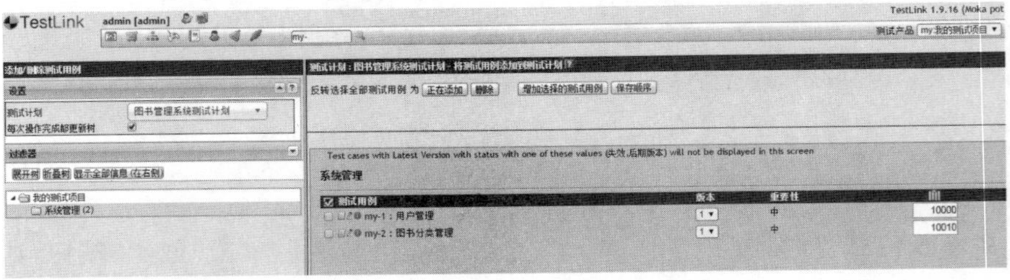

图 2.41 添加测试用例到测试计划

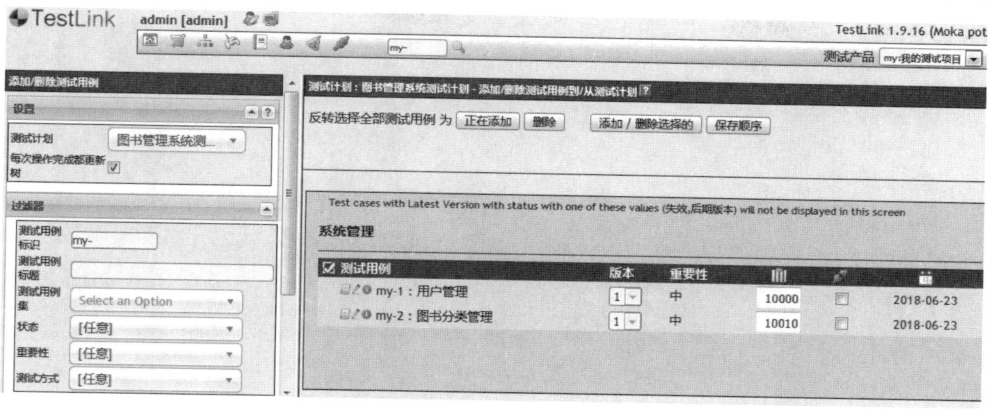

图 2.42　将测试用例分配给测试计划

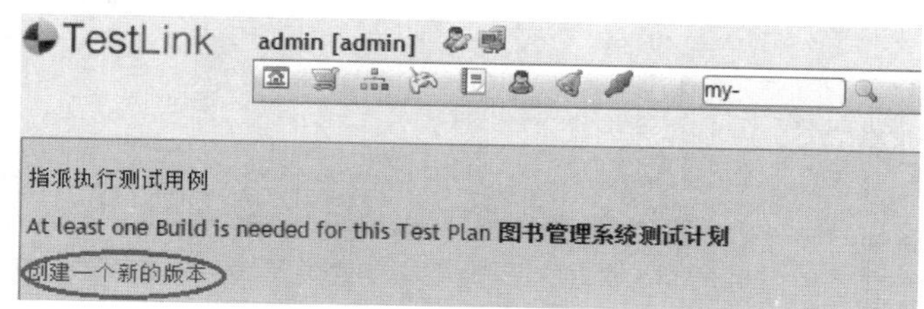

图 2.43　提示需要一个测试计划版本

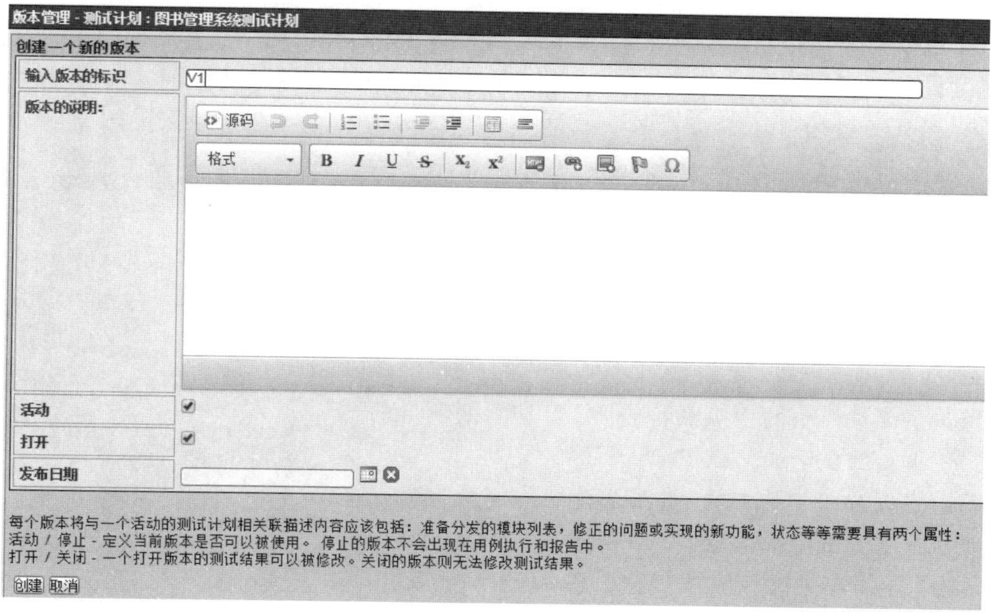

图 2.44　创建测试计划版本页面

单击“主页”→“指派执行测试用例”链接，选中“测试用例”，如图 2.46 所示。

在“用户指派”框指定测试执行员，选中“测试用例”。然后单击“执行”按钮，再单击“保存”按钮，如图 2.47 所示。

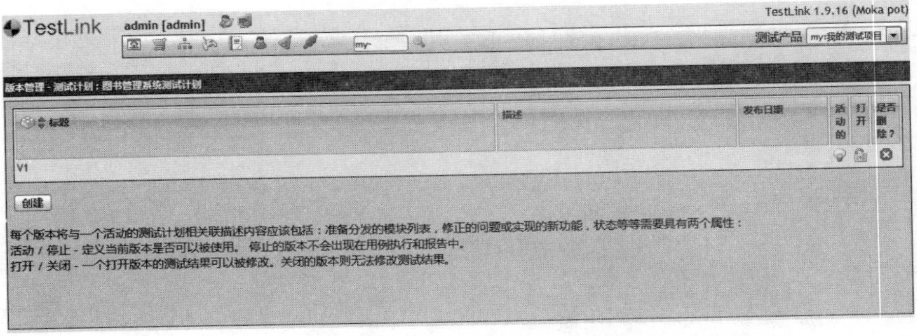

图 2.45 测试计划版本管理页面

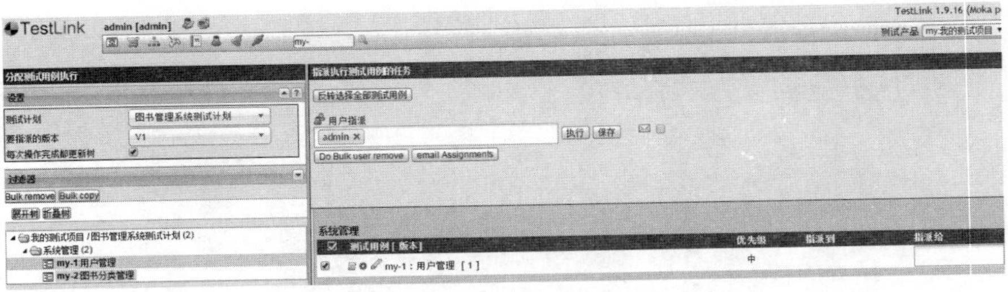

图 2.46 给测试员分配执行测试用例的任务

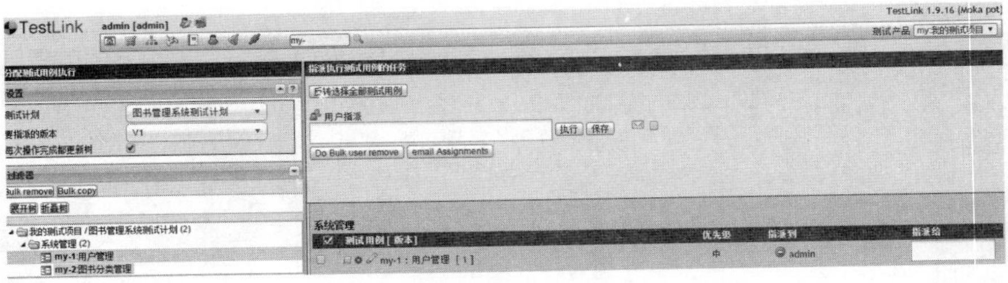

图 2.47 测试用例指派了测试员

2.3.4 测试执行

单击主菜单栏中的主页图标，显示当前测试项目的主页。主页右部显示如图 2.48 所示。

单击主页右部菜单中的“指派给我的用例”链接，查看需要执行的测试用例，如图 2.49 所示。

单击“主页”→“执行测试”链接，然后选中“测试用例”。输入每一个测试步骤的执行纪要，指定结果（通过/失败/锁定）。

输入测试执行时间（可选），设置测试用例执行结果（通过/失败/锁定）。一般来说，测试用例中的每个步骤都测试通过才能将测试用例设置为测试通过，如图 2.50 所示。

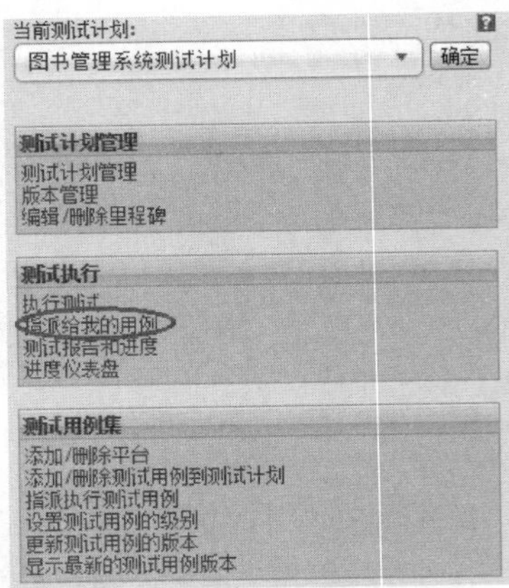

图 2.48 主页右部菜单

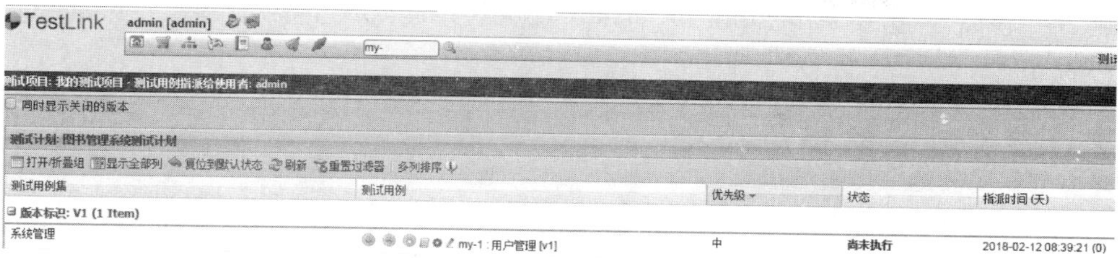

图 2.49 查看需要我执行的测试用例

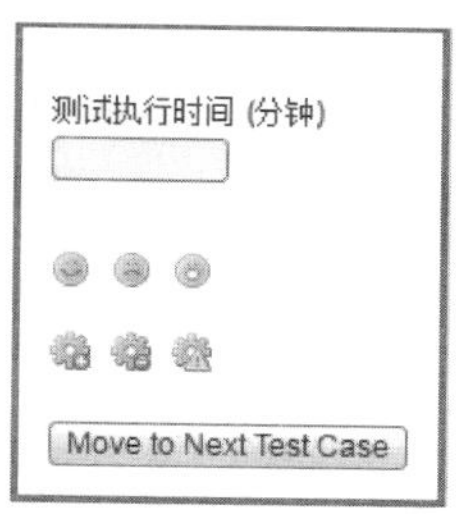

图 2.50 记录执行测试用例的结果

注意，如果在执行测试用例时遇到错误“\htdocs\testlink\lib\execute\execSetResults.php on line 1533”，打开 execSetResults.php，找到 $ guiObj->design_time_cfields='',将它修改为 $ guiObj->design_time_cfields=[]。

对于标识为测试失败的测试用例，将会显示测试用例状态，如图 2.51 所示。

图 2.51 测试用例状态

可以将执行失败的测试用例与缺陷跟踪系统中报告的问题关联。单击问题管理列的“链接已存在的问题”图标，弹出窗口，如图 2.52 所示。

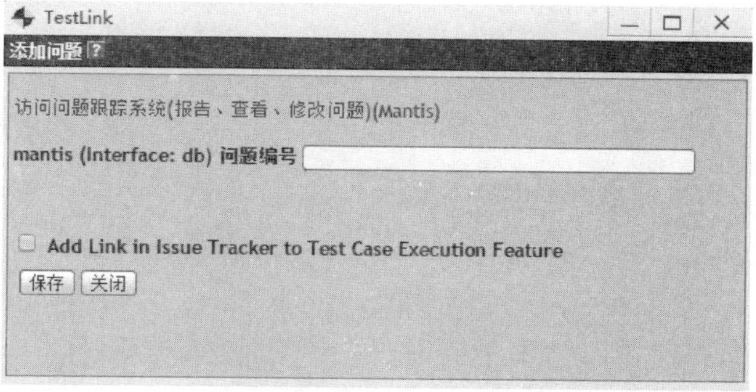

图 2.52 将执行失败的测试用例与缺陷跟踪系统中报告的问题关联

输入问题编号，选中 Add Link in Issue Tracker to Test Case Execution Feature，单击“保存”按钮。

2.3.5 测试结果分析

单击主菜单栏中的主页图标，显示当前测试项目的主页。主页右部显示如图 2.53 所示。

单击“测试报告和进度”链接，如图 2.54 所示。

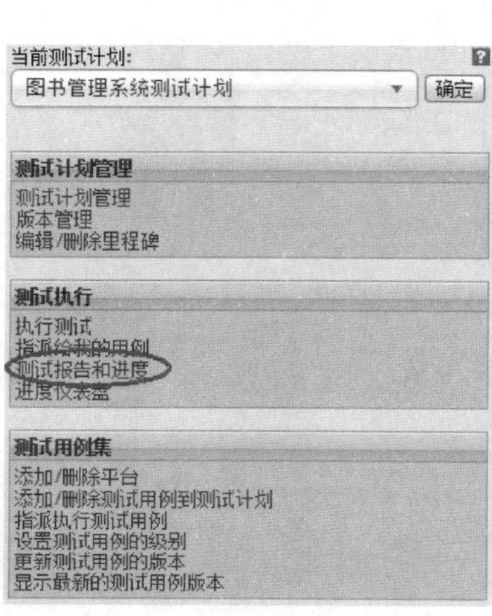

图 2.53 主页右部菜单

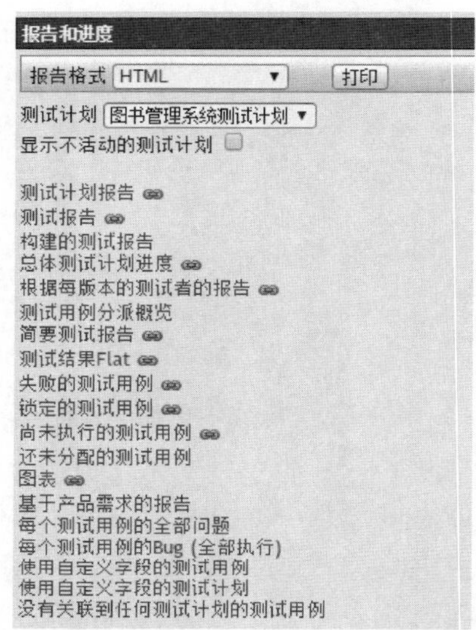

图 2.54 TestLink 提供了多种测试报告和进度

利用这些测试报告和进度，可以对测试过程进行管理，对测试结果进行分析。

实训任务

任务 1：安装 TestLink，记录安装过程，编写安装说明书。

任务 2：编写资产管理系统测试计划，在 TestLink 中提交测试计划。

第3章 软件缺陷管理

本章主要内容

软件缺陷管理简介

缺陷管理工具

Mantis 演练

2009 年,Z 公司在 IBM 咨询顾问的帮助下成立了一个 50 人的 Oracle EBS 项目实施团队,负责 Oracle EBS 的实施和二次开发。实施团队的成员包括来自 IBM 的 ERP 业务顾问、ERP 技术顾问、Z 公司的 IT 人员和关键用户。为了跟踪 Oracle EBS 的实施和二次开发过程中发现的问题,IBM 咨询项目经理建议使用 Mantis 管理项目中的问题。Mantis 在 Z 公司的 Oracle EBS 项目实施中发挥了重要作用。从那时开始,老沙就对 Mantis 情有独钟。在以后的项目中都使用了 Mantis。同时见证了 Mantis 从版本 1.2.8 升级到 2.11.1。

本章首先介绍软件缺陷管理的一些基础知识,然后介绍缺陷管理工具 Mantis 的使用方法。

3.1 什么是软件缺陷管理

第 2 章介绍了事件管理,我们知道,软件测试的目的之一是发现缺陷。在测试过程中,当发现实际结果和预期结果之间的差异时,能够说发现了一个缺陷吗?是不能的,但是应该将它作为一个事件记录下来。通过确认,才能确定是否发现了一个缺陷。

3.1.1 软件缺陷管理简介

为了保证软件的质量,软件开发团队必须对软件测试中发现的缺陷进行有效管理,确保测试人员发现的所有缺陷都能够得到适当的处理,并且避免处理缺陷时引入新的缺陷。软件缺陷管理是软件测试的重要内容之一,为了便于缺陷的管理,需要从不同的角度对缺陷进行分类,如缺陷起源、缺陷严重级别、缺陷优先级别、缺陷状态等。缺陷的起源已在第 1 章介绍过,此处不再赘述。

1. 缺陷严重级别

缺陷严重级别是指缺陷对软件质量的影响程度。缺陷的严重级别可以从软件最终用户的角度来判断,考虑缺陷对用户使用软件所造成的影响程度。缺陷严重级别按从高到低,可以分为五个级别,如表 3.1 所示。

表 3.1 缺陷严重级别

缺陷严重等级	描　　述
严重缺陷(Critical)	不能执行正常工作功能或重要功能,或者危及人身安全。例如: 1. 操作或使用某一功能时,导致程序异常退出,或其余功能无法使用,或造成经常性死机和重启 2. 严重花屏 3. 内存泄漏 4. 用户数据丢失或破坏 5. 系统崩溃/死机/冻结 6. 程序或模块无法正常启动或异常退出 7. 严重的数值计算错误 8. 功能设计与需求严重不符 9. 导致其他功能无法测试的错误
较严重缺陷(Major)	严重地影响系统要求或基本功能的实现,且没有变通办法。例如: 1. 按键操作错误或失灵 2. 在客户环境本身没有问题的情况下,网络不稳,频繁断线、掉线 3. 实现的功能与相关需求严重不符 4. 功能未实现 5. 功能错误 6. 系统刷新错误 7. 语音或数据通信错误 8. 轻微的数值计算错误 9. 系统所提供的功能或服务受到明显的影响
一般缺陷 (Average Serverity)	次要功能丧失,不太严重,可通过变通手段解决。例如: 1. 按键操作偶尔失灵 2. 边界值的处理无效,重要界面的显示问题,会对用户产生一定影响的文字错误 3. 操作界面错误(包括数据窗口内列名定义、含义是否一致) 4. 边界条件显示错误 5. 提示信息错误(包括未给出信息、信息提示错误等) 6. 长时间操作无进度提示 7. 系统未优化(性能问题) 8. 光标跳转设置不好,鼠标(光标)定位错误
次要缺陷 (Minor)	使操作者不方便或遇到麻烦,但它不影响执行工作功能或重要功能。例如: 1. 字符串显示不统一 2. 拼写、对齐类的错误、UI 图标、文字性错误 3. 界面显示不美观但对用户不产生影响的问题 4. 不经常出现而且用户可恢复的非严重问题 5. 辅助说明描述不清楚 6. 操作时未给用户提示 7. 可输入区域和只读区域没有明显的区分标志 8. 个别不影响产品理解的错别字 9. 文字排列不整齐等一些小问题
改进型缺陷 (Enhancement)	个别功能使用不够方便,但是不影响用户使用的问题。例如: 1. 用户界面不太友好 2. 使用不习惯

缺陷严重级别可以根据项目的实际情况划分。

2. 缺陷优先级

缺陷优先级是指缺陷必须被修复的紧急程度。一般来说，严重级别程度较高的缺陷具有较高的优先级。严重级别高的缺陷对软件质量造成的危害大，需要优先处理，而严重级别低的缺陷可能只是软件的一些局部的、轻微的问题，可以稍后处理。但是，严重级别和优先级并不总是相对应的。有时候严重级别高的缺陷，优先级不一定高，而一些严重级别低的缺陷反而需要及时处理，因此具有较高的优先级。缺陷优先级按从高到低，可以分为三级，如表3.2所示。

表3.2 缺陷优先级

级　别	描　述
立即解决(Urgent)	缺陷必须被立即解决
正常排队(Normal Queue)	缺陷需要正常排队等待修复或列入软件发布清单
不紧急(Not Urgent)	缺陷可以在方便时被纠正

不同的企业对缺陷可能有不同的分级。

3. 缺陷状态

缺陷状态是指缺陷在跟踪管理过程中对缺陷的处理情况。主要的缺陷状态如表3.3所示。

表3.3 缺陷状态

缺陷状态	描　述
已提交/新建(Submitted/New)	可能的缺陷被提交
认可(Acknowledged)	开发团队收到了被提交的可能缺陷，还没有确认
已确认(Confirmed)	开发团队确认提交的是缺陷，等待分配处理
已拒绝(Rejected)	拒绝"提交的缺陷"，不需要修复或不是缺陷
已分配(Assigned)	开发团队已分配相关人员处理缺陷
已解决(Resolved)	缺陷被处理
已关闭(Closed)	确认被修复的缺陷，将其关闭

除了以上的缺陷状态，还可以使用其他一些状态，例如已修复(开发人员已修复缺陷，等待测试人员进行回归测试)、重新打开(回归测试不通过，重新打开缺陷，继续等待处理)等。不同的企业可能使用不同的缺陷状态跟踪缺陷。

4. 缺陷管理流程

在软件缺陷管理过程中涉及不同角色的人员，例如，测试组长、测试人员、开发人员，不同的角色分工合作，共同跟踪处理软件缺陷。因此，缺陷管理需要按照一定的流程进行。缺陷管理的流程如图3.1所示。

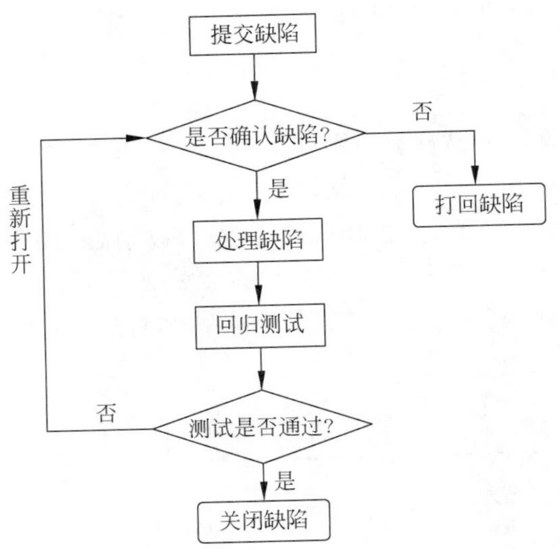

图 3.1 缺陷管理流程

3.1.2 缺陷管理工具

"磨刀不误砍柴工。"使用缺陷管理工具可以更好地对缺陷进行跟踪管理,特别是可以通过邮件提醒功能,及时通知相关人员对缺陷进行处理。缺陷管理工具使得相关人员方便地查看我提交的问题、分派给我的问题、已解决的问题、未解决的问题。缺陷管理工具还可以对缺陷管理的情况进行统计,谁发现了多少缺陷?谁修复了多少缺陷?谁完成了分派的任务?等等,便于激励相关人员完成测试任务。总之,缺陷管理工具的使用可以提高测试工作效率。

下面简单介绍一些缺陷管理工具。

1. Mantis

缺陷管理平台 Mantis,也称为 MantisBT,全称 Mantis Bug Tracker。

Mantis 是一个基于 PHP 技术的轻量级的开源缺陷跟踪系统,以 Web 操作的形式提供项目管理及缺陷跟踪服务。在功能上、实用性上足以满足中小型项目的管理及跟踪。更重要的是其开源,不需要负担任何费用。

Mantis 是一个缺陷跟踪系统,具有多个特性,包括易于安装,易于操作,基于 Web,支持任何可运行 PHP 的平台(Windows、Linux、Mac、Solaris、AS400/i5 等),已经被翻译成 68 种语言,支持多个项目,为每一个项目设置不同的用户访问级别,跟踪缺陷变更历史,定制视图页面,提供全文搜索功能,内置报表生成功能(包括图形报表),通过 Email 报告缺陷,用户可以监视特殊的 Bug,附件可以保存在 Web 服务器上或数据库中(还可以备份到 FTP 服务器上),自定义缺陷处理工作流,支持输出格式包括 CSV. 、Microsoft Excel、Microsoft Word,集成源代码控制(SVN 与 CVS),集成 Wiki 知识库与聊天工具(可选/可不选),支持多种数据库(MySQL、MS SQL、PostgreSQL、Oracle、DB2),提供 Web Service(SOAP)接口,提供 Wap 访问。

其基本特性如：

- 个人可定制的 Email 通知功能，每个用户可根据自身的工作特点只订阅相关缺陷状态邮件。
- 支持多项目、多语言。
- 权限设置灵活，不同角色有不同权限，每个项目可设为公开或私有状态，每个缺陷可设为公开或私有状态，每个缺陷可以在不同项目间移动。
- 主页可发布项目相关新闻，方便信息传播。
- 具有方便的缺陷关联功能，除重复缺陷外，每个缺陷都可以链接到其他相关缺陷。
- 缺陷报告可打印或输出为 CSV 格式，1.1.7 版增加了支持可定制的报表输出，可定制用户输入域。
- 有各种缺陷趋势图和柱状图，为项目状态分析提供依据，如果不能满足要求，可以把数据输出到 Excel 中进一步分析。
- 流程定制方便且符合标准，满足一般的缺陷跟踪。

详见官方网站：http://www.mantisbt.org/。

2. Bugzilla

Bugzilla 是 Mozilla 公司提供的一款开源的免费 Bug 追踪系统，它可以管理软件开发中缺陷的提交、修复、关闭等整个生命周期。用来管理软件开发，建立完善的 Bug 跟踪体系。

详见官方网站：http://www.bugzilla.org/。

3. Jira

Jira 是一个优秀的对整个软件研发生命周期(包括计划、开发、发布)进行管理的项目跟踪工具。上万个团队选择 Jira 对日常事务进行跟踪，并使团队始终获得最新信息。

详见官方网站：https://www.atlassian.com/software/jira。

4. Fogbugz

Fogbugz 是世界上最简单的 Bug 跟踪系统，提供 Wiki 项目管理、共享式计划表、问题追踪、电子邮件和讨论组等实用工具，可以让管理者方便地安排轻重缓急的任务顺序，以及在项目中随时调整成员的工作和监控进度。

详见官方网站：http://www.fogcreek.com/fogbugz/。

5. Youtrack

Youtrack 是捷克 JetBrains 公司旗下一款创新性的以键盘操作为主的问题和项目跟踪工具，主要用于开发过程中的任务和缺陷修正安排跟踪。

详见官方网站：http://www.jetbrains.com/youtrack/。

6. Redmine

Redmine 是一个开源的、基于 Web 的项目管理和缺陷跟踪工具。它用日历和甘特图辅助项目及进度可视化显示。同时它又支持多项目管理。Redmine 是一个自由和开放源码的软件解决方案，它提供集成的项目管理功能，问题跟踪，并为多个版本控制提供支持。

虽说有像IBM Rational Team Concert这样的商业敏捷项目管理工具，但如果坚持寻找开放源代码的解决方案，会发现Redmine是一个不错的敏捷项目管理工具。由于Redmine的设计受到Trac的较大影响，所以它们的软件包有很多相似的特征。

Redmine建立在Ruby on Rails的框架之上，支持跨平台和多种数据库。

详见官方网站：http://www.redmine.org/。

7. Trac

Trac是一个为软件开发者设计的增强Wiki和问题的跟踪系统。它使用非常简约的方法来管理基于Web的软件项目。团队的任务是编写出杰出的软件，更好地帮助其他开发者。此应用完全免费！

详见官方网站：http://trac.edgewall.org/。

3.2 Mantis起步

本节介绍软件缺陷管理工具Mantis的安装和配置。

3.2.1 系统要求

Mantis可以运行在Windows、Linux、MacOS、OS/2、Solari等操作系统环境。此外还需要关系数据库、PHP和Web服务器的支持。详细的系统要求如表3.4所示。

表3.4 系统要求

类　型	软　件	最低版本	建议版本	备　注
关系数据库	MySQL	5.5.35	5.6或以上	PHP extension：mysqli
	MariaDB	5.5.35	10.x或以上	PHP extension：mysqli
	PostgreSQL	9.2	9.2或以上	PHP extension：pgsql
	MS SQL Server	2012	2012或以上	PHP extension：sqlsrv
	Oracle	11gR2	11gR2或以上	PHP extension：oci8
PHP	PHP	5.5.x	7.0或以上	参见上面的PHP extensions
Web服务器	Apache	2.2.x	2.4.x	
	lighttpd	1.4.x	1.4.x	
	nginx	1.10.x	1.10.x	
	IIS	7.5	8.0	Windows Server 2008 R2 SP1或以上

为了安装方便，推荐使用XAMPP。

3.2.2 Mantis的安装

在Mantis官网https://www.mantisbt.org/下载Mantis，以下以Mantis 2.11.1为例说明。

将 mantisbt-2.11.1.zip 解压到 xampp\htdocs 文件夹下,并将文件夹名称 mantisbt-2.11.1 修改为 mantis。

双击 xampp-control.exe,启动 Apache 和 MySQL。

在浏览器地址栏输入 http://localhost/mantis,如图 3.2 所示。

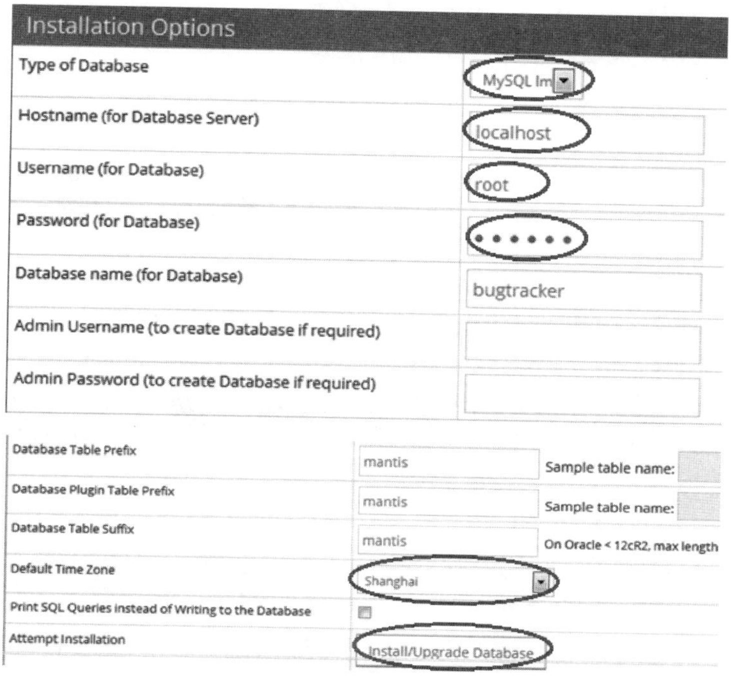

图 3.2 Mantis 安装向导

选择 MySQL 数据库,输入 MySQL 数据库 root 账号的密码,选择适当的时区(Default Time Zone)。单击 Install/Upgrade Database 链接。安装成功后的页面如图 3.3 所示。

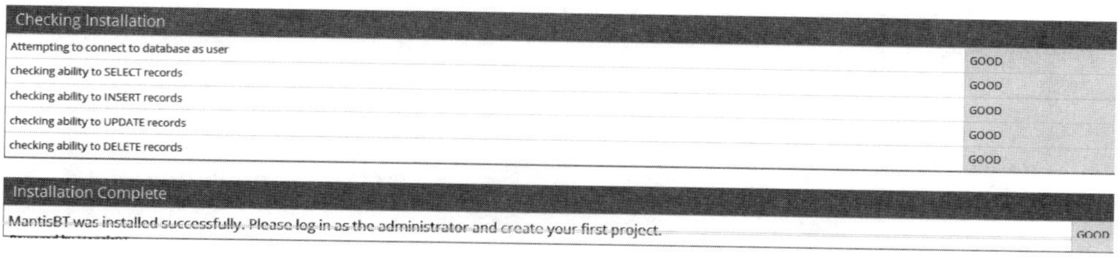

图 3.3 Mantis 安装成功后的页面

3.2.3 初始使用

在浏览器地址栏输入 http://localhost/mantis,显示 Mantis 登录页面,如图 3.4 所示。

用默认账号/密码(administrator/root)登录,显示"编辑账号"页面,如图 3.5 所示。

修改 administrator 的默认密码,单击"更新账号信息"按钮。用 administrator 账号和新密码重新登录,显示添加项目页面,如图 3.6 所示。

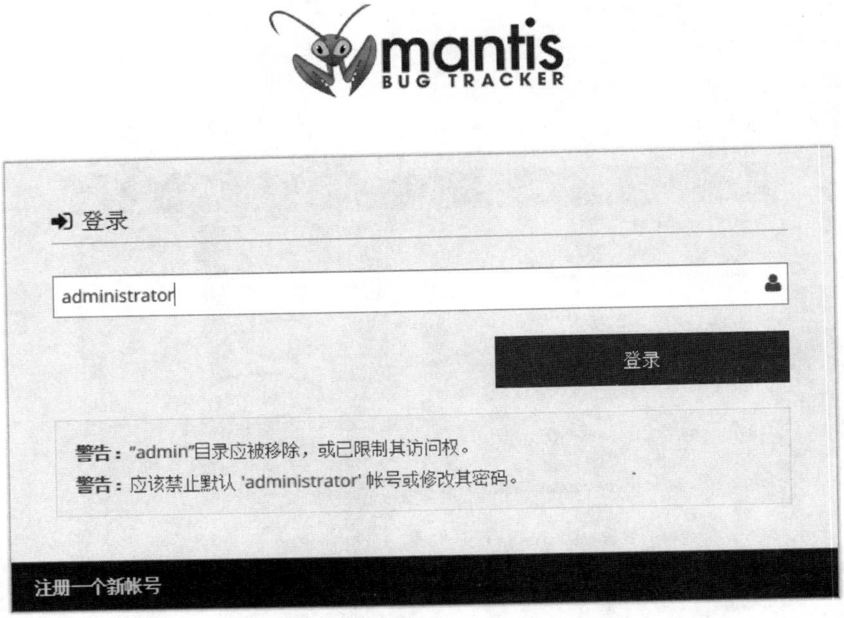

图 3.4 Mantis 登录页面

图 3.5 编辑账号页面

输入项目名称，单击“添加项目”按钮，显示项目管理页面，如图 3.7 所示。

3.2.4 技能拓展：Mantis 配置

Mantis 可以通过管理页面和配置文件进行配置，管理页面的配置存储在数据库中，有两个配置文件 config_defaults_inc. php 和 config_inc. php，config_defaults_inc. php 是默认

图 3.6　添加项目页面

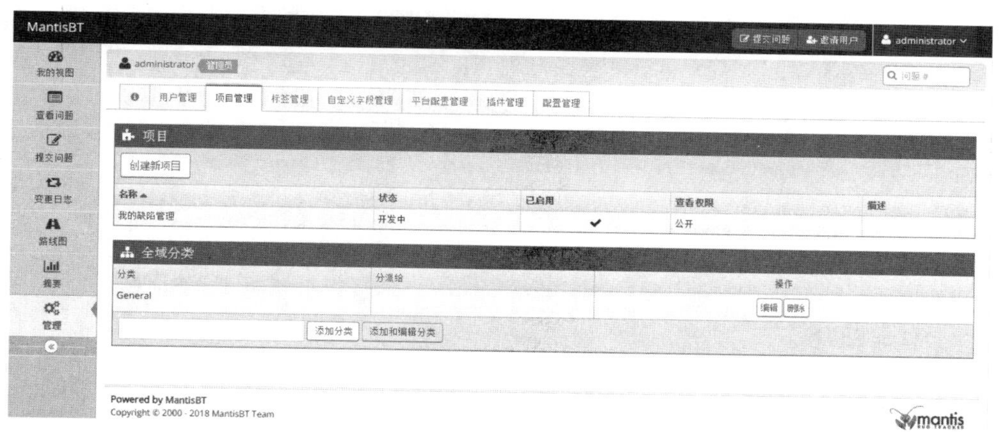

图 3.7　项目管理页面

配置文件，config_inc. php. sample 是配置模板，config_inc. php 是自定义配置文件。Mantis 按照如下顺序查找配置项。

- 数据库：当前用户，当前项目。
- 数据库：当前用户，所有项目。
- 数据库：所有用户，当前项目。
- 数据库：所有用户，所有项目。
- config_inc. php。

- config_defaults_inc. php。

因此，建议不要修改 config_defaults_inc. php 文件，而是在 config_inc. php 中修改配置项。

1. 邮件配置

下面给出一个邮件配置示例。在 config_inc. php 文件中加入如下内容：

```
###################################
# Mantis Email Settings
###################################
#  --- email variables -------------
$g_administrator_email = 'xxxx@xxx.com';        #xxxx@xxx.com,管理员邮箱
$g_webmaster_email = 'xxxx@xxx.com';            #xxxx@xxx.com,另一个管理员邮箱
# the 'From: ' field in emails
$g_from_email = 'xxxx@xxx.com';                 #xxxx@xxx.com,Mantis 发送邮件的邮箱
# the return address for bounced mail
$g_return_path_email = 'xxxx@xxx.com';          #xxxx@xxx.com,Mantis 接收邮件的邮箱
# allow email notification
# note that if this is disabled, sign-up and password reset messages will
# not be sent. $g_enable_email_notification = ON; #启用邮件通知
# select the method to mail by:
# 0 - mail()
# 1 - sendmail
# 2 - SMTP
$g_phpMailer_method = 2;                        #以 smtp 发送邮件
# This option allows you to use a remote SMTP host. Must use the phpMailer script
# Name of smtp host, needed for phpMailer, taken from php.ini $g_smtp_host = 'mail.xxx.com:25';
                                                #发件邮件服务器的地址,后面加上端口号 25
# These options allow you to use SMTP Authentication when you use a remote
# SMTP host with phpMailer. If smtp_username is not '' then the username
# and password will be used when logging in to the SMTP server.
$g_smtp_username = 'xxxxx';                     #发件邮箱的用户名
$g_smtp_password = 'xxxxx';                     #发件邮箱的密码
```

2. 工作流配置

Mantis 中默认的缺陷状态有：新建、反馈、认可、已确认、已分配、已解决、已关闭。工作流是使得缺陷从一个状态转换到另一个状态的流程，它规定了从一个状态可以转换到什么状态，以及谁负责触发转换。Mantis 默认没有定义工作流，这表明从任何一个状态都可以转换到任何另一个状态，任何人都可以触发状态转换。

管理员在“管理”→“配置管理”→“工作流过渡”页面可以定义工作流。例如，可以定义如图 3.8 所示的工作流。

可以自定义缺陷状态，具体步骤如下：

1）定义一个常数表示新状态

编辑子文件夹 config 中的文件 custom_constants_inc. php（如果这个文件不存在，就新建一个）。

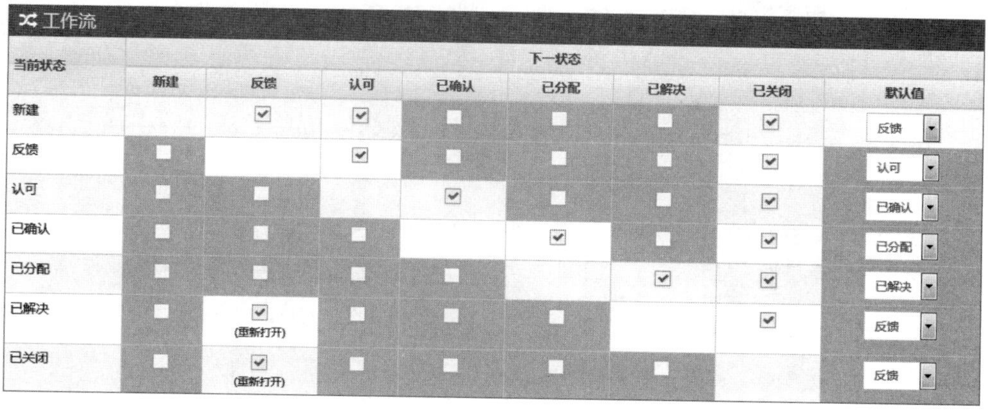

工作流

当前状态	下一状态							
	新建	反馈	认可	已确认	已分配	已解决	已关闭	默认值
新建		✓	✓	□	□	□	✓	反馈
反馈	□		✓	□	□	□	✓	认可
认可	□	□		✓	□	□	✓	已确认
已确认	□	□	□		✓	□	✓	已分配
已分配	□	□	□	□		✓	✓	已解决
已解决	□	✓ (重新打开)	□	□	□		✓	反馈
已关闭	□	✓ (重新打开)	□	□	□	□		反馈

图 3.8 工作流示例

```
<?php
# Custom status code
define( 'TESTING', 60 );
```

2）用枚举定义一个新的缺陷状态和相应的颜色代码

编辑子文件夹 config 中的文件 config_inc.php。

```
# Revised enum string with new 'testing' status
$g_status_enum_string = '10:new,20:feedback,30:acknowledged,40:confirmed,50:assigned,60:testing,80:resolved,90:closed';
# Status color additions
$g_status_colors['testing'] = '#ACE7AE';
```

3）为新建的缺陷状态定义转移字符串

- s_status_enum_string：缺陷状态语言字符串。
- s_XXXX_bug_title：状态转换页面显示的标题。
- s_XXXX_bug_button：状态转换页面提交按钮的标签。
- s_email_notification_title_for_status_bug_XXXX：邮件提醒的标题，xxxx 是 g_status_enum_string 中定义的缺陷状态名称。如果 XXXX 包含空格，那么在语言字符串中要用下画线代替空格（例如，对于'35:pending user'，使用 '$s_pending_user_bug_button'）。

编辑子文件夹 config 中的文件 custom_strings_inc.php，加入下面的代码：

```
<?php
# Translation for Custom Status Code: testing
switch( $g_active_language ) {

  case 'chinese_simplified':
    $s_status_enum_string = '10:新建,20:反馈,30:认可,40:已确认,50:已分配,60:测试中,80:已解决,90:已关闭';

    $s_testing_bug_title = '正在进行测试';
    $s_testing_bug_button = '转到测试中状态';
```

```
    $ s_email_notification_title_for_status_bug_testing = '问题转入测试中';
    break;

  default: # english
    $ s_status_enum_string = '10:new,20:feedback,30:acknowledged,40:confirmed,50:assigned,
60:testing,80:resolved,90:closed';

    $ s_testing_bug_title = 'Mark issue Ready for Testing';
    $ s_testing_bug_button = 'Ready for Testing';

    $ s_email_notification_title_for_status_bug_testing = 'The following issue is ready for
TESTING.';
    break;
}
```

4）如果需要，将新的缺陷状态增加到工作流

这一步可以在"管理"→"配置管理"→"工作流过渡"页面完成，也可以编辑文件 config_inc.php，如下所示：

```
$ g_status_enum_workflow[NEW_] = '30:acknowledged,20:feedback,40:confirmed, $ g_status_enum_
workflow[FEEDBACK] = '30:acknowledged,40:confirmed,50:assigned, $ g_status_enum_workflow
[ACKNOWLEDGED] = '40:confirmed,20:feedback,50:assigned,80:resolved';
$ g_status_enum_workflow[CONFIRMED] = '50:assigned,20:feedback,30:acknowledged,80: $ g_
status_enum_workflow[ASSIGNED] = '60:testing,20:feedback,30:acknowledged,40: $ g_status_
enum_workflow[TESTING] = '80:resolved,20:feedback,50:assigned';
$ g_status_enum_workflow[RESOLVED] = '90:closed,20:feedback,50:assigned';
$ g_status_enum_workflow[CLOSED] = '20:feedback,50:assigned';
```

5）检查和更新工作流配置

保存编辑的配置文件，在"管理"→"配置管理"→"工作流过渡"页面单击"更改配置"按钮，使配置生效。

3.3 Mantis 操作演练

Mantis 的功能模块主要有我的视图、查看问题、提交问题、统计报表和管理，一般测试员和开发人员主要使用我的视图、查看问题、提交问题，测试组长或管理员才会用到统计报表和管理。因此，下面只介绍我的视图、查看问题、提交问题的使用。管理员登录后的页面如图 3.9 所示。

报告者的页面如图 3.10 所示。

3.3.1 用户管理

用户可以自助注册 Mantis 账号，自助注册的账号默认角色(操作权限)是报告者。管理员需要在"管理"→"用户管理"页面给账号分配权限、分配测试项目。管理员也可以创建用户账号。

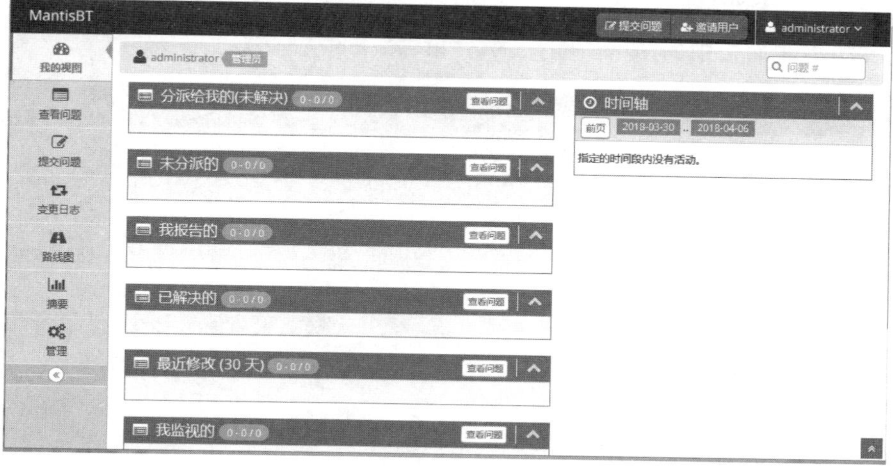

图 3.9 管理员登录后的页面

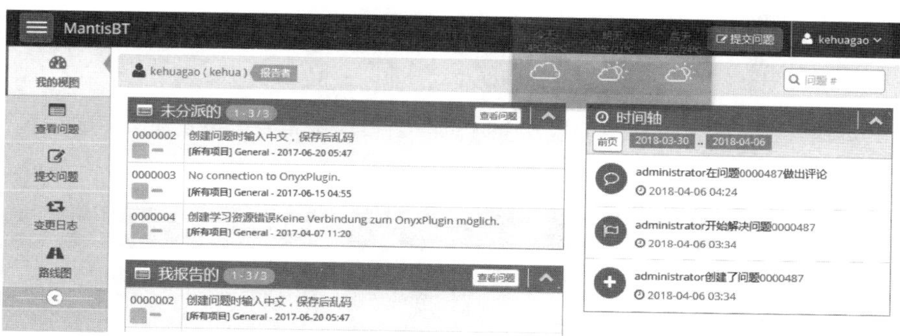

图 3.10 报告者的页面

单击左边控制面板中的“管理”链接，然后单击“用户管理”标签页中的“创建新账户”按钮，如图 3.11 所示。

图 3.11 “创建新账户”页面

输入适当的信息，单击“创建用户”按钮即可。

单击左边控制面板中的“管理”链接，然后单击“用户管理”标签页，如图 3.12 所示。

图 3.12 “用户管理”页面

在这个页面，可以搜索用户、编辑用户、添加用户至项目等。单击要编辑的用户，可以编辑用户，如图 3.13 所示。

图 3.13 编辑用户页面

移动纵向滚动条，可以看到“添加用户至项目”，如图 3.14 所示。

在这里，可以将用户添加到测试项目，并且分配操作权限。Mantis 有如下六种角色/权限。

- 观察者：只能查看问题。
- 报告者：可以报告问题，将自己新建的问题分配给项目负责人，跟踪自己报告的问

图 3.14 添加用户至项目

题修改进度情况，关闭自己报告的已解决的问题，重新打开自己报告的问题，删除自己报告的问题。

- 升级者/修改人员：对已经报告的问题进行修改、补充，但不能改变状态；也可以报告问题。
- 开发人员：开发人员完成了缺陷处理后，可以将状态更改为已解决，并且将问题分派给其他成员。
- 经理/测试组长：可以在自己所负责的项目中进行以上人员所能操作的所有功能，创建经理以下级别的角色账户。经理可以更新自己所负责的项目信息，创建子项目，但是不能创建新的项目。
- 管理员：可以操作所有功能。特别是可以创建项目，Mantis 可以管理多个测试项目，每个测试项目都有项目经理。

3.3.2 我的视图

单击左边控制面板中的"我的视图"链接进入该模块，系统根据当前登录角色信息，以视图的形式展现总的问题状态信息，如图 3.15 所示。

其中：

- 未分派的——还未分派过的问题列表。
- 我报告的——当前登录人员报告的问题列表。
- 已解决的——已解决的问题列表信息。
- 最近修改——问题状态最近发生过变更或问题内容发生过修改的问题列表。
- 我监视的——当前登录人员正在监督的问题列表。

通过单击具体的问题标题，即可进入到查看问题详情页面，登录人员即可根据自身所拥有的权限，进行如添加注释、分派、修改状态、删除、关闭问题等操作。

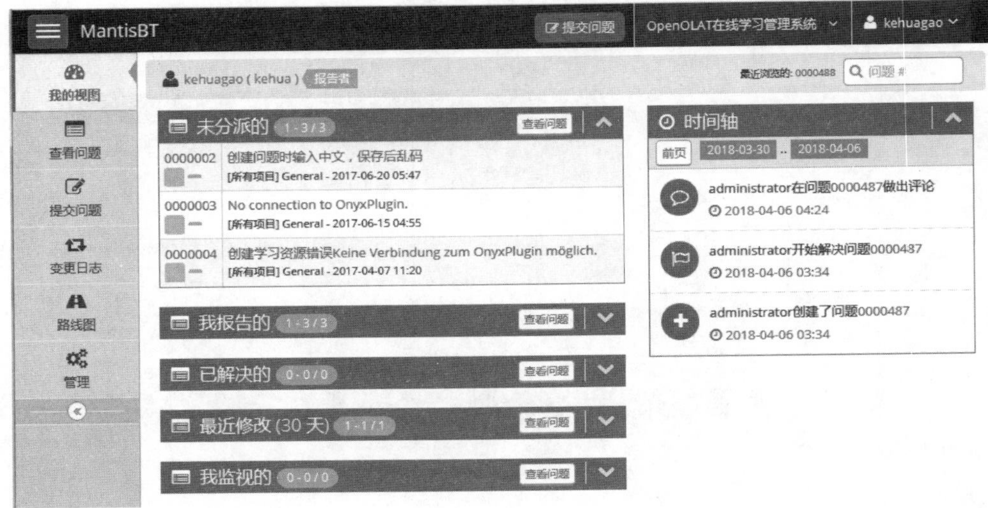

图 3.15 我的视图

3.3.3 提交问题

单击左边控制面板中的“提交问题”链接，系统进入到输入问题详情界面，可以通过填写表单的内容完成 Bug 的报告工作，如图 3.16 所示。

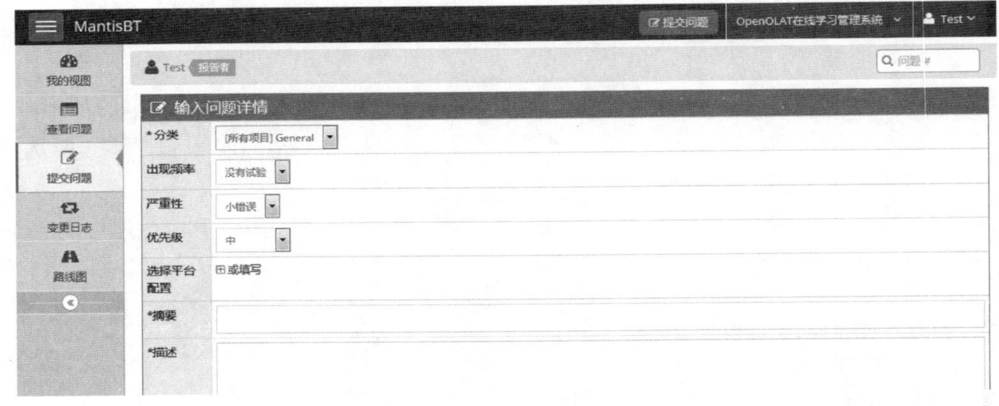

图 3.16 输入问题详情页面

表单元素说明如下：

- 分类——所汇报的 Bug 所属的类别信息，如 UI 优化、功能 Bug、功能改进等。
- 出现频率——所汇报的 Bug 在使用过程中的出现频率信息，如总是、有时、随机、无法重现等。
- 严重性——所汇报 Bug 的危害程度，如文字错误、小错误、很严重、崩溃等。
- 优先级——所汇报 Bug 在处理次序上的优先程度，分配到修改任务的修改人将根据优先级的情况，先修改紧急 Bug，优先级包括无、低、中、高、紧急、非常紧急。一般来说，紧急、非常紧急的问题需要在 Bug 提出当天修改完成；中、高优先级的任务需要在 Bug

提出后 3 天内修改完成；无级别或低级别的需要在 Bug 提出后 1 周内修改完成。

- 摘要——对问题的简述信息，参考格式为：启动路径-问题简述。如，登录-用户信息没有验证；商家后台-商品管理-添加商品-图片无法上传。
- 描述——对问题的详细描述。
- 问题重现步骤——发现问题的操作步骤，所填写的数据是什么，这些都应详细记录下来以供修改人员重现 Bug 并进行问题的判断。
- 附注——对问题的附加说明信息，如要求在某个时间段内必须完成修改，一个问题引发了另外的问题等。
- 上传文件——应尽量将操作过程中出现的问题截图并将图片上传，以方便开发人员对问题进行判断。图片最大要求 2MB。超过的请自行剪切。
- 查看权限——公开—所有人均可查看，私有—仅报告人与分配到任务的人才能查看。默认为公开。
- 继续报告——提交该问题，并继续报告新的问题。
- 提交报告——提交当前问题，并返回问题查看页面。

问题报告人员在提交了问题之后可以在问题查看页面中查看到自己所提交的问题信息，通过分配问题操作将问题分配给项目负责人，然后再由项目负责人根据问题的情况转分配给对应的修改人进行问题修改。问题报告人在提交问题后应跟踪问题的修改进度，如果问题超过时间仍未完成修改应加以催促。

3.3.4 处理问题

单击左边控制面板中的“查看问题”链接，进入问题查看页面，如图 3.17 所示。

图 3.17 查看问题页面

通过单击某一问题编号进入“查看问题详情”页面，如图 3.18 为单击了 0000004 号问题的情形。

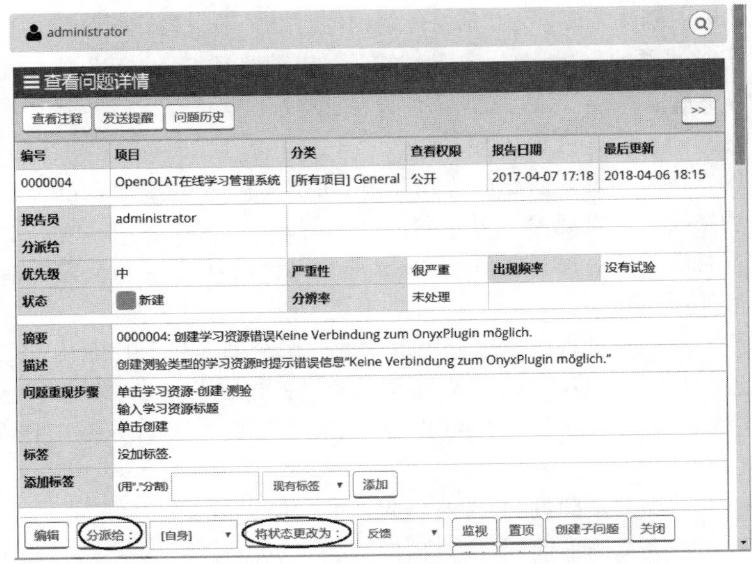

图 3.18　查看问题详情

如果该问题为新建的还未分配的问题，那么可以通过在“分派给”下拉列表框中选择用户账号，将问题分派给指定账号的人员，单击“分派给”按钮即可完成问题的分派操作了。

如果该问题已分派给指定账号的人员，则其状态自动变更为已分派。具有权限的人员可以单击“将状态更改为”按钮，修改问题的状态。可选的状态有反馈、认可、已确认、已分配、已解决/已处理、已关闭，并且将问题重新分派给指定账号的人员。

如果开发人员收到了问题报告并确认问题存在，应当将问题状态改为已确认，并注明注释信息，如图 3.19 所示。

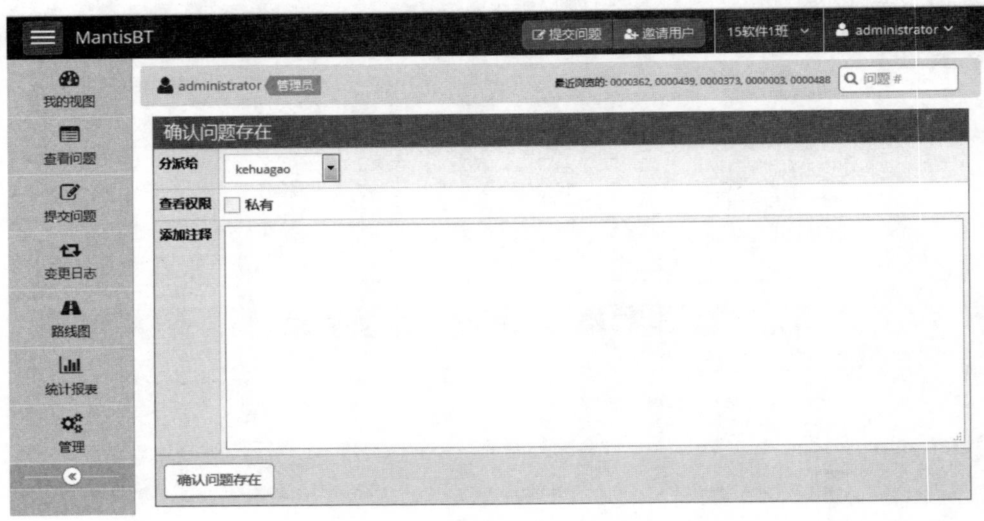

图 3.19　确认问题存在页面

开发人员处理了问题后，应将问题状态改为已解决，注明处理结果和注释信息。处理结果（分辨率，注意这是 Mantis 中文版本的一个 Bug，本应翻译为处理结果或处理状态）的选

项有未处理、已修正、重新打开、无法重现、无法修复、重复问题、不必改、稍后处理、不做修改，如图 3.20 所示。

图 3.20 标记问题的处理状态

报告人员对处理结果为已修改的问题进行测试后发现问题确实已经修正的，应当将问题状态改为已关闭。这样就完成了一个问题的整个跟踪过程。如果报告人员在对已修正的问题进行测试后发现问题并未完全解决，应加上注释信息后将问题状态改为反馈，再由开发人员进行处理。

实训任务

任务 1：安装 Mantis，记录安装过程，编写安装说明书。

任务 2：组建测试小组，分配角色/权限(观察者、报告者、升级者、开发人员、经理、管理员)，对 Mantis 进行测试，至少提交一个问题并进行处理，编写测试报告。

第4章 单元测试

本章主要内容

单元测试简介

单元测试框架

JUnit 参数化测试演练

用 Mockito 进行隔离测试演练

白盒测试技术

OpenOLAT 是一个开源的在线学习平台,1999 年,由瑞士苏黎世大学的计算机科学学院开发,2000 年 9 月赢得 MEDIDA 奖,2001 年成为开源项目,2014 年,2015 年,2017 年赢得了学习管理系统产品奖。OpenOLAT 使用 Java 语言开发,使用了 Spring MVC、Bootstrap 等开发技术,使用 JUnit4 进行单元测试,使用 Selenium 作为自动化测试工具,使用 SCM hg 作为源代码管理工具,使用 JIRA 作为缺陷管理工具,使用 Maven 作为构建工具,使用 Hudson 作为持续集成工具。通过研究 OpenOLAT,老沙收获颇丰,不仅成功将 OpenOLAT 用于某大学网络教学平台,还帮助某企业搭建了企业知识管理平台。更重要的是,使得老沙在从软件开发领域转型到 IT 职业教育领域后,仍保持与软件开发领域的紧密联系。

本章首先介绍单元测试的基本知识,然后介绍单元测试框架 JUnit 的使用方法,最后介绍单元测试用例设计技术——白盒测试技术。

4.1 什么是单元测试

单元测试是 V 模型的测试级别中最低级别的测试,单元测试是其他级别测试的基础。

4.1.1 单元测试简介

单元测试(Unit Testing)又称模块测试,是对构成软件的最小单元进行的测试。在一个软件系统中,一个单元是指具备以下特征的代码块:

- 具有明确的功能。
- 具有明确的规格定义。
- 具有明确的与其他部分接口定义。

• 能够与软件的其他部分清晰地进行划分。

通常,单元测试是针对源程序进行的测试。例如,在传统的结构化编程语言中,针对函数或子过程进行的测试;在Java、.NET或C++这样的面向对象语言中,对类的测试。换句话说,在不同的编程语言中,单元的划分是不同的。

单元测试就是依据软件详细设计说明书,检查软件单元是否符合软件详细设计说明书的要求。单元测试既可以使用白盒测试方法,也可以使用黑盒测试方法。白盒测试是基于代码的测试,依据软件的编码实现,设计测试用例,将被测程序看成是一个透明的盒子,可以看到程序的内部结构。黑盒测试是不用考虑软件是如何编码实现的测试,测试人员将被测程序看成一个黑盒子,在完全不考虑程序内部结构的情况下,检查程序的功能是否符合软件需求规格说明书的要求。单元测试通常采用的是白盒测试方法。

单元测试依据:

• 单元或组件需求说明。
• 详细设计文档。
• 代码。

典型单元测试对象:

• 单元或组件。
• 程序。
• 数据转换/移植程序。
• 数据库模型。

在独立可测试的软件中(模块、程序、对象和类等),可以通过单元/组件测试发现缺陷,以及验证软件功能。根据开发生命周期和系统的背景,因为单元是相对独立的,所以可以单独对一个单元进行单元测试。在对一个单元进行单元测试时,这个单元与其他单元的联系通过使用桩、驱动器和模拟器来实现。

单元测试可能包括功能测试和特定的非功能特征测试,比如资源行为测试(如内存泄漏)或健壮性测试和结构测试(比如分支覆盖)。根据工作产品,例如单元规格说明、软件设计或数据模型等设计测试用例。

通常,通过开发环境的支持,比如单元测试框架或调试工具,单元测试会深入到代码中,而且实际上设计代码的开发人员通常也会参与单元测试。在这种情况下,一旦发现缺陷,就可以立即进行修改,而不需要正式的缺陷管理过程。

单元测试的一个方法是在编写代码之前就完成测试用例的编写和测试用例自动化(即完成人工测试用例和自动化测试用例的编写),这种方法被称为测试优先的方法或测试驱动开发。这是高度迭代的方法,并且取决于如下的循环周期:测试用例的开发,构建软件单元和渐增集成,执行单元测试,修正问题并反复循环,直到它们全部通过测试。

在进行单元测试时,我们常用白盒测试技术设计测试用例,采用自动化测试方法(单元测试框架,例如JUnit、NUnit等)执行单元测试。

4.1.2 单元测试框架

1989年,Kent Beck为编程语言Smalltalk开发了单元测试框架sUnit,sUnit是单元测试框架的鼻祖,人们针对不同的编程语言开发了相应的单元测试框架,所有这些单元测试框架组成了一个大家族，这就是 xUnit。

JUnit 是一个 Java 语言的单元测试框架。它由 Kent Beck 和 Erich Gamma 开发，逐渐成为 xUnit 家族中最为成功的一个。JUnit 有它自己的 JUnit 扩展生态圈。多数 Java 开发环境都已经集成了 JUnit 作为单元测试的工具。

在 Java 语言中，如果写完代码想要测试这段代码的正确性，那么必须新建一个类，再创建一个 main() 方法，然后编写测试代码。如果需要测试的代码很多呢？那么，要么创建很多 main() 方法来测试，要么将所有测试代码全部写在一个 main() 方法中。这将会大大增加测试的复杂度，降低程序员的测试积极性。而 JUnit 能很好地解决这个问题，简化单元测试，写一点测一点，在编写以后的代码中如果发现问题可以较快地追踪到问题的原因，减小回归错误的纠错难度。

CppUnit 是一个基于 LGPL 的开源项目，最初版本移植自 JUnit，是一个非常优秀的开源测试框架。它是一个专门面向 C++的单元测试框架。

NUnit 是 xUnit 家族的一员，它是一个专门面向.NET 语言的单元测试框架。

TestNG，即 Testing Next Generation，下一代测试技术。是根据 JUnit 和 NUnit 思想，采用 JDK 的注解(Annotation)技术来强化测试功能并借助 XML 文件强化测试组织结构而构建的测试框架。TestNG 的强大之处在于不仅可以用来做单元测试，还可以用来做集成测试。

此外，还有 HtmlUnit、unittest(Python)、JsUnit(JavaScript)等等。

xUnit 测试也被称为程序员测试，即所谓的白盒测试，它需要程序员知道被测试的代码如何完成功能，以及完成什么样的功能。没有 xUnit，测试驱动开发将寸步难行。

单元测试是非常重要的，OpenOLAT 项目中使用了大量的单元测试。国内对单元测试重视不够，许多程序员对单元测试也知之甚少，即使有所了解，真正使用了单元测试的却不多。这种现象将会影响到国内软件行业的发展，阻碍优秀软件产品的出现。

4.2 JUnit 起步

Java 开发工具 Eclipse 4.5.0 已经集成了 JUnit3/JUnit4，下面从在 Eclipse 中使用 JUnit 开始，体验一下使用 JUnit 进行单元测试的过程。

4.2.1 跟我做

按照下面的步骤操作：

(1) 在 Eclipse 中创建一个 Java 项目 Test4，在 Test4 中创建一个 Java 类 Calculator.java。

```
public class Calculator {
  public int evaluate(String expression) {
    int sum = 0;
    for (String summand: expression.split("\\+"))
      sum += Integer.valueOf(summand);
    return sum;
  }
}
```

(2) 右击 Calculator. java，再单击弹出的快捷菜单中的 New→JUnit Test Case 菜单项，进入如图 4.1 所示的界面。

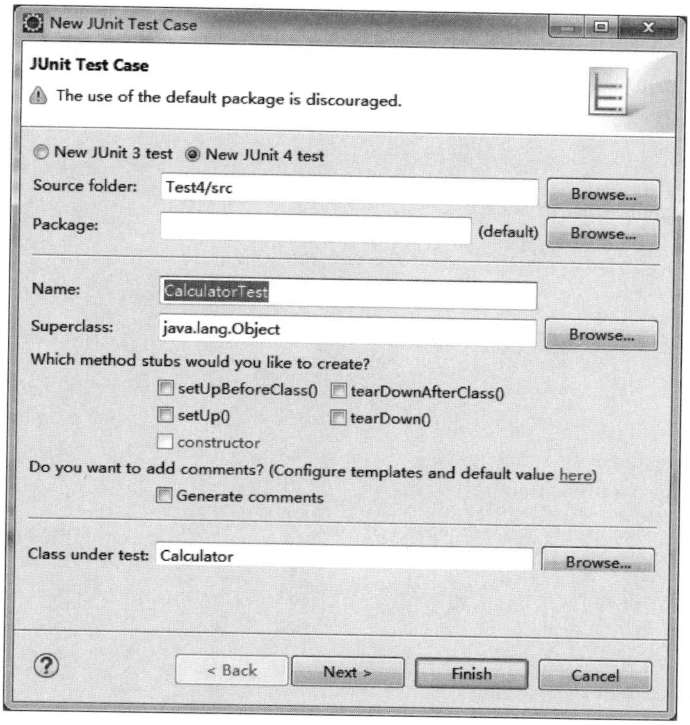

图 4.1　创建 JUnit 测试向导

(3) 单击 Finish 按钮，提示 JUnit 4 不在构建路径上，如图 4.2 所示。

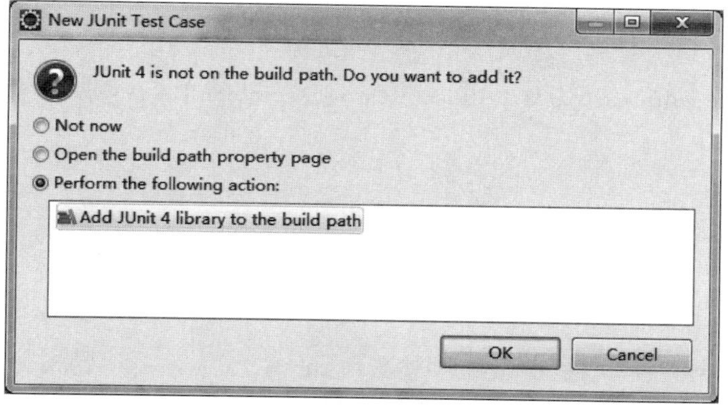

图 4.2　增加 JUnit 库文件到构建路径

(4) 单击 OK 按钮，Eclipse 生成的 CalculatorTest. java 文件如下：

```
import static org.junit.Assert.*;
import org.junit.Test;

public class CalculatorTest {
```

```
@BeforeClass
public static void setUpBeforeClass() throws Exception {
}

@AfterClass
public static void tearDownAfterClass() throws Exception {
}

@Before
public void setUp() throws Exception {
}

@After
public void tearDown() throws Exception {
}

@Test
  public void test() {
    fail("Not yet implemented");
  }
}
```

(5) 修改 CalculatorTest.java 如下:

```
import static org.junit.Assert.assertEquals;
import org.junit.Test;

public class CalculatorTest {
  @BeforeClass
  public static void setUpBeforeClass() throws Exception {
  }

  @AfterClass
  public static void tearDownAfterClass() throws Exception {
  }

  @Before
  public void setUp() throws Exception {
  }

  @After
  public void tearDown() throws Exception {
  }

  @Test
  public void evaluatesExpression() {
    Calculator calculator = new Calculator();
    int sum = calculator.evaluate("1 + 2 + 3");
    assertEquals(6, sum);
  }
}
```

(6) 右击 Test4,在弹出的快捷菜单中单击 Build Path→Configure Build Path 菜单项,进入如图 4.3 所示的界面。

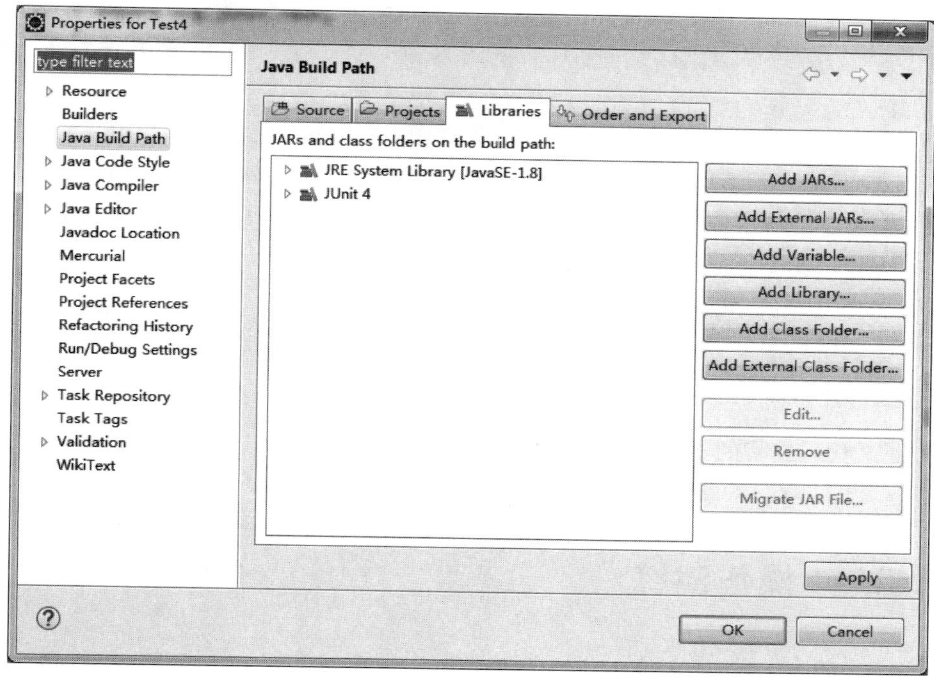

图 4.3 检查构建路径

可以注意到在 Test4 项目的构建路径中加入了 JUnit4 库文件。

(7) 右击 CalculatorTest.java,在弹出的快捷菜单中单击 Run As→JUnit Test 菜单项,执行 JUnit 测试用例,进入如图 4.4 所示的界面。

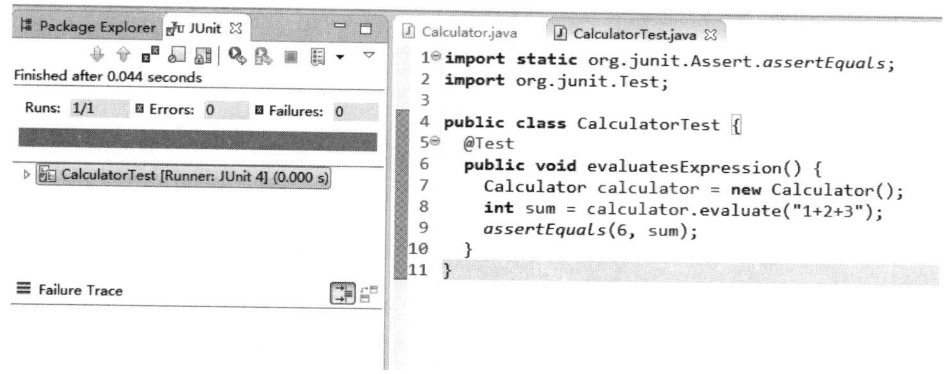

图 4.4 执行 JUnit 测试用例

4.2.2 JUnit 单元测试要点

JUnit 单元测试要点可以总结如下:

(1) 将 JUnit 库文件加入 Java 项目构建路径。

（2）@BeforeClass、@AfterClass、@Before、@After、@Test 是 Java 的注解，所谓注解，是对类或方法的说明。它们的含义如下：

- @Before——用它注解的方法是初始化方法，在每一个测试方法执行前都要执行这个方法（注意与@BeforeClass 的区别，后者在所有测试方法执行前执行一次）。
- @After——用它注解的方法用于释放资源，在每一个测试方法执行后都要执行这个方法（注意与 AfterClass 区别，后者在所有测试方法执行后执行一次）。
- @Test——用它注解的方法是测试方法，测试的核心代码写在这个方法中。
- @BeforeClass——在所有测试方法执行前执行。
- @AfterClass——在所有测试方法执行后执行。

一个 JUnit4 的单元测试用例执行顺序为：

```
@BeforeClass→@Before→@Test→@After→@AfterClass;
```

（3）测试代码编写的三部曲为创建对象（实例化被测类）、调用被测类的方法、比较期望结果与实际结果（调用 JUnit 库中 Assert 类的方法）。

4.3 JUnit 操作演练

本节，首先在 4.2 节的基础上，为一组测试数据创建测试类。然后，通过重构测试类，引入参数化测试的概念。最后通过 Maven 项目演示了用 Mockito 框架隔离测试。

4.3.1 参数化测试

1. 跟我做

在进行单元测试时，我们发现很多时候测试的步骤是一样的，只是测试的数据不同。如果对每组测试数据都要编写测试代码，那就是在做重复工作。这就需要参数化测试。

假定有如下的代码：

```
public class MyClass {
public int computing(int x, int y) {
  int result;
  if (x < 5 || y == 5) {
    result = x + y;
  } else {
    result = x / y;
  }
  return result;
}
}
```

我们设计了一组测试数据，如表 4.1 所示。

表 4.1 一组测试数据

序号	x	y	预期结果	x<5	y==5	x < 5 || y == 5	路径
1	2	1	3	T	F	T	
2	6	5	11	F	T	T	
3	6	1	6	F	F	F	
4	1	5	6	T	T	T	

可选的测试数据是无限的，4.4 节将介绍选择测试数据的方法。用 4.2 节介绍的方法，很容易写出单元测试的代码，如下所示：

```
//import…

public class MyClassTest {

    @Test
    public void test() {
      MyClass mc = new MyClass();
      int rs = mc.computing(2,1);
      assertEquals(3,rs);
    }
}
```

现在把这段代码重购为参数化测试，如下所示：

```
//import…

@RunWith(Parameterized.class)
public class MyClassTest {
  int x,y,ex;

  @Parameters
  public static Collection data(){
    return Arrays.asList(new Object[][]{
      {2,1,3},
      {6,5,11},
      {6,1,6},
      {1,5,6}
    });
  }

  public MyClassTest(int x,int y,int ex){
    this.x = x;
    this.y = y;
    this.ex = ex;
  }

  @Test
  public void test() {
    MyClass mc = new MyClass();
    int rs = mc.computing(x, y);
```

```
        assertEquals(ex,rs);
    }
}
```

2. 代码分析

用注解@RunWith(Parameterized. class)将测试类 MyClassTest 标注为参数化测试类,参数化测试类将在测试运行器 Parameterized. class 中运行,在 JUnit 中有很多测试运行器,它们负责调用测试类。每一个测试运行器有各自的特殊功能。我们应该根据需要选择不同的测试运行器来运行测试代码。JUnit 有一个默认的测试运行器,如果没有指定,则系统自动使用默认的测试运行器运行测试代码。

定义三个类变量 x、y、ex,分别用于存储测试输入数据和期望值;创建了一个带参数的构造函数 MyClassTest(int x,int y,int ex),用于传递测试数据(参数)。

我们创建了一个静态方法 data(),返回类型为 Collection,用注解@Parameters 标注这个方法,表示它是提供测试数据(参数)的方法。测试运行器 Parameterized. class 将会利用这个方法逐次读取测试数据,运行测试代码。方法名可以是任何符合语法要求的名称。

我们在测试方法中用参数代替了具体的测试数据。

3. 参数化测试要点

由上面的示例,可以总结得出参数化测试要点如下:

- 用注解@RunWith(Parameterized. class)将测试类标注为参数化测试类。
- 定义若干类变量,分别用于存储测试输入数据和期望值。
- 创建返回类型为 Collection 的静态方法,用注解@Parameters 标注这个方法。
- 在测试方法中用参数代替具体的测试数据。

4.3.2 用 Mockito 隔离测试

1. Mockito 简介

在实际的软件开发过程中,类与类是有关联的,我们常常是把相关联的类写好后,再对每个类进行单元测试,这种做法不符合单元测试的思想。单元测试的思想是在不涉及依赖关系的情况下测试单元代码,例如,被测代码所需要的依赖可能尚未开发完成,甚至还不存在,如何进行单元测试?测试驱动开发如何做到先写测试代码,再写被测代码?这些问题的解决方案是对被测单元进行隔离。隔离的方法有两种:插桩(stub)和模拟技术(mock)。

桩是一段代码,通常在运行期间使用插入的桩代替真实的代码,以便将其使用者与真正的实现隔离开来。这种方法有如下缺点:

- 桩往往比较复杂难以编写,并且它们本身还需要调试。
- 因为桩的复杂性,它们很难维护。
- 桩不能很好地运用于细粒度测试。
- 不同的情况需要不同的插桩策略。

模拟技术是用模拟对象代替被测单元依赖的对象，从而达到被测单元与其依赖的隔离。其基本思想与插桩相同，不同的是，插桩需要编写依赖的简单实现代码，用简单实现代替复杂的真实实现；而模拟技术不需要编写依赖的任何实现代码，模拟对象只是模拟依赖的行为。

虽然我们可以自己编写自定义的模拟对象实现模拟技术，但是编写自定义的模拟对象需要额外的编码工作，同时也可能引入错误。现在实现模拟技术的优秀开源框架有很多，Mockito 就是其中一个优秀的用于单元测试的模拟技术框架。Mockito 已经在 Github 上开源，详细情况请访问 https://github.com/mockito/mockito。

除了 Mockito 以外，还有一些类似的框架，比如：

- EasyMock——早期比较流行的 Mock 测试框架。它提供对接口的模拟，能够通过录制、回放、检查三步来完成大体的测试过程，可以验证方法的调用种类、次数、顺序，可以令模拟对象返回指定的值或抛出指定异常。
- PowerMock——这个工具是在 EasyMock 和 Mockito 上扩展出来的，目的是为了解决 EasyMock 和 Mockito 不能解决的问题，比如对 static、final、private 方法均不能模拟。其实测试架构设计良好的代码，一般并不需要这些功能，但如果是在已有项目上增加单元测试，老代码有问题且不能修改时，就不得不使用这些功能了。
- JMockit——JMockit 是一个轻量级的模拟技术框架，是用于帮助开发人员编写测试程序的一组工具和 API，该项目完全基于 Java 5 SE 的 java.lang.instrument 包开发，内部使用 ASM 库来修改 Java 的 Bytecode。

Mockito 已经被广泛应用，所以我们以 Mockito 为例讲解模拟技术。

Mockito 是模拟技术框架，它让你用简洁的 API 做测试。Mockito 简单易学，它具有可读性强和验证语法简洁的优点。测试驱动的开发(TDD)要求我们先写单元测试，再写实现代码。在写单元测试的过程中，往往会遇到要测试的类有很多依赖，这些依赖的类/对象/资源又有别的依赖，从而形成一个大的依赖树，要在单元测试的环境中完整地构建这样的依赖，是一件很困难的事情。Mockito 可以解决这些问题。

2. 跟我做

以下通过示例演示 Mockito 的使用。

1）在 Eclipse 中新建 Maven 项目

(1) 单击 File→New→Maven Project 菜单项，进入如图 4.5 所示的界面。

(2) 选中 Createa simple project(skip archetype selection)，单击 Next 按钮，如图 4.6 所示。

(3) 单击 Finish 按钮。

2）创建被测类

假定要求编写一个更新数据库表的程序，例如，更新数据表 User。通常会写三个类 User、UserDao 和 UserService。已经编写了 User 和 UserService 类，如下所示。UserDao 类实现对数据库的操作，现在还没有编写，如何进行单元测试？

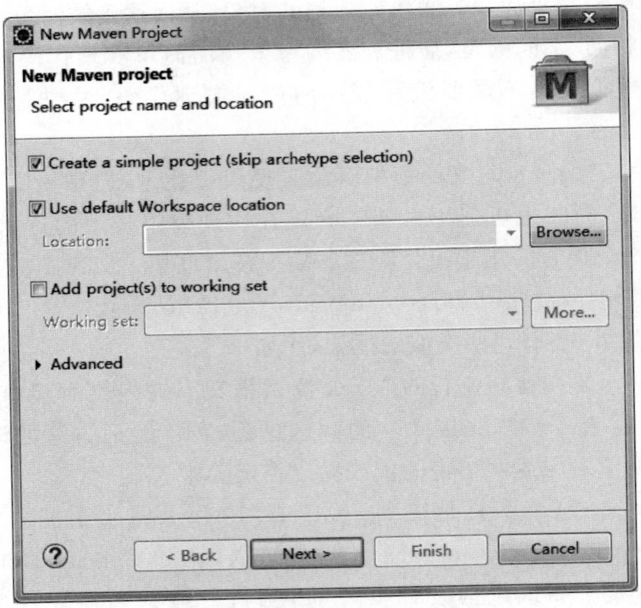

图 4.5 创建 Maven 项目向导 1

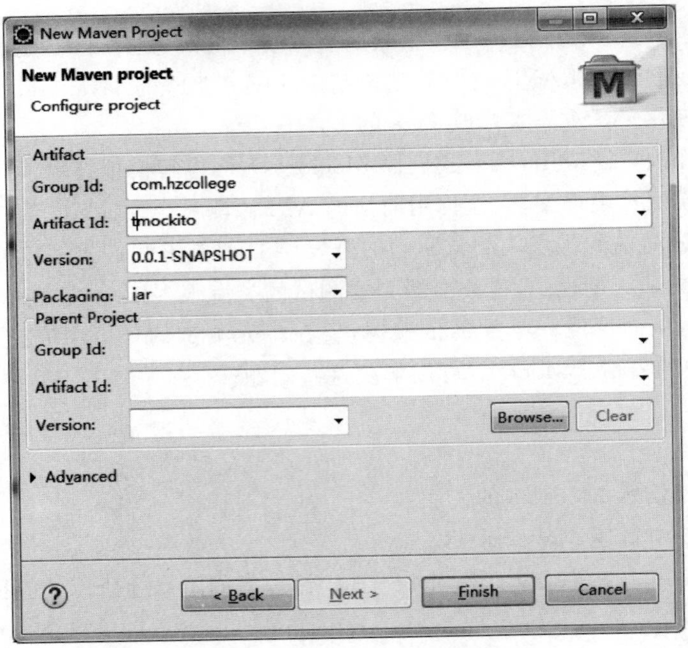

图 4.6 创建 Maven 项目向导 2

```
public class User {

    private int     id;
    private String name;
```

```
    public User(int id, String name) {
        this.id = id;
        this.name = name;
    }

    public int getId() {
        return id;
    }

    public String getName() {
        return name;
    }

    public void setName(String name){
        this.name = name;
    }
}


public class UserService {

    private final UserDao userDao;
    private User user;

    public UserService(UserDao userDao) {
        this.userDao = userDao;
    }

    public boolean update(int id, String name) {
        User user = userDao.getUser(id);
        if (user == null) {
            return false;
        }

        User userUpdate = new User(user.getId(), name);
        return userDao.update(userUpdate);
    }

}
```

3）编写一个接口，代替 UserDao

```
public interface UserDao {

    User getUser(int id);
    boolean update(User user);
}
```

4）在配置文件 pom.xml 中增加依赖

```
<dependencies>
  <dependency>
```

```
        <groupId>junit</groupId>
        <artifactId>junit</artifactId>
        <version>4.12</version>
        <scope>test</scope>
    </dependency>
    <dependency>
        <groupId>org.mockito</groupId>
        <artifactId>mockito-core</artifactId>
        <version>2.19.0</version>
    </dependency>
    <dependency>
        <groupId>com.h2database</groupId>
        <artifactId>h2</artifactId>
        <version>1.4.196</version>
    </dependency>
</dependencies>
```

5）编写测试类

```
import ……

public class UserServiceTest {

    private UserDao      mockDao;
    private UserService userService;

    @Before
    public void setUp() throws Exception {
        //模拟 userDao 对象
        mockDao = mock(UserDao.class);
        when(mockDao.getUser(1)).thenReturn(new User(1, "user1"));
        when(mockDao.update(isA(User.class))).thenReturn(true);

        userService = new UserService(mockDao);
    }

    @Test
    public void testUpdate() throws Exception {
        boolean result = userService.update(1, "new name");
        assertTrue("must true", result);
        //验证是否执行过一次 getuser(1)
        verify(mockDao, times(1)).getUser(eq(1));
        //验证是否执行过一次 update
        verify(mockDao, times(1)).update(isA(User.class));
    }

    @Test
    public void testUpdateNotFind() throws Exception {
        boolean result = userService.update(2, "new name");
        assertFalse("must false", result);
    }
}
```

6）执行 Maven 测试任务，右击项目浏览器中的 pom. xml，再单击弹出的快捷菜单中的 Run As→6 Maven test 菜单项，执行结果如图 4.7 所示。

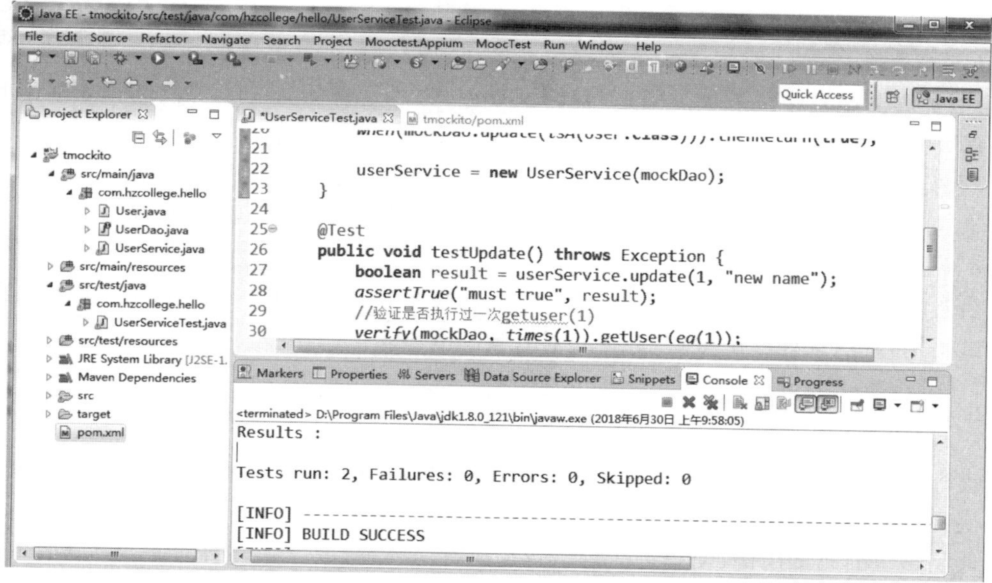

图 4.7 测试结果

3. 代码分析

在测试类中，mock()、when()、thenReturn()、eq()、isA()、verify()是我们还不了解的。这些都是 Mockito 框架提供的。mock()、when()、verify()是类 Mockito 的方法；thenReturn()是类 OngoingStubbing 的方法；eq()、isA()是类 ArgumentMatchers 的方法。

在 setUp()方法中用类 Mockito 的 mock()方法创建了未实现的类 UserDao 的模拟对象 mockDao，并且用 when…thenReturn 模拟 UserDao 的行为（操作）。我们模拟从数据库获取了一个 id 是 1，name 是 user1 的用户（User）；还模拟了调用 UserDao 的 update 方法，当方法的参数是 User 类型时，方法返回了 true。然后用 mockDao 这个模拟对象创建一个 UserService 实例 userService。应该能够体会到用@Before 注解的方法的作用，它是测试准备代码。我们在这个方法中创建了实例 userService，在两个测试方法 testUpdate()和 testUpdateNotFind()中都使用了这个实例。

在测试方法 testUpdate()中，调用 userService 的 update()方法，对 id 是 1 的用户进行更新，将其名称更新为 new name；然后用断言 assertTrue 比较 update()方法的返回值和期望值。还用类 Mockito 的 verify 方法验证是否执行过一次 getUser(1)和 Update()方法。其中 eq()和 isA()是参数匹配器 ArgumentMatchers 类的两个方法。

在测试方法 testUpdateNotFind()中，调用 userService 的 update 方法，对 id 是 2 的用户进行更新，将其名称更新为 new name。由于我们没有模拟数据库表中有 id 为 2 的用户，所以 update()方法的期望返回值是 false。然后用断言 assertTrue 比较 update()方法的返回值和期望值。

4.4 白盒测试技术

4.3 节介绍了如何使用 JUnit 执行单元测试，尽管通过使用参数化测试，可以提高测试工作的效率。但是，我们也知道，穷尽所有测试是不可能的。如何选择测试数据，使得测试更有效，就引出了非常重要的问题——设计测试用例。

所谓测试用例，是指为了某个特定的测试目标而设计的一组测试输入、执行条件以及预期结果。测试用例的内容一般包括测试目标、测试环境、输入数据、测试步骤、预期结果、测试脚本等。

白盒测试技术是一种经典的设计测试用例的技术，利用白盒测试技术，可以用尽可能少的测试用例，到达某种测试覆盖，进行相对有效的测试。

4.4.1 语句覆盖

设计测试用例的目标是用尽可能少的测试用例取得尽可能好的测试效果。如何设计测试用例呢？人们自然会想到，设计测试用例时，至少要把每一行语句都执行一遍吧。如果没有设计足够多的测试用例，使得每一行语句都执行一遍，就可以认为测试是不充分的。在设计测试用例时，选择足够多的测试用例，使得被测程序的每一行语句都至少执行一遍。这种设计测试用例的方法称为语句覆盖。

单元设计要求：设计一个方法，输入两个整型参数 x、y，当 x 小于 5 或者 y=5 时，将 x 和 y的和作为结果返回；否则，将 x 和 y 的商作为结果返回。

单元实现(存在错误)：

```
public class MyClass {
public int computing(int x, int y) {
  int result;
  if (x < 5 && y == 5) {
    result = x + y;
  } else {
    result = x / y;
  }
  return result;
 }
}
```

根据上面的代码，可以设计如表 4.2 所示的测试用例集，使得所有的语句都执行过至少一遍，即实现了语句覆盖。

表 4.2 语句覆盖测试用例集

序号	x	y	预期结果	x<5	y==5	x < 5 && y == 5	备注
1	2	5	7	T	T	T	
2	6	6	1	F	F	F	

用语句覆盖设计的测试用例，能够发现程序的所有错误吗？显然是不能的。要求我们实现的是“当 x 小于 5 或者 y=5 时将 x 和 y 的和作为结果返回”，但是程序实现的却是“当

x 小于 5 并且 y=5 时将 x 和 y 的和作为结果返回"。这个例子说明语句覆盖不能发现判定中的问题。还说明了设计单元测试用例不仅依赖于单元代码，还依赖于单元设计，最终依赖于用户需求。因此，人们想到了判定覆盖。

4.4.2 判定覆盖

任何编程语言都有顺序语句、分支语句和循环语句这三种基本语句，正是有了分支语句和循环语句，才使得我们可以通过编程完成复杂的重复性的工作。也正是因为分支语句和循环语句，才使得程序变得复杂了，会出现各种各样的情况。简单地说，设计测试用例的目标就是要选用尽可能少的测试用例，把各种各样的情况都测试一遍。人们注意到决定分支的判定语句是容易出错的地方。所以希望通过设计足够多的测试用例，使得程序中的每个判定至少都获得一次"真"值和"假"值，也就是使程序中的每个取"真"分支和取"假"分支至少均经历一次，这种设计测试用例的方法称为判定覆盖，也称为"分支覆盖"。

修改后的单元实现：

```
public class MyClass {
public int computing(int x, int y) {
  int result;
  if (x < 5 || y == 5) {
    result = x + y;
  } else {
      result = x /y;
  }
    return result;
 }
}
```

根据上面的代码，可以设计如表 4.3 所示的测试用例集，使得程序中的一个判定(x < 5 || y == 5)取"真""假"值各一次，即实现了判定覆盖。

表 4.3 判定覆盖测试用例集

序号	x	y	预期结果	x<5	y==5	x < 5 || y == 5	备注
1	2	6	8	T	F	T	
2	6	6	1	F	F	F	

上面的测试用例集也满足语句覆盖的要求，事实上，如果不考虑循环语句，那么满足判定覆盖要求的测试用例集一定满足语句覆盖。由于循环语句可以一次都没有执行，因此，一般来说，满足判定覆盖的测试用例集不一定满足语句覆盖。

进一步地，我们注意到，当 x=6，y=5 时，上面的程序就会出现问题。之所以上面的测试用例集不能发现这个问题，是因为虽然测试了 x<5 和 x>5 的情况，但只测试了 y<>0 的情况，没有测试 y=0 的情况，当 x=6，y=0 时，程序将执行语句 result=x/y。组成判定的条件是复杂的，还应该对组成判定的各个条件进行测试。

4.4.3 条件覆盖

通过设计足够多的测试用例，使得程序中每个判定包含的每个条件的可能取值(真/假)都至少出现一次。这种设计测试用例的方法称为条件覆盖。

根据代码，可以设计如表 4.4 所示的测试用例集，使得程序中的一个判定（x <5||y==5）的两个条件 x<5 和 y==5 都能取“真”“假”值各一次，即实现了条件覆盖。

表 4.4 条件覆盖测试用例集

序号	x	y	预期结果	x<5	y==5	x < 5 || y == 5	备注
1	2	1	3	T	F	T	
2	6	5	11	F	T	T	

这个测试用例集满足条件覆盖的要求，但是不满足判定覆盖的要求。因此，就有了下面的判定/条件覆盖。

4.4.4 判定/条件覆盖

通过设计足够多的测试用例，使得程序中每个判定包含的每个条件的所有情况（真/假）至少出现一次，并且每个判定本身的判定结果（真/假）也至少出现一次。这种设计测试用例的方法称为判定/条件覆盖。

满足判定/条件覆盖的测试用例集一定同时满足判定覆盖和条件覆盖。

根据代码，可以设计如表 4.5 所示的测试用例集，既满足判定覆盖又满足条件覆盖，即实现了判定/条件覆盖。

表 4.5 判定/条件覆盖测试用例集

序号	x	y	预期结果	x<5	y==5	x < 5 || y == 5	备注
1	2	1	3	T	F	T	
2	6	5	11	F	T	T	
3	6	1	6	F	F	F	

4.4.5 组合覆盖

通过设计足够多的测试用例，使得程序中每个判定的所有可能的条件取值组合都至少出现一次。这种设计测试用例的方法称为组合覆盖。

满足组合覆盖的测试用例集一定满足判定覆盖、条件覆盖和判定/条件覆盖。

根据代码，可以设计如表 4.6 所示的测试用例集，使得程序中每个判定的所有可能的条件取值组合都至少出现一次，即实现了组合覆盖。

表 4.6 组合覆盖测试用例集

序号	x	y	预期结果	x<5	y==5	x < 5 || y == 5	备注
1	2	1	3	T	F	T	
2	6	5	11	F	T	T	
3	6	1	6	F	F	F	
4	1	5	6	T	T	T	

4.4.6 基本路径覆盖

正是由于程序的复杂性，使得设计测试用例不是一件简单的事情。度量程序的复杂性需要用到图论的知识。可以用控制流图描述软件模块的逻辑结构，控制流图是简化的程序流程图。程序的控制流程可以用图形符号表示，基本控制的图形符号如图4.8所示。

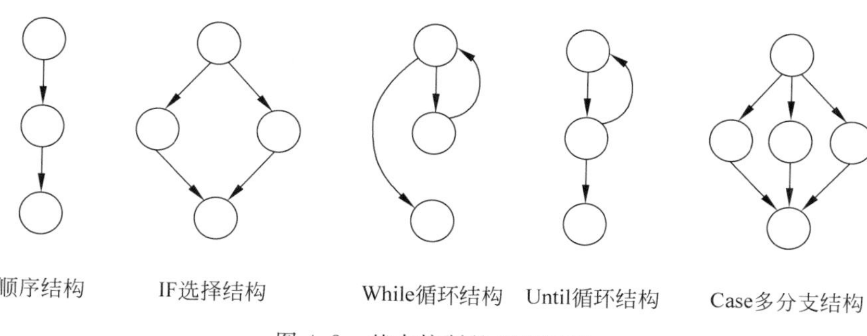

图4.8 基本控制的图形符号

控制流图中包括两种图形符号：节点和控制流线。节点由带标号的圆圈表示，可代表一个或多个语句、一个处理框序列和一个条件判定框(假设不包含复合条件，对于复合条件，可将其分解为多个单个条件，并映射成控制流图)。控制流线由带箭头的弧或线表示，可称为边。它代表程序中的控制流。程序模块通常有一个入口和一个出口，在控制流图中相应地有一个入口节点和出口节点。从入口节点经过一些节点和边到达出口节点形成程序执行的一条路径。程序越复杂，程序中可能的执行路径数越大。环形复杂度也称为圈复杂度，它是一种为程序逻辑复杂度提供定量尺度的软件度量。我们用V(G)表示环形复杂度，将V(G)定义为：

$$V(G) = e - n + 2$$

这里，e是控制流图的边数，n是控制流图的节点数。还可以用如下两个方法计算环形复杂度：

V(G)＝区域数

V(G)＝判定节点数＋1

这里，区域是指由边包围起来的形状，图中没有被边包围的部分也算一个区域。判定节点是有多个边以它作为起点的节点。

设计测试用例时，要覆盖程序的所有路径通常是不可能的。如何选择要覆盖的路径？人们引入了基本路径集合的概念，程序流图的基本路径集合是由独立路径组成的。所谓独立路径，是指它至少包含一条在其他独立路径中没包含的边。程序流图中的任意一条边，都至少在一条独立路径中出现过。基本路径集合与独立路径这两个概念密切相关。基本路径集合有两个特点：一是无冗余，因为基本路径集合是由独立路径组成的，每条独立路径至少引入了一条新的边；二是完备性，基本路径集合覆盖了程序流图中所有的边。程序流图的基本路径集合所包含的路径数，称为独立路径数。由于基本路径集合不是唯一的，所以独立路径数也不是唯一的。但是独立路径数不会超过环形复杂度。

通过设计足够多的测试用例,要求覆盖程序的基本路径集合中所有可能的路径。这种设计测试用例的方法称为基本路径覆盖。

计算基本路径集合,可以使用 Mccabe 基线法。下面用一个例子来说明 Mccabe 基线法计算基本路径集合。

例如,将一个正整数分解为质因数的 Java 程序如下:

```
public class Number {
  public static String primeNumber(int n){
    int k = 2;
    String rs = n + " = ";
    while(k <= n){
      if(k == n){
        rs = rs + n;
        break;
      }else{
        if(n % k == 0){
          rs = rs + k + " * ";
          n = n/k;
        }else{
          k++;
        }
      }
    }
    return rs;
  }
}
```

首先根据代码画出程序的控制流图,如图 4.9 所示。

计算环形复杂度:

V(G)=9−8+2=2+1=3

找出一组独立路径(基本路径集合):

路径 1,1-2-3-4

路径 2,1-2-3-5-6-8-2-3-4

路径 3,1-2-3-5-7-8-2-3-4

根据基本路径设计测试用例,覆盖基本路径集合中的所有路径,如表 4.7 所示。

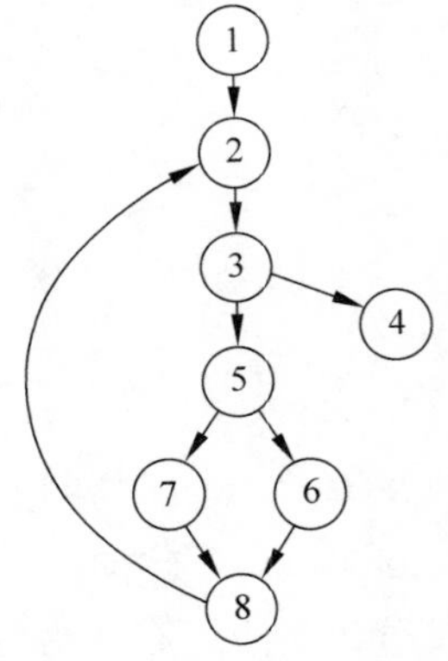

图 4.9 示例程序的控制流图

表 4.7 基本路径覆盖测试用例集

序号	n	预期结果	路径
1	2	2=2	1-2-3-4
2	4	4=2×2	1-2-3-5-6-8-2-3-4
3	3	3=3	1-2-3-5-7-8-2-3-4

实训任务

任务 1：参照 4.2 节，用 Eclipse 和 JUnit 开发简单的单元测试。编写测试报告，写出用 Eclipse 和 JUnit 开发单元测试的一般步骤、测试代码以及测试结果的屏幕截图。

任务 2：参照 4.3.1 节，开发参数化单元测试。编写测试报告，写出用 Eclipse 和 JUnit 开发参数化单元测试的要点、测试代码以及测试结果的屏幕截图。

任务 3：参照 4.3.2 节，用 Mockito 进行隔离测试。编写测试报告，写出用 Eclipse、JUnit 和 Mockito 开发隔离测试的要点、测试代码以及测试结果的屏幕截图。

第5章 集成测试

本章主要内容

集成测试简介

集成测试工具

Jenkins 演练

能力拓展：在 Docker 中运行 Jenkins

下面看看开源项目 OpenOLAT 是如何组织软件开发过程的。以 OpenOLAT 12.4 为例，OpenOLAT 并没有停止脚步。仍然在不断地发现缺陷、修改缺陷，这并不表明 OpenOLAT 是不成熟的。为什么？我们知道，软件测试有一条原则——"软件测试是为了找到软件的缺陷，而不是证明软件没有缺陷"。当发现缺陷，对缺陷进行修改后，需要进行回归测试，不仅需要测试修改后的单元，还需要测试与修改后的单元相关的单元。OpenOLAT 是如何管理软件开发过程的呢？它使用了集成测试工具 Hudson，把单元测试(JUnit)、缺陷跟踪(JIRA)整合起来。在 http://hg.openolat.org/openolat124/可以看到 OpenOLAT 的代码变更情况。

本章首先介绍集成测试的基本知识，然后介绍持续集成测试工具 Jenkins 的使用方法。

5.1 什么是集成测试

在单元测试以后，需要将经过单元测试的单元集成在一起，组成软件的部件或子系统，直至得到整个系统。在单元测试时，我们关注更多的是单元内部的组成。由单元组成的部件或子系统还必须经过测试，以验证不同的单元集成在一起能够相互配合共同实现概要设计时设定的目标。

5.1.1 集成测试简介

1. 集成测试概念

V 模型中的第二个测试级别是集成测试。集成测试关注的是单元与单元之间是否能协同工作。集成测试与单元测试密切相关，单元测试是集成测试的前提，在做单元测试时也可以做某种形式的集成测试——模拟集成测试。

集成测试依据：

- 软件和系统概要设计文档。
- 系统架构。
- 工作流。
- 用例。

典型集成测试对象：

- 组件与组件是否能协同工作形成子系统。
- 全局数据结构。
- 组件之间的数据交换。
- 子系统内组件与组件的接口、子系统与外界的接口。
- 系统配置和配置数据。

集成测试主要是对组件之间的接口进行测试，以及测试一个系统内不同部分的相互作用，比如操作系统、文件系统、硬件或系统之间的接口。

对于集成测试，可以应用多种集成级别，也可以根据不同的测试对象规模采用不同的级别，例如，以下两种集成测试级别：

- 组件集成测试，对不同的软件组件之间的相互作用进行测试，一般在组件测试之后进行。
- 系统集成测试，对不同系统或软硬件之间的相互作用进行测试，一般在系统测试之后进行。在这种情况下，开发组织/团体通常可能只控制自己这边的接口，这就可能存在风险。按照工作流执行的业务操作可能包含一系列系统，因此跨平台的问题可能至关重要。

集成的级别越高，就越难在某一特定的组件或系统中定位缺陷，测试的风险就越大，将会花费更多的额外时间去发现和修复这些缺陷。

2. 集成测试策略

随着集成测试的不断实践，人们对集成测试的认识也在不断深化。因此，人们提出了各种集成测试测略。历史总是这样，我们在前人的基础上，发现不足，进行改进并有所创新。集成测试策略的发展过程也不例外。

1）大爆炸集成测试

最容易想到的一种集成测试策略是大爆炸集成测试。大爆炸集成测试也称为一次性组装或整体拼装测试，是一种非增量式集成测试测略。这种集成测试策略的做法就是把所有通过单元测试的模块一次性集成到一起进行测试，是软件测试早期人们普遍采用的一种集成测试策略，那时软件开发通常是按照编码、单元测试、集成测试的顺序进行的，也就是说，是在所有的代码写完后，所有的单元都经过了单元测试才进行集成测试。随着新的软件开发方式的出现，例如，测试驱动开发的兴起，大爆炸集成测试不能满足新的软件开发方式的需要，就出现了渐进式集成测试策略。大爆炸集成测试策略的优点是：简单、易操作；可以并行开展集成测试工作。大爆炸集成测试策略的缺点是：软件缺陷定位困难；成功进行有效集成测试的可能性较小。

大爆炸集成测试如图 5.1 所示。

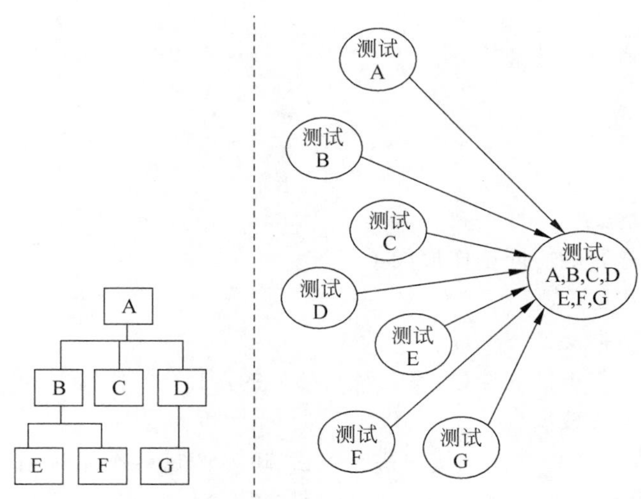

图 5.1 大爆炸集成测试示意图

2）自顶向下集成测试

自顶向下集成测试是一种渐进式集成测试策略，从系统层次结构图的最顶层模块开始按照层次结构图，逐层向下进行组装和集成测试。自顶向下集成测试是按照系统层次结构图，以主程序模块为中心，从顶层控制（主控模块）开始，自上而下按照深度优先或者广度优先策略，对各个模块一边组装一边进行测试。采用同软件设计顺序一样的思路对被测系统进行测试，来验证系统的功能性和稳定性。自顶向下集成测试较好满足了测试驱动开发的需要。自顶向下集成测试策略的思想提出的时间比较早，但是，在软件测试的早期，人们是在所有代码编写完成之后才进行自顶向下集成测试的。尽管所有的代码模块都已经编写完成，但是我们先测试主控模块，为了隔离缺陷，方便找到产生缺陷的模块，我们用所谓的桩模块代替实际的模块。然后一点一点地加入实际模块，进行集成测试。在测试驱动开发时，可以在还没有编写代码时就进行自顶向下集成测试，以便验证软件设计的正确性。自顶向下集成测试策略的优点是：采用测试驱动开发的自顶向下的集成测试，可以较早验证软件设计的正确性；支持缺陷隔离，容易定位软件缺陷；提高了进行有效集成测试的可能性。自顶向下集成测试策略的缺点是：桩模块的开发和维护的成本高；底层模块的缺陷发现得太晚，有可能影响上层模块的频繁修改，因为缺陷往往是从底层向上层扩散的。

自顶向下集成测试如图 5.2 所示。

3）自底向上集成测试

自底向上集成测试也是一种渐进式集成测试策略。与自顶向下集成测试策略不同的是，自底向上集成测试从系统层次结构图的最底层模块开始，按照层次结构图，逐层向上进行组装和集成测试，不必等到所有的单元都经过了单元测试以后才进行集成测试，而是把最密切相关的单元集成为一个规模更大的部件，进行集成测试，再把这些部件集成到上一层更大的部件，进行集成测试，直到集成为整个系统。简单地说，就是一点一点地集成。自底向上集成测试策略符合软件测试的一条原则——“软件测试活动应当尽早开始”。在被测模块还没有编写完成时，就可以对被测模块进行测试，编写一个驱动程序，测试组成它的各模块的是否能够协同达到概要设计目标。自底向上集成测试策略的优点是：较早验证底层模

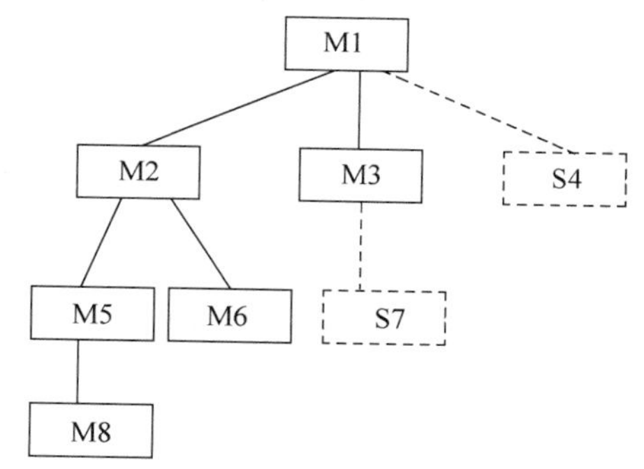

图 5.2　自顶向下集成测试示意图

块，防止缺陷向上扩散；可以并行进行集成测试；支持缺陷隔离，容易定位软件缺陷；提高了进行有效集成测试的可能性；驱动模块的开发和维护成本比桩模块的开发和维护的成本低。自底向上集成测试策略的缺点是：需要开发维护驱动模块；对高层的验证较晚，软件设计中的错误不能被及时发现。

自底向上集成测试如图 5.3 所示。

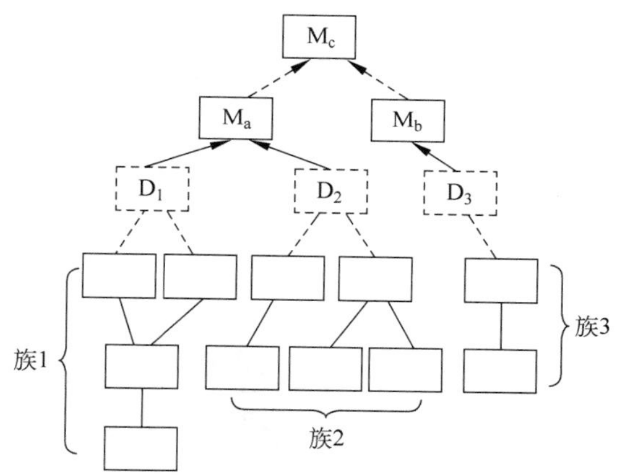

图 5.3　自底向上集成测试示意图

4）三明治集成测试

三明治集成测试是一种混合渐进式集成测试策略，它结合了自顶向下和自底向上两种集成方法，以中间一层作为目标层，目标层以上采用自顶向下集成，目标层以下采用自底向上集成。三明治集成测试策略的优点是具备了自顶向下集成测试策略的优点和自底向上集成测试策略的优点。三明治集成测试策略的缺点是自顶向下集成测试策略的缺点或自底向上集成测试策略的缺点仍然不同程度地存在。因此，三明治集成测试策略是在自顶向下集成测试策略或自底向上集成测试策略的优点和缺点中进行权衡。

三明治集成测试如图 5.4 所示。

5）持续集成测试

软件开发不是一蹴而就的，往往经历编码、测试、修改、测试……因此，业界通常采用持

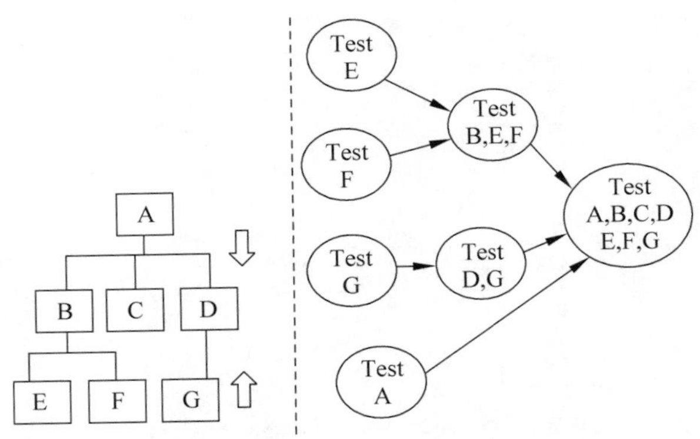

图 5.4 三明治集成测试示意图

续集成测试策略。软件开发中各个模块不是同时完成的，根据进度将完成的模块尽可能早地进行集成，有助于尽早发现 Bug，避免集成中 Bug 大量集中涌现。持续集成测试策略是与软件编码过程联系最紧密的一种集成测试策略，简单地说，就是边编码、边测试、边集成，反复进行集成测试。持续集成测试策略除了需要编写桩模块或驱动模块以外，还需要自动化测试和集成工具的支持。一般地，编码人员每天下班前向测试环境提交完成的代码，测试环境自动完成单元测试和集成测试，在第二天上班前将测试报告发送到编码人员或相关人员，编码人员修改代码错误，再次向测试环境提交修改后的代码，测试环境再次自动进行单元测试和集成测试。当然，持续集成测试的间隔可以根据实际情况设定，一般是每天或每周。间隔太短没有必要，间隔太长达不到持续集成测试的效果。

持续集成测试如图 5.5 所示。

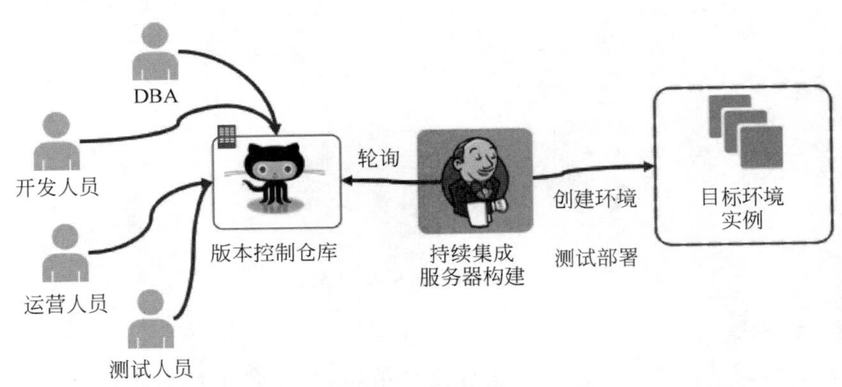

图 5.5 持续集成测试示意图

3. 集成测试的执行

可以采用白盒测试设计技术和黑盒测试设计技术进行测试用例的设计。我们在第 4 章讲解了白盒测试设计技术，第 6 章将介绍黑盒测试设计技术。

集成测试可以采用手工测试的方法，但一般是采用自动化测试的方法，可以采用单元测试框架（例如，JUnit）和 Mock 测试框架（例如，EasyMock 或 JMock）编写测试程序，通过构建工具（例如，Maven）和集成工具（例如，Jenkins）自动完成集成测试。

5.1.2 集成测试工具

“兵马未动，粮草先行。”没有集成测试工具的支持是不可能进行持续集成的。下面介绍几种常见的持续集成工具。

1. Jenkins

Jenkins 是一个开源软件项目，是基于 Java 开发的一种持续集成/持续发布工具，用于监控持续重复的工作，旨在提供一个开放易用的软件平台，使软件的持续集成成为可能。持续集成是一种软件开发实践，即团队开发成员经常集成他们的工作，通过每个成员每天至少集成一次，也就意味着每天可能会发生多次集成。每次集成都通过自动化的构建(包括编译、发布、自动化测试)来验证，从而尽早地发现集成错误。

Jenkins 有如下功能：

- 定时拉取代码并编译。
- 静态代码分析。
- 定时打包发布测试版。
- 自定义额外的操作，如运行单元测试等。
- 出错提醒。

详见官方网址 https://jenkins.io/。

2. Hudson

Eclipse HudSon 是一个用 Java 编写的持续集成(CI)工具，它运行在 Servlet 容器中，例如 Apache Tomcat 或 GlassFish 应用服务器。它支持 SCM(Software Configuration Management，软件配置管理)工具，包括 CVS、Subversion、Git 和 Clearcase，可以执行基于 Apache Ant 和 Apache Maven 的项目，以及任意的 shell 脚本和 Windows 批处理命令。Eclipse Hudson 受开源许可协议 Eclipse Public License 1.0 保护。Eclipse HudSon 是 Hudson 的核心。Hudson 有许多插件，有些插件是由第三方提供的。

详见官方网址 http://www.eclipse.org/hudson/。

3. Travis CI

Travis CI 是目前新兴的开源持续集成构建项目，它与 Jenkins 的区别在于它是在线托管的 CI 服务，而 Jenkins 是需要安装部署的。目前大多数的 Github 项目都已经移入到 Travis CI 的构建队列中，据说 Travis CI 每天运行超过 4000 次完整构建。

详见官方网址 https://www.travis-ci.org/。

4. GitLab

GitLab 是一个覆盖 DevOps 生命周期各个阶段的应用程序，使得组织不受工具链的约束，能够并发开展 DevOps 的工作。GitLab 提供了超强的可视性，更高的效率和全面的治理。使用 GitLab 可以使得软件生命周期大大缩短，从根本上提高了软件交付的速度。

详见官方网址 https://about.gitlab.com/。

5. buddybuild

buddybuild 将持续集成、持续交付和迭代反馈解决方案结合到一个单一、无缝的平台中。不需要再拼凑不同的系统来满足移动开发需求。通过 buddybuild，你只需关注最重要的事情——创建精美的应用程序。

buddybuild 与其他解决方案的关系如图 5.6 所示。

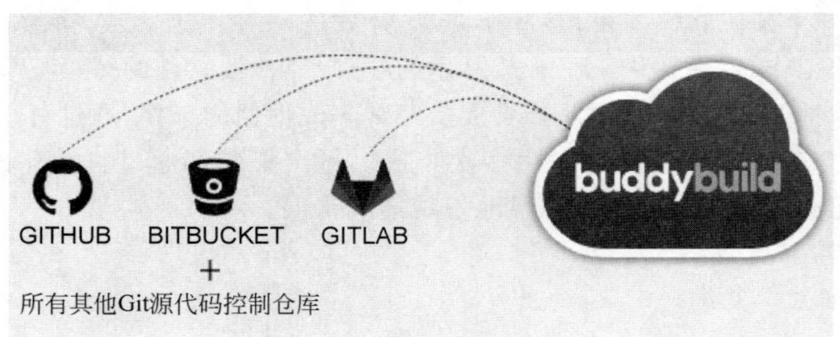

图 5.6 buddybuild 与其他解决方案的关系

详见官方网址 https://www.buddybuild.com/。

5.2 Jenkins 起步

本节介绍在 Windows 环境下 Jenkins 的安装、配置。

5.2.1 Jenkins 安装

Jenkins 是一个开源软件项目，是基于 Java 开发的一种持续集成工具，用于监控持续重复的工作，旨在提供一个开放易用的软件平台，使软件的持续集成成为可能。

首先，从 Jenkins 官方网站 https://jenkins.io/下载最新的 war 包。虽然 Jenkins 提供了 Windows、Linux、OS X 等各种安装程序，但是，最简单的方法是使用 war 包。Jenkins 把 Java 包做得如此好用，只需要运行命令：

```
java -jar Jenkins.war
```

Jenkins 就启动成功了！它的 war 包自带 Jetty 服务器，剩下的工作全部在浏览器中进行。值得注意的是，Jenkins 将被安装到 C:\Users\lenovo\.jenkins（lenovo 是你登录 Windows 7 的账号）。如果需要指定安装目录，请先设置 Windows 环境变量 JENKINS_HOME，再运行命令。这时，Jenkins 将被安装到 $JENKINS_HOME。

第一次启动 Jenkins 时，出于安全考虑，Jenkins 会自动生成一个随机的安装口令。注意控制台输出的口令，复制下来，然后在浏览器地址栏输入：

```
http://localhost:8080/
```

出现如图 5.7 所示的屏幕画面。

图 5.7 输入管理员密码

输入管理员密码，单击“继续”按钮，出现如图 5.8 所示的屏幕画面。

图 5.8 安装 Jenkins 插件

根据情况，单击“安装推荐的插件”或“选择插件来安装”按钮，出现如图 5.9 所示的屏幕画面。

输入用户名等信息，创建第一个管理员账户，单击“保存并完成”按钮。Jenkins 安装完成，如图 5.10 所示。

单击“开始使用 jenkins”按钮，出现如图 5.11 所示的屏幕画面。

单击“创建一个新任务”链接，输入任务名称，选择任务类型，例如，构建一个自由风格的软件项目，单击“确定”按钮，如图 5.12 所示。

Jenkins 安装完成后，仍然是用命令 java-jar Jenkins. war 启动 Jenkins。

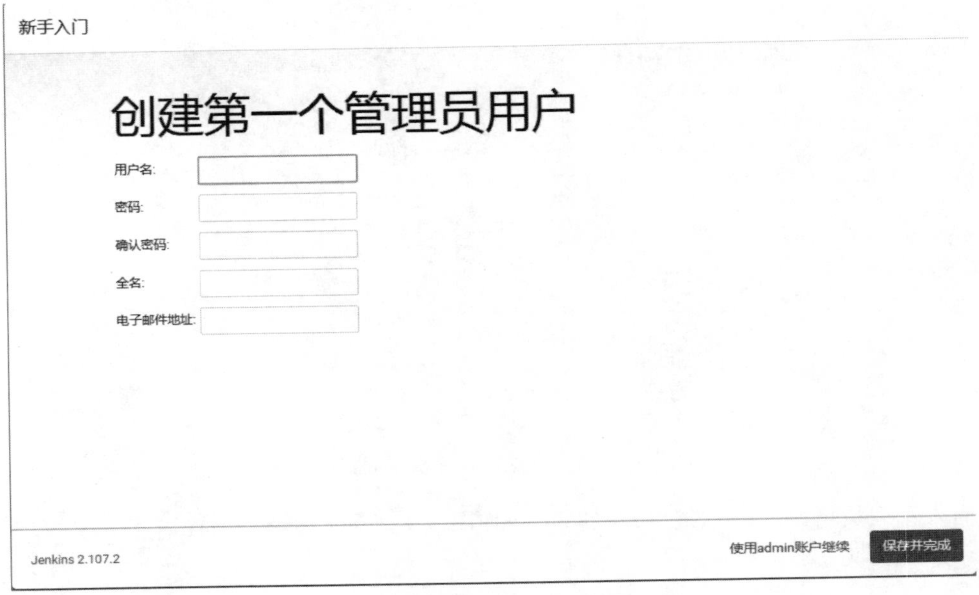

新手入门

创建第一个管理员用户

用户名:

密码:

确认密码:

全名:

电子邮件地址:

Jenkins 2.107.2 使用admin账户继续 保存并完成

图 5.9 创建第一个管理员账户

新手入门

Jenkins已就绪！

jenkins安装已完成。

开始使用jenkins

Jenkins 2.107.2

图 5.10 Jenkins 安装就绪

图 5.11 Jenkins 首页

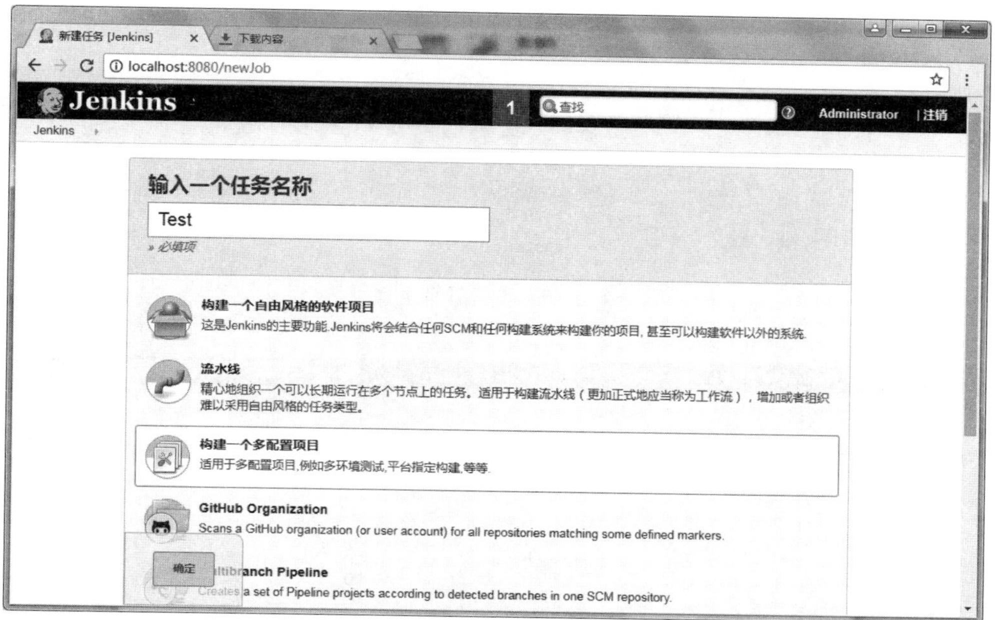

图 5.12 创建 Jenkins 任务

5.2.2 插件安装

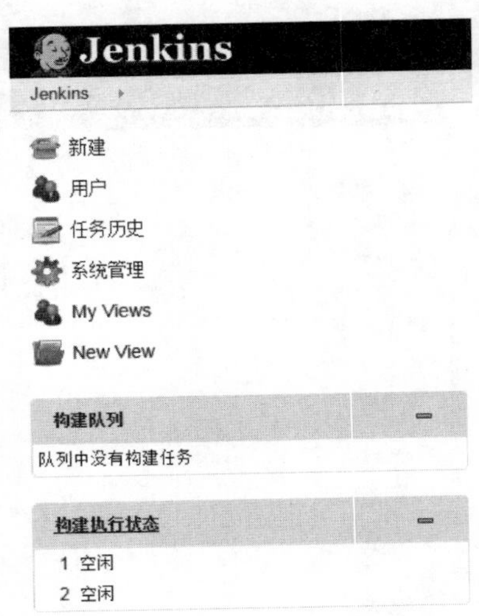

图 5.13 Jenkins 首页左部

Jenkins 有大量的插件,根据需要随时可以选择安装。登录 Jenkins 后,Jenkins 的首页左侧部分如图 5.13 所示。

单击"系统管理"链接,将出现系统管理页面,如图 5.14 所示。

单击"管理插件"链接,将出现管理插件页面,如图 5.15 所示。

单击"高级"标签页可以设置升级站点。单击"可选插件"标签页将显示可选插件列表。如果不能显示可选插件列表,可以打开一个新的浏览器页签,输入网址 http://localhost:8080/pluginManager/advanced。

打开后界面最下方有个"升级站点"选项,把其中的链接改成 http 协议就好了,即把升级站点修改为 http://updates.jenkins.io/update-center.json。然后在服务列表中关闭 Jenkins,再启动,这样就能正常联网了。

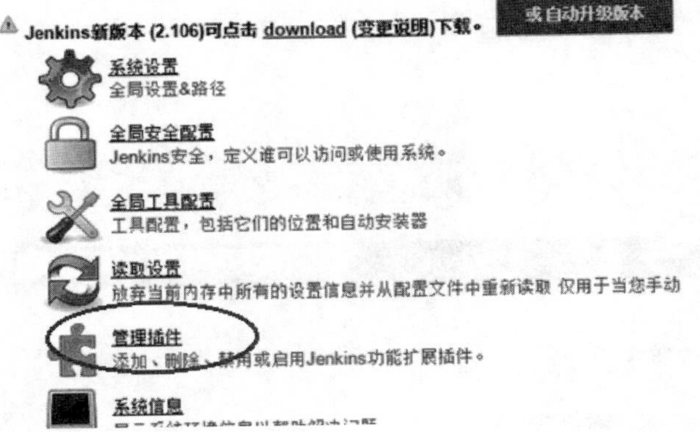

图 5.14 系统管理页面

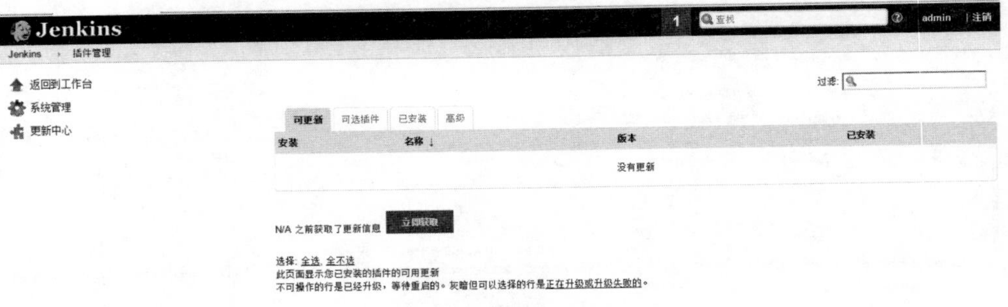

图 5.15 管理插件页面

由于网络问题，如果不能安装插件，还可以变更升级站点，可以在 http://mirrors.jenkins-ci.org/status.html 网址查询可用的升级站点。

例如，可以安装插件 Pipeline: Multibranch with defaults 和插件 BlueOcean。后面的示例将会用到这两个插件。

5.2.3 Jenkins 配置

在 Jenkins 能够自动完成构建、单元测试、集成测试、部署工作之前，Jenkins 管理员需要对 Jenkins 进行一些配置。Jenkins 管理员可以在 Jenkins 的系统管理功能模块完成这些配置工作。下面以全局工具配置为例，讲解配置方法。

单击“系统管理”→“全局工具配置”链接，如图 5.16 和图 5.17 所示。

图 5.16 系统管理页面

图 5.17 全局工具配置页面

单击“新增 JDK”按钮，配置 Java 开发工具 JDK，如图 5.18 所示。

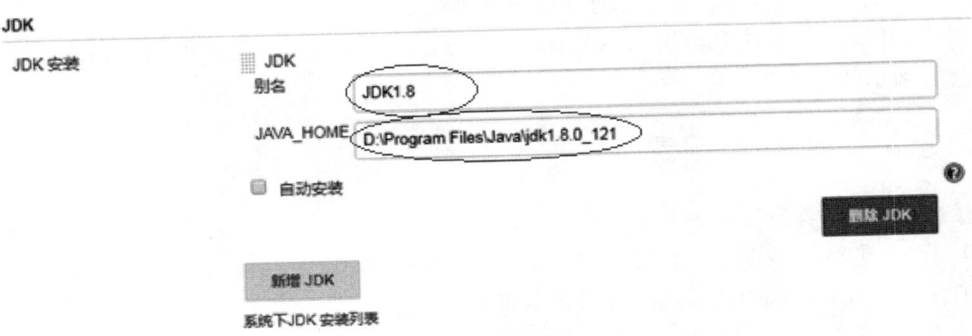

图 5.18 配置 Java 开发工具 JDK

单击 Add Git 按钮，配置源代码版本管理工具 Git，如图 5.19 所示。

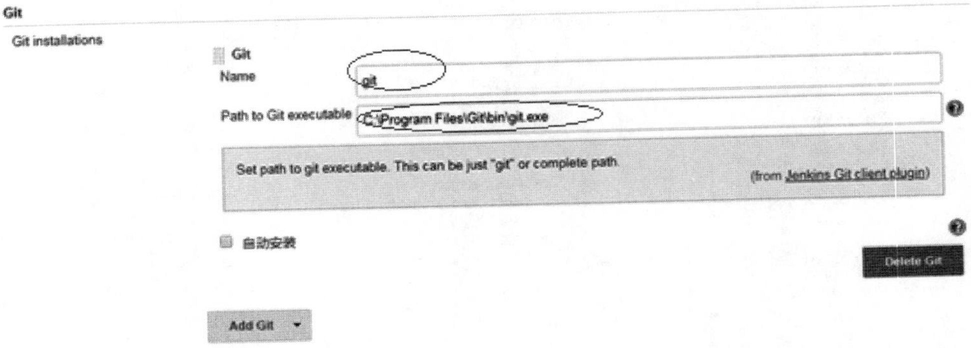

图 5.19 配置源代码版本管理工具 Git

单击“新增 Maven”按钮，配置构建工具 Maven，如图 5.20 所示。

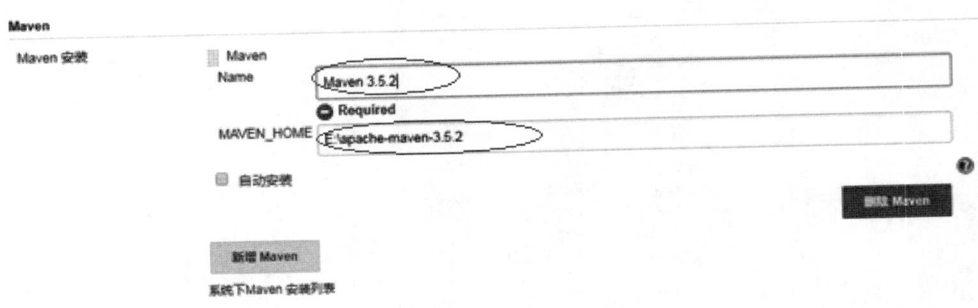

图 5.20 配置构建工具 Maven

需要的一些配置完成后，就可以创建任务了。

5.2.4 创建新任务

创建任务是 Jenkins 中主要的工作，Jenkins 管理员通过创建任务，将构建、单元测试、集成测试、部署等工作交给 Jenkins 自动完成。

Jenkins 首页左侧部分如图 5.21 所示。

单击“新建”链接，输入任务名称，选择任务类型，例如，构建一个自由风格的软件项目，如图 5.22 所示。

单击“确定”按钮，显示任务配置页面，如图 5.23 所示。

任务配置页面有 General、源码管理、构建触发器、构建环境、构建、构建后操作六个标签。下一节将通过示例讲解如何配置 Jenkins 任务。

配置完成后，单击“保存”按钮。

图 5.21　Jenkins 首页左侧部分

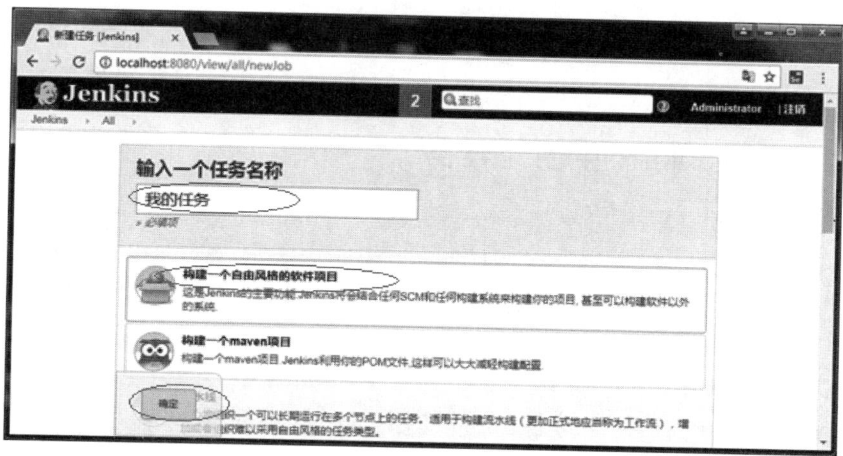

图 5.22　新建一个自由风格的软件项目

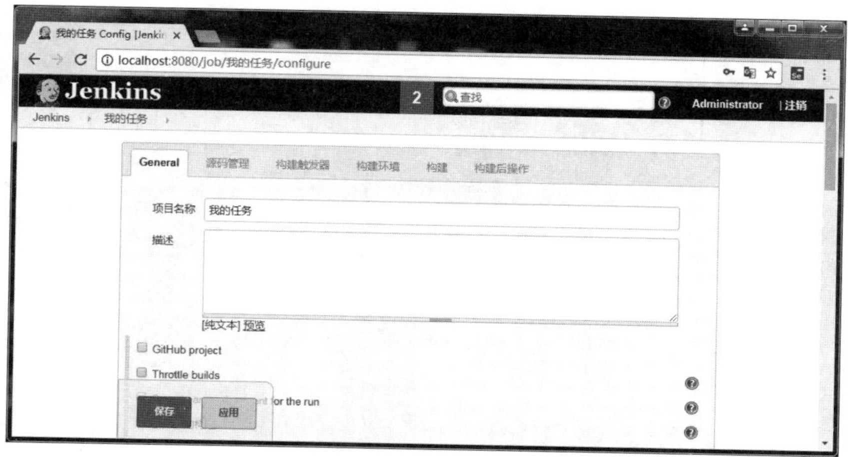

图 5.23　任务配置页面

5.3 Jenkins 操作演练

本节讲解如何使用 Jenkins 和 Maven 构建 Java 应用。

示例 Java 应用输入字符串“Hello World”的简单应用，项目中还包含单元测试，并将单元测试结果保存到 JUnit XML 报告。

以下的讲解以 Windows 环境为例。

5.3.1 准备

为了获取 Github 上的示例“Hello World”Java 应用，首先必须 fork 示例库到你自己的 Github 账号下，然后 clone 这个分支到本地计算机上。

- 用自己的账号登录 Github（可以在 Github，http://github.com 免费注册一个账号）。
- 搜索 jenkins-docs/simple-java-maven-app，然后 fork 到自己的账号下。

5.3.2 在 Jenkins 中创建任务

本节将创建两个 Jenkins 任务：一个流水线任务 simple-java-maven-app，一个自由风格的软件项目任务 report。任务 report 在任务 simple-java-maven-app 构建完成后自动执行。

Jenkins Pipeline 是一组 Jenkins 插件，在 Jenkins 中实现了版本控制、持续构建（编译、测试、部署）、发布工作流。Pipeline 使用 Pipeline 特定领域语言（Domain-Specific Language，DSL）实现工作流自动化。DSL 代码写在文本文件 Jenkins 中，并且提交到开发项目的代码控制库中。虽然 Jenkins 仍然支持自由风格的由一组基本任务完成发布工作，但是，使用 Pipeline 是自动发布的最佳实践。Jenkins Pipline 的工作流如图 5.24 所示。

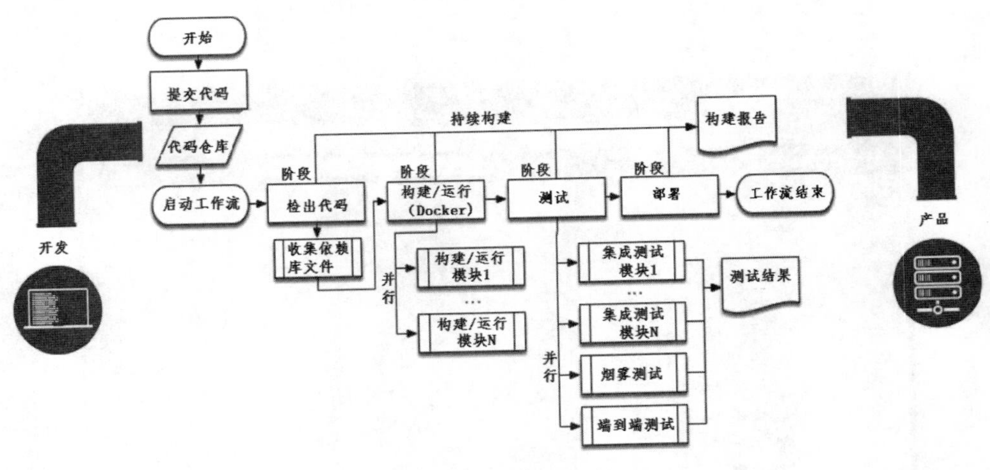

图 5.24 Jenkins Pipline 的工作流

(1) 用管理员账号登录 Jenkins，如图 5.25 所示。

(2) 单击 Credentials→System 链接，显示账号凭证设置页面，如图 5.26 所示。

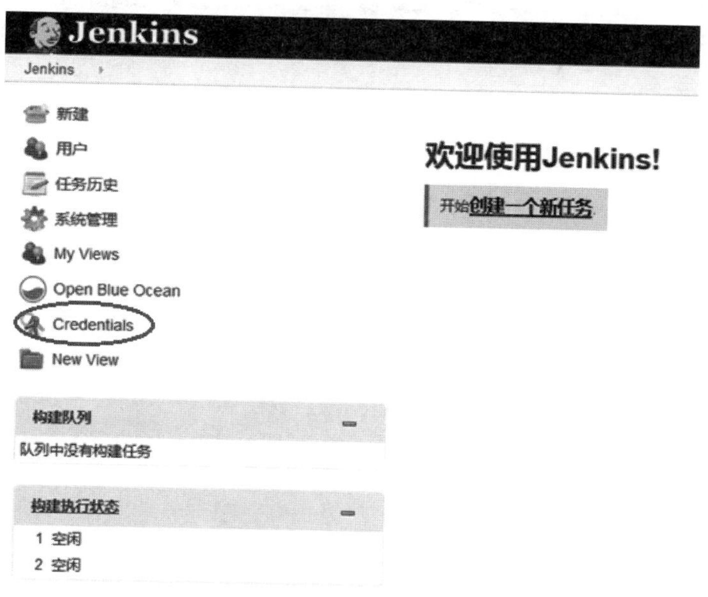

图 5.25 Jenkins 的首页

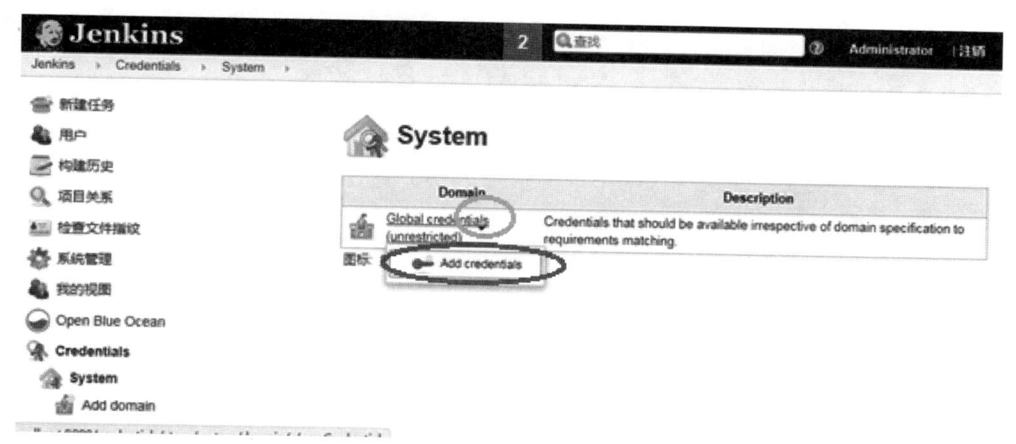

图 5.26 账号凭证设置页面

(3) 单击 Global credentials (unrestricted)旁边的下三角按钮,再单击 Add credentials 链接,显示增加账号凭证页面,如图 5.27 所示。

(4) 输入你的 Github 的账号密码,单击 OK 按钮。

(5) 单击"创建一个新任务"链接或者单击左边的"新建"链接,输入任务名称为 simple-java-maven-app,选择任务类型为"流水线",如图 5.28 所示。

(6) 单击"确定"按钮。在 General 标签页,选中 Github project,输入 Project Url,如图 5.29 所示。

(7) 选中 Poll SCM 构建触发器,输入日程表,如图 5.30 所示。

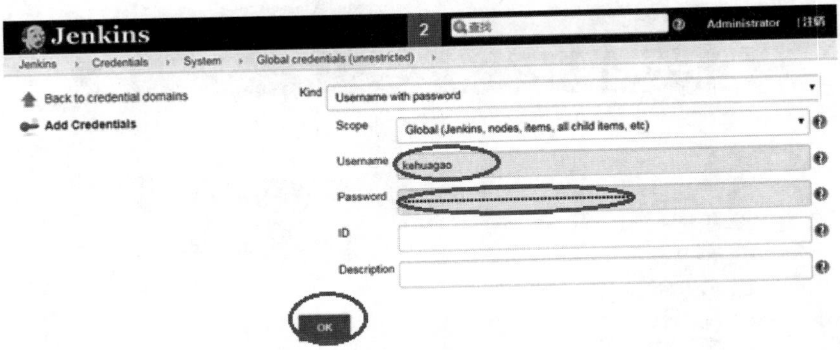

图 5.27　增加账号凭证页面

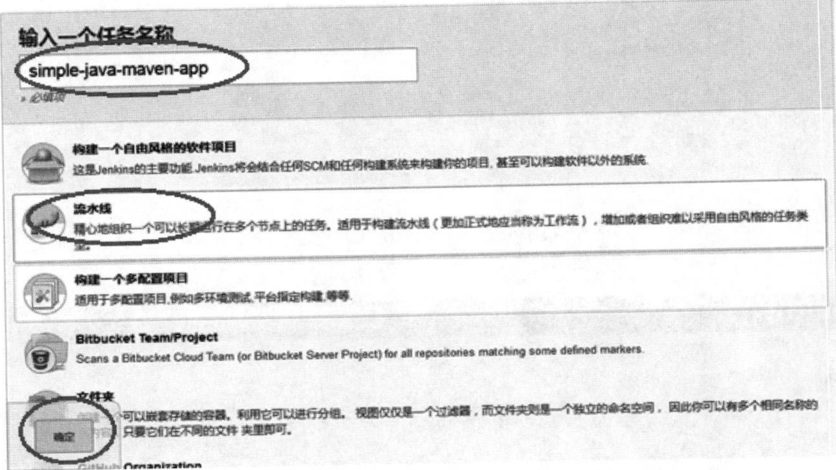

图 5.28　创建一个流水线任务

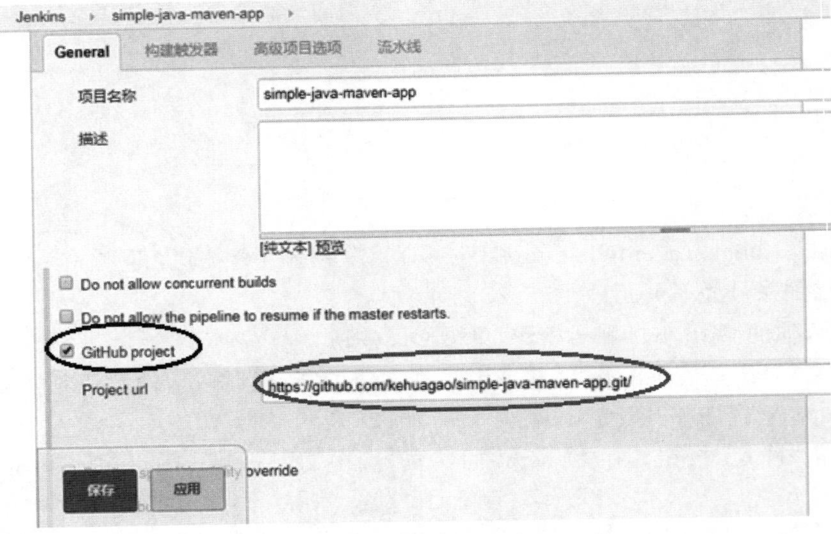

图 5.29　输入项目源代码在 Github 仓库的地址

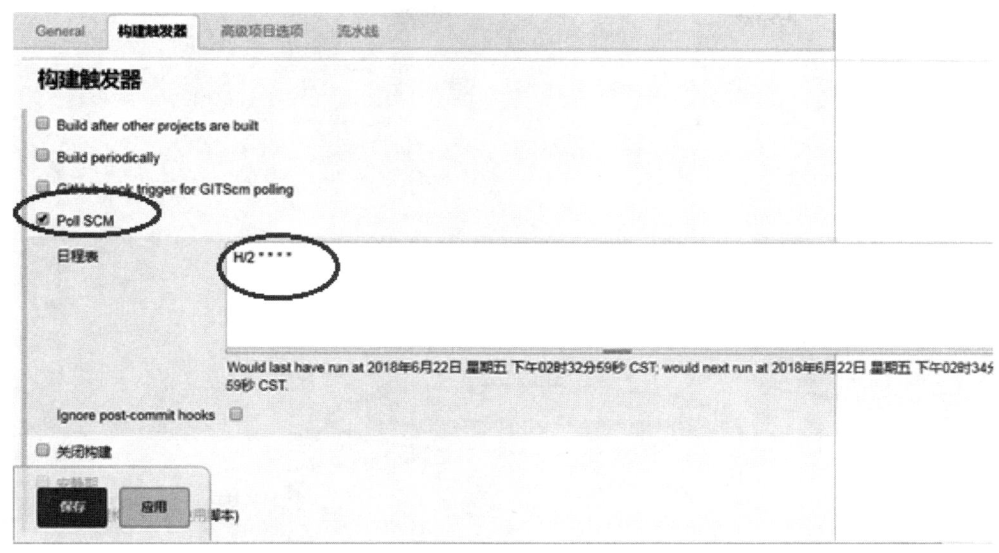

图 5.30　设置构建触发器

(8) 在“流水线”标签页，输入 Repostory URL 等，其中 Credentials 选择第(3)步增加的账号凭证，如图 5.31 所示。

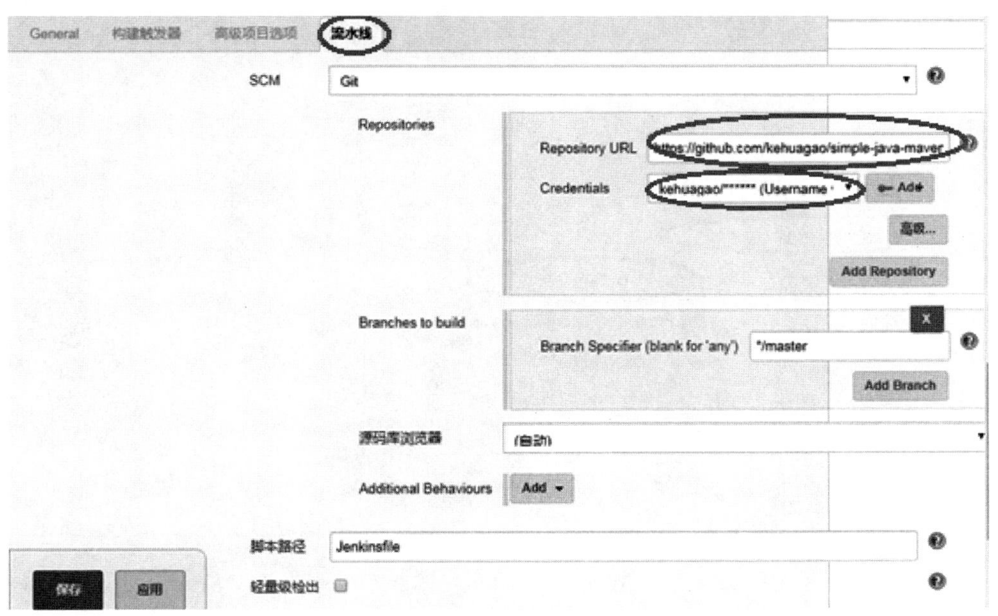

图 5.31　“流水线”标签页

(9) 保存新建的 Jenkins 任务 simple-java-maven-app。

(10) 再新建一个自由风格的软件项目 report，在 General 标签页选中“使用自定义的工作空间”，输入 simple-java-maven-app 项目的本地目录，如图 5.32 所示。

(11) 单击“构建触发器”标签页，选中 Build after other project are built，在 Project to watch 文本框输入 simple-java-maven-app，如图 5.33 所示。

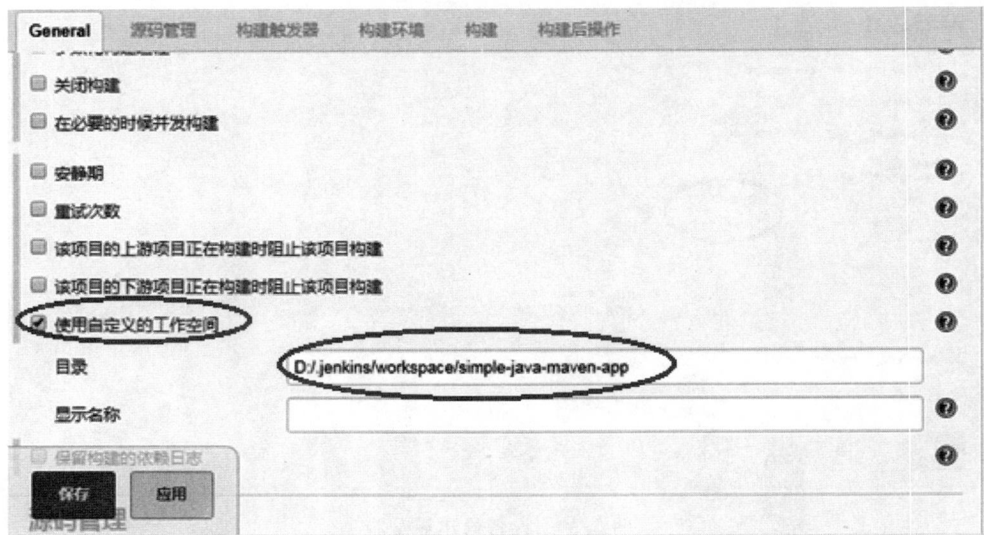

图 5.32 自定义工作空间

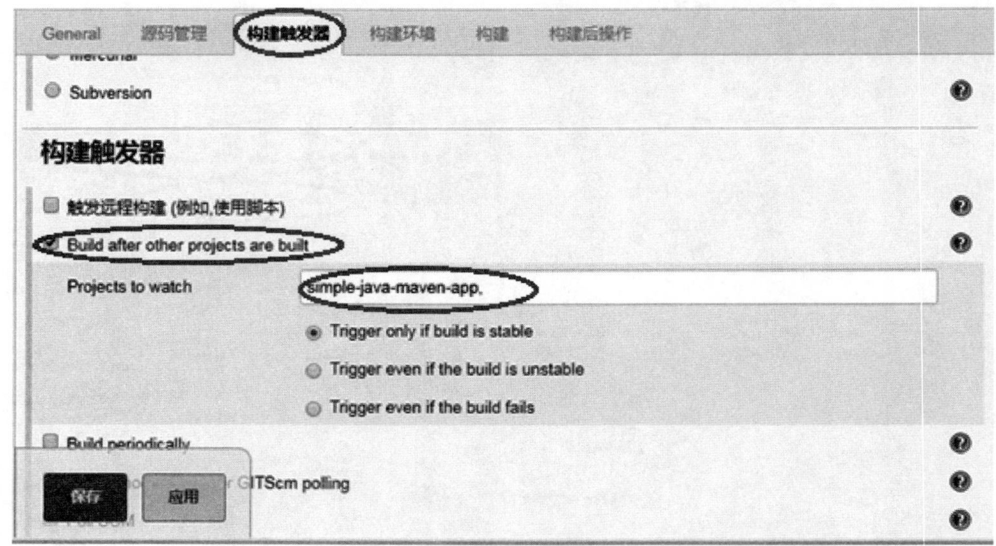

图 5.33 构建触发器设置

(12) 单击“构建”标签页,增加构建步骤——执行 shell,输入 shell 脚本,如图 5.34 所示。

本步骤的目的是为了消除错误“ERROR: Step ‘Publish JUnit test result report’ failed: Test reports were found but none of them are new. Did leafNodes run? ”。

(13) 单击“构建后操作”标签页,增加构建后操作步骤 Publish JUnit test result report,在“测试报告”文本框中输入 target/surefire-reports/ *.xml,如图 5.35 所示。

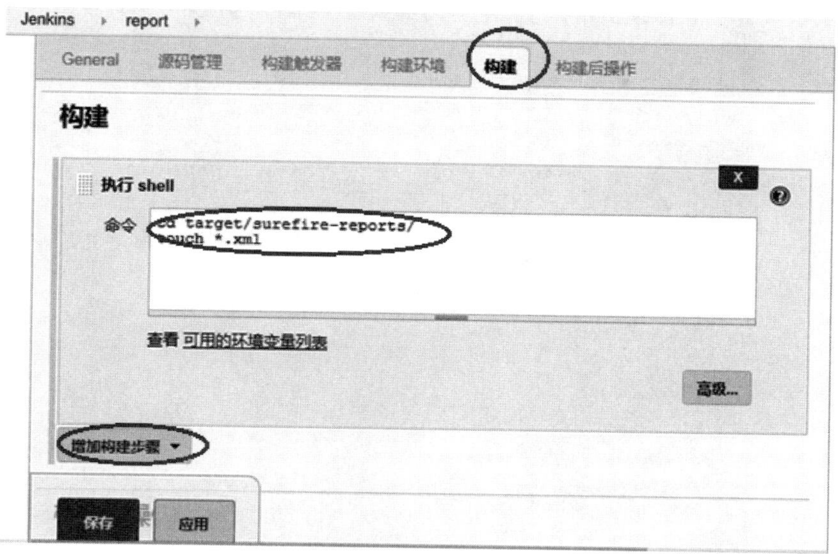

图 5.34 增加构建步骤

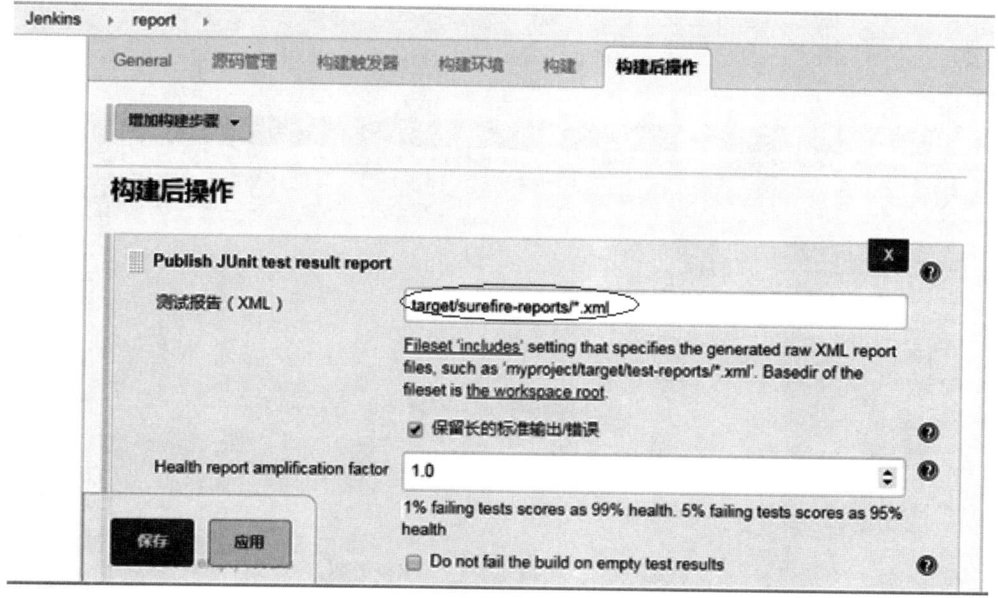

图 5.35 增加构建后操作步骤

5.3.3 创建流水线脚本

创建流水线脚本的步骤如下：

(1) 在 Eclipse 中，从 Git 导入 Github 的项目，如图 5.36 和图 5.37 所示。

(2) 编辑 Jenkinsfile 文件，如下：

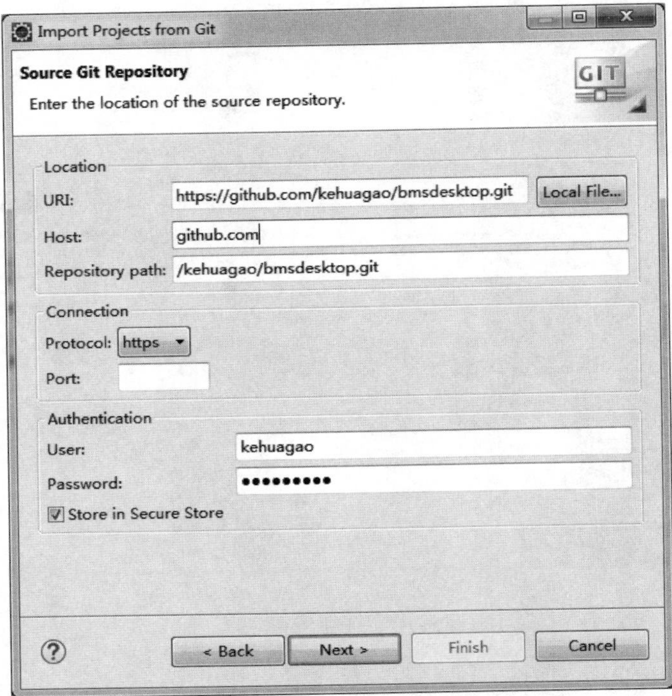

图 5.36　从 Git 导入 Github 的项目

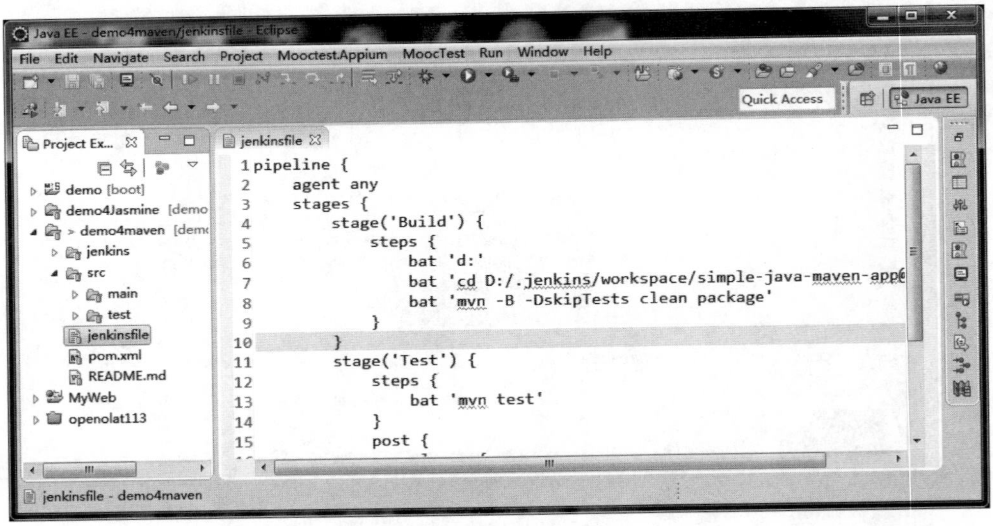

图 5.37　导入成功后的画面

```
pipeline {
  agent any
    stages {
      stage('Build') {
        steps {
          bat 'd:'
```

```
            bat 'cd D:/.jenkins/workspace/simple-java-maven-app@script'
              bat 'mvn -B -DskipTests clean package'
          }
        }
        stage('Test') {
            steps {
                bat 'mvn test'
            }
            post {
                always {
                    junit 'target/surefire-reports/*.xml'
                }
            }
        }

    }
}
```

(3) 将更新后的项目文件提交到 Github。

5.4 能力拓展：在 Docker 中运行 Jenkins

本节将在 Jenkins Docker 环境展示 5.3 节的示例。需要注意的是，Windows 和 Linux 的环境下使用的脚本命令不同。在 Windows 环境下用 bat 脚本命令，在 Linux 环境下用 sh 脚本命令。此外，与 5.3 节不同的是，本节的示例是从本地 Git 仓库获取源代码，而不是从 Github 仓库获取源代码。

5.4.1 准备

硬件要求：

- 最低 256 MB 内存，推荐 512MB 以上内存。
- 10 GB 磁盘空间用于存储 Jenkins、Docker 镜像和容器。

软件要求：Docker、Git(可选 Github Desktop)

5.4.2 在 Docker 中运行 Jenkins

用 Docker 镜像 jenkinsci/blueocean 在 Docker 中运行 Jenkins 的步骤如下：

打开 Docker Quickstart Terminal 命令提示符窗口，用下面的 Docker 命令启动 jenkinsci/blueocean 镜像(如果还没有下载镜像文件，这个命令将自动下载镜像文件)：

```
docker run ^
  --rm ^
  -d ^
  -u root ^
  -p 8080:8080 ^
  -v jenkins-data:/var/jenkins_home ^                    //注 1
```

```
-v /var/run/docker.sock:/var/run/docker.sock ^
-v $HOME:/home ^                                    //注 2
jenkinsci/blueocean
```

注 1：将容器中的/var/jenkins_home 目录映射到 Docker 卷 jenkins-data。如果卷 jenkins-data 不存在，那么就创建该卷。也可以将宿主机的文件夹 $HOME/jenkins_data 映射到容器中的/var/jenkins_home。目的都是为了永久保存/var/jenkins_home 中的文件。

注 2：$HOME 是 Windows 的文件夹 C:\Users\lenovo(lenovo 是登录 Windows 的账号)，注意不必设置环境变量 HOME。将宿主机的 $HOME 路径映射到容器中的/home。

命令执行成功后，在 Firefox 浏览器或 Google 浏览器地址栏输入 http://localhost:8080，出现如图 5.38 所示的页面。

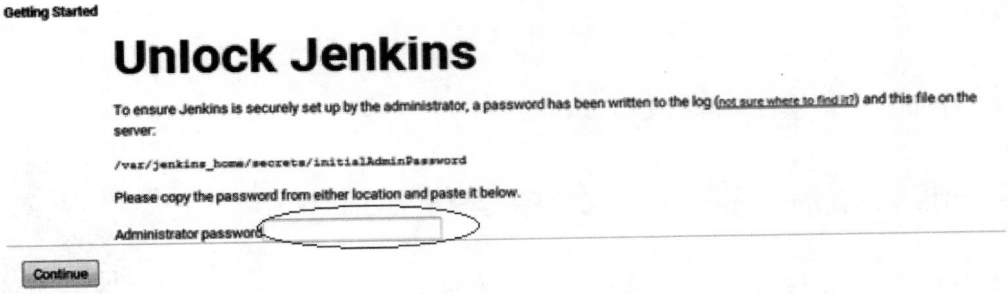

Getting Started

Unlock Jenkins

To ensure Jenkins is securely set up by the administrator, a password has been written to the log (not sure where to find it?) and this file on the server:

/var/jenkins_home/secrets/initialAdminPassword

Please copy the password from either location and paste it below.

Administrator password

Continue

图 5.38 输入 Jenkins 管理员密码

查看容器，输入 Docker 命令：

```
docker ps -a
```

进入容器，输入 Docker 命令：

```
docker exec -it 容器 ID bash
```

查看密码，输入 Linux 命令：

```
cd /var/Jenkins_home/secrets
vi initialAdminPassword
```

输入密码后，单击 Continue 按钮，出现如图 5.39 所示的页面。

输入用户名、密码等信息后，单击 Save and Finish 按钮，显示如图 5.40 所示的页面。

5.4.3 Fork 和克隆 Github 上的示例库

为了获取 Github 上的示例“Hello World”Java 应用，首先必须 fork 示例库到你自己的 Github 账号下，然后克隆这个分支到本地电脑上。

(1) 用自己的账号登录 Github (可以在 Github，http://github.com 免费注册一个账号)。

(2) 搜索 jenkins-docs/simple-java-maven-app，然后 fork 到自己的账号下。

(3) clone 你的分支 simple-java-maven-app 到本地电脑，可选用如下方法：

① 使用 Github Desktop 时，

Getting Started

Create First Admin User

用户名:

此连接不安全。在此页面输入的登录信息可以被窃取。详细了解

密码:

确认密码:

全名:

电子邮件地址:

Jenkins 2.89.4

Continue as admin

Save and Finish

图 5.39　创建 Admin 账号

Jenkins is ready!

Your Jenkins setup is complete.

Start using Jenkins

图 5.40　Jenkins 安装完成

(a) 在 Github 网站，选择你的分支库，单击 Clone or download→Open in Desktop 链接。

(b) 在 Github Desktop 中，输入本地代码仓库路径 C:\Users\< your-username >\Documents\Github\simple-java-maven-app，单击 Clone 链接。

② 使用命令行时，

(a) 打开 DOS 命令行窗口。

(b) 改变目录到 C:\Users\< your-username >\Documents\Github\。

(c) 输入命令：

```
git clone https://github.com/YOUR-GITHUB-ACCOUNT-NAME/simple-java-maven-app
```

这里 YOUR-GITHUB-ACCOUNT-NAME 是你的 Github 账号。

5.4.4　在 Jenkins 中创建任务

本节将创建两个 Jenkins 任务：一个流水线任务 simple-java-maven-app，一个自由风格的软件项目任务 report。任务 report 在任务 simple-java-maven-app 构建完成后自动执行。与 5.3.2 节不同的是，流水线任务 simple-java-maven-app 从本地 Git 仓库获取源代码，而不是从 Github 仓库获取源代码。

(1) 用管理员账号登录 Jenkins,如图 5.41 所示。

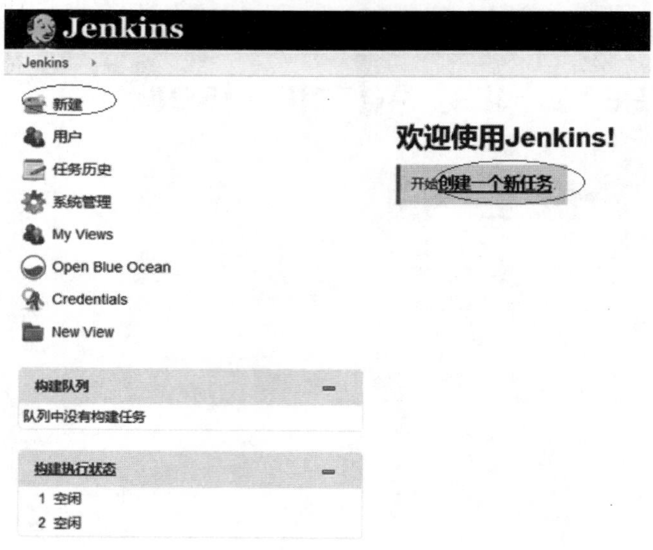

图 5.41 Jenkins 首页

(2) 单击"创建一个新任务"链接或者左边的"新建"按钮,如图 5.42 所示。

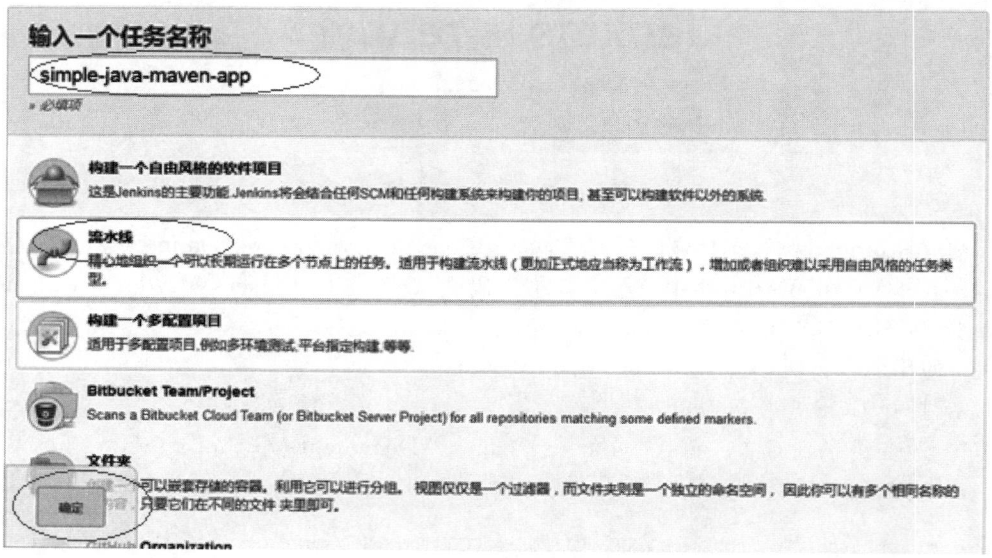

图 5.42 创建 Jenkins 任务页面

(3) 输入任务名称 simple-java-maven-app,选择"流水线"。单击"确定"按钮。单击"流水线"标签,如图 5.43 所示。

在"定义"文本框中选择 Pipeline script from SCM,告诉 Jenkins 从源代码控制管理系统 SCM(clone 的本地 Git 仓库)获取流水线脚本文件。

在 SCM 文本框中选择 Git,在 Repository URL 文本框指定你 clone 的本地 Git 仓库路径/home/Documents/Github/simple-java-maven-app。

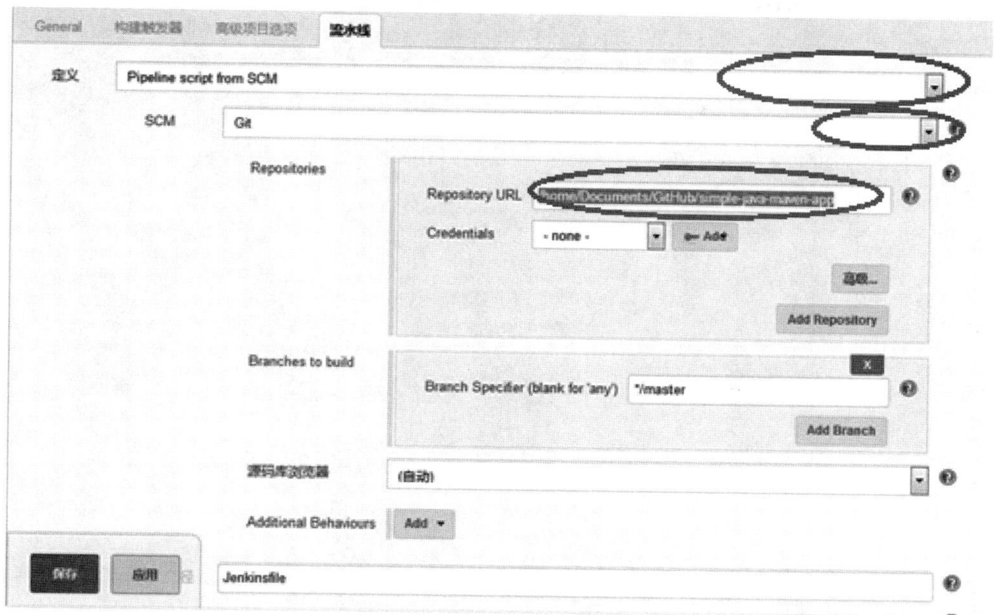

图 5.43　设置流水线

单击“保存”按钮。保存新建的 Jenkins 任务 simple-java-maven-app。

(4) 再新建一个自由风格的软件项目 report，在 General 标签页单击“高级”按钮，再选中“使用自定义的工作空间”复选框，输入 simple-java-maven-app 项目的本地目录，如图 5.44 所示。

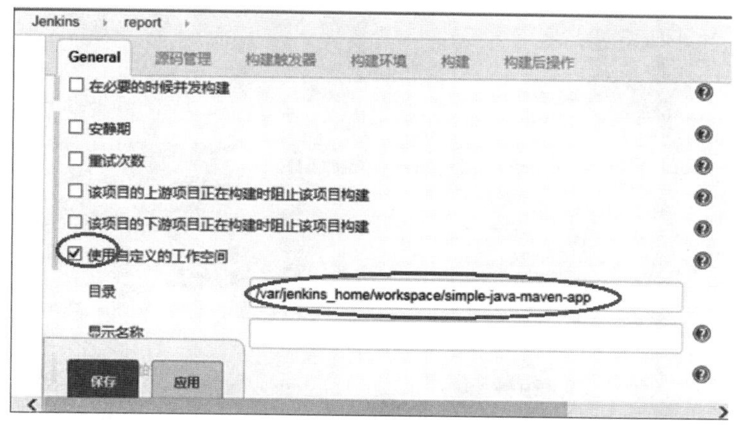

图 5.44　自定义工作空间

(5) 单击“构建触发器”标签，选中“其他工程构建后触发”复选框，在“关注的项目”文本框输入 simple-java-maven-app，如图 5.45 所示。

(6) 单击“构建”标签，增加构建步骤——执行 shell，输入 shell 脚本，如图 5.46 所示。

(7) 单击“构建后操作”标签，增加构建后操作步骤 Publish JUnit test result report，在“测试报告”文本框中输入 target/surefire-reports/ *.xml，如图 5.47 所示。

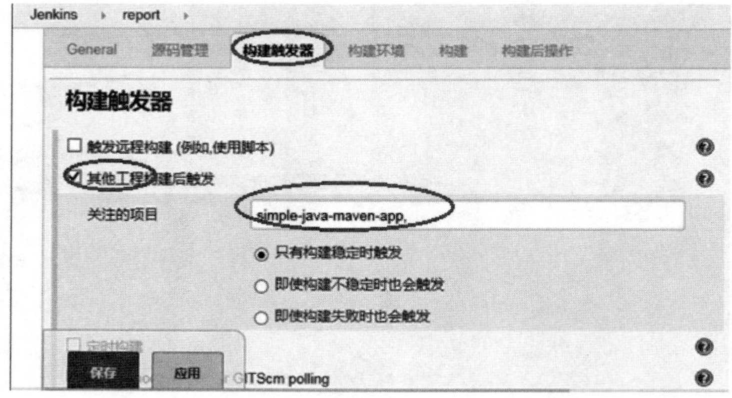

图 5.45　构建触发器设置

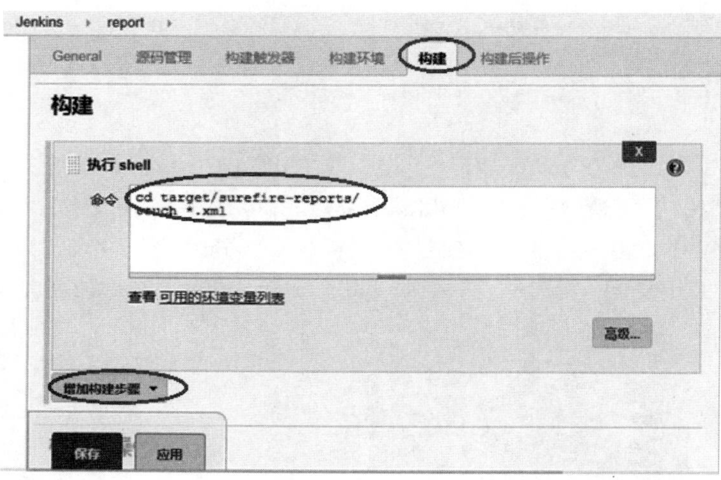

图 5.46　增加构建

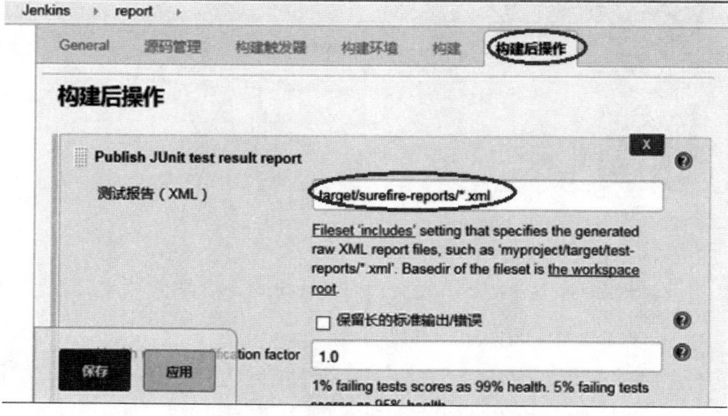

图 5.47　增加构建后操作步骤

5.4.5 创建流水线脚本

与 5.3.3 节不同的是，Docker 环境下 Pipline 脚本中使用的是 sh，而 Windows 环境下使用的是 bat。

(1) 使用文本编辑器或 IDE 在你 clone 的本地 Git 仓库 simple-java-maven-app 的根目录中创建一个文本文件 Jenkinsfile，文件内容如下：

```
pipeline {
    agent {
        docker {
            image 'maven:3 - alpine'                        注 1
            args '- v $HOME/.m2:/root/.m2'                  注 2
        }
    }
    stages {
        stage('Build') {                                    注 3
            steps {
                sh 'mvn - B - DskipTests clean package'     注 4
            }
        }
    }
}
```

注 1：image 参数指定下载 Docker 镜像 maven:3-apline(如果你的计算机上还没有下载这个镜像)，并以独立的容器运行这个镜像。这表明：

- 在 Docker 中运行了两个独立的容器 Jenkins 和 Maven。
- Maven 容器成为 Jenkins 容器在运行流水线项目时使用的代理。Maven 容器的运行是即时的，它的生命周期是流水线项目运行期间。

注 2：args 参数创建容器与宿主计算机文件目录间的映射，其目的是避免重复下载构建依赖的库文件。

注 3：定义了名称为 Build 的构建阶段。

注 4：运行 Maven 命令。

保存 Jenkins 文件，提交到本地 Git 仓库 simple-java-maven-app，方法是在 simple-java-maven-app 目录下，运行命令：

```
git add .
git commit - m "Add initial Jenkinsfile"
```

在 Jenkins 中，单击左边的 Open Blue Ocean 链接。

在 This job has not been run 消息窗口，单击 Run 按钮，接着单击右下角出现的 OPEN 链接，可以看到，Jenkins 正在运行流水线项目。第一次运行时需要花费一点时间，Jenkins 将在克隆 Git 仓库 simple-java-maven-app 后运行代理，下载 Docker 镜像 Maven 并运行。

在 Maven 容器中运行 Build，Maven 将下载构建 Java 应用依赖的库文件，存储在 $HOME/.m2 中。

如果 Jenkins 成功完成了构建，将显示如图 5.48 所示的页面。

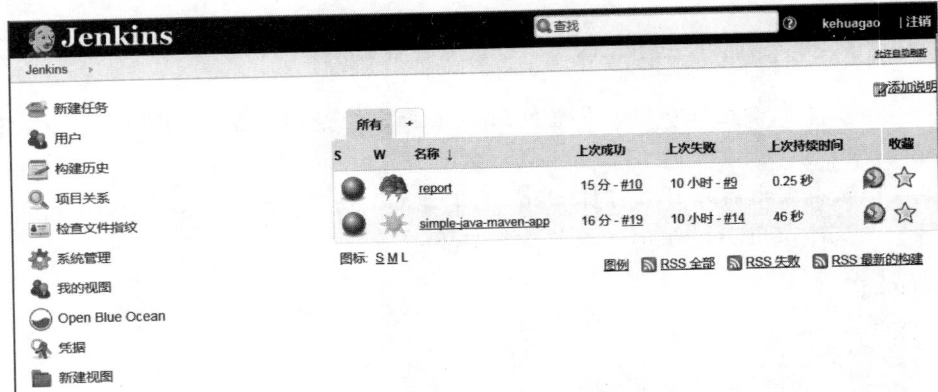

图 5.48 Jenkins 成功执行任务后的页面

(2) 在流水线项目中增加测试阶段。

修改 Jenkins 文件如下：

```
pipeline {
    agent {
        docker {
            image 'maven:3 - alpine'
            args ' - v /root/.m2:/root/.m2'
        }
    }
    stages {
        stage('Build') {
            steps {
                sh 'mvn  - B  - DskipTests clean package'
            }
        }
        stage('Test') {                                        注 1
            steps {
                sh 'mvn test'                                  注 2
            }
            post {
                always {
                    junit 'target/surefire - reports/ * .xml'   注 3
                }
            }
        }
    }
}
```

注 1：定义测试阶段。

注 2：执行 Maven 命令，生成 Junit XML 报告，保存报告到 Jenkins 容器的目录/var/jenkins_home/workspace/simple-java-maven-app/target/surefire-report 下。

注 3：本步骤将打包 Junit XML 报告使得我们可以在 Jenkins 界面查看这个报告。

保存 Jenkins 文件，提交到本地 Git 仓库 simple-java-maven-app，方法是在 simple-java-maven-app 目录下，运行命令：

```
git stage.
git commit  - m "Add 'Test' stage"
```

在 Jenkins 中,单击左边的 Open Blue Ocean 链接。

(3) 在流水线项目中增加发布阶段。

修改 Jenkins 文件如下:

```
pipeline {
    agent {
        docker {
            image 'maven:3 - alpine'
            args ' - v /root/.m2:/root/.m2'
        }
    }
    stages {
        stage('Build') {
            steps {
                sh 'mvn  - B  - DskipTests clean package'
            }
        }
        stage('Test') {
            steps {
                sh 'mvn test'
            }
            post {
                always {
                    junit 'target/surefire - reports/ * .xml'
                }
            }
        }
        stage('Deliver') {                                          注 1
            steps {
                sh './jenkins/scripts/deliver.sh'                   注 2
            }
        }
    }
}
```

注 1: 定义发布阶段。

注 2: 运行脚本 deliver. sh,为了使得 Jenkins 文件更简洁,常常把包含多个步骤的阶段放在独立的脚本文件中。

保存 Jenkins 文件,提交到本地 Git 仓库 simple-java-maven-app,方法是在 simple-java-maven-app 目录下,运行命令:

```
git stage.
git commit  - m "Add 'Deliver' stage"
```

实训任务

任务 1: 安装 Jenkins,记录安装过程,编写安装说明书。

任务 2: 将图书管理系统的代码上传到 Github,使用 Jenkins 进行集成测试。

第6章 系统测试

本章主要内容

系统测试简介

Selenium 和 Robot Framework 演练

黑盒测试技术

OpenOLAT 的文档 TESTING. README. LATEST 中有这样两句话"Execute jUnit integration tests,junit integration tests that load the framework to execute (execution time ca. 10m)。Execute selenium functional integration tests,selenium integration tests which started the whole web application in Tomcat (execution time ca. 30-45m)"

由此可见,开源项目 OpenOLAT 中大量使用了 JUnit 和 Selenium 进行单元测试、功能测试和集成测试。

本章首先对系统测试进行简单介绍;然后介绍系统测试常用工具;接着重点介绍了系统测试框架 Selenium 和 Robot Framework 的使用方法;最后介绍系统功能测试用例设计技术——黑盒测试技术。

6.1 什么是系统测试

集成测试完成以后,就得到了一个完整的软件系统,但是还不能将之投放市场或交付用户验收,还必须经过严格的系统测试。

6.1.1 系统测试简介

系统测试是在 V 模型中的继单元测试、集成测试之后的第三个级别的测试。

系统测试是基于软件需求说明书的测试,在单元测试或集成测试阶段,主要是依据软件详细设计或概要设计文档,从软件开发者的角度对软件进行测试。系统测试是从最终用户的角度对软件进行的测试。系统测试的目的是验证系统是否满足了需求规格的定义,找出与需求规格不符合或矛盾的地方。

系统测试的对象不仅包括需要测试的软件产品,还包含软件所依赖的硬件、外设甚至包括某些数据、某些支持软件及其接口等。因此,必须将系统中的软件与各种依赖的资源结合起来,在系统实际运行环境下来进行测试。

系统测试依据：

- 系统和软件需求规格说明。
- 用例。
- 功能规格说明。
- 风险分析报告。

典型系统测试对象：

- 系统管理手册和用户操作手册。
- 系统功能和非功能需求。
- 系统中使用的数据。

系统测试关注的是在开发项目或程序中定义的一个完整的系统/产品的行为。在主测试计划和/或在其所处测试级别的测试计划内应该明确测试范围。

在系统测试中，测试环境应该尽量和最终的目标或生产环境相一致，从而减少不能发现与环境相关的失效的风险。

系统测试可能包含基于不同方面的测试：基于风险评估的、基于需求规格说明的、基于业务过程的、基于用例的、基于其他对系统行为的更高级别描述或模型的、基于与操作系统的相互作用的、基于系统资源等的测试。系统测试包括对系统各个方面的测试，系统测试的主要内容有功能测试、性能测试、安全性测试等。传统上，人们关注更多的是功能测试，因此，本章只介绍功能测试，第 7 章将介绍性能测试，第 8 章将介绍安全性测试。

系统测试应该对系统功能和非功能需求进行研究。需求可以以文本形式或模型方式描述。同时测试员也需要面对需求不完全或需求没有文档化的情况。针对功能需求的系统测试开始时可以选择最适合的基于规格说明的测试，即黑盒技术来对系统进行测试。比如，可以根据业务准则描述的因果组合来生成决策表。基于结构的技术即白盒测试技术，可以评估测试的覆盖率，可以基于评估覆盖一个结构元素，如菜单结构或者页面的导航等的完整性。

系统测试通常由独立的测试团队进行。

6.1.2　系统测试工具

以下介绍几个系统测试工具。

1. Selenium 简介

Selenium 是一个开源的自动化测试工具，主要用于 Web 应用的自动化测试。Selenium 得到了主要浏览器供应商的支持，这些供应商已经或正在将 Selenium 作为浏览器的一个组成部分。Selenium 还是很多其他基于 Web 的自动化测试工具、API 和框架的核心技术。

Selenium 起源于 2004 年，Jason Huggins 在 ThoughtWorks 公司从事软件测试工作，他厌倦了手工进行重复的测试，开发了一个 JavaScript 库，这个 JS 库能够操作 Web 页面，允许在多个浏览器上重复自动执行测试。这个 JS 库就是 Selenium 的核心，Selenium RC 和 Selenium IDE 是基于这个 JS 库的。Selenium 的创新之处在于它允许你用自己喜欢的语言控制浏览器。

尽管 Selenium 是一个很好的工具，它也存在不足。随着 Web 应用的功能越来越强大，它的不足更加明显。

Google 是 Selenium 的忠实客户，但是 Google 的测试工程师需要弥补 Selenium 的不足。2006 年 Google 工程师 Simon Stewart 启动了 WebDriver 项目。其目的是解决 Selenium 存在的问题，使用浏览器和操作系统的"原生"方法，使测试工具直接与浏览器交互，避免受到 JavaScript 的影响。

2008 年，Jason Huggins 和 Simon Stewart 感到，Selenium 和 WebDriver 可以相互取长补短，为用户提供更好的自动化测试工具。因此，Selenium 和 WebDriver 合并了。

现在，Selenium 工具集包含三个工具 Selenium2/Selenium1、Selenium IDE 和 Selenium Grid。

Selenium 2：Selenium 2 是 Selenium 与 WebDriver 合并后的产物，是 Selenium 未来的发展方向。

Selenium 1：是 Selenium 的早期工具，原来的名字是 Selenium RC 或 Remote Control。现在已经过时了，不再开发。

Selenium IDE：是创建测试脚本的原型工具，IDE 即集成开发环境。它是 Firefox 浏览器或 Google 浏览器的一个插件，用于记录测试操作步骤，输出多种语言的可重复执行的测试脚本。尽管 Selenium 可以直接保存为测试操作步骤，但是，这样的操作步骤不支持循环和条件语句，因此，不适合测试自动化。必须将这样的测试操作步骤另存为一种 Selenium 支持的编程语言的测试脚本，并修改这个测试脚本，才能用于测试自动化。这就是它作为创建测试脚本的原型工具的意义。

Selenium Grid：允许在不同环境中运行大规模测试。这些测试可以并行执行，即在同一时刻，在不同的计算机上运行同一个项目的大量不同测试。Selenium 可以提高测试的效率，节省测试的时间。

对于初学者来说，可以使用 Selenium IDE 熟悉 Selenium 命令，很容易地创建简单的自动化测试脚本。Selenium IDE 不适合用于正式的测试项目。在正式的测试项目中，主要是使用 Selenium 2/Selenium 1 提供的 API，用 Selenium 支持的一种语言（Java、C#、Python、Ruby、PHP、Perl、JavaScript）编写测试脚本，完成测试。对于初次采用 Selenium 的公司来说，使用 Selenium2 就可以。

2. UFT 简介

UFT 是 HP 公司提供的商业软件。

QuickTest Professional 简称 QTP，提供适应所有主要应用软件环境的功能测试和回归测试的自动化功能。采用关键字驱动的理念以简化测试用例的创建和维护。它让用户可以直接录制屏幕上的操作流程，自动生成功能测试或者回归测试用例。专业的测试者也可以通过它提供的内置脚本和调试环境来取得对被测试对象属性的完全控制。QTP 是 Mercury 公司的产品，是业界著名的自动化测试工具软件。Mercury 公司被 HP 公司收购后，HP 公司在 QTP 的基础上不断完善 QTP，在新的版本中将其更名为 UFT（Unified Functional Testing）。

UFT 具有如下特点：

- 广泛的技术支持，UFT 对主要的软件类型和环境提供功能测试和回归测试自动化。支持的软件开发技术或应用类型包括 Web 2.0、REST、SOA 服务、ERP、CRM。

UFT 还支持跨浏览器的测试，对不同的浏览器（例如，Chrome、Firefox、IE 和 Safari），只需编写一次测试脚本，就可以重复播放这个测试脚本。

- UFT 与 Jenkins 等持续集成工具软件一起工作。通过将 UFT 与 Jenkins 进行整合，功能和回归测试可以作为定期构建过程的一部分进行触发，在 Micro Focus ALM 或 Micro Focus Quality Center 中运行结果报告，并且会立即将问题报告给开发团队，使得他们能够及时处理问题，确保开发进度。UFT 还包括用于在 Visual Studio/C# 或 Eclipse/Java 中创建测试的精益功能测试（Lean Functional Testing，Lean FT）插件。
- UFT 与 Micro Focus Sprinter 整合，可以录制测试脚本实现测试自动化。
- API 和 GUI 测试可清楚地显示在图形画布上，测试人员可在其中有效地管理操作、更改测试顺序、运行和调试测试，以及管理各种参数。
- 只需写一个测试脚本，就可以对不同的移动应用平台、移动设备和浏览器上的移动应用进行测试。
- UFT 支持关键字驱动测试，通过录放测试脚本简化测试开发和维护；也支持基于脚本的测试，通过编写脚本，对被测对象及其属性进行控制。
- UFT 促进团队之间的测试自动化协作。基于开放的 XML 格式，UFT 对象库管理器允许协作和共享应用程序对象定义，在整个测试创建工作中保持对象级别的更改同步。

下面通过案例，揭开 UFT 的真实面目吧！

案例：HP 公司的成长历史。

1957 年，HP 公司上市。

1976 年，Brian Reynolds 开创 Micro Focus。

1979 年，Novell 成立。

1981 年，Borland 成立。Philippe Kahn 的 Borland Software 迅速成为 PC 编译器和开发工具领域的世界领导者。

1983 年，Micro Focus 在伦敦证券交易所上市，公司成功跻身国际市场。

1989 年，Mercury Interactive 成立。Amnon Landan 和 Arye Finegold 的软件公司在成立后迅速成为软件质量方面的世界领导者。

1992 年，SUSE 成立。SUSE 是首家提供 Enterprise LINUX 发行套件的供应商。

1995 年，NetIQ 成立。公司专注于性能监测软件。

1998 年，Micro Focus 被 Intersolv 收购。公司业务扩展到基于 ITIL（Information Technology Infrastructure Library，信息技术基础架构库）的 IT 服务管理软件。

2005 年，Micro Focus 在伦敦证券交易所重新上市。

2005 年，HP 收购 Peregrine Systems 公司，业务扩展到基于 ITIL 的 IT 服务管理软件。

2006 年，HP 收购 Mercury Interactive 公司，软件产品组合持续增长。

2007 年，Micro Focus 收购 HAL Knowledge Systems 等公司，此次收购预示着持续收购时代的来临。

2009 年，Micro Focus 收购 Borland，此次收购还包括 Compuware 的软件测试业务和 NetManage。

2011 年,Novell 被 Attachmate Group 收购。

2014 年,Micro Focus 收购 Attachmate Group,该公司旗下现包含 Attachmate、Novell、NetIQ 和 SUSE。

2015 年,Micro Focus 收购 Authasas 公司,业务范围扩大,包含企业鉴定解决方案。

2015 年,HP 拆分为 HPE 和 HPI。公司向新的方向迈进,将消费者产品与企业产品分开。

2016 年,Micro Focus 收购 Serena,该公司专注于业务应用程序开发。

2016 年,Micro Focus 收购 GWAVA,该公司专注于企业安全存档和讯息交换。

2017 年,HPE Software 与 Micro Focus 合并,成为最大的专营软件公司之一。

3. IBM Rational Functional Tester

IBM Rational Functional Tester 是 IBM 公司提供的商业软件。

IBM Rational Functional Tester 是一个面向质量保证(QA)团队的自动化功能测试和回归测试解决方案,可用于检验基于 Java、Web、Microsoft Visual Studio .NET、终端应用、SAP、Siebel 及 Web 2.0 应用的质量。

4. IBM Rational Robot

IBM Rational Robot 是 IBM 公司提供的商业软件。

IBM Rational Robot 可以让测试人员对 .NET、Java、Web 和其他基于 GUI 的应用程序进行自动的功能性回归测试。

IBM Rational Robot 可以很容易地使手动测试小组转变到自动测试上来。使用 IBM Rational Robot 进行回归测试是进行自动化测试初期很好的选择,因为它易于使用,并且可以帮助测试者在工作过程中学习一些自动测试的知识。

IBM Rational Robot 允许经验丰富的测试自动化工程师使用黑盒测试设计技术,设计测试用例,编写测试脚本,进行功能自动化测试。

IBM Rational Robot 为诸如菜单、列表和位图这些通用的对象提供测试用例和为特定于开发环境的对象提供专用的测试用例,减少了测试开发的成本。

6.2 Selenium 起步

本节讲解 Selenium IDE 的安装和使用以及使用 Eclipse 开发 Selenium 测试。

6.2.1 Selenium IDE 的安装

方法 1：Selenium IDE 是 Firefox 浏览器的插件,可以按照 Firefox 浏览器的插件安装方法安装。本书使用的 Firefox 的版本是 60.0。单击 Firefox 右上角的“打开菜单”图标,然后单击“附加组件”菜单项。单击浏览器左边的“插件”链接,在搜索框中输入 Selenium IDE,单击搜索图标,然后单击搜索结果中的 Selenium IDE 项,按提示安装即可,如图 6.1 所示。

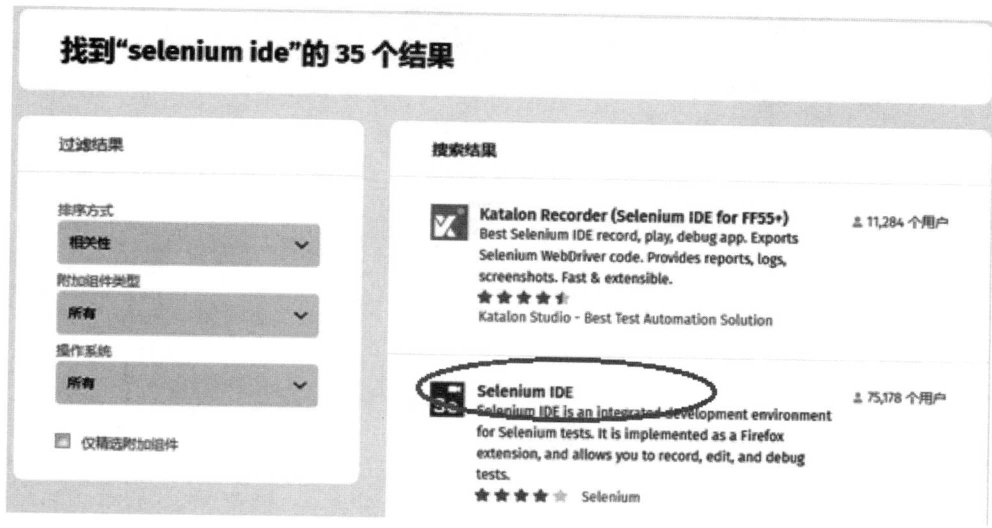

图 6.1　搜索 Selenium IDE 插件

方法 2：用 Firefox 打开 https://addons.mozilla.org/en-US/firefox/addon/selenium-ide/，单击 Add to Firefox 按钮就可以了，如图 6.2 所示。

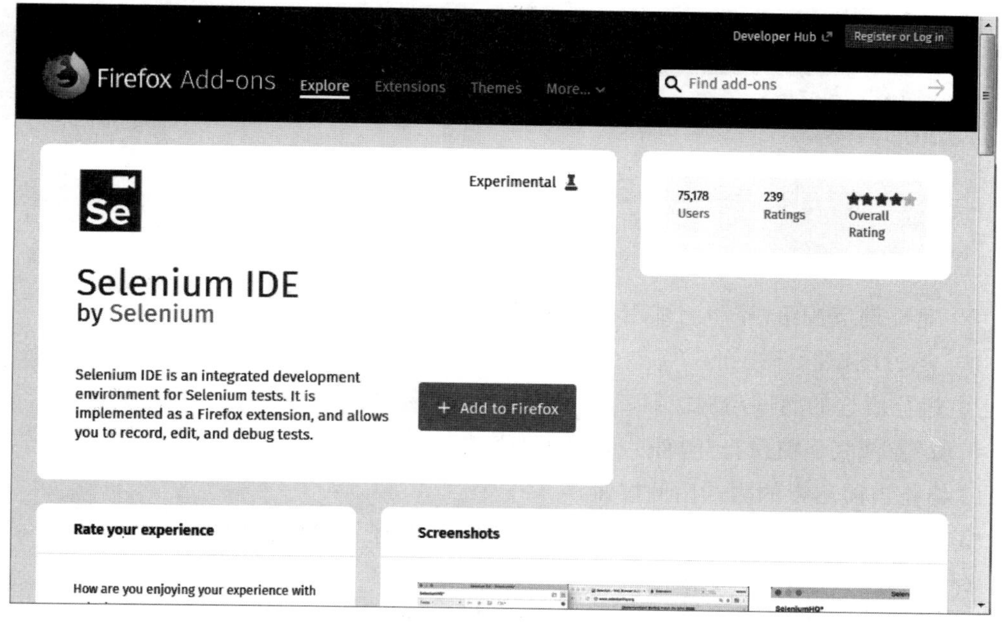

图 6.2　Firefox 浏览器中增加 Selenium IDE 插件

6.2.2　Selenium IDE 的使用

以 Selenium 3.11.0 为例，Selenium IDE 启动后的界面如图 6.3 所示。

Selenium IDE 的工具栏包含了记录测试步骤、控制测试用例执行的按钮，如图 6.4 所示。

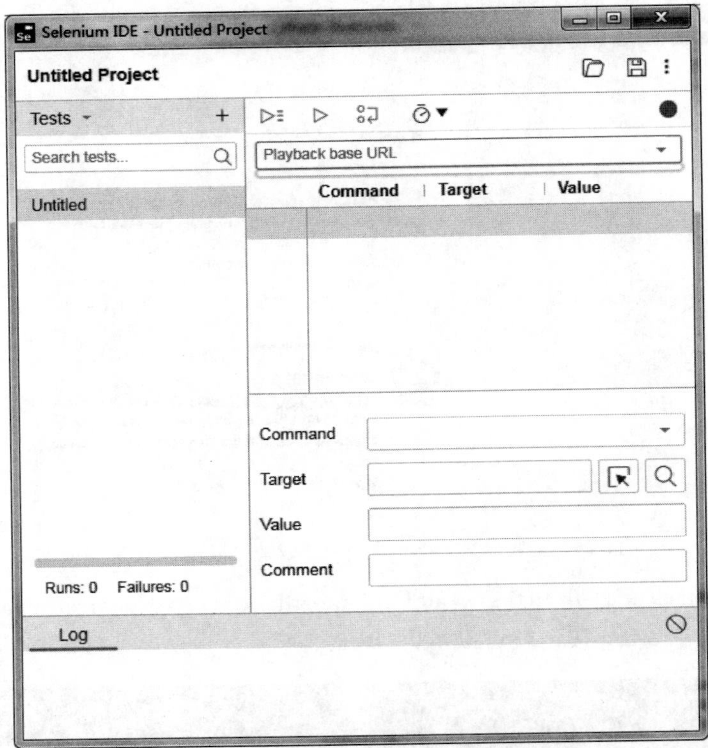

图 6.3 Selenium IDE 启动后的界面

图 6.4 Selenium IDE 的工具栏

⏱▾ 速度调节按钮，控制测试用例的执行速度。

▷≡ 运行测试套件按钮。

▷ 运行所选的测试用例按钮。

II 暂停/恢复当前执行/暂停的测试用例按钮。

□ 终止当前运行的测试用例按钮。

8⮐ 单步执行测试用例按钮，一次执行一条命令，用于调试测试用例。

● 记录在浏览器中的操作按钮。

测试用例面板上部用于显示测试脚本，如图 6.5 所示。

	Command	Target	Value
1.	*open*	/	
2.	*click at*	css=a[title="Sele nium Projects"]	36,9
3.	*click at*	xpath=(//a[contai ns(text(),'Seleniu m IDE')])[2]	50,4

图 6.5 测试用例面板上部

Command 列显示的是命令，Target 列显示的是命令的第 1 个参数，Value 列显示的是命令的第 2 个参数，它是与第 1 个参数对应的值。

测试用例控制板下部用于编辑测试脚本，如图 6.6 所示。

Command click at
Target css=a[title="Selenium Projects"]
Value 36,9
Comment

图 6.6 测试用例控制板下部

在 Command 域可以输入完整的命令，也可以只输入命令的前面几个字符，然后在下拉框中选择命令。

在 Comment 域输入注释。

导航面板用于显示测试用例和测试套件，在 Tests 下拉列表框中可选择切换显示测试用例(Tests)或测试套件(Test suits)。在搜索框可以搜索测试用例。导航面板如图 6.7 所示。

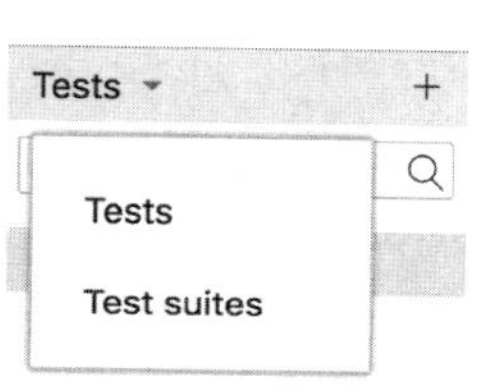

图 6.7 导航面板

测试用例和测试套件组成测试项目，单击 Selenium IDE 右上角的保存按钮，将把测试项目保存为. side 格式文件，单击 Selenium IDE 右上角的打开按钮将打开已保存的测试项目。

控制台面板包含了日志控制台，日志控制台显示执行测试用例时的一些信息和错误信息，这些信息有助于测试用例的调试。单击日志控制台右上角的“清除”按钮可以清除日志信息。控制台面板如图 6.8 所示。

Log

Running 'Selenium IDE'

1. Trying to execute open on /... Success
2. Trying to execute clickAt on css=a[title="Selenium Projects"] with value 36,9... Success
3. Trying to execute clickAt on xpath=(//a[contains(text(),'Selenium IDE')])[2] with value 50,4... Success

'Selenium IDE' completed successfully

图 6.8 控制台面板

6.2.3 用 Eclipse 开发 Selenium 测试

可以使用 Java、C#、Python、Ruby、PHP、Perl、JavaScript 编程语言开发 Selenium 测试。本节以 Java 为例，讲解开发 Selenium 测试的一般方法。

Selenium 2 为每一种编程语言提供了 WebDriver API，使用 Java 语言开发 Selenium 需要下载相应的文件，例如 selenium-java-3.11.0.zip。

通过 Selenium 官方网站的下载网址 https://www.seleniumhq.org/download/，可以下载 Selenium Server、Selenium 浏览器驱动和 WebDriver API。

如果浏览器和测试运行在同一台计算机上，并且测试只使用 Selenium WebDriver，那么，就不必运行 Selenium Server，WebDriver 将直接运行浏览器。在如下情况需要运行

Selenium Server：

- 使用 Selenium Grid 进行分布式测试(在多台计算机或多个虚拟机中进行测试)。
- 想要连接到远程计算机，远程计算机与本地机有不同版本的浏览器。
- 使用其他编程语言(例如，Python、C#和 Ruby)以及想要使用 HtmlUnitDriver。

1. 任务描述

用户登录界面让用户输入用户名和密码，当用户输入正确的用户名后，单击“登录”按钮可以成功登录系统，当用户输入的用户名或密码有错误时，提示“输入的用户名或密码错误，请重新输入”。

根据上述要求，使用 Selenium 编写自动化测试代码，完成用户登录的功能测试。

2. Selenium 编程的一般步骤

(1) 检查浏览器驱动程序是否在 Path 环境变量包含的目录中，例如，Firefox 浏览器的驱动程序是 geckodriver.exe。

(2) 在 Eclipse 中新建 Java 项目 Test6。

(3) 设置库文件，新建一个用户自定义库 Selenium，包含 selenium-java-3.11.0.zip 文件中的文件 client-combined-3.11.0.jar 和 libs 文件夹中的所有 jar 文件。

(4) 编写测试代码，在 Java 项目 Test6 中新建 JUnit Test Case，命名为 LoginTest，代码如下：

```
import static org.junit.Assert.*;

import org.junit.After;
import org.junit.AfterClass;
import org.junit.Before;
import org.junit.BeforeClass;
import org.openqa.selenium.By;
import org.openqa.selenium.WebDriver;
import org.openqa.selenium.firefox.FirefoxDriver;

public class LoginTest {
private WebDriver driver;
private String baseUrl;
private String expUrl = "http://10.60.4.252:8080/auth/MyCoursesSite/0";

@BeforeClass
public static void setUpBeforeClass() throws Exception {
}

@AfterClass
public static void tearDownAfterClass() throws Exception {
}

@Before
public void setUp() throws Exception {
  driver = new FirefoxDriver();
  baseUrl = "http://10.60.4.252:8080/";
```

```
    }

    @After
    public void tearDown() throws Exception {
      driver.quit();
    }

    @org.junit.Test
    public void test() {
      driver.get(baseUrl);
      driver.findElement(By.id("o_fiooolat_login_name")).clear();
      driver.findElement(By.id("o_fiooolat_login_name")).sendKeys("kehuagao");
      driver.findElement(By.id("o_fiooolat_login_pass")).clear();
      driver.findElement(By.id("o_fiooolat_login_pass")).sendKeys("Kevin610110");
      driver.findElement(By.id("o_fiooolat_login_button")).click();

      assertEquals(expUrl,driver.getCurrentUrl());
      }
    }
```

(5) 运行 JUnit Test,结果如图 6.9 所示。

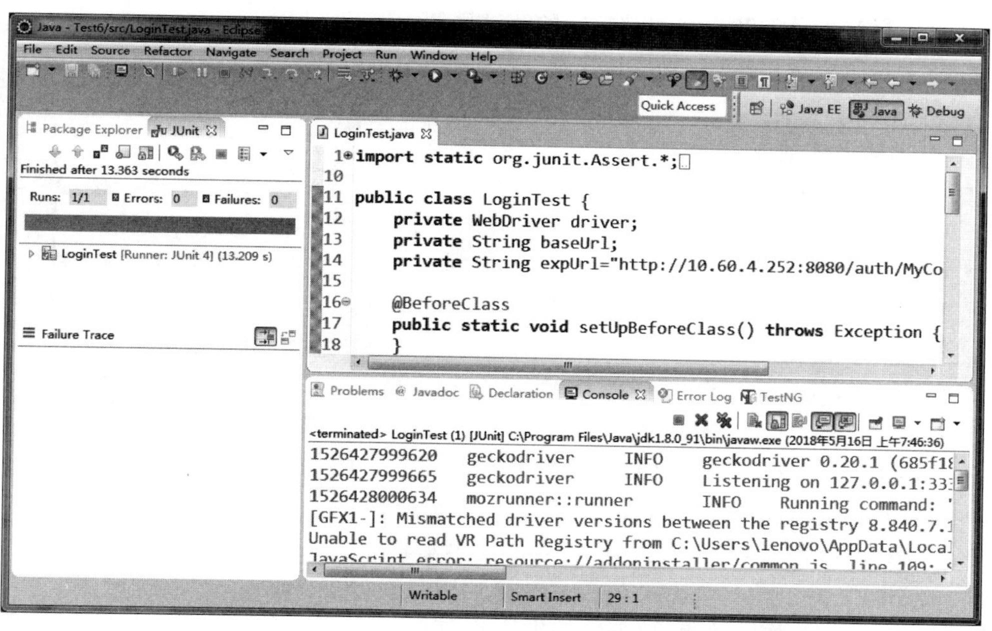

图 6.9 用 Eclipse 开发 Selenium 测试

6.3 RF Selenium 操作演练

本节首先介绍 Robot Framework,然后介绍 RF 测试环境的安装和演示 RF Selenium 测试示例。

6.3.1 Robot Framework 简介

Robot Framework(以下简称 RF)是一种基于可扩展关键字驱动的自动化测试框架。RF 是使用 Python 开发的开源软件,由 Nokia Siemens Networks 开发并提供支持。

RF 具有如下特点:

- 易于重用,采用表格式语法,统一测试用例格式。
- 重用性好,可以利用现有关键字来组合新关键字。
- 结果报告和日志采用 html 格式,易于阅读。
- 平台、应用无关,可以用于测试不同平台上的不同应用。
- 易于扩展,提供了简单的测试库 API,用户可以使用 Python 或 Java 自定义测试库。
- 易于集成到现有的构建工具(持续集成工具),提供了命令行接口和基于 xml 的输出文件。
- 功能全面,支持 Selenium Web 测试、Java GUI 测试、运行进程、Telnet、SSH 等。
- 支持创建数据驱动的测试用例。
- 支持变量。
- 提供标签以分类和选择将被执行的测试用例。
- 易于与版本管理集成,测试套件是文件和目录,可以被版本管理系统管理。

RF 的架构如图 6.10 所示。

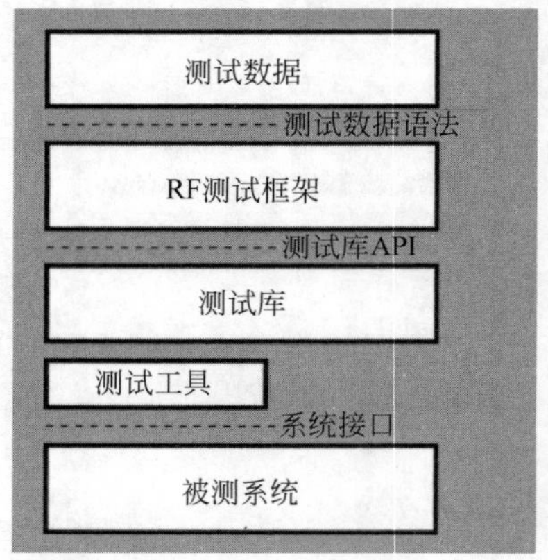

图 6.10 RF 的架构图

RF 附带如下标准库:

- BuiltIn——包含常用的关键字,自动导入。
- Collections——包含处理列表和字典的关键字。
- DateTime——支持创建和验证日期和时间。
- Dialogs——支持暂停测试执行,便于从用户获得输入。
- OperatingSystem——支持执行操作系统相关的各种任务。
- Process——支持执行系统进程。
- Remote——远程库接口,没有自己的关键字。
- Screenshot——提供捕获和存储桌面屏幕截图的关键字。
- String——操作字符串,验证字符串值的库。
- Telnet——支持连接到 Telnet 服务器,执行 Telnet 命令。
- XML——验证和修改 XML 文件的库。

不同应用的自动化测试需要相应的测试库,例如,有如下的测试库:

- SeleniumLibrary——使用 Selenium 的 Web 自动化测试库。
- Selenium2Library——使用 Selenium 2 的 Web 自动化测试库,该库已过时,现在应使用 SeleniumLibrary。
- AutoItLibrary——Windows GUI 自动化测试库。
- DatabaseLibrary——数据库测试库。

- HTTPRequestLibrary——HTTP 自动化测试库。
- AppiumLibrary——使用 Appium 的移动应用自动化测试。

详见 http://robotframework.org/#libraries。

RF 提供了如下内置工具：

- Rebot——生成基于 XML 输出的日志和报告。
- Libdoc——生成测试库和资源文件的关键字文档。
- Testdoc——生成基于 Robot Framework 测试用例的 HTML 文档。
- Tidy——清理和变更 Robot Framework 测试数据文件的格式。

RF 还有各种编辑器工具，例如，

- RIDE——独立的 RF 编辑器。
- Eclipse plugin——RF Eclipse 插件。
- Robot Plugin for IntelliJ IDEA——RF IntelliJ IDEA 插件。
- Notepad++——Notepad++RF 支持。

详见 http://robotframework.org/#tools。

RF 支持如下的构建工具：

- Jenkins plugin——RF Jenkins 插件。
- Maven plugin——RF Maven 插件。
- Ant task——RF Ant 任务。

详见 http://robotframework.org/#tools。

6.3.2 RF 测试环境的安装

RF 测试环境的安装步骤如下：

- 安装 Python。
- 安装 Robot framework。
- 安装 wxPython 2.8。
- 安装集成开发环境 RIDE。
- 安装 Selenium Library。

1. 安装 Python

在 Python 官网 https://www.python.org/可以下载不同操作系统下的 Python。以 Windows 为例，下载 python-2.7.14.msi。然后双击 python-2.7.14.msi 开始安装，如图 6.11 所示。

单击 Next 按钮，可以指定安装目录，如图 6.12 所示。

单击 Next 按钮，可以定制 Python 的安装，将 python.exe 增加到环境变量 Path，注意到安装了 pip 测试套件。pip 是 Python 提供的包管理工具，可以用于从 PyPI(https://pypi.org/)安装 Python 软件包和卸载 Python 软件包。PyPI 是 Python Package Index 的简称，利用 PyPI 可以查找、安装、发布 Python 软件包。定制 Python 的安装如图 6.13 所示。

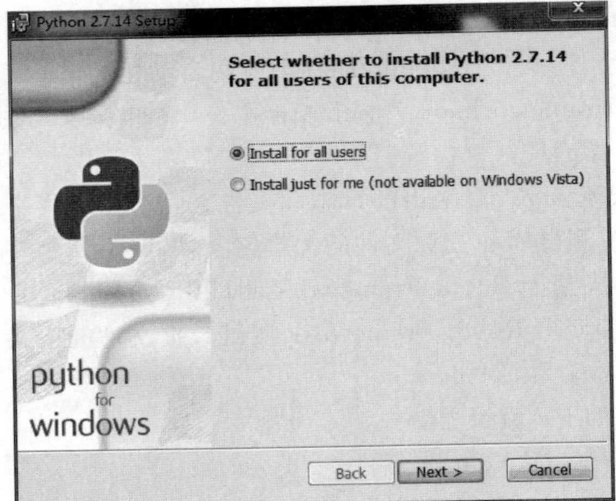

图 6.11 Python 安装向导 1

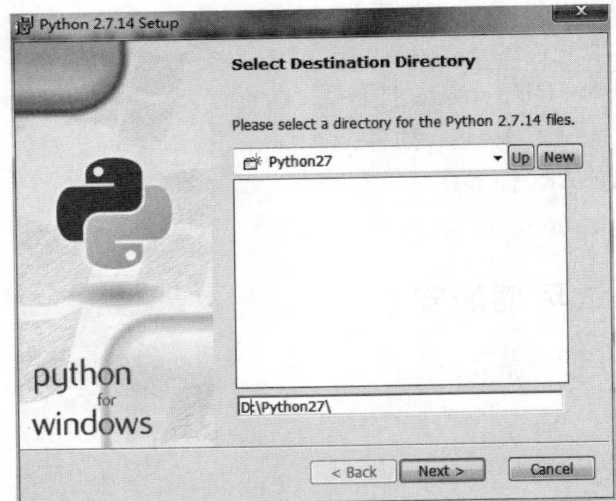

图 6.12 Python 安装向导 2

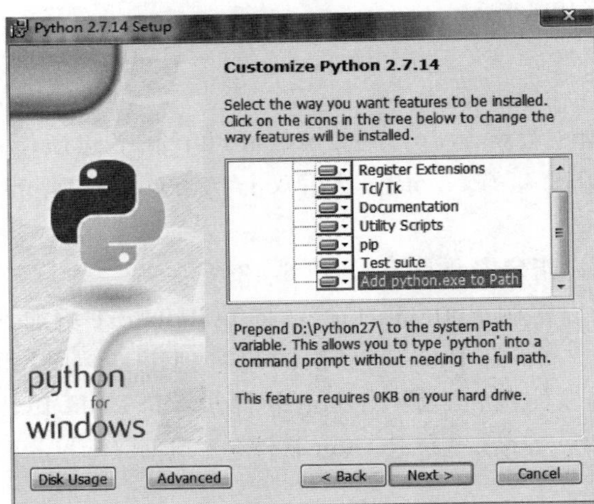

图 6.13 Python 安装向导 3

2. 安装 Robot framework

在命令行输入如下命令：

```
pip install robotframework
```

命令运行结果如图 6.14 所示。

```
管理员: C:\Windows\system32\cmd.exe
C:\Users\lenovo>pip install robotframework
Collecting robotframework
  Downloading https://files.pythonhosted.org/packages/72/1c/2f24cc6faec277a527fc1b5437e93f
    100% |████████████████████████████████| 450kB 104kB/s
Installing collected packages: robotframework
  Running setup.py install for robotframework ... done
Successfully installed robotframework-3.0.3
You are using pip version 9.0.3, however version 10.0.1 is available.
You should consider upgrading via the 'python -m pip install --upgrade pip' command.

C:\Users\lenovo>
```

图 6.14 安装 robot framework

如需升级 pip，可以在命令行输入如下命令：

```
Python -m pip install -upgrade pip
```

命令运行结果如图 6.15 所示。

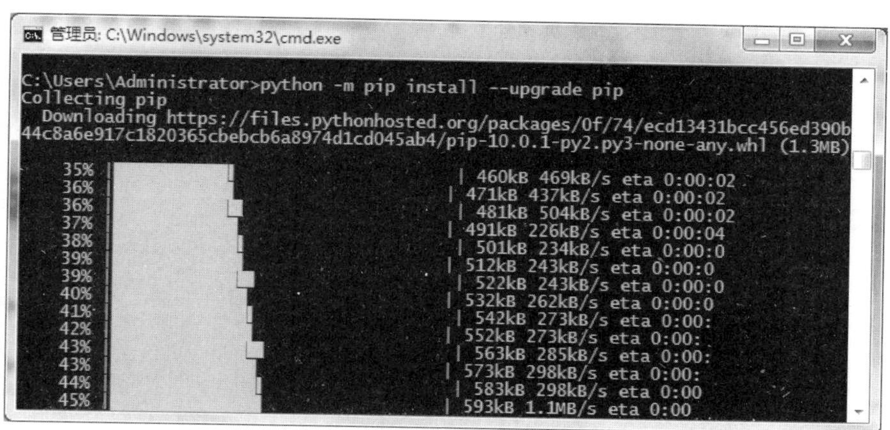

图 6.15 升级 pip

如需查看安装的 RF 版本，可以使用如下的命令：

```
Pybot -version
```

命令运行结果如图 6.16 所示。

```
管理员: C:\Windows\system32\cmd.exe
    94% |                                          | 1.2MB
    95% |                                          | 1.2MB
    96% |                                          | 1.3MB
    97% |                                         | 1.3MB
    97% |                                          | 1.3MB
    98% |                                          | 1.3MB
    99% |                                          | 1.3MB
   100% |                                          | 1.3M
B 226kB/s
Installing collected packages: pip
  Found existing installation: pip 9.0.1
    Uninstalling pip-9.0.1:
      Successfully uninstalled pip-9.0.1
Successfully installed pip-10.0.1

C:\Users\Administrator>pybot --version
Robot Framework 3.0.4 (Python 2.7.14 on win32)

C:\Users\Administrator>
```

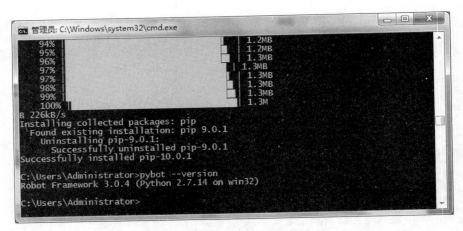

图 6.16 查看安装的 RF 版本

3. 安装 wxPython 2.8

wxPython 是 Python 语言的跨平台 GUI 工具，RF RIDE 编辑器依赖于 wxPython。

在网址 https://sourceforge.net/projects/wxpython/files/wxPython/2.8.12.1/下载 wxPython2.8-win32-unicode-2.8.12.1-py27.exe 或 wxPython2.8-win64-unicode-2.8.12.1-py27.exe，运行 wxPython2.8-win64-unicode-2.8.12.1-py27.exe 或 wxPython2.8-win32-unicode-2.8.12.1-py27.exe。出现如图 6.17 所示的画面。

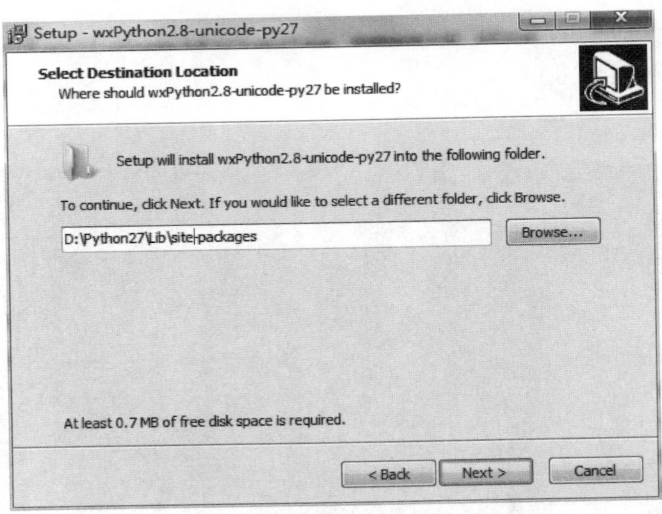

图 6.17 安装 wxPython2.8 向导 1

单击 Next 按钮，按提示完成安装，安装完成后的画面如图 6.18 所示。

值得注意的是，从 wxPython4.0 开始，可以从 https://pypi.python.org/pypi/wxPython 下载 wxPython。因此，也可以用如下的命令安装 wxPython：

```
pip install -U wxPython
```

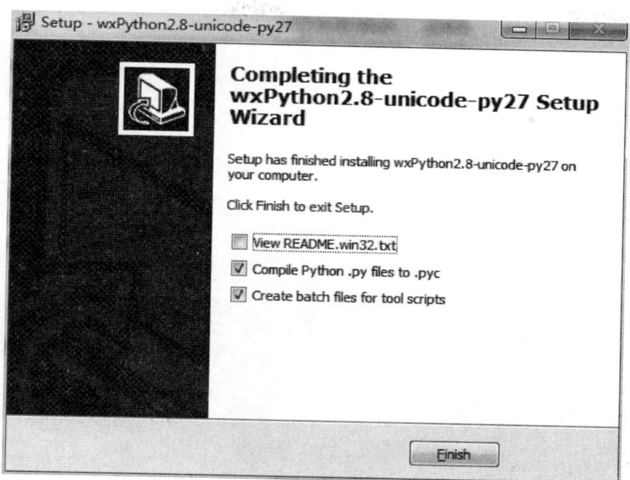

图 6.18 安装 wxPython2.8 向导 2

4. 安装集成开发环境 RIDE

使用如下的命令安装编辑器 RIDE：

```
pip install robotframework - RIDE
```

安装完成后，在 Python 的 Scripts 目录中增加了文件 RIDE.py。

可以用命令启动 RIDE，例如：

```
cd D:\python27\scripts
Python RIDE.py
```

RIDE 启动成功后的界面如图 6.19 所示。

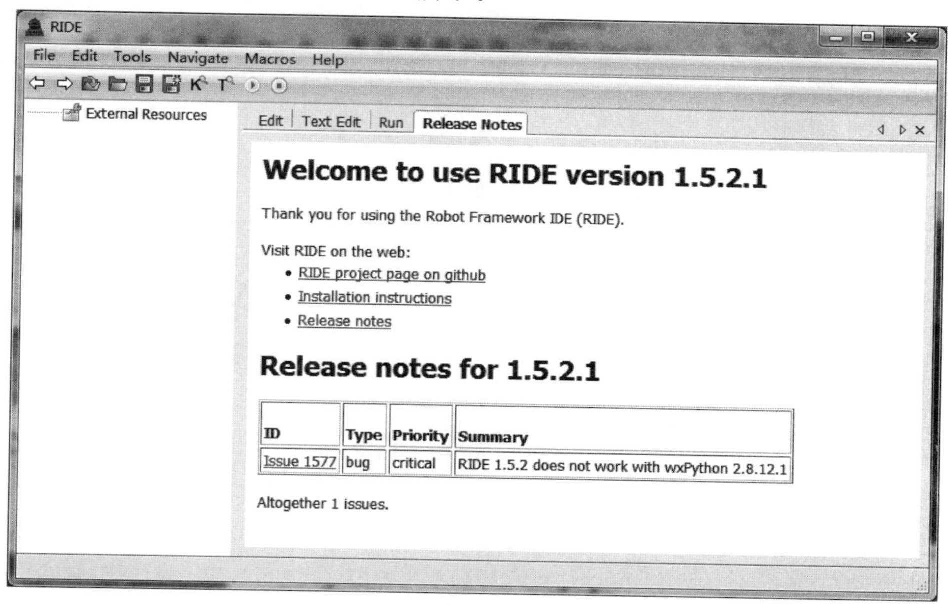

图 6.19 RIDE 启动成功后的界面

5. 安装 selenium Library

在命令行输入如下命令：

```
pip install robotframework－seleniumlibrary
```

命令运行结果如图 6.20 所示。

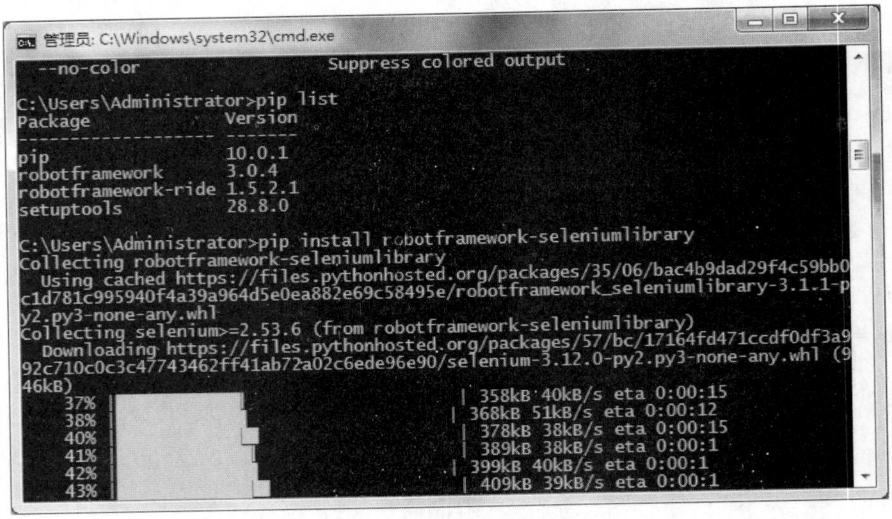

图 6.20 安装 selenium Library

6.3.3 RF Selenium 测试示例演示

WebDemo 是 RF 官方提供的一个 RF Selenium 测试示例，其中包含了一个用 Python 编写的简单的 Web 应用 demoapp。

下载 WebDemo，地址为 https://bitbucket.org/robotframework/webdemo/downloads/。

解压文件 WebDemo-20150901.zip，例如，解压到 c:\Python27\workspace。

输入如下命令，启动 demoapp。

```
cd C:\Python27\workspace\WebDemo\demoapp
Python server.py
```

在浏览器地址栏输入 http://localhost:7272/，输入用户名(demo)和密码(mode)，可以登录成功。

RIDE 中演示 WebDemo 的步骤如下：

- 单击 File→Open Directory，打开目录。
- 浏览测试用例，WebDemo 使用了 Selenium2Library 测试库，在资源文件 resource.robot 中修改导入的库为 SeleniumLibrary。
- 根据所用的浏览器修改变量 ${BROWSER}的值，对于 Firefox 浏览器、Google 浏览器和 IE 浏览器，${BROWSER}的值分别为 Firefox、Chrome 和 Internetexplorer。
- 将浏览器的驱动放在 PATH 指定的目录中，Firefox 浏览器为 geckodriver；Google

浏览器为 chromedriver；IE 浏览器为 IEDriverServer。

• 执行测试，按 F8 键。

• 查看测试报告和日志，单击 Run 标签页中的 Report 或 Log 按钮。

通过 WebDemo 测试示例，可以熟悉 RF Selenium 测试的基本方法。

RIDE 的基本操作如下：

(1) 创建测试项目，单击 File→New Project 菜单项，如图 6.21 所示。

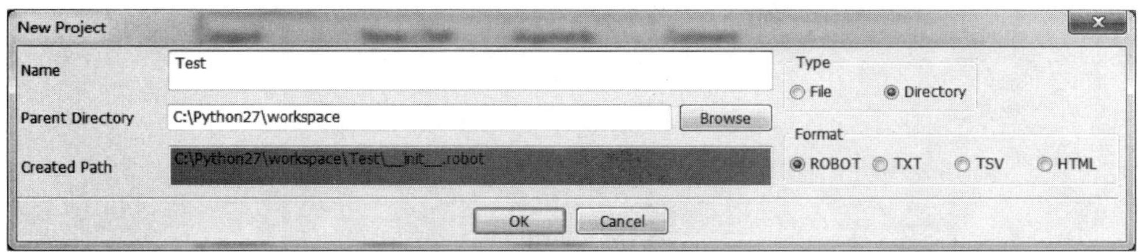

图 6.21 在 RIDE 中创建测试项目

测试项目的类型可以是文件或目录，选择文件时，测试项目中只包含测试用例；选择目录时，测试项目可以包含测试套件和测试用例。建议选择目录类型，这样更便于组织测试用例。可以选择 robot、txt、tsv 或 html 格式。

(2) 右击测试项目，单击 New Suite 菜单项，如图 6.22 所示。

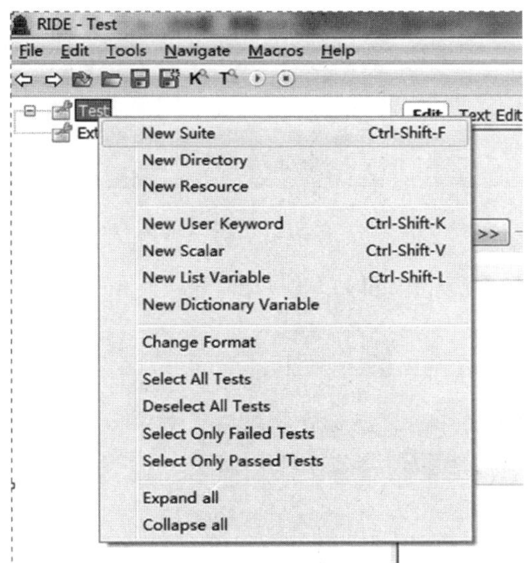

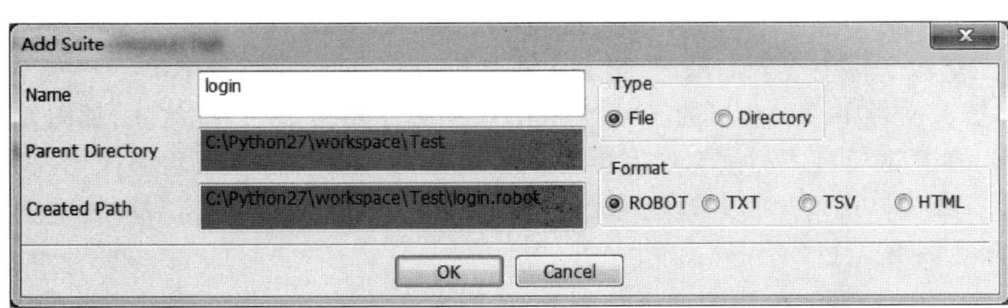

图 6.22 新建测试套件

测试套件也可以选择文件或目录类型，此处选择文件类型。

(3) 创建测试用例，右击测试套件，单击 New Test Case 菜单项。新建两个测试用例 valid_login 和 invalid_login，如图 6.23 所示。

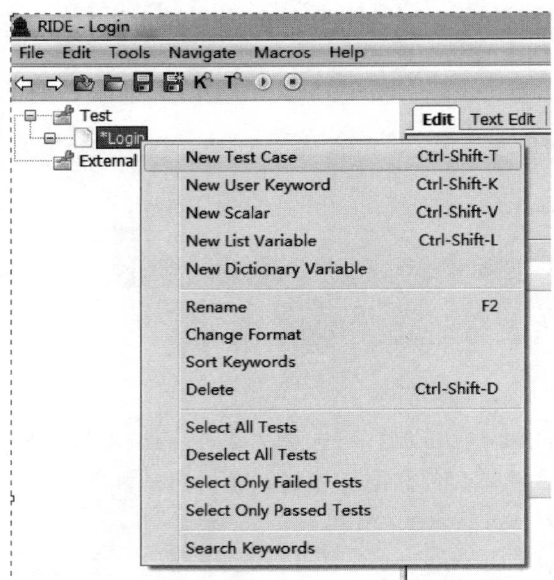

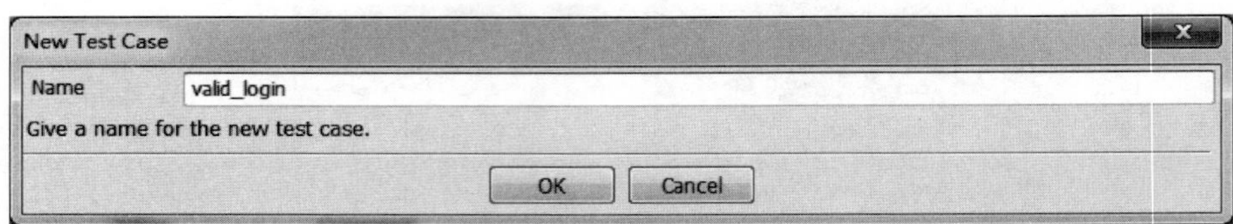

图 6.23 新建测试用例

(4) 创建资源文件，右击测试项目，单击 New Resource 菜单项，结果如图 6.24 所示。

图 6.24 新建资源文件

可以在资源文件中导入测试库、定义一些常量、创建自定义关键字等。

① 在资源文件中添加测试库，在资源文件编辑器中单击 Library 按钮，如图 6.25 所示。还可以在测试项目或测试套件编辑器中添加测试库，测试库提供特定应用的关键词。

② 在资源文件中增加常量，在资源文件编辑器中，单击 Add Scalar 按钮，常量是有确定值的，如图 6.26 所示。

WebDemo 的资源文件中定义了如图 6.27 所示的常量。

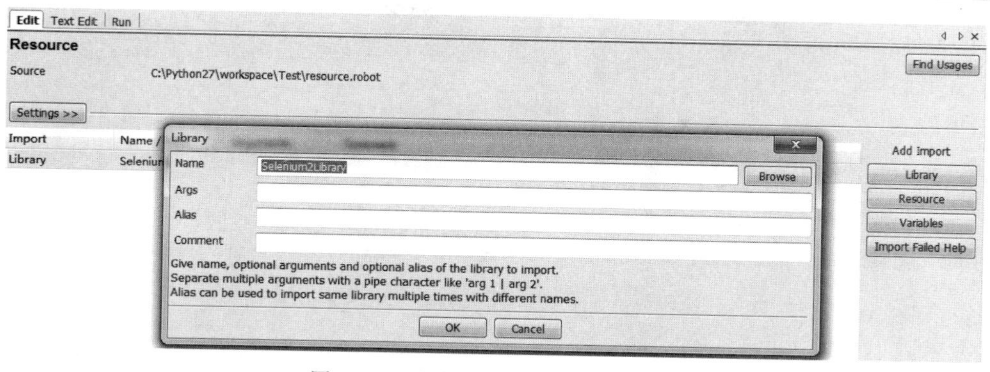

图 6.25　在资源文件中添加测试库

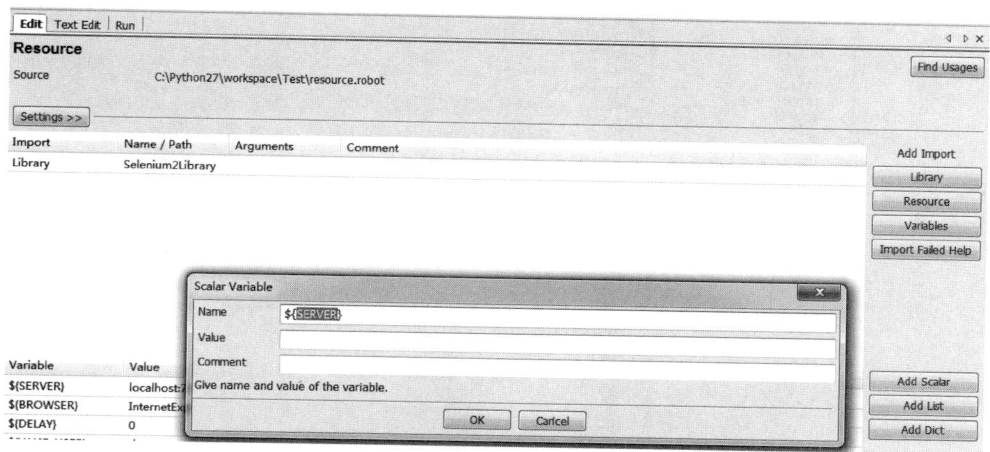

图 6.26　在资源文件中增加常量

Variable	Value	Comment
${SERVER}	localhost:7272	
${BROWSER}	InternetExplorer	
${DELAY}	0	
${VALID USER}	demo	
${VALID PASSWORD}	mode	
${LOGIN URL}	http://${SERVER}/	
${WELCOME URL}	http://${SERVER}/welcome.html	
${ERROR URL}	http://${SERVER}/error.html	

图 6.27　WebDemo 的资源文件中定义的常量

③ 在资源文件中增加自定义关键字，右击资源文件，单击 New User Keyword 菜单项，在出现的界面输入关键字名称，用户关键字由一组标准关键字(RF 内置关键字和测试库关键字统称为标准关键字)组成，如图 6.28 所示。

④ 编辑自定义关键字，在关键字编辑器中可以增加关键字，按 F5 键可以搜索关键字，包括可以搜索 RF 内置关键字、SeleniumLibrary 提供的关键字和用户定义的关键字。限于篇幅，本书不对这些关键字做详细介绍。编辑自定义关键字如图 6.29 所示。

(5) 在测试套件中引用资源，测试用例中用到的资源需要在测试套件里直接引用，如图 6.30 所示。

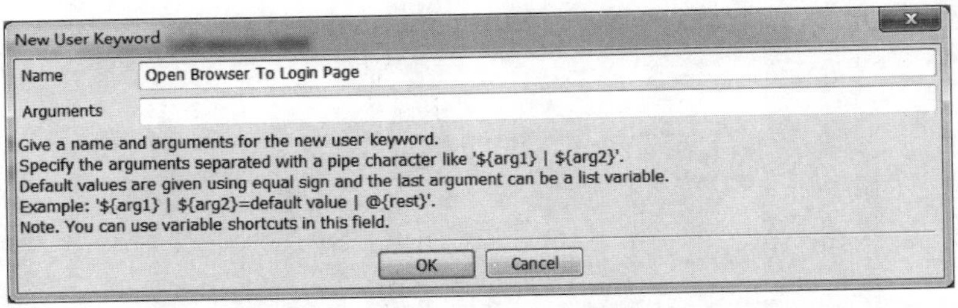

New User Keyword

Name Open Browser To Login Page

Arguments

Give a name and arguments for the new user keyword.
Specify the arguments separated with a pipe character like '${arg1} | ${arg2}'.
Default values are given using equal sign and the last argument can be a list variable.
Example: '${arg1} | ${arg2}=default value | @{rest}'.
Note. You can use variable shortcuts in this field.

OK Cancel

图 6.28 在资源文件中增加自定义关键字

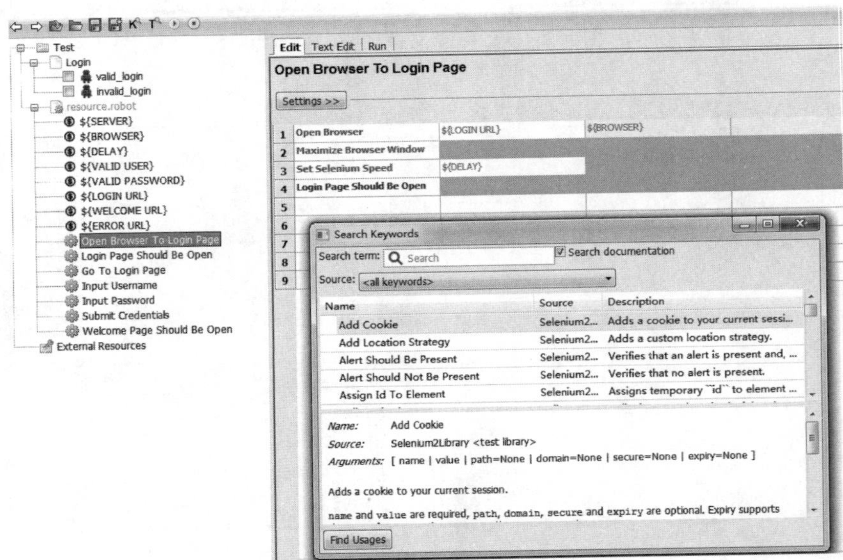

图 6.29 编辑自定义关键字

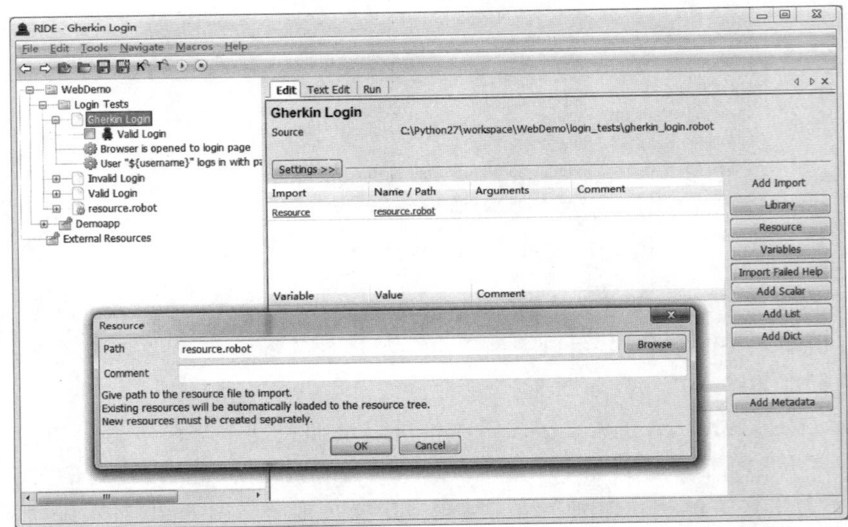

图 6.30 在测试套件中引用资源

(6) 编辑测试用例,测试用例由关键字组成,如图 6.31 所示。

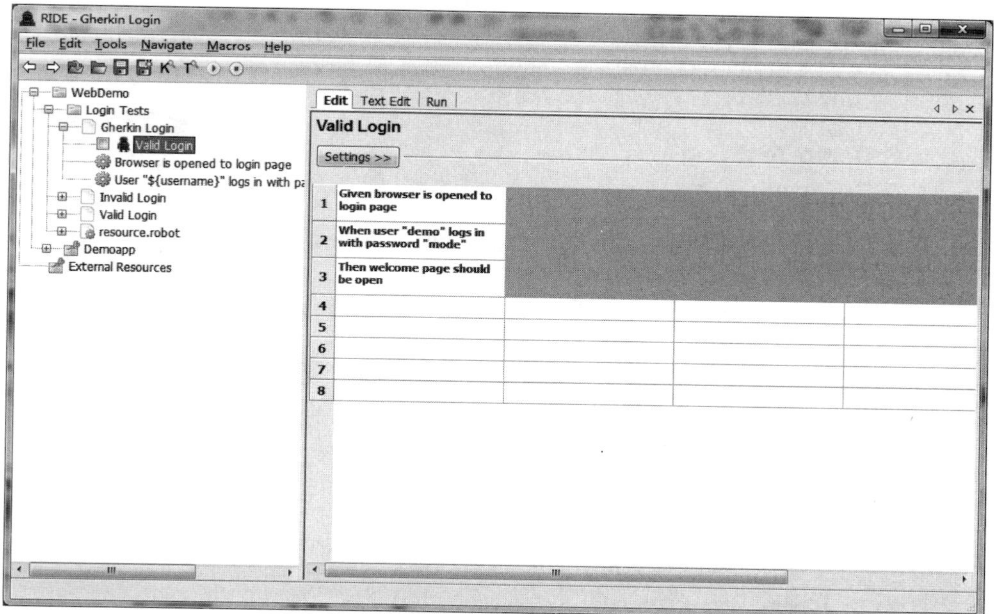

图 6.31 编辑测试用例

(7) 执行测试,单击 Run 标签页中的 Start 按钮或按 F8 键,如图 6.32 所示。

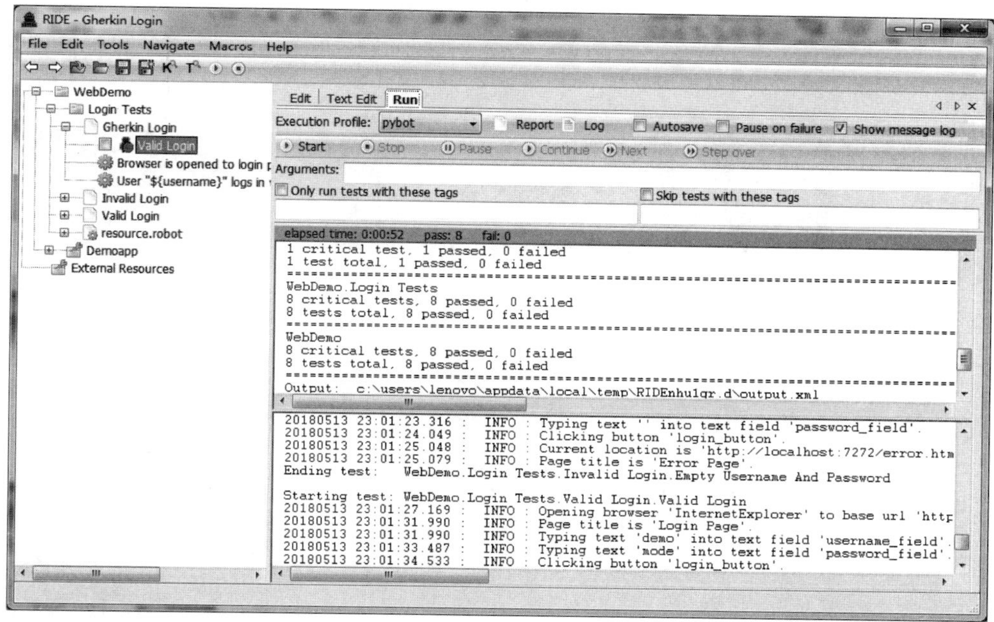

图 6.32 执行测试

(8) 查看测试日志,单击 Run 标签页中的 Log 按钮,如图 6.33 所示。

(9) 查看测试报告,单击 Run 标签页中的 Report 按钮,如图 6.34 所示。

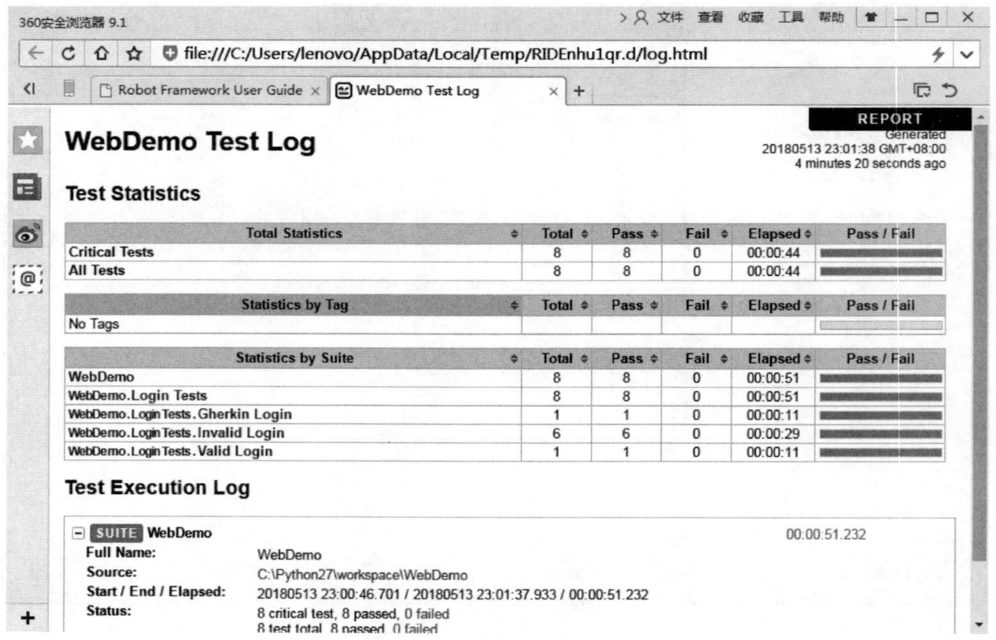

图 6.33 查看测试日志

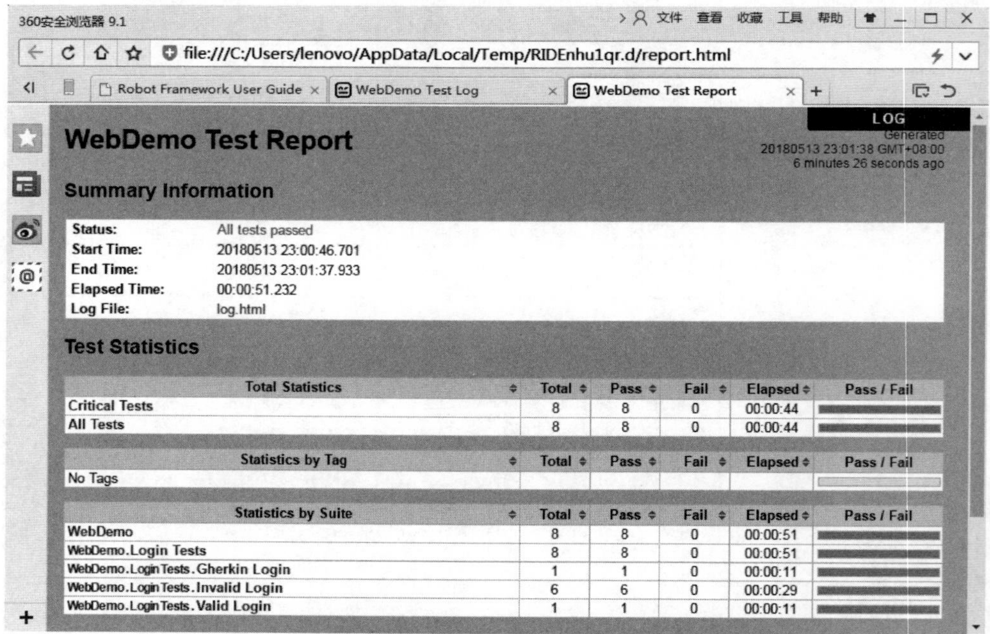

图 6.34 查看测试报告

6.4　黑盒测试技术

除了第 4 章介绍的白盒测试技术以外，还有一种经典的设计测试用例的技术，即黑盒测试技术。利用黑盒测试技术，可以用尽可能少的测试用例，对软件可能出现的各种情况进行测试，避免了出现“应该测试的情况没有测试，不必测试的情况反而测试了”的现象，从而充分利用提供的资源进行相对有效的测试。

6.4.1　等价类划分

可以将软件或系统的输入分成不同的组，对于同一个组的输入，软件或系统应该有相似的表现行为，就好像系统是以相同的方式对这些输入值进行处理的。通常，数据可以分成两种类型的数据：有效数据(即应该被系统接受的数据)和无效数据(即应该被系统拒绝的数据)。因此，总是可以将数据分成两个等价类：有效数据等价类和无效数据等价类。一般地，还会对无效等价类做进一步划分，将其划分为若干个无效等价类。等价类划分也可以基于输出、内部值、时间相关的值(例如，在事件之前或之后)以及接口参数(在集成测试阶段)等进行。可以设计测试用例来覆盖所有有效和无效等价类。等价类划分可以应用在所有测试级别上。

通过应用等价类划分技术，能够实现输入覆盖和输出覆盖。它同样适用于人为的输入、通过系统接口的输入以及集成测试中的接口参数。

使用等价类划分法设计测试用例的一般步骤是：首先将测试数据划分为若干等价类，然后在每一类中选择一个或若干个数据作为测试用例数据。

例 6.1　图书管理系统对用户登录的需求说明是：输入正确的用户名和密码，能登录成功；输入的用户名是错误的时候，提示“用户不存在”并要求重新输入用户名；在用户名是正确的情况下，输入的密码是错误的时候，提示“密码错误”，允许重新输入密码(最多三次)。

假定有一个正确的用户名是“J201805”，密码是“Jj051802”。可以将输入数据划分为：

- 有效等价类——所有正确的用户名和密码组成的集合。
- 用户名错误等价类——符合用户名错误的用户名组成的集合。
- 用户名正确但密码错误等价类——符合用户名正确但密码错误的用户名和密码组成的集合。

使用等价类划分法可以设计如表 6.1 所示的测试用例。

表 6.1　用等价类划分法设计的测试用例集

序号	用户名	密码	期望结果	实际结果	备注
1	J201808	Jj051802	能够成功登录		
2	J291808		提示“用户不存在”		假定没有用户 J291808
3	J201808	jj051802	提示“密码错误”		

6.4.2　边界值分析

测试用例的设计目标是尽可能把最有可能发现错误的情况都测试到。在各等价类划分的边界通常更可能出现不正确的行为，因此边界就是测试比较可能发现缺陷的区域。每个划分的最大值和最小值就是它的边界值。有效部分的边界就是有效边界值,无效部分的边界就是无效边界值。测试的设计应当既覆盖有效边界值又覆盖无效边界值。在设计测试用例时,应该将每个边界值包含在测试用例中。

边界值分析可以应用于所有的测试级别。这种方法的应用相对简单,发现缺陷的能力也比较高,同时,详细的规格说明对边界值分析很有帮助。

边界值分析技术通常被认为是等价类划分技术或其他黑盒测试设计技术的一种拓展。它可以应用在用户从屏幕输入的等价类中,也可以应用在如时间段的范围(如超时,对事务处理速度的需求)或表的边界(如表大小为 256×256)等方面。

使用边界值分析法设计测试用例的一般步骤是:首先找出各种边界值,然后以边界值作为测试用例数据。

例 6.2 图书管理系统对用户登录的需求说明是:输入正确的用户名和密码,能登录成功;输入的用户名是错误的时候,提示"用户不存在",要求重新输入用户名;在用户名是正确的情况下,输入的密码是错误的时候,提示"密码错误",允许重新输入密码(最多三次)。

图书管理系统对用户登录的详细设计要求是:密码 6~10 个字符,要求包含大写字母、小写字母和数字。

使用边界值法可以为图书管理系统用户登录设计如表 6.2 所示的测试用例。

表 6.2 使用边界值法设计的测试用例集

序号	用户名	密码	期望结果	实际结果	备注
1	J201808	Jj051802	能够成功登录		
2	J291808		提示"用户不存在"		假定没有用户 J291808
3	J201808	jj051801	提示"密码错误一次",可以重新输入密码		
4	J201808	jj051802	提示"密码错误二次",可以重新输入密码		
5	J201808	jj051803	提示"密码错误三次",不能再输入密码		
6	J201808	Jj123	提示"密码长度为 6~10 个字符"		
7	J201808	Jj123456789	提示"密码长度为 6~10 个字符"		

6.4.3 决策表测试

自从 20 世界 60 年代初以来,决策表就一直被用于分析和表示复杂逻辑关系。决策表能够将复杂的问题按照各种可能情况全部列举出来,简单明了并避免遗漏。因此,利用决策表设计测试用例是一种很好的方法。

决策表主要由四个部分组成:条件桩、动作桩、条件项和动作项,如图 6.35 所示。

条件桩:列出了问题的所有条件。

动作桩:列出问题可能采取的所有操作。

条件项:条件的取值。

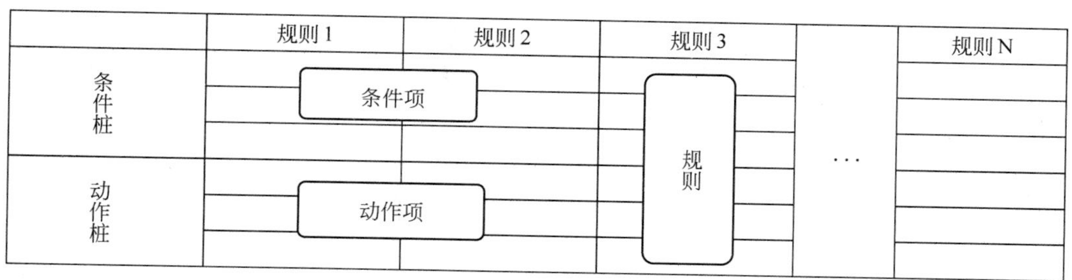

图 6.35 决策表的四个主要组成部分

动作项：操作的取值。

规则：条件项和动作项的组合。

用决策表测试方法设计测试用例的要求是，设计足够多的测试用例，使得测试用例集能够覆盖决策表的每一条规则。

例 6.3 图书管理系统借书流程如图 6.36 所示。

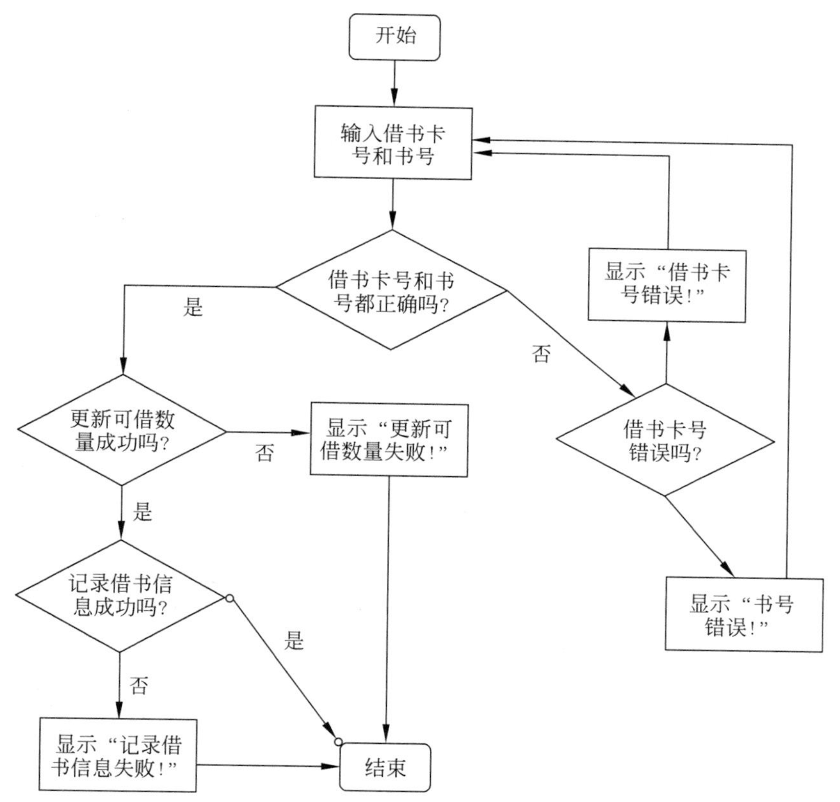

图 6.36 图书管理系统借书流程图

根据图书管理系统借书流程图，列出决策表，如表 6.3 所示。

表 6.3 图书管理系统借书决策表

编号		1	2	3	4	5
条件桩	借书卡号和书号都正确吗?	Y	Y	Y	N	N
	借书卡号错误吗?	X	X	X	Y	N
	更新可借数量成功吗?	Y	Y	N	X	X
	记录借书信息成功吗?	Y	N	X	X	X
动作桩	借书成功	√				
	显示"记录借书信息失败!"		√			
	显示"更新可借数量失败!"			√		
	显示"借书卡号错误!"				√	
	显示"书号错误!"					√

设计测试用例集,覆盖表中每一条规则,如表 6.4 所示。

表 6.4 借书测试用例集

序号	借书卡号	书号	可借数量	期望结果	实际结果	备注
1	J201801	T051802	2	借书成功		
2	J201802	T051802	3	显示"记录借书信息失败!"		
3	J201801	T051802	0	显示"更新可借数量失败!"		该读者借书数量已达最大,不能再借书。
4	J291808	T051802		显示"借书卡号错误!"		假定没有用户 J291808
5	J201808	T951802		显示"书号错误!"		假定没有图书 T951802

6.4.4 状态转换测试

状态转换测试是一种用于测试"有限状态机"的黑盒测试技术,有限状态机是这样的系统,它由有限个状态组成,从初始状态到终止状态的转换是依据转换规则完成的。有限状态机可以用 UML 状态图表示。

根据系统当前的情况或先前的情况(如系统先前的状态),系统可能会产生不同的响应。在这种情况下,系统的特征可以通过状态转换图来表示。测试员可以根据系统的状态、状态间的转换、触发状态变化(转换)的输入或事件以及从状态转换导致的可能的行动来进行测试。被测试系统或对象的状态是独立的、可确认的,并且数量是有限的。

一个状态表描绘了状态和输入之间的关系,并能显示可能的无效状态转换。

设计的测试可以覆盖一个典型的状态序列,或覆盖每个状态,或执行每个状态转换,或执行特定顺序的状态转换或测试无效的状态转换。

状态转换测试方法在嵌入式软件行业和自动化行业使用较多。但是这个技术同样也适用于有特定状态的业务对象的建模或测试具有对话框状态转换流的系统(例如互联网应用或业务场景)。

例如,在图书管理系统中,我们设计了图书的状态图,如图 6.37 所示。

将状态图转换为状态表,如表 6.5 所示。

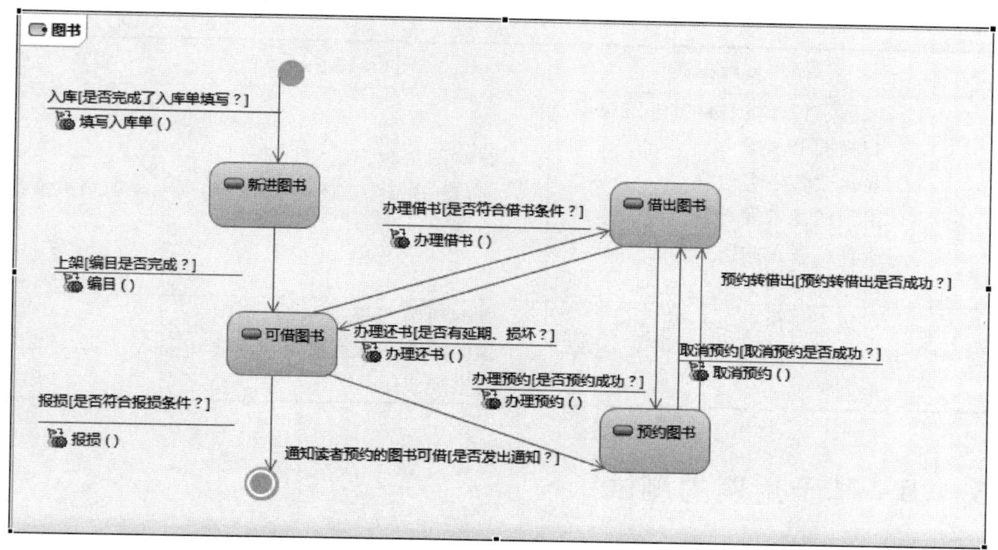

图 6.37　图书状态图

表 6.5　图书状态表

序号	1	2	3	4	5	6
开始状态	新进图书	可借图书	借出图书	借出图书	借出图书	预约图书
输入条件	编目	办理借书	办理还书	办理预约	预约转借出	取消预约
输出条件	更新图书状态为可借	更新图书状态为借出	更新图书状态为可借	更新图书状态为预约	更新图书状态为借出	更新图书状态为借出
结束状态	可借图书	借出图书	可借图书	预约图书	借出图书	取消预约

依据状态表设计测试用例集，如表 6.6 所示。

表 6.6　图书管理系统主要功能测试用例集

序　号	操作步骤描述	期望结果	备　　注
1	以图书管理员身份登录系统 查询新进图书 对新进图书进行编目 打印图书标签 以读者身份登录系统 查询刚完成编目的图书	能够查询到刚完成编目的图书	
2	以图书管理员身份登录系统 扫描图书编码 显示读者借书信息	查询图书时显示图书已借出，借书读者、应还日期等信息	
3	以图书管理员身份登录系统 扫描图书编码 显示读者还书信息	查询图书时显示图书在馆（可借）	本图书没有被预约
4	以读者身份登录系统 查询图书显示图书已借出 预约图书	能在读者的账号下显示预约的图书信息	

续表

序　号	操作步骤描述	期望结果	备　　注
5	以图书管理员身份登录系统 扫描图书编码 显示读者还书信息 给预约读者发送可借通知 查询读者预约图书信息 将预约转为借出	查询图书时显示图书已借出，借书读者、应还日期等信息	本图书被预约
6	以读者身份登录系统 查询预约图书 取消预约	查询预约图书信息时，取消预约的图书不再出现在预约图书列表中	

6.4.5 基于用例的测试

用例图是 UML 中的描述用户与系统交互的 UML 图，它表达了用户对系统的需求。利用用例来设计测试用例的技术被称为基于用例的测试。

可以通过用例来设计测试。用例描述了参与者(用户或系统)之间的相互作用，并从这些交互产生一个从系统用户或客户的角度所期望和能观察到的结果。通常可以在抽象层(业务用例、不受技术限制、业务流程层面)或系统层(系统功能层面的系统用例)来描述用例。每个用例都有测试的前置条件，这是用例成功执行的必要条件。每个用例结束后都存在后置条件，这是在用例执行完成后能观察到的结果和系统的结束状态。用例通常有一个主场景(即最有可能发生的场景)和可选场景。

用例以过程流的形式描述了系统最可能使用的情况，因此从用例中得到的测试用例是发现系统在实际使用环境中可能遇到的缺陷的最有效的方式。用例非常有助于设计用户/客户参与的验收测试；也可以帮助发现由于不同组件之间的相互作用和相互影响而产生的集成缺陷，这是在单个的组件测试中是无法发现的。从用例中设计测试用例可以和其他基于规格说明的测试技术结合起来使用。

下面以图书管理系统中的一个简单用例图——还书用例图(见图 6.38)为例，介绍基于用例的测试技术。

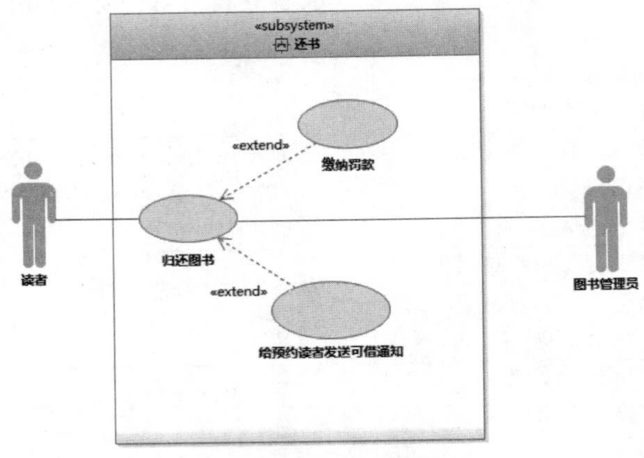

图 6.38　还书用例图

依据图 6.38,可以设计测试用例集,如表 6.7 所示。

表 6.7 还书测试用例集

序号	操作步骤描述	期望结果	备注
1	以图书管理员身份登录系统 扫描图书编码 显示读者还书信息	查询图书时显示图书在馆(可借)	本图书没有被预约、没有逾期
2	以图书管理员身份登录系统 扫描图书编码 收缴罚款 显示读者还书信息	查询图书时显示图书在馆(可借) 罚款记录中增加了罚款信息	本图书没有被预约、有逾期
3	以图书管理员身份登录系统 扫描图书编码 显示读者还书信息 给预约读者发送可借通知 查询读者预约图书信息 将预约转为借出	查询图书时显示图书已借出,借书读者、应还日期等信息 预约读者收到通知	本图书被预约、没有逾期
4	以图书管理员身份登录系统 扫描图书编码 收缴罚款 显示读者还书信息 给预约读者发送可借通知 查询读者预约图书信息 将预约转为借出	查询图书时显示图书已借出,借书读者、应还日期等信息 罚款记录中增加了罚款信息 预约读者收到通知	本图书被预约、有逾期

尽管状态转换测试和基于用例的测试都使用了 UML 图(状态图和用例图),但是,它们与基于模型的测试是不同的。基于模型的测试是建立测试模型(有限状态机模型、UML 测试模型和马尔可夫链等),然后利用工具自动生成测试用例。状态转换测试和基于用例的测试是依据软件设计的 UML 图(状态图和用例图)人工设计测试用例。

实训任务

任务 1:安装 Selenium IDE,记录安装过程,编写安装说明书。

任务 2:在 Eclipse 中用 Java 编写 Selenium 测试代码,对用户登录功能进行测试,写出 Java 编写 Selenium 测试代码的一般步骤,并附代码示例。

任务 3:安装 Robot Framework+Selenium 测试环境,记录安装过程,编写安装说明书。

任务 4:将 RF 官方提供的 RF Selenium 测试示例 WebDemo 中的自定义关键字修改为中文,写出 RIDE 中演示 WebDemo 的步骤。

第7章 性能测试

本章主要内容

性能测试简介

性能测试工具

JMeter 演练

12306 火车票订票网站，在高峰时日单击量超过 10 亿次，因此，系统对并发处理提出了更高的要求，显然，我们不可能组织 10 亿人测试这个系统。因此，只能借助性能测试工具模拟大量用户使用这个系统。模拟场景与真实场景不可能完全相同，这正是进行性能测试的难点所在。

本章首先介绍性能测试的基本知识，然后介绍性能测试工具 JMeter 的使用方法。

7.1 什么是性能测试

软件测试早期，人们关注更多的是软件的功能测试，随着软件技术的发展和软件测试技术的成熟，人们开始关注软件的非功能测试，例如，性能测试、安全性测试等。对于某些类型的应用，性能测试或安全性测试尤为重要。例如，对于 Web 应用来说，性能测试和安全性测试是非常重要的，12306 的案例很好地说明了这一点。

7.1.1 性能测试简介

要理解什么是性能测试，首先要理解系统有哪些性能指标，还要理解负载测试、压力测试和性能测试的区别和联系。

1. 系统性能与性能测试

性能测试是为了发现系统性能问题或获取系统性能相关指标（例如，运行速度、响应时间、资源使用率等）而进行的测试。性能测试是系统测试的主要内容之一，通常是在真实环境、特定负载条件下，使用性能测试工具模拟软件系统的实际运行，监控系统性能的各项指标，对测试结果进行分析，确定系统性能是否满足软件规格说明书对系统性能的要求。不借助性能测试工具是不可能完成性能测试任务的，性能测试工具对性能测试是至关重要的。例如，想要测试数千万用户同时访问 Web 应用时被测 Web 应用的性能，只能通过性能测试工具模拟数千万用户的操作。

软件系统的性能包含两类：系统资源(CPU、内存等)的使用率；系统行为表现(运行速度、响应时间等)。性能指标是评价应用性能的度量，典型的性能指标有响应时间、系统吞吐量、并发用户数、资源占用率等。

1）响应时间

响应时间是指从客户端发出请求到得到服务器响应所需要的时间。响应时间越短，系统性能越好。有些性能测试工具用 TTLB(Time to Last Byte，从发起一个请求开始到客户端接收到最后一个字节所耗费的时间)来度量响应时间。响应时间的单位一般为秒(s)或者毫秒(ms)。

响应时间会受到用户负载(使用系统的用户数量)的影响，通常情况下，响应时间随着用户负载的增加而缓慢增加，但是，当用户负载达到一定值时，系统的某一种或几种资源即将耗尽，响应时间将会快速增加。

在互联网上对于用户响应时间有一个普遍采用的原则，2/5/10 原则，即在 2s 内的响应被认为是"非常有吸引力"的用户体验；在 2～5s 的响应被认为是"比较不错"的用户体验；在 5～10s 的响应被认为是"糟糕"的用户体验；超过 10s 的响应被认为是"不可接受的"的用户体验。

2）系统吞吐量

系统吞吐量是指在某个特定的时间单位内系统能处理的最大用户请求数量或最大事务处理数量，系统吞吐量反映了系统的处理能力。系统吞吐量越大，系统的性能越好。系统吞吐量常用的单位有请求数/秒、页面数/秒或字节数/秒，在有些性能测试工具中，系统吞吐量的单位是 TPS(Transaction Per Second，每秒事务处理数)。

3）并发用户数

并发用户数是指在某一给定时间内，系统能够处理的最大用户数量，并发用户数也反映了系统的处理能力，并发用户数越大，系统的性能越好。

我们可以将并发分为两种情况：严格意义的并发和广义的并发。严格意义的并发是指用户在同一时刻做同一件事情，例如，同时登录系统，同时提交某个表单；广义的并发是指用户同时使用系统进行一些操作，这些用户不一定是做同一件事情，有些用户可能在登录系统，有些用户可能在提交表单。

4）资源占用率

资源占用率是指系统在一定条件下不同资源的使用程度，例如，CPU、内存、网络带宽的占用情况。一般来说，资源占用率越高，系统吞吐量和并发用户数越小，系统的性能越低。

2. 负载测试、压力测试和性能测试的区别和联系

负载测试(Load testing)、压力测试(Stress Test，又称为强度测试)和性能测试三个概念常常引起混淆，难以区分，从而造成不正确的理解和错误的使用。

负载测试、压力测试和性能测试的测试目的不同，但其手段和方法在一定程度上比较相似。通常会使用相同的测试环境和测试工具，而且都会监控系统所占用资源的情况以及其他相应的性能指标，这也是造成概念混淆的主要原因。

我们知道，软件总是运行在一定的环境下，这种环境包括支撑软件运行的软硬件环境和

影响软件运行的外部条件。为了让客户使用软件系统时感到满意，必须确保系统运行良好，达到高安全、高可靠和高性能。其中，系统是否具有高性能的运行特征，不仅取决于系统本身的设计和程序算法，而且取决于系统的运行环境。系统的运行环境会依赖于一些关键因素，例如：

- 系统架构，如分布式服务器集群还是集中式主机系统等。
- 硬件配置，如服务器的配置，CPU、内存等配置越高，系统的性能会越好。
- 网络带宽，随着带宽的提高，客户端访问服务器的速度会有较大的改善。
- 支撑软件的选定，如选定不同的数据库管理系统（Oracle、MySQL 等）和 Web 应用服务器（Tomcat、GlassFish、Jboss、WebLogic 等），对应用系统的性能都有影响。
- 外部负载，同时有多少个用户连接、用户上载文件大小、数据库中的记录数等都会对系统的性能有影响。一般来说，系统负载越大，系统的性能会降低。

从上面的讨论可以看出，要使系统的性能达到一个最好的状态，不仅要通过对处在特定环境下的系统进行测试以完成相关的验证，而且往往要根据测试的结果，对系统的设计、代码和配置等进行调整，提高系统的性能。许多时候，系统性能的改善需要测试、调整、再测试、再调整……是一个持续改进的过程，这就是我们经常说的性能调优（perormance tuning）。

在了解了这样一个背景之后，就比较容易理解为什么在性能测试中常常要谈负载测试。从测试的目的出发、从用户的需求出发，就比较容易区分性能测试、负载测试和压力测试。性能测试是为了获得系统在某种特定的条件下（包括特定的负载条件下）的性能指标数据，而负载测试、压力测试是为了发现软件系统中所存在的问题，包括性能瓶颈、内存泄漏等。通过负载测试，也是为了获得系统正常工作时所能承受的最大负载，这时负载测试就成为容量测试。通过压力测试，可以知道在哪些极限情况下系统会崩溃、系统是否具有自我恢复性等，但更多的是为了确定系统的稳定性。

负载测试是模拟实际软件系统所承受的负载条件的系统负荷，通过不断加载（如逐渐增加模拟用户的数量）或其他加载方式来观察不同负载下系统的响应时间、系统的吞吐量、系统的资源占用率（如 CPU、内存的占用率）等，以检验系统的行为和特性，发现系统可能存在的性能瓶颈、内存泄漏等问题。

负载测试是为了发现系统的性能问题，负载测试需要通过系统性能特性或行为来发现问题，从而为性能改进提供帮助，从这个意义看，负载测试可以看作性能测试的一部分。但两者的目的是不一样的，负载测试是为了发现缺陷，而性能测试是为了获取性能指标。因为在性能测试过程中，也可以不调整负载，而是在同样负载情况下改变系统的结构、改变算法、改变硬件配置等来得到性能指标数据，从这个意义看，负载测试可以看作是性能测试所使用的一种技术，即性能测试使用负载测试的技术、使用负载测试的工具。性能测试要获得在不同的负载情况下的性能指标数据。

压力测试是在强负载（大数据量、大量并发用户等）下的测试，查看应用系统在峰值使用情况下的操作行为，从而有效地发现系统的某项功能隐患、判断系统是否具有良好的容错能力和可恢复能力。压力测试分为高负载下的长时间（如 24 小时以上）的稳定性压力测试和极限负载情况下导致系统崩溃的破坏性压力测试。

压力测试可以被看作是负载测试的一种，即高负载下的负载测试，或者说压力测试采用了负载测试技术。通过压力测试，可以更快地发现内存泄漏问题，还可以更快地发现影响系统稳定性的问题。例如，在正常负载情况下，某些功能不能正常使用或系统出错的概率比较低，可能一个月只出现一次，但在高负载(压力测试)下，可能一天就出现，从而发现有缺陷的功能或其他系统问题。

综上所述，负载测试、压力测试和性能测试的概念可以概括如下：

- 负载测试是通过改变系统负载方式、增加负载等来发现系统中所存在的性能问题。负载测试是一种测试方法，可以为性能测试、压力测试所采用。负载测试的加载方式也有很多种，可以根据测试需要来选择。
- 压力测试通常是在高负载情况下来对系统的稳定性进行测试，从而更有效地发现系统稳定性的隐患和系统在负载峰值的条件下功能隐患等。
- 性能测试是为获取或验证系统性能指标而进行的测试。多数情况下，性能测试会在不同负载情况下进行。

7.1.2　性能测试工具

性能测试工具有很多，限于篇幅，这里只介绍两种。

1. LoadRunner 简介

LoadRunner 是 Micro Focus 公司的商用自动化性能测试工具，现在它是 HP 公司旗下的自动化测试工具。LoadRunner 是一种预测系统行为和性能的负载测试工具。通过模拟成千上万用户实施并发操作及实时性能监测的方式来确认和查找系统性能问题，LoadRunner 能够对整个企业架构进行测试。企业使用 LoadRunner 能最大限度地缩短测试时间，优化性能和加速应用系统的发布周期。LoadRunner 适用于各种体系架构的自动化负载测试，能预测系统行为并评估系统性能。

LoadRunner 主要由 4 个部分组成，如图 7.1 所示。

- 脚本生成器(Virtual User Generator，VuGen)。
- 控制器(Controller)。
- 负载生成器(Load Generator)。
- 结果分析工具(Analysis)。

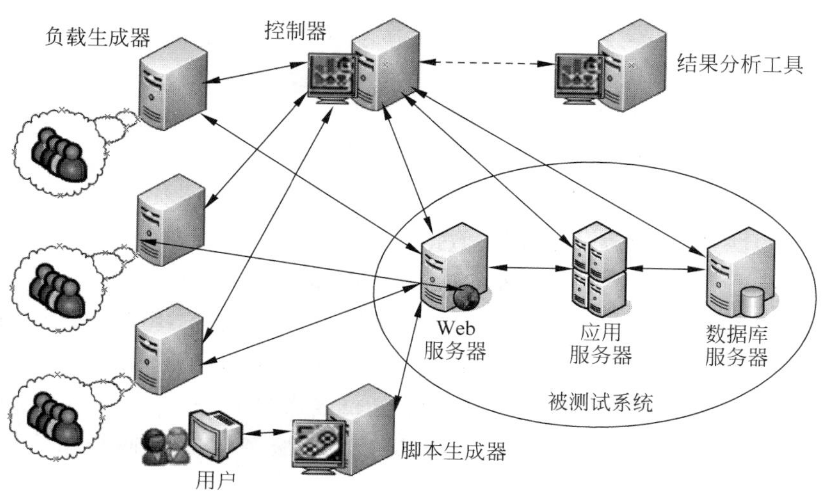

图 7.1　LoadRunner 组成示意图

2. JMeter 简介

Apache JMeter 是 Apache 组织开发的基于 Java 的开源压力测试工具。它最初被设计用于对 Web 应用进行压力测试，但后来扩展到其他测试领域。它可以用于测试静态和动态资源，以及动态 Web 应用。JMeter 可以用于模拟单台服务器、服务器组、网络或对象，测试在不同负载情况下被测应用承受压力的强度和分析整体性能。

JMeter 具有如下特点：

(1) 能够对多种应用/服务器/协议进行负载和性能测试。

① Web——HTTP，HTTPS(Java、NodeJS、PHP、ASP、NET……)。

② SOAP/REST Webservices。

③ FTP。

④ Database via JDBC。

⑤ LDAP。

⑥ Message——Oriented Middleware (MOM) via JMS。

⑦ Mail——SMTP、POP3 和 IMAP。

⑧ Native 命令或 shell 脚本。

⑨ TCP。

⑩ Java 对象。

(2) 功能完备的测试环境，可以录制、编写、调试测试脚本。

(3) 命令行模式，可以用命令行执行测试脚本。

(4) 动态 HTML 测试报告。

(5) 支持多种响应格式，例如，HTML、JSON、XML 或任何文本格式。

(6) 完整的可移植性和 100%的纯 Java。

(7) 完全多线程框架，允许通过多个线程并发取样和通过单独的线程组对不同的功能同时取样。

(8) 缓存和离线分析/回放测试结果。

(9) JMeter 的高可扩展性。

① 插件式取样器可以扩充测试能力。

② 脚本取样器(使用 JSR223 兼容语言，例如，Groovy 和 BeanShell)。

③ 可以通过插件式计时器实现各种负载统计表。

④ 数据分析和可视化插件提供了很好的可扩展性以及个性化。

⑤ 可以为测试提供动态数据或即时数据。

⑥ 容易与第三方工具，例如，与 Maven、Graddle 和 Jenkins 集成。

在设计阶段，JMeter 能够充当 HTTP Proxy(代理)来记录 IE/Netscape 的 HTTP 请求，也可以记录 Apache 等 WebServer 的 log 文件来重现 HTTP 流量。当这些 HTTP 客户端请求被记录以后，测试运行时可以方便地设置重复次数和并发度(线程数)来产生巨大的流量。JMeter 还提供可视化组件以及报表工具把服务器在不同压力下的性能展现出来。

7.2 JMeter 起步

本节介绍性能测试工具 JMeter 的安装、主要元件、测试计划示例和模板。

7.2.1 JMeter 的安装和启动

可以在 JMeter 官方网站 http://jmeter.apache.org/下载 JMeter。编写本书时，JMeter 的最新版本是 4.0。JMeter 4.0 要求 Java 8 或 9。JMeter 是跨平台的。下面以 Windows 平台为例，讲解 JMeter 的使用。将下载的压缩文件 apache-jmeter-4.0.zip 解压，例如，解压到 D 盘。

JMeter 4.0 的安装目录中主要包含如下文件夹：

- bin 文件夹——JMeter 的可执行文件所在的文件夹。
- docs 文件夹——JMeter API 文档所在的文件夹。
- lib 文件夹——JMeter 依赖的库文件所在的文件夹。
- printable_docs 文件夹——测试计划示例(demos)、如何扩展 JMeter(extending)、JMeter 如何本地化(Localisting)和用户手册等文档所在的文件夹。

运行 D:\apache-jmeter-4.0\bin 文件夹中的 jmeter.bat 文件，将启动 JMeter 的图形用户界面，如图 7.2 所示。

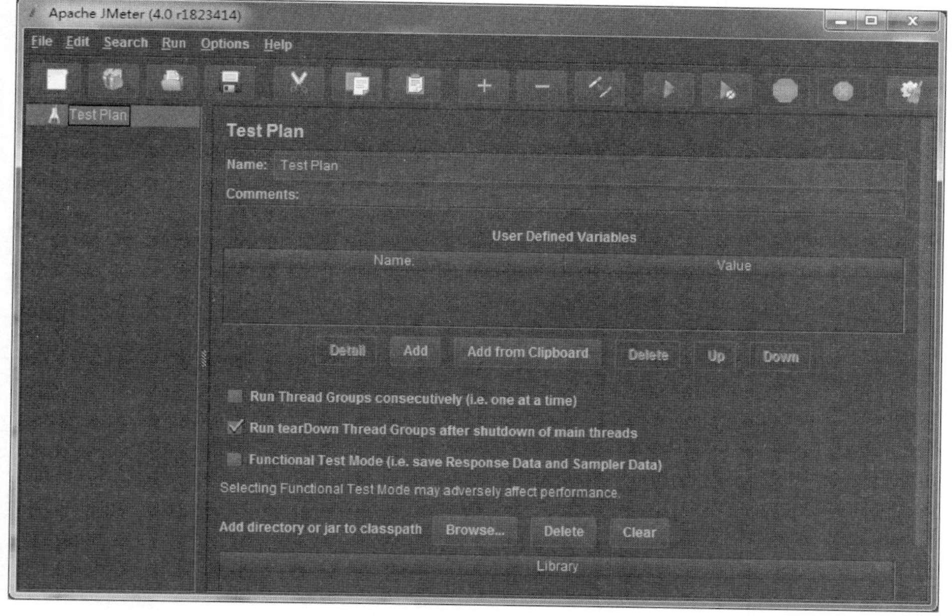

图 7.2 JMeter 初始界面

选择 Options→Look and Feel 菜单项，可以改变 JMeter 图形用户界面的外观，修改 JMeter 外观需要重启动 JMeter。例如，选择 Windows 外观，如图 7.3 所示。

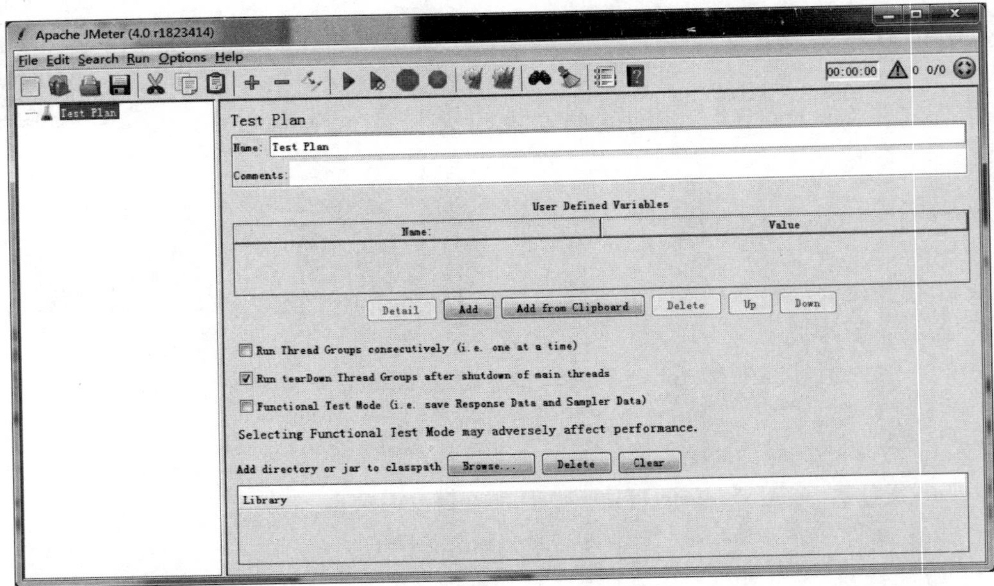

图 7.3 Windows 外观的 JMeter 界面

选择 Options→Choose Language→Chinese(Simplified)菜单项，结果如图 7.4 所示。

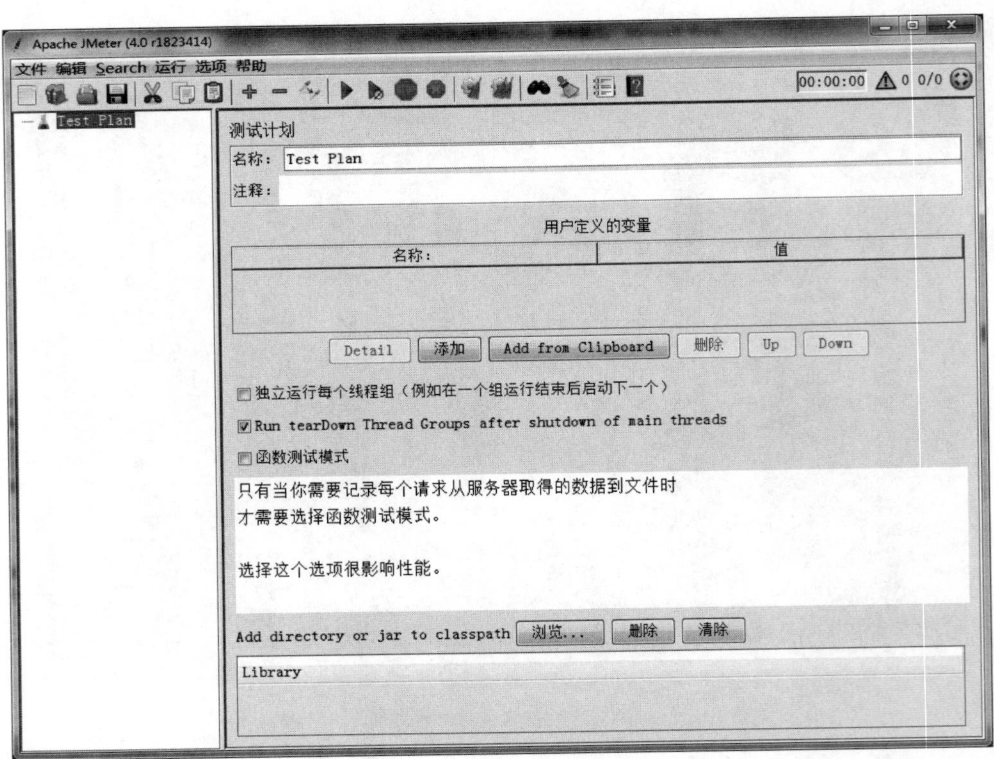

图 7.4 JMeter 的中文界面

可以发现，这样修改 JMeter 的图形用户界面为中文，下次启动时还是英文。如何修改 JMeter 图形用户界面的默认语言呢？可以在 JMeter 安装目录的 bin 文件夹中找到文件 jmeter. properties，将 # language=en 修改为 language=zh_CN。

JMeter 图形用户界面用于 JMeter 性能测试的开发以及记录、回放、调试测试脚本。

7.2.2 JMeter 的主要元件

JMeter 用测试计划来组织 JMeter 的测试步骤，JMeter 测试计划一般包含如下元件：线程组、控制器、监听器、定时器、断言和配置元件等。

1. 线程组

线程组是测试计划的起点，所有控制器都必须在一个线程组中，其他元件（例如，监听器）既可以放在线程组中，也可以直接放在测试计划下，直接放在测试计划下的元件将可应用于所有线程组。线程组元件控制一组 JMeter 用于执行测试的线程，如图 7.5 所示。

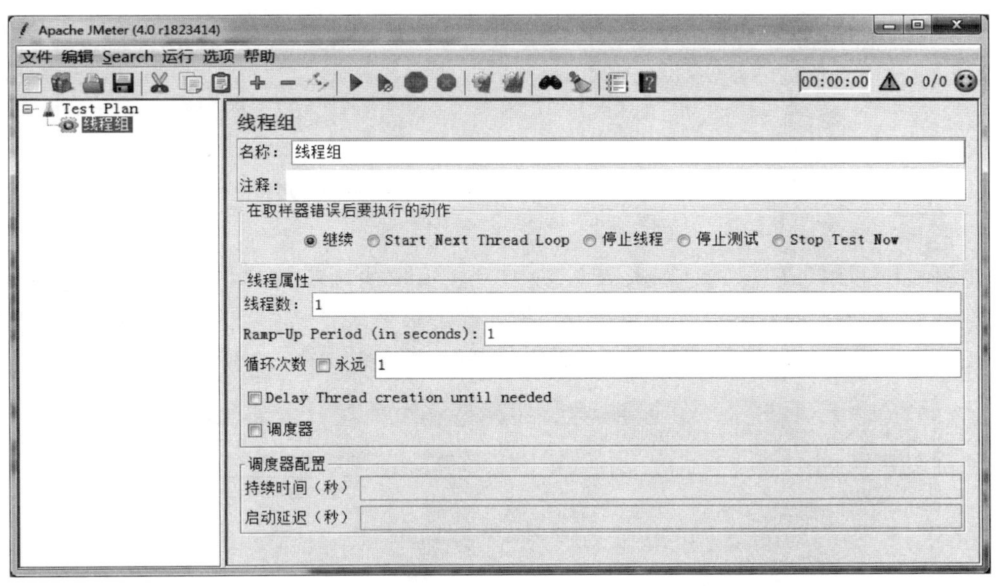

图 7.5 线程组的控制设置

线程数：线程组的线程数量。通俗地说，线程数可看作虚拟用户数，用于模拟与服务器应用的并发连接。

Ramp-Up Period：加载线程的时间，例如，线程组中的线程数是 10，Ramp-Up Period 的设置是 100s，JMeter 将在 100s 内逐渐加载线程。每隔 10s 加载一个线程。需要适当设置 Ramp-Up Period，以避免测试启动时过载或最后一个线程启动时第一个线程已结束。

调度器：用于设置线程组的持续时间和启动延迟时间，即在启动延迟时间之后开始执行线程组中的线程，在持续时间之前结束线程组中的线程。

2. 控制器

JMeter 有两种控制器：取样器(Sampler)和逻辑控制器，取样器用于向服务器发送请求，例如，HTTP 请求取样器使得 JMeter 发送一个 HTTP 请求。JMeter 4.0 支持的取样器如图 7.6 所示。

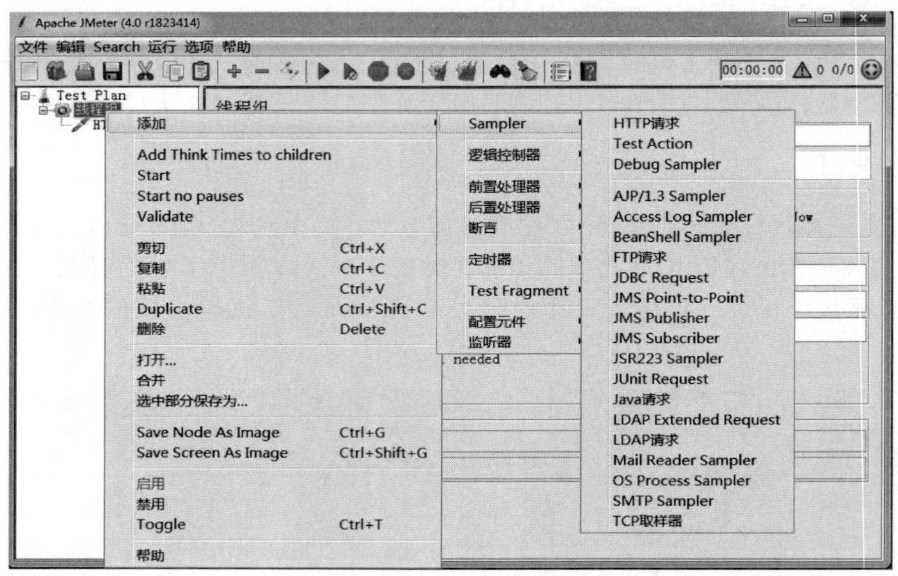

图 7.6 JMeter4.0 中的取样器

逻辑控制器用于控制何时发送请求，改变发送请求的顺序，控制是否重复发送请求(循环控制器、ForEach 控制器、While Controller)，或者根据条件选择发送不同的请求(如果控制器、Switch Controller)。JMeter 4.0 支持的逻辑控制器如图 7.7 所示。

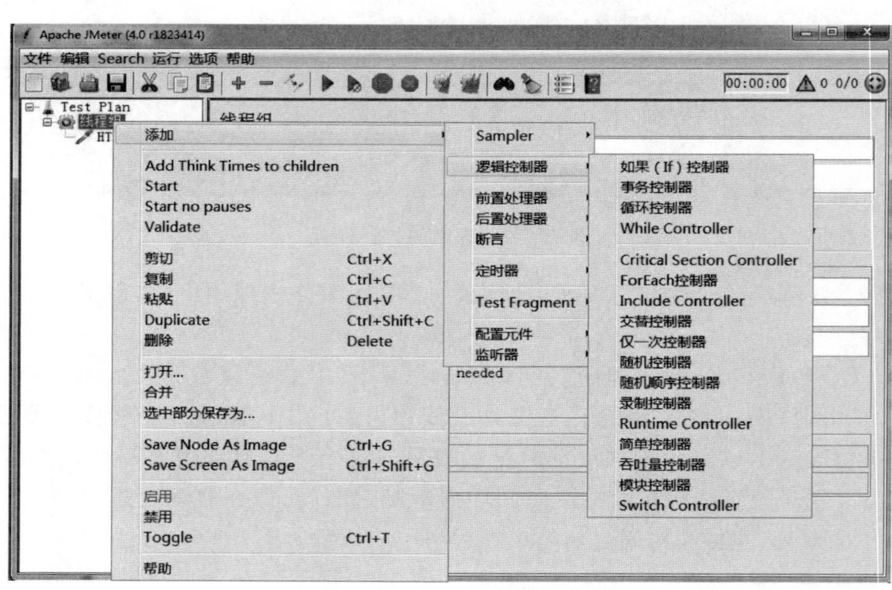

图 7.7 JMeter 4.0 中的逻辑控制器

3. 监听器

大多数监听器除了监听测试结果外，还可以浏览、保存和读取测试结果。JMeter 4.0 中的监听器如图 7.8 所示。

图 7.8 JMeter 4.0 中的监听器

4. 定时器

定时器控制发送请求的时间，因为 JMeter 是模拟人的操作对系统进行性能测试的，人在操作系统时，不同的操作步骤之间有一定的时间间隔，我们将这个时间间隔称为思考时间。通过定时器设置思考时间，使得模拟更接近实际场景。JMeter 4.0 中的定时器如图 7.9 所示。

5. 断言

断言用于检查被测试系统的返回值是否与期望值一致。JMeter 4.0 中的断言如图 7.10 所示。

6. 配置元件

配置元件用于设置取样器运行时使用的默认值或变量，JMeter 4.0 中的配置元件如图 7.11 所示。

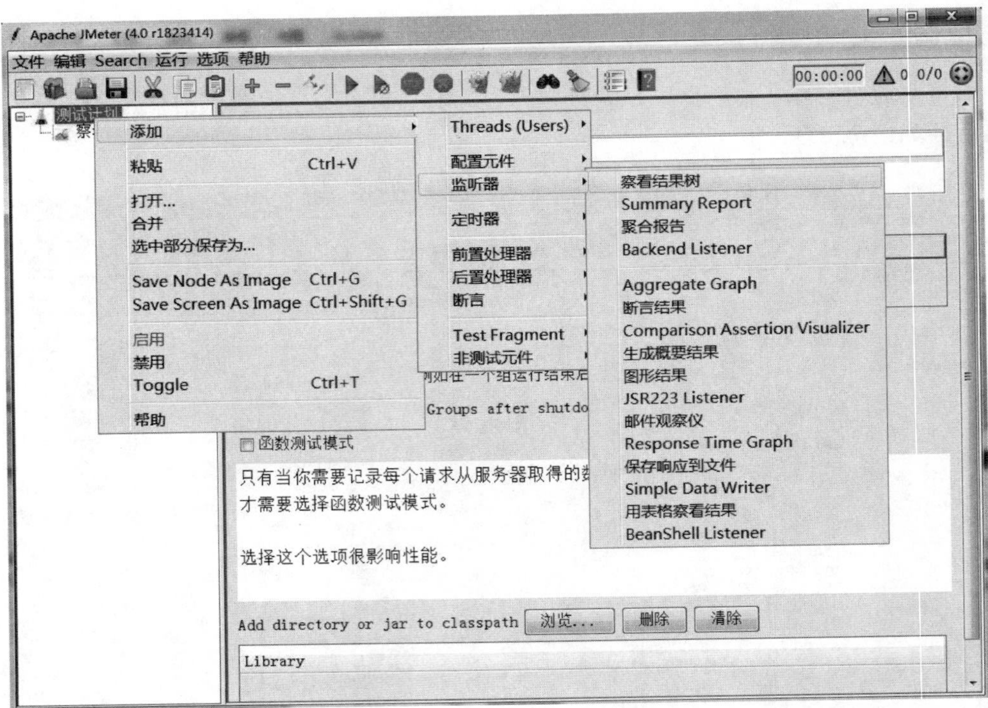

图 7.9 JMeter 4.0 中的定时器

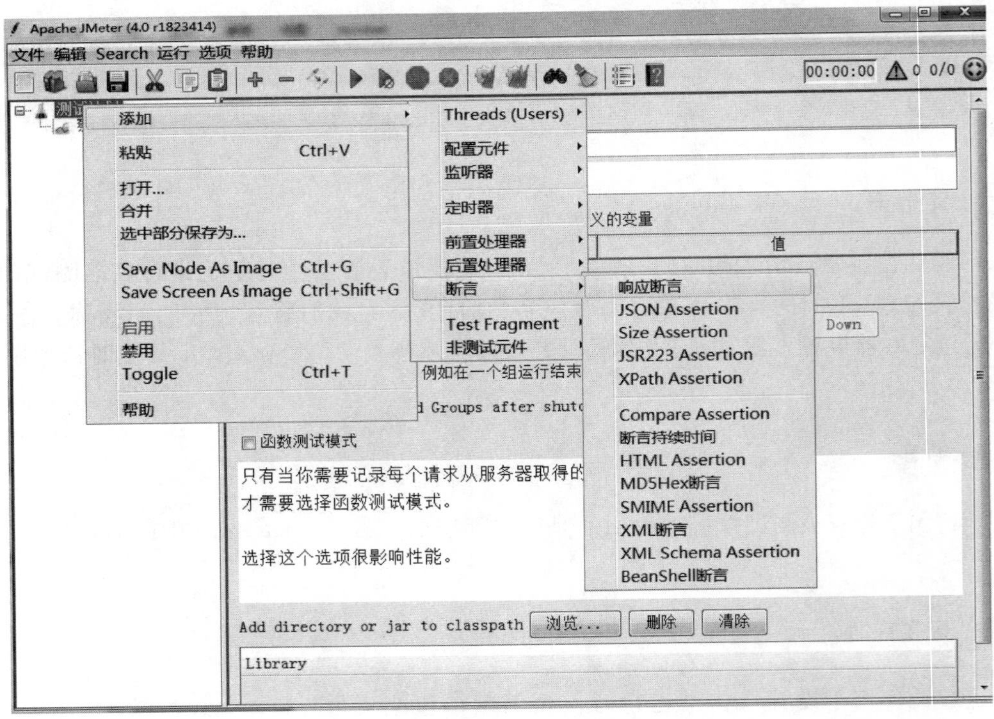

图 7.10 JMeter 4.0 中的断言

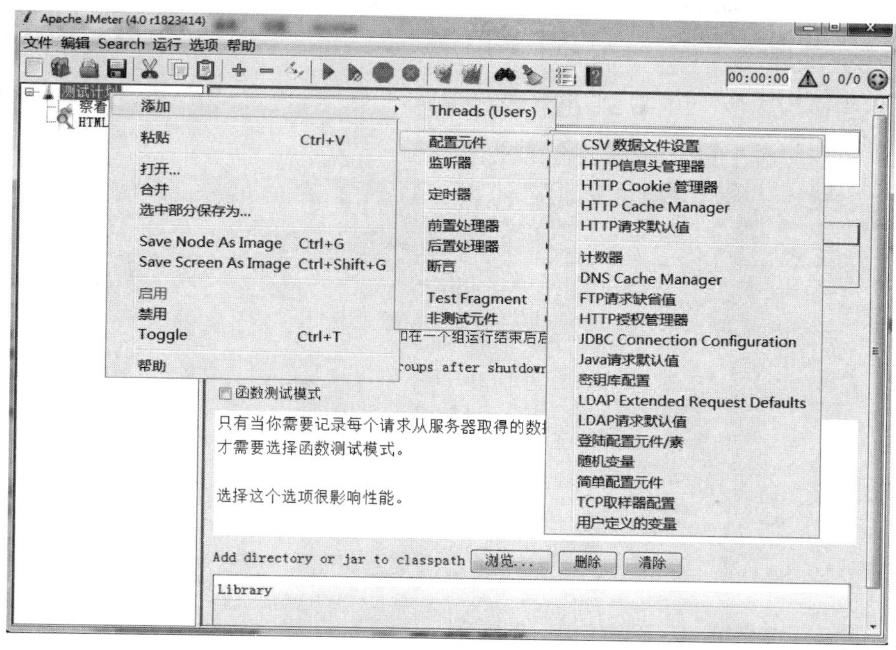

图 7.11 JMeter 4.0 中的配置元件

7. 前置处理器

前置处理器用于在作用域内的取样器执行前执行一些操作，JMeter 4.0 中的前置处理器如图 7.12 所示。

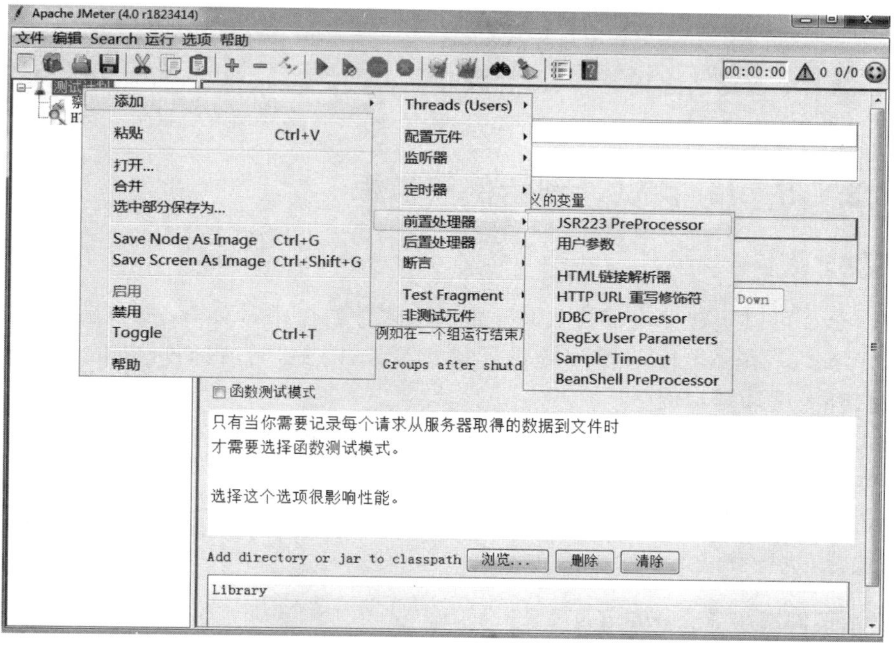

图 7.12 JMeter 4.0 中的前置处理器

8. 后置处理器

后置处理器用于在作用域内的取样器执行后执行一些操作，JMeter 4.0 中的后置处理器如图 7.13 所示。

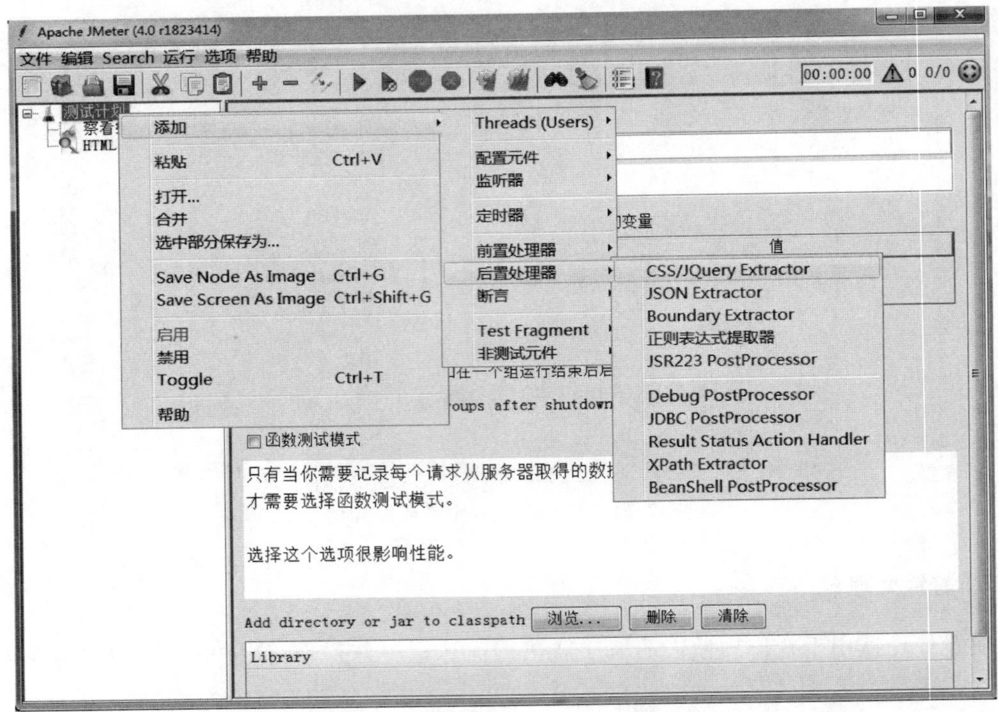

图 7.13 JMeter 4.0 中的后置处理器

元件的执行顺序是：配置元件、前置处理器、定时器、取样器、后置处理器、断言、监听器。

7.2.3 JMeter 测试计划示例和模板

1. JMeter 测试计划示例

初学者总是可以从软件附带的示例开始学习软件的使用，JMeter 的安装目录中有一个文件夹\printable_docs\demos，其中提供了一些测试计划示例，我们可以在 JMeter 图形用户界面中打开测试计划示例。

例如，要打开测试计划示例 SimpleTestPlan，选择“文件”→“打开”菜单项，打开 demos 文件夹中的 SimpleTestPlan.jmx，如图 7.14 所示。

我们可以通过 JMeter 左边的测试计划导航树浏览测试计划包含的元件，单击工具栏中的“启动”按钮，执行测试计划。

2. 脚本录制模板 Recording

JMeter 有一个“非测试元件”→“HTTP 代理服务器”和一个“逻辑控制器”→“录制控制

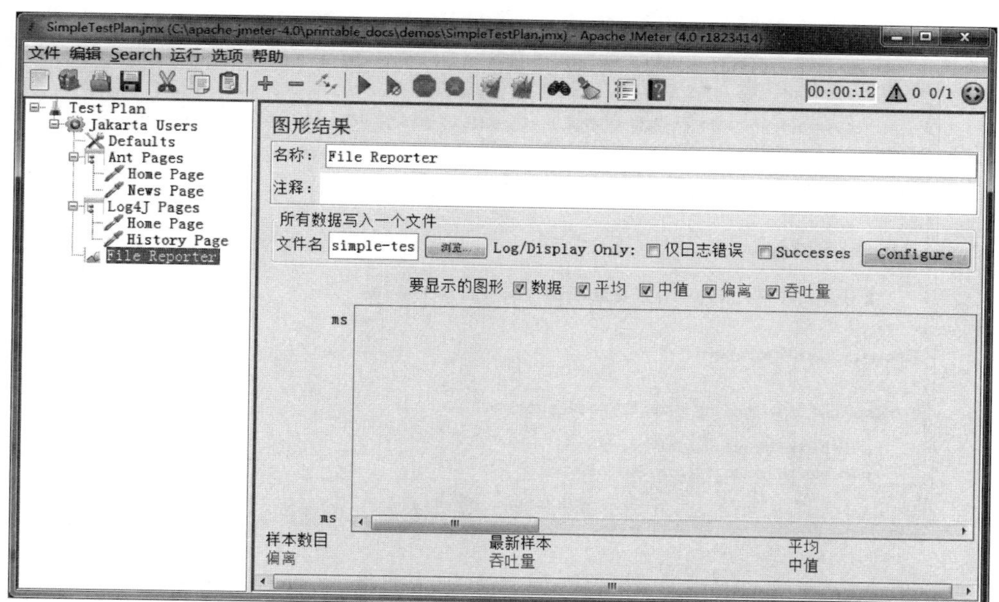

图 7.14 SimpleTestPlan 测试计划

器”,利用这两个元件可以创建一个测试计划,用于录制手工测试的步骤。JMeter 录制脚本的原理如图 7.15 所示。

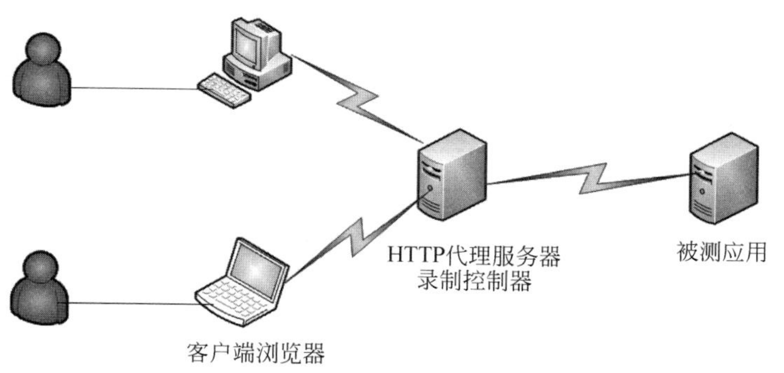

图 7.15 脚本录制原理示意图

JMeter 充当 HTTP 代理服务器,拦截浏览器对被测应用的访问,录制控制器记录访问操作。

脚本录制的步骤如下:

(1) 从模板 Recording 新建测试计划。

① 选择“文件”→Templates 菜单项,在弹出的 Templates 窗口选择模板 Recording,如图 7.16 所示。

② 单击 Create 按钮,创建一个测试计划,如图 7.17 所示。

③ 启动代理服务器,单击测试计划树中的 HTTP(S) Test Script Recorder 选项,注意到端口是 8888,可以根据需要修改端口,单击“启动”按钮,如图 7.18 所示。

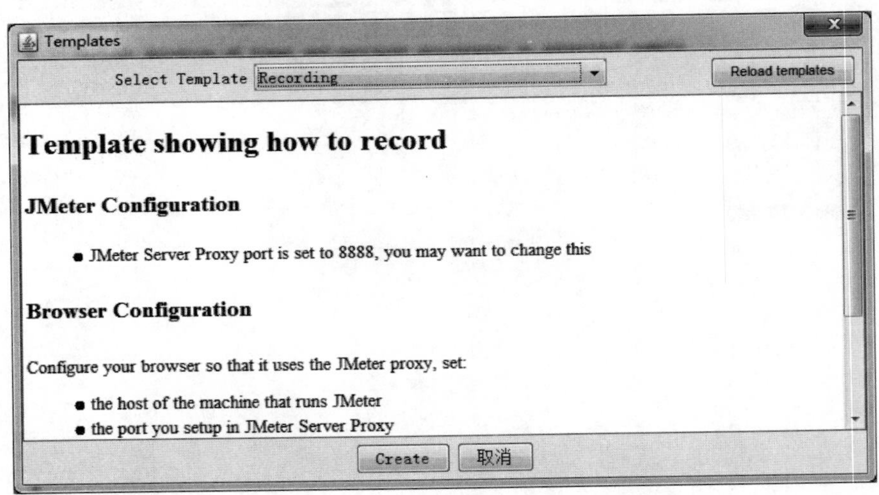

图 7.16　选择测试计划模板

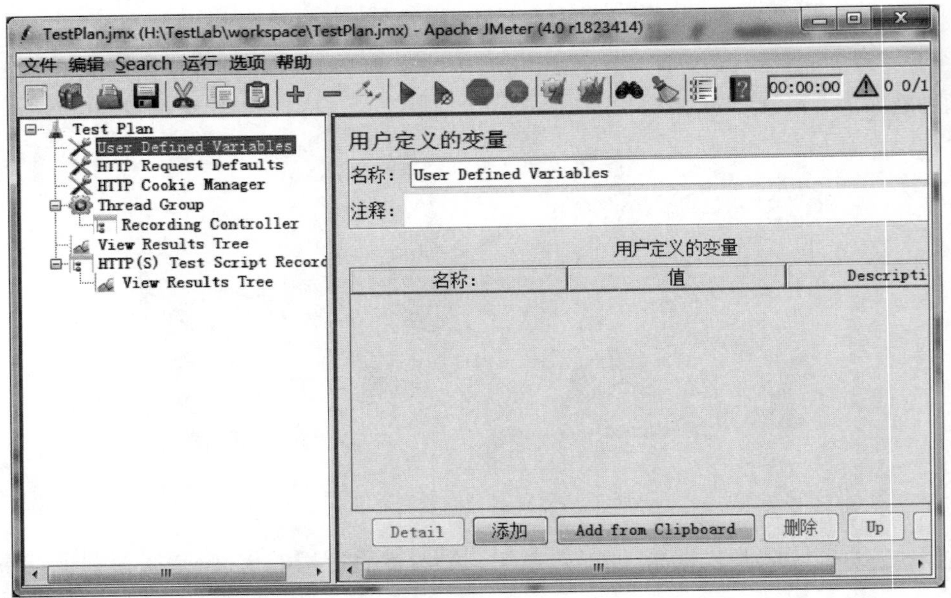

图 7.17　用模板 Recording 创建的测试计划

(2) 设置浏览器代理服务器(以 Firefox 浏览器为例)。

① 单击 Firefox 浏览器右上角的打开“菜单”→“选项”菜单项。

② 找到网络代理选项,单击“设置”按钮。

③ 选择“手动代理配置”,输入 HTTP 代理主机名称和端口,如图 7.19 所示。

(3) 用浏览器访问被测应用(注意到测试计划树中 Recording Controller 元件下将会自动增加一些样本元件,如图 7.20 所示)。

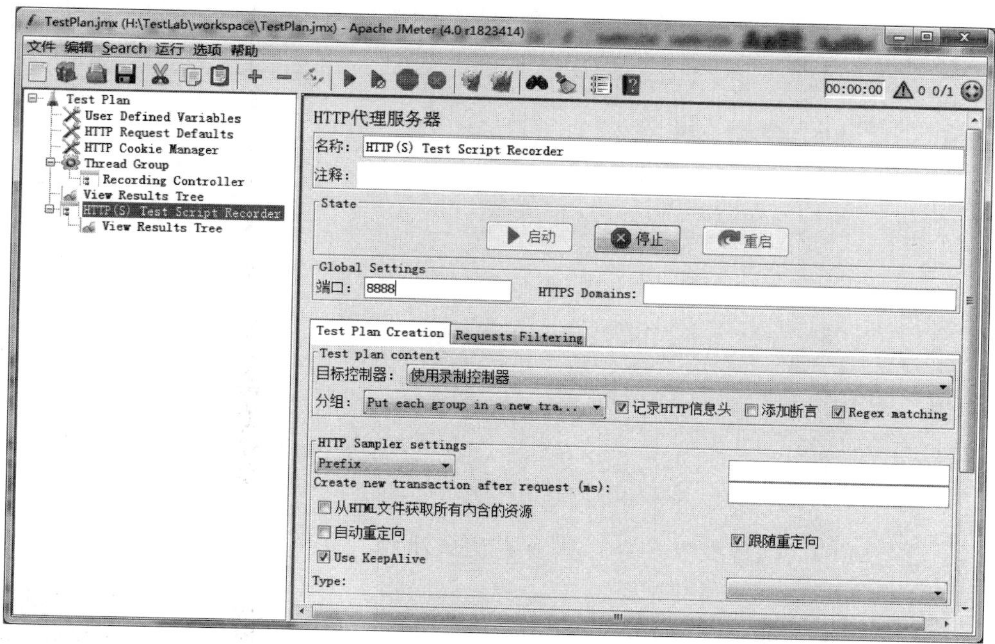

图 7.18 HTTP 代理服务器

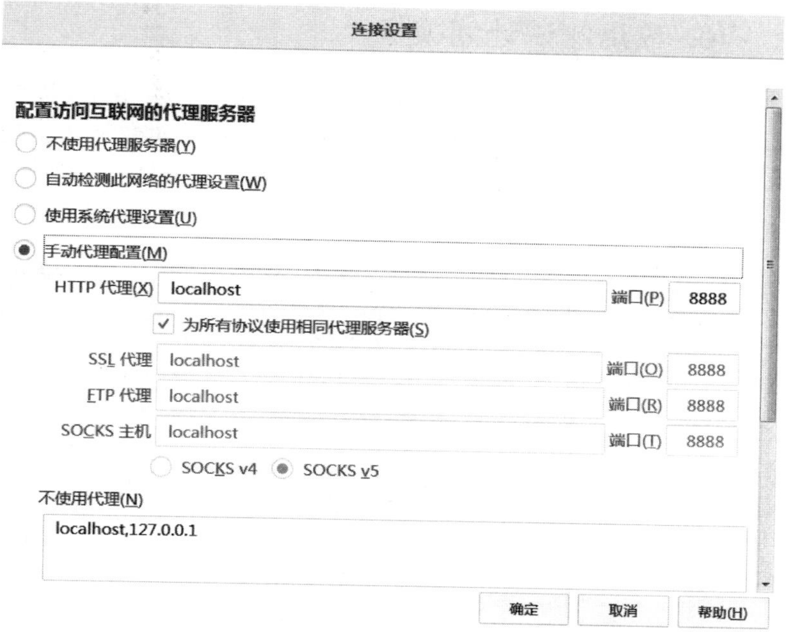

连接设置

配置访问互联网的代理服务器

不使用代理服务器(Y)

自动检测此网络的代理设置(W)

使用系统代理设置(U)

手动代理配置(M)

HTTP 代理(X) localhost 端口(P) 8888

为所有协议使用相同代理服务器(S)

SSL 代理 localhost 端口(O) 8888

FTP 代理 localhost 端口(R) 8888

SOCKS 主机 localhost 端口(T) 8888

SOCKS v4 SOCKS v5

不使用代理(N)

localhost,127.0.0.1

确定 取消 帮助(H)

图 7.19 Firefox 浏览器代理服务器设置

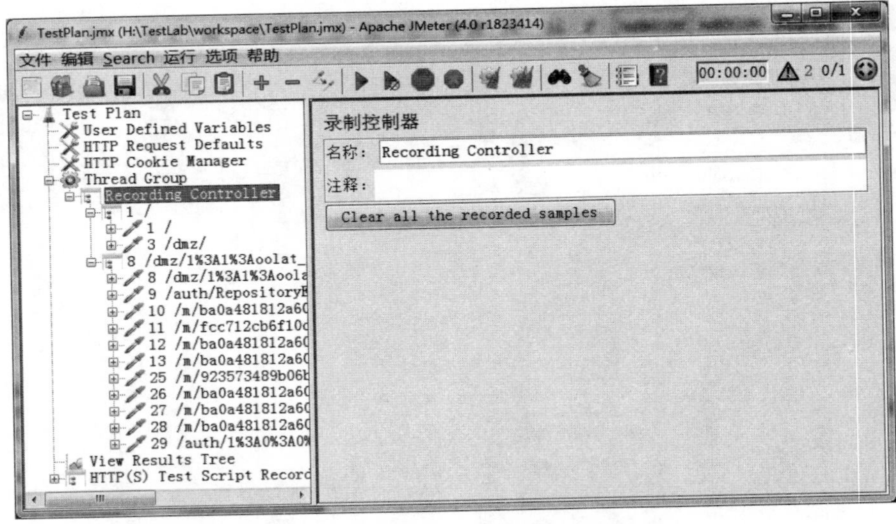

图 7.20　录制控制器记录的样本元件

(4) 停止 HTTP 代理服务器的工作,保存测试计划。

7.3 JMeter 操作演练

本节介绍 Web 应用测试计划模板的使用、JMeter 的运行模式。

7.3.1 Web 应用测试计划模板

JMeter 提供了两个 Web 应用测试计划模板: Building a Web Test Plan 和 Building an Advanced Web Test Plan。以下以 Building a Web Test Plan 为例,讲解 Web 应用的基本测试。

(1) 选择"文件"→Templates 菜单项,在弹出的 Templates 窗口选择模板 Building a Web Test Plan,如图 7.21 所示。

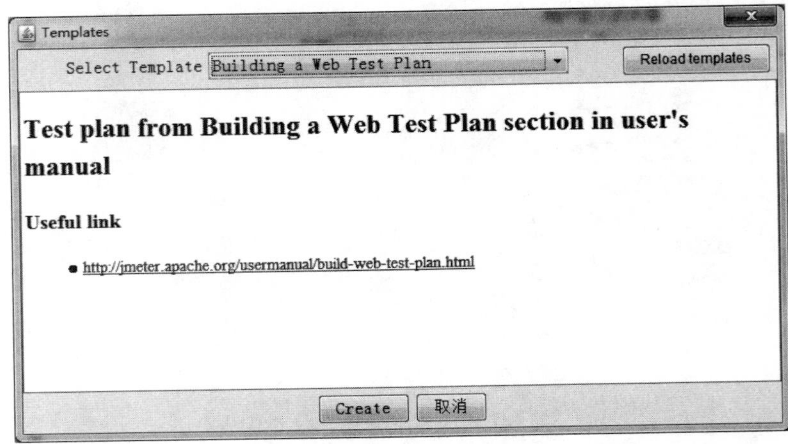

图 7.21　Building a Web Test Plan 模板

(2) 单击 Create 按钮,即可创建一个 Web 应用的基本测试计划,如图 7.22 所示。

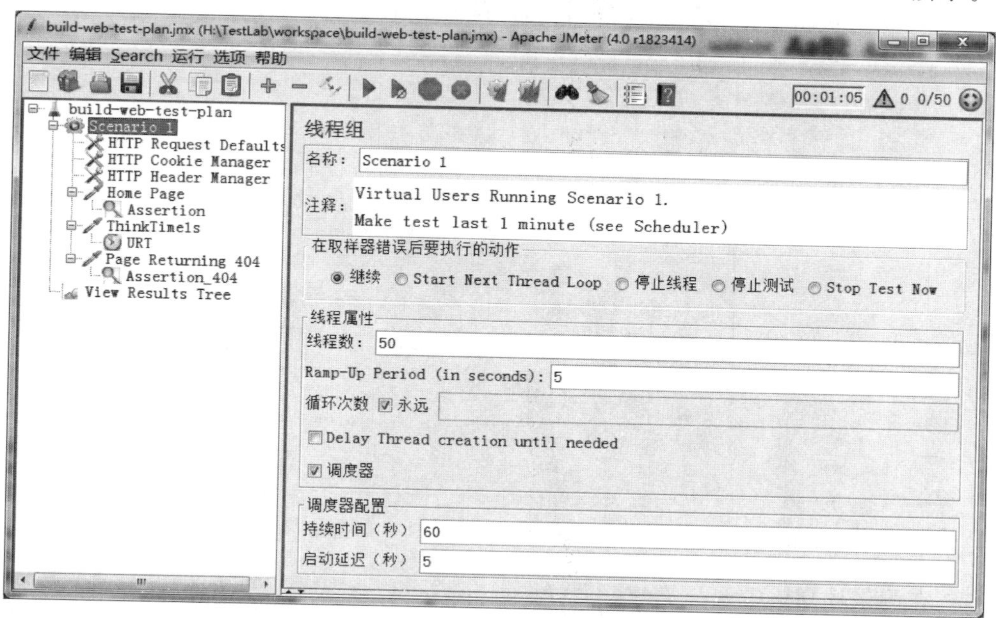

图 7.22 Web 应用的基本测试计划

(3) 在测试计划树中选择配置元件 HTTP Request Defaults,在配置元件 HTTP 请求默认值的 Basic 标签页中可以设置被测 Web 应用的服务器名称、协议、端口,在 Advanced 标签页中可以设置代理服务器,如图 7.23 和图 7.24 所示。

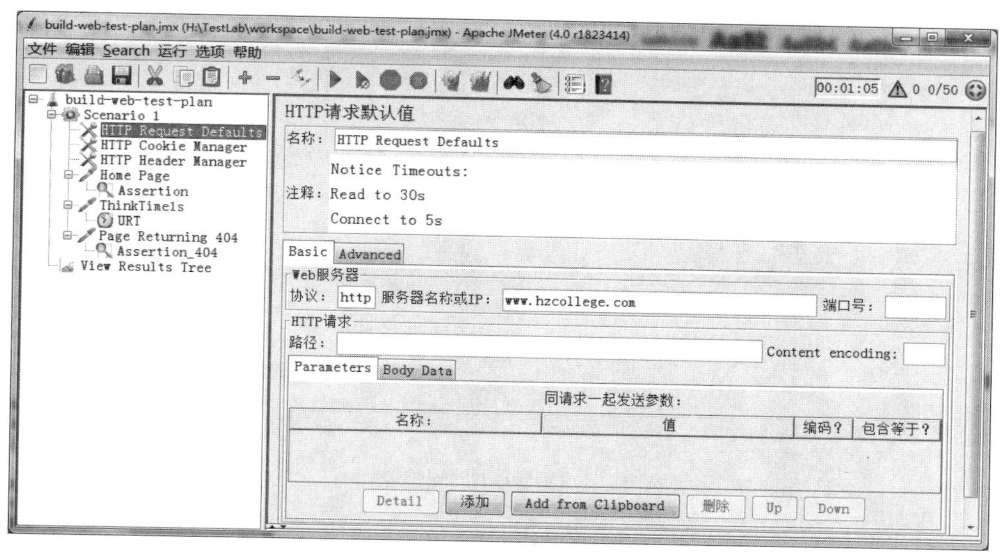

图 7.23 配置元件(HTTP 请求默认值)的 Basic 标签页

在线程组 Scenario 1 中后续的 HTTP 请求将会使用这些默认值。

(4) 在测试计划树中选择取样器元件(HTTP 请求)Home Page,可以设置要测试的页面。

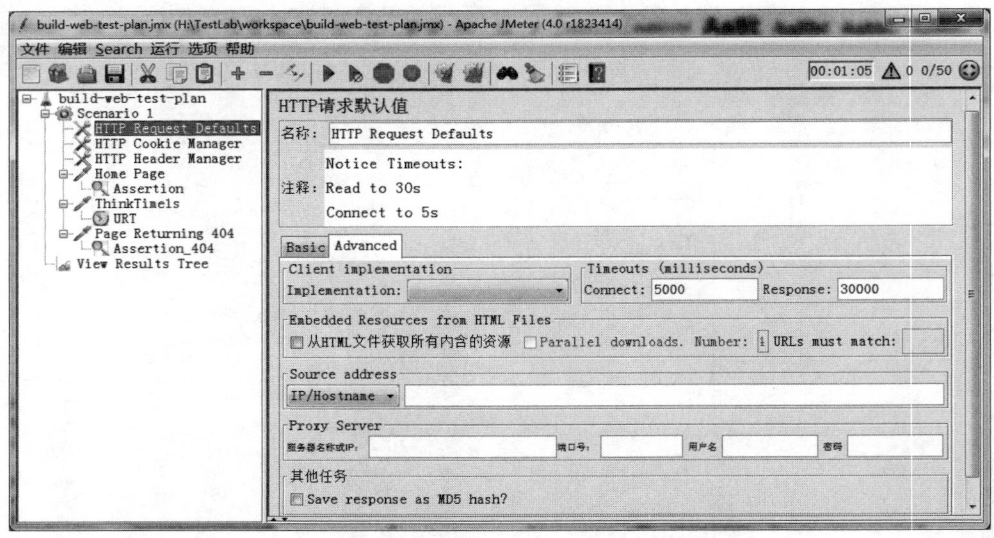

图 7.24　配置元件(HTTP 请求默认值)的 Advanced 标签页

(5) 在测试计划树中选择响应断言 Assertion,可以设置要测试的响应字段、模式匹配规则等,如图 7.25 所示。

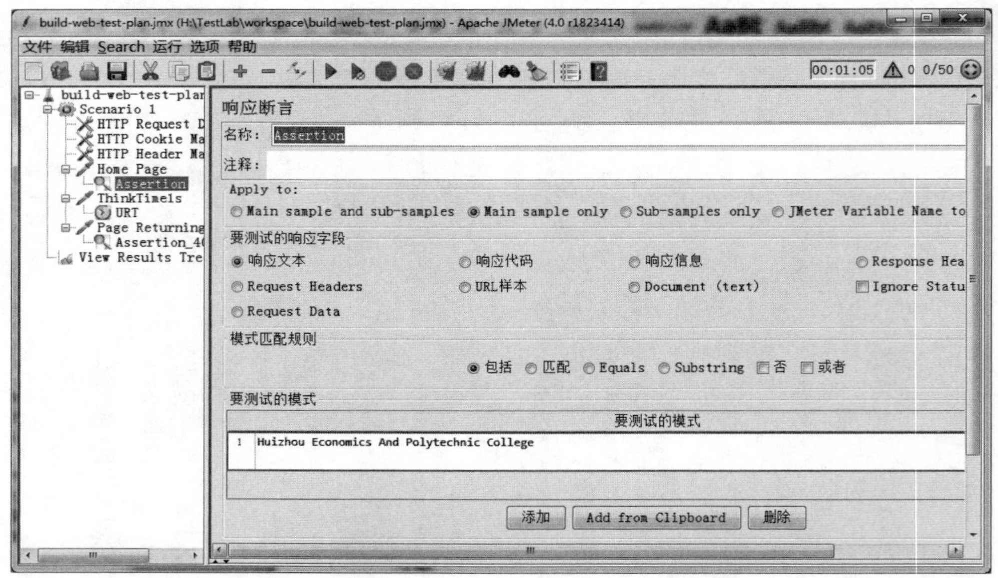

图 7.25　响应断言的设置

(6) 右击测试计划树中的 Scenario 1,通过右键快捷命令添加一个监听器 Response Time Graph。

(7) 单击工具栏中的"启动"按钮,开始执行测试。

(8) 选择测试计划树中的监听器元件 Response Time Graph,单击 Graph 标签,其中显示了测试结果的响应时间图,如图 7.26 所示。

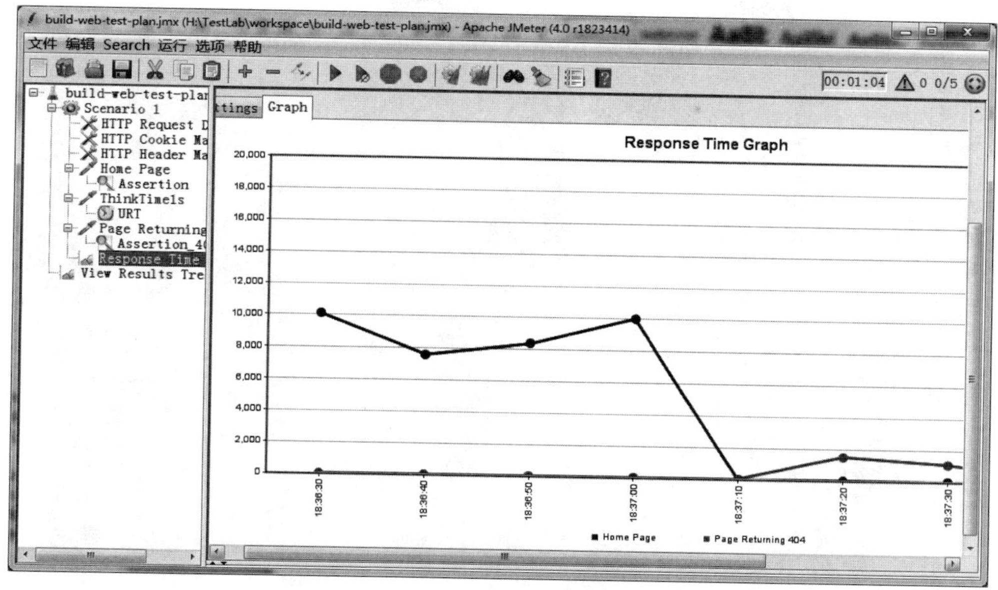

图 7.26 响应时间图

7.3.2 JMeter 的运行模式

除了 jmeter. bat 文件以外，在 bin 文件夹中还有几个 Windows 脚本文件。这些脚本文件的作用如下：

- jmeter. bat——启动 JMeter，有 Windows 命令行窗口（默认启动 GUI 模式）。
- jmeterw. cmd——启动 JMeter，无 Windows 命令行窗口（默认启动 GUI 模式）。
- jmeter-n. cmd——以 Non-GUI 模式执行 JMX 文件设定的测试。
- jmeter-n-r. cmd——以 Non-GUI 模式远程执行 JMX 文件设定的测试。
- jmeter-t. cmd——以 GUI 模式执行 JMX 文件设定的测试。
- jmeter-server. bat——以服务器模式启动 JMeter。
- mirror-server. cmd——以 Non_GUI 模式启动 JMeter 镜像服务器。
- shutdown. cmd——运行 Shutdown 客户端，正常终止 Non_GUI 实例。
- stoptest. cmd——运行 Shutdown 客户端，强行终止 Non_GUI 实例。

GUI 模式用于开发、调试测试，执行测试时应当用 Non－GUI 模式。例如，使用如下命令执行文件 PerformanceTestPlanMemoryThread. jmx 设定的测试：

```
jmeter - n PerformanceTestPlanMemoryThread. jmx
```

结果如图 7.27 所示。

jmeter. bat 文件会调用其他的脚本文件。因此，只需要给定参数运行 jmeter. bat 就可以了。jmeter. bat 命令行参数如下：

-n——指定 JMeter 以 Non_GUI 模式运行。

-t——指定包含测试计划的 JMX 文件名。

-l——指定记录测试结果的 JTL 文件名。

```
管理员: C:\Windows\system32\cmd.exe

C:\apache-jmeter-4.0\bin\examples>jmeter-n PerformanceTestPlanMemoryThread.jmx
Creating summariser <summary>
Created the tree successfully using PerformanceTestPlanMemoryThread.jmx
Starting the test @ Mon Jul 16 14:46:54 CST 2018 (1531723614999)
Waiting for possible Shutdown/StopTestNow/Heapdump message on port 4445
summary +      1 in 00:00:09 =    0.1/s Avg:  5687 Min:  5687 Max:  5687 Err:     1 (100.00%) Active: 1 Started: 1 Finished: 0
summary +      9 in 00:00:27 =    0.3/s Avg:    10 Min:     8 Max:    16 Err:     9 (100.00%) Active: 1 Started: 1 Finished: 0
summary =     10 in 00:00:36 =    0.3/s Avg:   578 Min:     8 Max:  5687 Err:    10 (100.00%)
summary +     10 in 00:00:30 =    0.3/s Avg:    11 Min:     4 Max:    18 Err:    10 (100.00%) Active: 1 Started: 1 Finished: 0
summary =     20 in 00:01:06 =    0.3/s Avg:   294 Min:     4 Max:  5687 Err:    20 (100.00%)
summary +     10 in 00:00:30 =    0.3/s Avg:     8 Min:     4 Max:    16 Err:    10 (100.00%) Active: 1 Started: 1 Finished: 0
summary =     30 in 00:01:36 =    0.3/s Avg:   199 Min:     4 Max:  5687 Err:    30 (100.00%)
summary +     10 in 00:00:30 =    0.3/s Avg:     8 Min:     7 Max:    11 Err:    10 (100.00%) Active: 1 Started: 1 Finished: 0
summary =     40 in 00:02:07 =    0.3/s Avg:   151 Min:     4 Max:  5687 Err:    40 (100.00%)
summary +     10 in 00:00:30 =    0.3/s Avg:    11 Min:     6 Max:    32 Err:    10 (100.00%) Active: 1 Started: 1 Finished: 0
summary =     50 in 00:02:37 =    0.3/s Avg:   123 Min:     4 Max:  5687 Err:    50 (100.00%)
summary +     10 in 00:00:30 =    0.3/s Avg:     5 Min:     4 Max:     7 Err:    10 (100.00%) Active: 1 Started: 1 Finished: 0
summary =     60 in 00:03:07 =    0.3/s Avg:   104 Min:     4 Max:  5687 Err:    60 (100.00%)
summary +      9 in 00:00:27 =    0.3/s Avg:     4 Min:     3 Max:     7 Err:     9 (100.00%) Active: 1 Started: 1 Finished: 0
summary =     69 in 00:03:34 =    0.3/s Avg:    91 Min:     3 Max:  5687 Err:    69 (100.00%)
summary +     10 in 00:00:30 =    0.3/s Avg:     4 Min:     4 Max:     8 Err:    10 (100.00%) Active: 1 Started: 1 Finished: 0
summary =     79 in 00:04:04 =    0.3/s Avg:    80 Min:     3 Max:  5687 Err:    79 (100.00%)
summary +     10 in 00:00:30 =    0.3/s Avg:     6 Min:     4 Max:    13 Err:    10 (100.00%) Active: 1 Started: 1 Finished: 0
summary =     89 in 00:04:34 =    0.3/s Avg:    71 Min:     3 Max:  5687 Err:    89 (100.00%)
summary +     10 in 00:00:30 =    0.3/s Avg:     6 Min:     4 Max:    10 Err:    10 (100.00%) Active: 1 Started: 1 Finished: 0
summary =     99 in 00:05:04 =    0.3/s Avg:    65 Min:     3 Max:  5687 Err:    99 (100.00%)
summary +     10 in 00:00:30 =    0.3/s Avg:     8 Min:     3 Max:    40 Err:    10 (100.00%) Active: 1 Started: 1 Finished: 0
summary =    109 in 00:05:34 =    0.3/s Avg:    60 Min:     3 Max:  5687 Err:   109 (100.00%)
summary +     10 in 00:00:30 =    0.3/s Avg:     7 Min:     5 Max:    11 Err:    10 (100.00%) Active: 1 Started: 1 Finished: 0
summary =    119 in 00:06:05 =    0.3/s Avg:    55 Min:     3 Max:  5687 Err:   119 (100.00%)
summary +      1 in 00:00:03 =    0.3/s Avg:     9 Min:     9 Max:     9 Err:     1 (100.00%) Active: 0 Started: 1 Finished: 1
summary =    120 in 00:06:08 =    0.3/s Avg:    55 Min:     3 Max:  5687 Err:   120 (100.00%)
Tidying up ...    @ Mon Jul 16 14:53:03 CST 2018 (1531723983615)
... end of run
C:\apache-jmeter-4.0\bin\examples>
```

图 7.27　以 Non_GUI 模式运行 JMeter

-j——指定 JMeter 测试执行时的日志文件。

-r——在 JMeter 属性 remote_hosts 指定的服务器上执行测试。

-R——指定一组远程服务器，在指定的一组远程服务器上执行测试。

-g——指定测试报告的 CSV 文件路径，将测试报告转换成测试报告仪表板(HTML 格式测试报告)。不能与-n 参数一起使用。

-e——在测试完成后生成测试报告仪表板，需要与-l 参数一起使用。

-o——指定测试完成后测试报告仪表板存放的文件夹，文件夹必须不存在或者是空的。

-H——指定代理服务器的主机名称或 IP 地址。

-P——指定代理服务器的端口号。

JMeter 的安装目录中有一个文件夹 bin\examples，这是一个测试 Tomcat 附带的 Web 示例的测试示例。启动 Tomcat 后，执行如下命令：

```
jmeter - g PerformanceTestPlanMemoryThread. jtl
 - t PerformanceTestPlanMemoryThread. jmx
```

将在 bin\report－output 文件夹下生成 HTML 格式的报告，在浏览器上浏览测试报告，如图 7.28 所示。

执行如下命令：

```
jmeter - n - t PerformanceTestPlanMemoryThread. jmx
       - e - l result. jtl - o C:/apache - jmeter - 4. 0/bin/examples/report
```

将以 Non_GUI 模式执行 PerformanceTestPlanMemoryThread.jmx 测试，生成的测试报告为 result.jtl，测试执行完成后将把测试报告转换成测试报告仪表板，存放在 report 文件夹下。

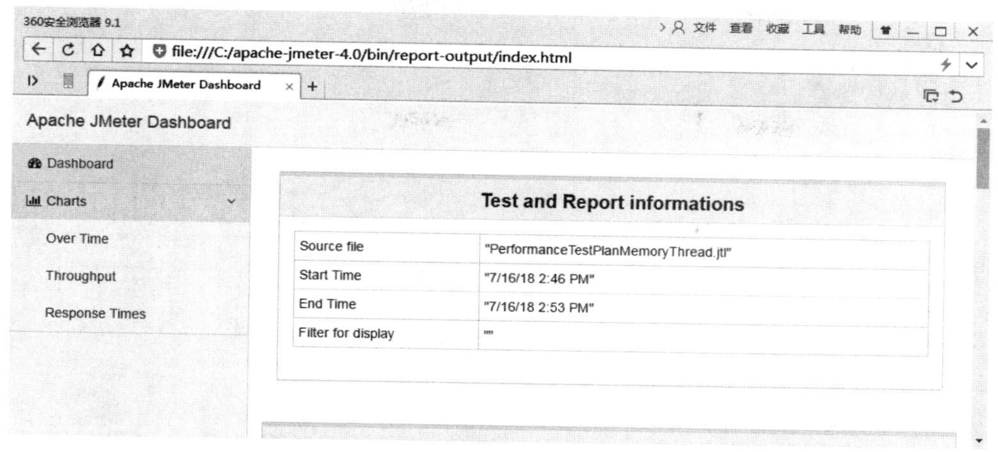

图 7.28 测试报告仪表板

实训任务

任务 1：安装 JMeter，记录安装过程，编写安装说明书。

任务 2：使用模板 Recording 创建一个测试计划，对 http://www.12306.cn/首页进行测试，录制测试脚本。

任务 3：使用模板 Building a Web Test Plan 创建一个测试计划，对 http://www.12306.cn/首页进行测试，要求能够显示响应时间图。

第8章 安全性测试

本章主要内容

安全性测试简介

安全性测试工具

ZAP 安全性测试演练

安全性测试是非功能测试，安全性测试是系统测试的主要内容之一。由于安全性测试与系统功能测试需要采用完全不同的测试方法，并且安全性测试在互联网时代的重要性越来越受到人们的关注，所以我们用一章的篇幅专门讨论安全性测试。

8.1 什么是安全性测试

本节简要介绍什么是安全性测试以及一些常见的安全性测试工具。

8.1.1 安全测试简介

软件安全测试是评估和测试系统，发现安全风险和系统及其数据的脆弱性的过程。目前还没有安全测试的严格定义，一般来说，可以将安全评估定义为漏洞的分析和发现而不试图实际利用这些漏洞，将安全测试定义为发现和尝试利用这些漏洞。

安全测试一般包含如下几个方面：

- 脆弱性评估——对系统进行扫描和分析以发现安全问题。
- 渗透测试——通过模拟恶意攻击者的分析和攻击对系统进行安全测试。
- 运行时测试——从最终用户的角度对系统进行分析和安全测试。
- 代码审查——针对特定的安全漏洞，对系统代码进行详细的审查和分析。

有两个国际组织 WASC(Web Application Security Consortium，Web 应用安全联盟，http://www.webappsec.org）和 OWASP(Open Web Application Security Project，开放 Web 应用安全项目，https://www.owasp.org)在呼吁企业加强应用安全意识和指导企业开发安全的 Web 应用方面，起到了重要的作用。

WASC 是一个由安全专家、行业顾问和诸多组织的代表组成的国际团体。WASC 组织的关键项目之一是“Web 安全威胁分类”，也就是将 Web 应用所受到的威胁、攻击进行说明并归纳成具有共同特征的分类。该项目的目的是针对 Web 应用的安全隐患，制定和推广行业标准术语。

2010 年 WASC 发布了“Web 安全威胁分类”版本 2.00。“Web 安全威胁分类”中使用了如下术语：

- 威胁(Threat)——潜在的安全隐患。
- 影响(Impact)——组织或系统受到攻击或存在安全缺陷的后果。
- 攻击(Attack)——一组定义良好的操作，如果成功，将导致对资产的损坏或不希望的操作。
- 漏洞(Vulnerability)——可以利用的缺陷，未授权人能够利用这样的缺陷修改和访问受保护的数据或执行不被允许的操作。
- 缺陷(Weakness)——软件缺陷，在一定的条件下，将会导致软件漏洞。缺陷可能存在于设计、实现或软件开发生命周期的其他阶段。

“Web 安全威胁分类”版本 2.00 列出了 25 种攻击、15 种缺陷，如表 8.1 和表 8.2 所示。

表 8.1　25 种攻击

序　号	攻击(Attacks)	简 短 描 述
1	功能滥用(Abuse of FunctionalitLy)	一种使用 Web 站点的自身特性和功能来对访问控制机制进行消耗、欺骗或规避的攻击方法
2	暴力(Brute Force)	猜测个人的用户名、密码、信用卡号或密钥的自动反复试验过程
3	缓冲区溢出(Buffer Overflow)	通过覆盖内存中超过所分配缓冲区大小的部分的数据来修改应用程序流的攻击
4	内容欺骗(Content Spoofing)	一种用于诱使用户相信 Web 站点上出现的特定内容合法而不是来自外部源的攻击方法
5	凭证/会话预测(Credential/Session Prediction)	一种通过推断或猜测用于识别特定会话或用户的唯一值来盗取或仿冒 Web 站点用户的方法
6	跨站点脚本(Cross-Site Scripting)	一种强制 Web 站点回传攻击者提供的可执行代码(装入到用户浏览器中)的攻击方法
7	跨站点请求伪造(Cross-Site Request Forgery)	一种涉及强制受害者在目标不知情或无意愿的情况下向其发送 HTTP 请求，以便以受害者身份执行操作的攻击
8	拒绝服务(Denial of Service)	一种旨在阻止 Web 站点为正常用户活动提供服务的攻击方法
9	指纹图谱(Fingerprinting)	攻击者的最常用方法是首先占用目标的 Web 范围，然后枚举尽可能多的信息。通过此信息，攻击者可以制定将有效利用目标主机所使用的软件类型/版本中的漏洞的准确攻击方案
10	格式化字符串(Format String)	通过使用字符串格式化库功能访问其他内存空间来修改应用程序流的攻击
11	HTTP 响应走私(HTTP Response Smuggling)	一种通过期望(或允许)来自服务器的单个响应的中间 HTTP 设备将来自该服务器的两个 HTTP 响应“走私”到客户机的方法
12	HTTP 响应分割(HTTP Response Splitting)	HTTP 响应分割的实质是攻击者能够发送回强制 Web 服务器形成输出流的单个 HTTP 请求，然后该输出流由目标解释为两个而不是一个 HTTP 响应

续表

序　号	攻击(Attacks)	简短描述
13	HTTP请求走私(HTTP Request Smuggling)	一种滥用两台HTTP设备之间的非RFC兼容HTTP请求的解析差异来"通过"第一台设备将请求"走私"到第二台设备的攻击方法
14	HTTP请求分割(HTTP Request Splitting)	HTTP请求分割是一种实现强制浏览器发送任意HTTP请求,从而施加XSS和毒害浏览器缓存的攻击
15	整数溢出(Integer Overflows)	当算术运算(如乘法或加法)的结果超过用于存储该运算的整数类型的最大大小时发生的情况
16	LDAP注入(LDAP Injection)	一种用于对通过用户提供的输入来构建LDAP语句的Web站点加以利用的攻击方法
17	邮件命令注入(Mail Command Injection)	一种用于对通过用户提供的未适当清理的输入来构造IMAP/SMTP语句的邮件服务器和Web邮件应用程序加以利用的攻击方法
18	空字节注入(Null Byte Injection)	一种用于通过将URL编码的空字节字符添加到用户提供的数据来绕过Web基础结构中的清理检查过滤器的主动攻击方法
19	操作系统命令(OS Commanding)	一种用于通过操纵应用程序输入来执行操作系统命令,从而对Web站点加以利用的攻击方法
20	路径遍历(Path Traversal)	这是一种强制对可能驻留在Web文档根目录外的文件、目录和命令进行访问的方法
21	可预测的资源位置(Predictable Resource Location)	一种用于通过做出有根据的猜测来显露所隐藏Web站点内容和功能的攻击方法
22	远程文件包含(Remote File Inclusion,RFI)	一种用于利用Web应用程序中的"动态文件包含"机制骗取应用程序包含具有恶意代码的远程文件的攻击方法
23	路由迂回(Routing Detour)	一种可以注入或"劫持"中介以将敏感信息路由到外部位置的"中间人"攻击
24	会话定置(Session Fixation)	将用户的会话标识强制变为显式值的一种攻击方法。在用户的会话标识定置后,攻击者会等待其登录。一旦用户进行登录,攻击者就会使用预定义的会话标识值来夺取其在线身份
25	SOAP数组滥用(SOAP Array Abuse)	一种期望数组可以是XML DoS攻击目标的Web服务,方法是强制SOAP服务器在机器内存中构建巨大的数组,从而因内存预分配而在机器上施加DoS条件

表 8.2　15 种缺陷

序　　号	缺陷(Weaknesses)	简 短 描 述
1	应用错误配置(Application Misconfiguration)	这些攻击对在 Web 应用程序中找到的配置漏洞加以利用
2	目录索引(Directory Indexing)	自动目录列表/索引是一项 Web 服务器功能，此功能会在没有常规基础文件(index. html/home. html/default. htm)的情况下列出所请求目录内的所有文件。由于与特定 Web 请求相结合的软件漏洞，因此可能会列出意外目录
3	文件系统许可权不当(Improper Filesystem Permissions)	对 Web 应用程序的机密性、完整性和可用性的威胁。当在文件、文件夹和符号链接上设置的文件系统许可权不正确时会发生此问题
4	输入处理不当(Improper Input Handling)	如今在应用程序之间识别的最常见漏洞之一。输入处理不当是系统和应用程序中存在的关键漏洞的主要原因
5	输出处理不当(Improper Output Handling)	如果应用程序未适当处理输出，那么输出数据的使用可能会导致应用程序开发者从未意图的漏洞和操作
6	信息泄露(Information Leakage)	一种应用程序会揭示敏感数据(如 Web 应用程序、环境或特定于用户的数据的技术详细信息)的应用程序漏洞
7	不安全索引(Insecure Indexing)	对 Web 站点的数据机密性的威胁。通过对本不应公开可访问的文件具有访问权的过程来索引 Web 站点内容有可能会泄露有关此类文件的存在性和有关其内容的信息。在建立索引的过程中，此类信息通过索引过程进行收集和存储，有决心的攻击者之后通常可以通过对搜索引擎的一系列查询来检索此类信息
8	不充分反自动化(Insufficient Anti-automation)	当 Web 站点允许攻击者将仅应手动执行的过程自动化时发生
9	不充分认证(Insufficient Authentication)	Web 站点允许攻击者访问敏感内容或功能而不必进行适当认证
10	不充分授权(Insufficient Authorization)	当 Web 站点允许对应该需要更强访问控制限制的敏感内容或功能进行访问时发生
11	不充分密码恢复(Insufficient Password Recovery)	当 Web 站点允许攻击者非法获取、更改或恢复其他用户的密码时发生
12	不充分过程验证(Insufficient Process Validation)	当 Web 站点允许攻击者绕过或规避应用程序的预期流控制时发生
13	不充分会话到期(Insufficient Session Expiration)	当 Web 站点允许攻击者复用旧的会话凭证或会话标识来进行授权时发生
14	传输层保护不足(Insufficient Transport Layer Protection)	允许向不可信第三方显式通信
15	服务器配置错误(Server Misconfiguration)	利用在 Web 服务器和应用程序服务器中找到的配置漏洞

详见“Web 安全威胁分类”版本 2.00。

OWASP 致力于使组织能够构思、开发、获取、运行和维护可信任的应用程序。它的最重要的项目之一是“Web 应用的十大安全隐患”。“Web 应用的十大安全隐患”总结了当前 Web 应用最常受到的十种攻击手段，并且按照攻击发生的概率进行了排序。“Web 应用的十大安全隐患”最初目标只是为了提高开发人员和管理人员的安全意识，但它已经成为了实际的应用安全标准。

“Web 应用的十大安全隐患”每隔几年就会发布一个新版本，最新版本 2017 版列出的 Web 应用的十大安全隐患如下：

- 注入。将不受信任的数据作为命令或查询的一部分发送到解析器时，会产生诸如 SQL 注入、NoSQL 注入、OS 注入和 LDAP 注入的缺陷。攻击者的恶意数据可以诱使解析器在没有适当授权的情况下执行非预期命令或访问数据。
- 失效的身份认证。通常，通过错误使用应用程序的身份认证和会话管理功能，攻击者能够破译密码、密钥或会话令牌，或者利用其他开发缺陷来暂时性或永久性冒充其他用户的身份。
- 敏感数据泄露。许多 Web 应用程序和 API 都无法正确保护敏感数据，例如，财务数据、医疗数据和 PII 数据。攻击者可以通过窃取或修改未加密的数据来实施信用卡诈骗、身份盗窃或其他犯罪行为。未加密的敏感数据容易受到破坏，因此，需要对敏感数据加密，这些数据包括传输过程中的数据、存储的数据以及浏览器的交互数据。
- XML 外部实体(XXE)。许多较早的或配置错误的 XML 处理器评估了 XML 文件中的外部实体引用。攻击者可以利用外部实体窃取使用 URI 文件处理器的内部文件和共享文件、监听内部扫描端口、执行远程代码和实施拒绝服务攻击。
- 失效的访问控制。未对通过身份验证的用户实施恰当的访问控制。攻击者可以利用这些缺陷访问未经授权的功能。
- 安全配置错误。安全配置错误是最常见的安全问题，这通常是由于不安全的默认配置、不完整的临时配置、开源云存储、错误的 HTTP 标头配置以及包含敏感信息的详细错误信息所造成的。因此，我们不仅需要对所有的操作系统、框架、库和应用程序进行安全配置，而且必须及时修补和升级它们。
- 跨站脚本(XSS)。当应用程序的新网页中包含不受信任的、未经恰当验证或转义的数据时，或者使用可以创建 HTML 或 JavaScript 的浏览器 API 更新现有的网页时，就会出现 XSS 缺陷。XSS 让攻击者能够在受害者的浏览器中执行脚本，并劫持用户会话、破坏网站或将用户重定向到恶意站点。
- 不安全的反序列化。不安全的反序列化会导致远程代码执行。即使反序列化缺陷不会导致远程代码执行，攻击者也可以利用它们来执行攻击，包括重播攻击、注入攻击和特权升级攻击。
- 使用含有已知漏洞的组件。组件(例如，库、框架和其他软件模块)拥有和应用程序相同的权限。如果应用程序中含有已知漏洞的组件被攻击者利用，那么可能会造成严重的数据丢失或服务器接管。同时，使用含有已知漏洞的组件的应用程序和 API 可能会破坏应用程序防御、造成各种攻击并产生严重影响。
- 不足的日志记录和监控。不足的日志记录和监控，以及事件响应缺失或无效的集成,使攻击者能够进一步攻击系统、保持持续性或转向更多系统,以及篡改、提取或销毁数据。大多数缺陷研究显示,缺陷被检测出的时间超过200天,且通常通过外部检测方检测,而不是通过内部流程或监控检测。

8.1.2 安全性测试工具

有很多的安全性测试工具,包括商业安全性测试工具和开源安全性测试工具。

1. OWASP ZAP

ZAP是OWASP旗下的开源渗透测试工具,专门针对Web应用进行渗透测试。ZAP为开发者、安全测试专员、安全测试专家提供了一种安全测试和评估工具。ZAP是跨平台的,在主要的操作系统和Docker环境下都可以使用ZAP。可以从ZAP市场免费获得各种附加工具。

ZAP是所谓的“中间人代理”,它位于测试员的浏览器和Web应用程序之间,以便拦截和检查浏览器和Web应用程序之间发送的消息。如果需要则修改内容,然后将这些数据包转发给目标服务器处理。它可以用作独立的应用程序,也可以作为守护进程。

详见官网 https://www.owasp.org/index.php/OWASP_Zed_Attack_Proxy_Project。

2. Nmap

Nmap是一款开源的网络发现和安全审计工具。其基本功能包括:

(1) 探测主机是否在线。

(2) 扫描主机端口,嗅探所提供的网络服务(包括应用名称和版本信息)。

(3) 推断主机所用的操作系统及版本信息。

(4) 探测使用的防火墙/包过滤器的类型。

(5) 探测其他各类信息,且可定制扫描策略。

Nmap支持多种平台(Linux、Windows和Mac OS XA);支持命令行和图形用户界面(GUI);可灵活绑定其他工具,如Nping, Nidiff,Ncat等。

详见官网 https://nmap.org/。

3. OpenVAS

OpenVAS号称世界最先进的开源漏洞扫描和管理工具。OpenVAS包括一个中央服务器和一个图形化的前端。其核心部件是中央服务器,包括一套网络漏洞测试程序,可以检测远程系统和应用程序中的安全问题。

详见官网 https://openvas.org/。

4. OSSEC

OSSEC是一个可扩展的、多平台、开放源码的基于主机的入侵检测系统(Host-based Intrusion Detection System ,HIDS)。它具有强大的相关性和分析引擎,集成日志分析、文件完整性检查、Windows注册表监视、集中策略执行、rootkit检测、实时警报和主动响应。它运行在大多数操作系统上,包括 Linux、OpenBSD、FreeBSD、Mac OS、Solaris 和

Windows。

详见官网 http://www.ossec.net/。

5. Metasploit

Metasploit 是一个渗透测试平台，有助于发现、利用和验证漏洞。该平台包括开源的 Metasploit 框架及其商业配套的多个版本：Metasploit Pro、Express、Community 和 Nexpose Ultimate。

Metasploit 框架是商业软件 Metasploit Pro、Express、Community 和 Nexpose Ultimate 的基础，它提供了进行渗透式测试和安全审计的基础架构、内容和工具。

Metasploit 支持 Windows 和 Linux 操作系统。

详见官网 https://www.metasploit.com/。

6. Security Onion

Security Onion 是一个开源的入侵检测、企业安全监控和日志管理工具。它包含了 Elasticsearch、Logstash、Kibana、Snort、Suricata、Bro、OSSEC、Sguil、Squert、NetworkMiner 等众多安全工具。

Security Onion 由三个核心部分组成：全包捕获、基于网络和基于主机的入侵检测系统(NIDS 和 HIDS)、强大的分析工具。但是它仅支持 Linux。

详见官网 https://securityonion.net/。

7. Snort

Snort 是一个开源的规则驱动的基于网络的入侵检测系统。它主要有三个用途：直接数据包嗅探、数据包记录和全面的网络入侵防御。

支持多平台(Linux、FreeBSD、Windows)。

详见官网 https://www.snort.org/。

8. Scapy

Scapy 是一个功能强大的交互式数据包操作程序。它能够伪造或解码大量协议的数据包，能够发送、捕捉数据包、匹配请求和回复等。它可以轻松地处理大多数经典任务，如扫描、跟踪、探测、单元测试、攻击或网络发现(它可以取代 hping、nmap 的 85%、arpspoof、arp-sk、arping、tcpdump、tethereal、p0f 等安全工具)。它也在大多数其他工具无法处理的许多特定任务中表现得很好，例如发送无效帧、注入自己的 802.11 帧、结合不同的技术(VLAN 跳转+ ARP 缓存污染、WEP 加密信道上的 VoIP 解码……)等。

Scapy 是用 Python 编写的，可以运行在 Python 2 和 Python 3 环境下。

详见官网 https://scapy.net/。

9. IBM AppScan

IBM AppScan 是一种商业自动化 Web 应用程序安全性测试工具，能够连续、自动地审查 Web 应用程序，测试安全性问题，并生成包含修订建议的行动报告，简化修复过程。

IBM AppScan 提供了下列功能：

1）可扩展的应用安全测试

可扩展的企业架构能支持多个应用安全测试人员。AppScan 提供用于测试 Web、非 Web 以及移动应用的方法，包括动态、静态和交互性分析。它可以基于 IBM X-Force 数据库，对网站进行扫描，寻找恶意网站链接，结合动态和静态的分析技术，识别客户端 JavaScript 中的漏洞。它还可以汇总动态和静态分析，提供增强的报告功能。

2）详细的安全性报告和企业级仪表板

AppScan 帮助按照业务影响对应用资产进行分类和优先排序，确定高风险区域。用户可以清晰了解由已确定的漏洞导致的安全性和合规性风险，并通过绩效指标显示进度。

3）测试策略、扫描模板和提供建议

AppScan 支持策略定义和扫描模板以监管应用安全测试。它可以提供漏洞建议、修复建议和内置培训视频，对开发团队进行培训。

4）基于风险的应用安全管理

借助 AppScan，组织可以根据自己的策略对风险进行定义。衡量应用上的风险可能取决于多个因素，例如访问、业务影响或安全威胁的重要性等。这些因素可以进行定制并编入 AppScan 的计算。管理员可以定义风险衡量规则，然后根据风险级别对应用进行自动分类或排序，帮助他们利用更少资源做出可靠决策。

8.2 ZAP 安全性测试起步

本节介绍安全性测试工具 ZAP 的安装和基本操作。

8.2.1 ZAP 的安装和启动后的界面

下面以 Windows 环境为例讲解安装方法。在官网 https://github.com/zaproxy/zaproxy/Wiki/Downloads 下载安装程序 ZAP_2_7_0_windows-x32.exe 或 ZAP_2_7_0_windows.exe，双击 ZAP_2_7_0_windows.exe，按提示安装即可。

由于 ZAP 可以作为 HTTP 代理服务器，需要使用 8080 端口，请确保 8080 端口没有被占用。

运行 ZAP 时，会出现如图 8.1 的提示。

默认情况下，ZAP 会话以 HSQLDB 数据库的形式用默认名称和位置被保存到硬盘。如果不需要保存，那么在退出 ZAP 时，这些文件将被删除。如果选择保存 ZAP 会话，那么下次启动 ZAP 后可以打开保存的 ZAP 会话。ZAP 的界面如图 8.2 所示。

ZAP 的界面由如下部分组成：

菜单栏——包含了自动化操作或手工操作的菜单项。

工具栏——包含了常用操作的按钮。

树状导航窗口——显示站点树或脚本树。

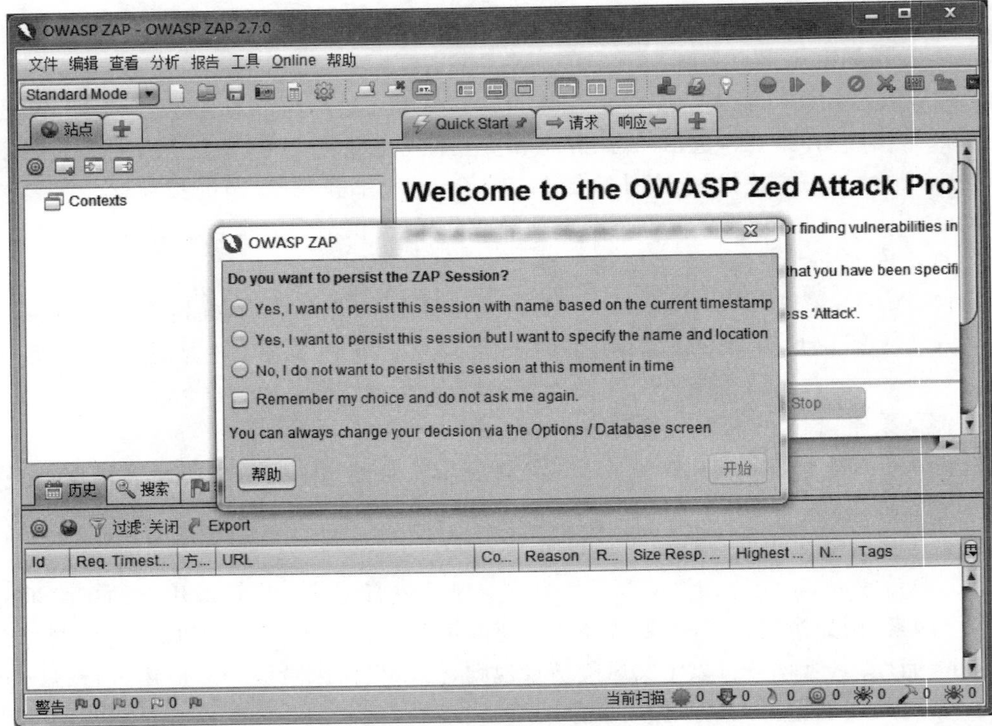

图 8.1　保存会话

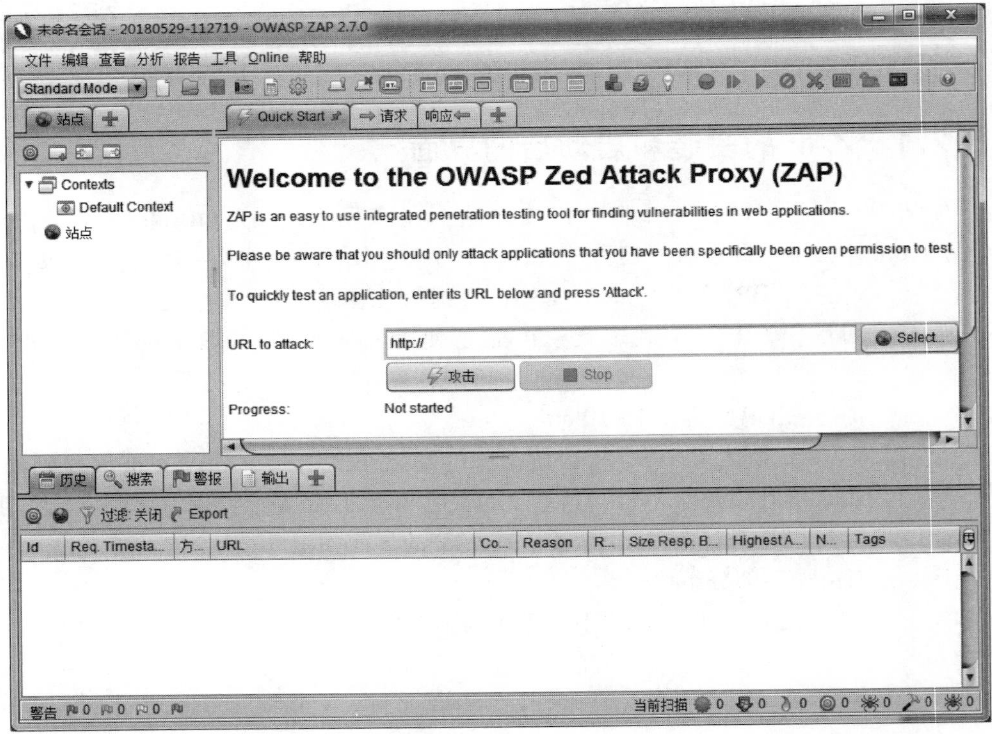

图 8.2　ZAP 的界面

工作区窗口——显示请求、响应和脚本，允许编辑脚本。工作区窗口有五个标签，Quick Start、请求、响应、Script Console和中断，默认会显示前三个标签，单击＋号可以增加未显示的标签。

信息窗口——显示有关信息，信息窗口有多个标签，单击＋号可以增加未显示的标签。

页脚区——显示警报数等信息。

可以用拖拉的方式调整树状导行窗口、工作区窗口和信息窗口的大小。

8.2.2 ZAP的基本操作

1. 快速渗透测试

在工作区窗口的Quick Start标签，输入被测Web应用的网址和端口，单击“攻击”按钮，将对被测Web应用进行快速渗透测试，如图8.3所示。

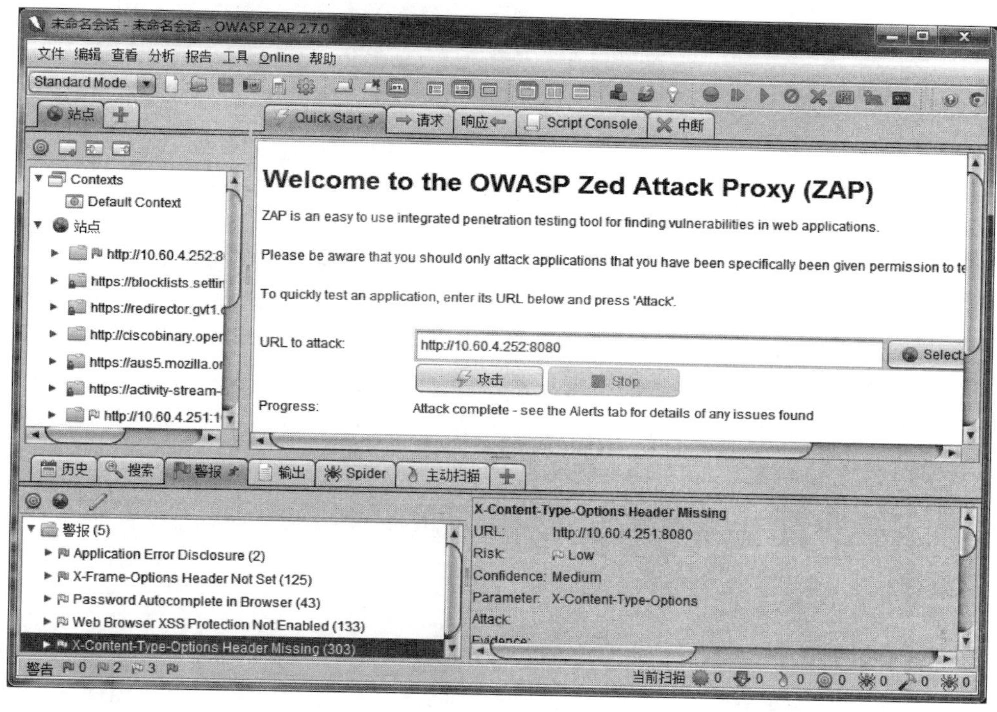

图8.3 快速渗透测试

ZAP将使用Spider对被测Web应用进行爬行操作，然后对爬行发现的每个页面进行被动扫描，接着ZAP使用主动扫描攻击所有被发现的页面。

测试完成后，在信息窗口的“警报”标签可以看到发现的系统漏洞。在“警报”标签的左边窗口中按警报类型对被发现可能有问题的页面进行了分类，单击可能有问题的页面，在右边窗口中将显示页面URL、风险级别(High、Medium、Low、Informational、False Positive)和描述等信息。在工作区窗口单击“响应”标签，可以看到响应头和响应体，并且产生警报的响应文本会加亮显示，如图8.4所示。

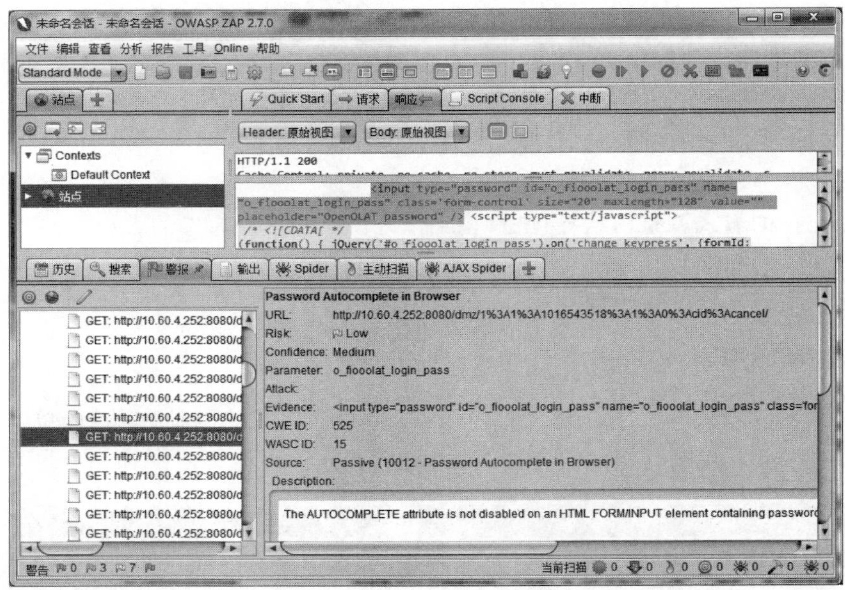

图 8.4　查看警报信息和来源

2. 将 ZAP 设置为浏览器的 HTTP 代理服务器

如果需要对被测应用进行深入测试，那么应当在工作区窗口的 Quick Start 标签中选择浏览器，单击 Launch Browser 按钮。这时 ZAP 将作为 HTTP 代理服务器，并且选择的浏览器已经设置好了代理服务器。然后单击“攻击”按钮。

如果浏览器需要设置 HTTP 代理服务器才能访问被测 Web 应用，那么还需要在 ZAP 中设置 HTTP 代理服务器。具体方法是：在 ZAP 中选择“工具”→“选项”菜单项，在 Options 窗口选择 Connection，设置代理服务器，如图 8.5 所示。

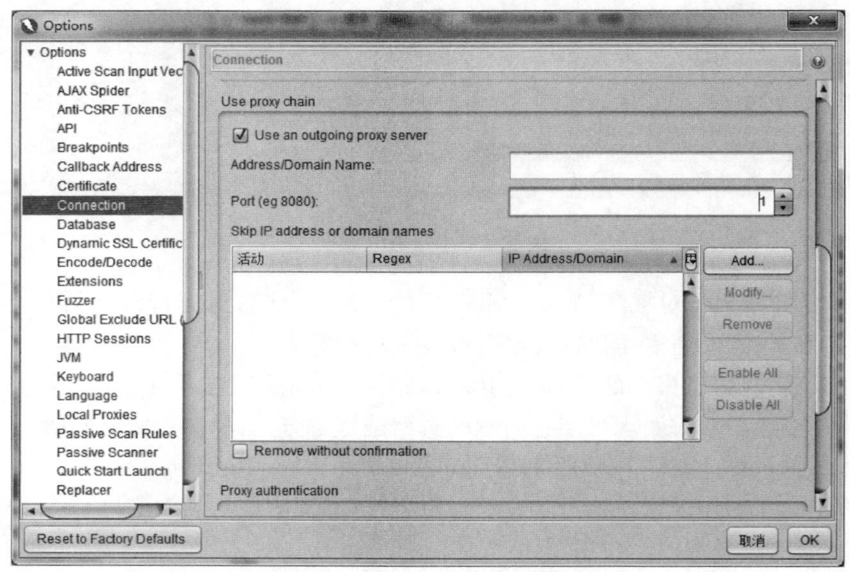

图 8.5　在 ZAP 中设置代理服务器

8.3 ZAP安全性测试演练

被动扫描和自动攻击是Web应用脆弱性评估的良好起点，但是，它有以下一些限制。

- 被动扫描无法发现任何由登录页面保护的页面。这是因为，除非已经配置了ZAP的身份验证功能，否则ZAP不会处理所需的身份验证。
- 有些页面用ZAP默认Spider是不能发现的，被动扫描不能测试这些页面。在被动扫描之外，ZAP为发现和覆盖提供了额外的选项。
- 被动扫描时不能对探索顺序有更多的控制，自动攻击时对攻击类型也没有更多的选择。在被动扫描之外，ZAP为探索和攻击提供了额外的选项。

8.3.1 设置Spider

快速扫描使用的是传统的ZAP Spider，这种Spider通过检查Web应用响应的HTML发现链接。传统Spider的优点是速度快，但是在探测AJAX Web应用时并不总是有效的，因为AJAX Web应用使用JavaScript生成链接。

对于AJAX Web应用，可以选择ZAP的AJAX Spider。AJAX Spider的速度比传统的Spider的速度慢。

在信息窗口中单击＋号，然后选择AJAX Spider，可以显示AJAX Spider标签页。在AJAX Spider标签页，单击New Scan按钮开始使用AJAX Spider扫描。

8.3.2 自动探索与手工探索相结合

Spider是自动探索网站的有力工具，但是，它们应当与手工探索相结合，才能对网站进行更有效的探索。例如，Spider只能在Web应用的表单中输入基本的数据，人工输入的数据相关性更高，因此，探索会更有效。我们知道，注册用户表单通常要求输入有效的Email地址，人工输入比Spider会更有效地进行探索。因为Spider只能输入随机的字符串作为Email地址，这将导致错误。而人工输入时可以根据错误提示，输入正确格式的字符串，从而探索到更多的页面。

我们可以设置浏览器将ZAP作为代理服务器，使用设置了代理服务器的浏览器手工探索Spider不能探索的Web应用的页面。ZAP被动扫描手工探索产生的请求和响应，构建站点树、记录潜在风险的警报。

重要的是，对Web应用的所有页面进行探索，遗漏是不安全的，即使是隐藏的页面也不要放过。

8.3.3 主动扫描

被动扫描不会改变响应，被认为是安全的。被动扫描在后台进程中进行，不会影响探索速度。被动扫描适用于发现Web应用的脆弱性，使我们对Web应用的安全状况有一个基本的了解，为更深入地研究Web应用的安全问题指明了方向。

主动扫描使用已知的攻击手段对选择的目标进行攻击，试图发现未被被动扫描发现的脆弱性。由于主动扫描是对目标的真实攻击，将会导致被攻击目标处于风险状态。因此，只能对被授权进行测试的目标进行主动扫描。

主动扫描的步骤如下：

- 在树状导航窗口，选择“站点”标签，然后选择需要进行主动扫描的站点。
- 右击选择的站点，选择“攻击”→“主动扫描”菜单项，如图 8.6 所示。

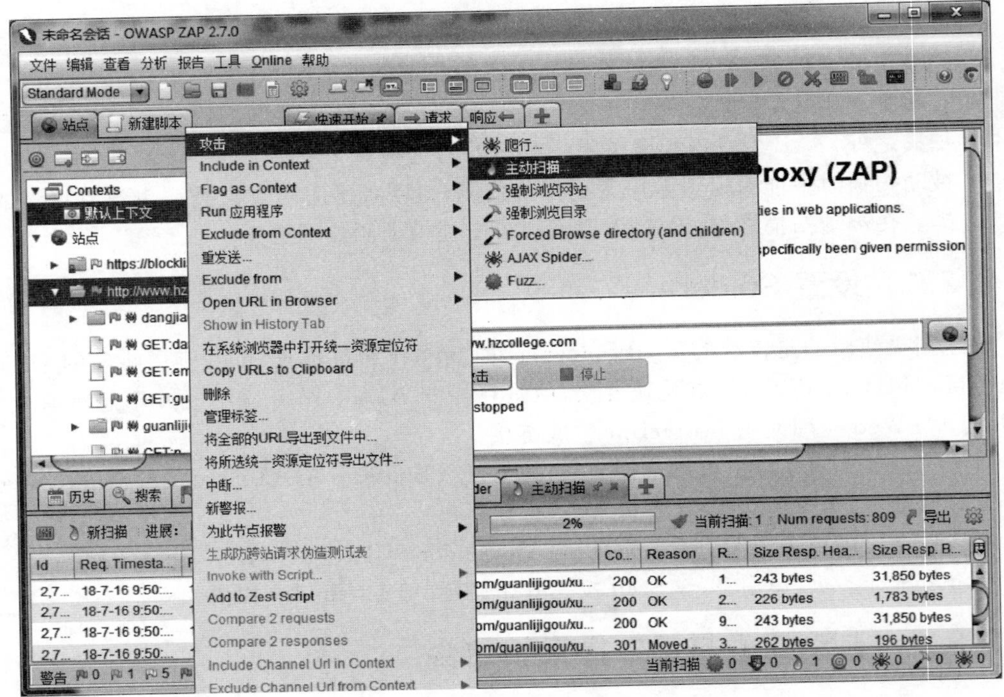

图 8.6 主动扫描菜单项

查看和修改配置，然后再开始主动扫描的步骤如下：

- 在菜单栏，选择“工具”→“主动扫描”菜单项，出现如图 8.7 所示的窗口。

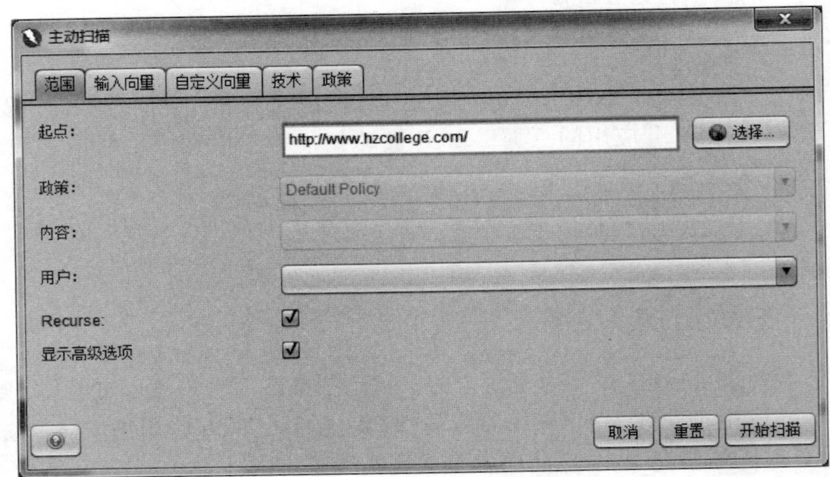

图 8.7 主动扫描配置窗口

- 查看配置,根据需要修改配置。
- 单击"开始扫描"按钮,使用这些配置进行主动扫描。

实训任务

任务 1: 安装 ZAP,记录安装过程,编写安装说明书。

任务 2: 使用 ZAP 对一个 Web 应用进行安全性测试,编写测试分析报告。

第9章 Spring MVC Web应用测试

本章主要内容

Spring 框架简介

Spring 应用测试基础

Spring MVC Web 应用测试演练

计算机软件从单机的计算机程序、C/S 架构的应用，到 B/S 架构的应用。应用软件越来越复杂，用户体验要求越来越高。软件开发技术不断发展以适应市场的需求，从 HTML、Servlet、JSP 到 Java EE、Struts、Hibernate、Spring。使用 Spring 框架开发 Web 应用已很普遍。

本章首先简单介绍 Spring 框架和 Spring 应用测试基础，然后通过示例讲解 Spring MVC Web 应用测试方法。

9.1 Spring MVC Web 应用测试简介

本节首先介绍 Java Web 应用开发的框架 Spring，然后介绍 Spring 应用测试基础。

9.1.1 Spring 框架简介

Spring 团队提倡使用 TDD(测试驱动开发)的方法开发软件，Spring 框架提供了对单元测试和集成测试的支持。正确地使用 IOC 可以使得单元测试和集成测试更容易。

1. Spring 框架

Spring 框架是一个开发基于 Java 平台的企业应用的综合编程和配置模型，用 Spring 框架开发的企业应用可以部署到任何平台。Spring 框架的核心是应用级的基础设施支持：Spring 专注于企业应用的“管道”，开发团队不需要在特定的部署环境中纠结，可以专注于应用层的业务逻辑。

Spring 框架有如下特点：

(1) 核心技术——依赖注入、事件、资源、国际化、验证、数据绑定、类型转换、SpEL 和 AOP。

(2) 测试——mock 对象、TestContext 框架、Spring MVC Test、WebTestClient。

(3) 数据访问——transactions、DAO support、JDBC、ORM、Marshalling XML。

(4) Web 框架——Spring MVC 和 Spring WebFlux。

(5) 集成——remoting，JMS、JCA、JMX、email、tasks、scheduling、cache。

(6) 语言——Kotlin、Groovy、动态语言。

2. Spring Boot

Spring 应用开发令人望而却步的是烦琐的 Spring 配置，Spring Boot 使得创建独立的 Spring 应用更容易。Spring Boot 具有如下特点：

(1) 创建独立的 Spring 应用。

(2) 内置了 Tomcat、Jetty 或 Undertow(不需要在 Web 服务器中部署 WAR 文件)。

(3) 提供了自定义“启动”依赖，简化了构建配置(Maven、Gradle)。

(4) 尽可能自动配置 Spring 和第三方库。

(5) 为产品化提供了性能度量、安全检查和外部配置。

(6) 没有代码生成，不需要 XML 配置。

3. Spring 开发工具套件 STS

STS(Spring Tool Suite)是一个专门为开发 Spring 应用定制的免费的基于 Eclipse 的开发环境。它集成了 Pivotal tc Server、Pivotal Cloud Foundry、Git、Maven、AspectJ，使得实现、调试、运行和部署 Spring 应用更加方便。

STS 附带的 Pivotal tc Server 是开发者版本，这是一个为 Spring 优化的 Tomcat 的替代服务器。通过 Spring Insight 控制台，tc Server 提供了一个应用程序性能度量的图形实时视图，可以让开发者识别和诊断问题。

STS 支持以本地、虚拟和基于云的服务器为目标的应用程序。

STS 的下载地址是 http://spring.io/tools/sts/。

9.1.2 Spring 应用测试基础

1. 单元测试

Spring 框架的依赖注入使得代码比传统的 Java EE 开发更少依赖于 Web 容器。组成 Spring 应用的 POJO 在单元测试或 TestNG 测试中是可测试的，这是因为 POJO 没有使用 Spring 或其他容器，对象的实例化是使用 new 操作符完成的。我们可以使用 Mock 对象以隔离的方式测试代码。如果遵循 Spring 的架构建议，那么代码将有清晰的分层和组件化，这将有助于进行单元测试。例如，可以通过截取或模拟 DAO 或存储库接口来测试服务层对象，而不需要在运行单元测试时访问持久数据。

对于某些单元测试场景，Spring 框架提供以下模拟对象和测试支持类。

1) Mock 对象

(1) 环境。

包 org.springframework.mock.env 提供了抽象类 Environment 和 PropertySource 的 Mock 实现。MockEnvironment 和 MockPropertySource 可以用于开发不依赖容器的测试，而被测代码却是依赖于特定环境属性的。

(2) JNDI。

包 org. springframework. mock. jndi 提供了 JNDI SPI 的实现,用于为测试套件或独立的应用设置简单的 JNDI 环境。例如,如果在测试代码和 Java EE 容器中,JDBC 数据源绑定到相同的 JNDI 名称,就可以不必修改,在测试场景中重用应用程序代码和配置。

(3) Servlet API。

包 org. springframework. mock. web 提供了一组综合的 Servlet API 模拟对象,用于测试 Web 上下文、控制器和过滤器。这些模拟对象是针对 Spring 的 Web MVC 框架使用的,并且通常比动态模拟对象(如 EasyMock)或可选的 Servlet API 模拟对象(如 MockObject)更便于使用。

Spring MVC Test 框架基于 Servlet API 模拟对象,为 Spring MVC 提供了一个集成测试框架。

(4) Spring Web Reactive。

包 org. springframework. mock. http. server. reactive 提供了 ServerHttpRequest 和 ServerHttpResponse 的模拟实现,用于 WebFlux 应用。包 org. springframework. mock. web. server 提供了依赖于这些模拟请求和响应对象的模拟 ServerWebExchange。

2) 单元测试支持类

(1) 通用测试类。

包 org. springframework. test. util 包含了几个在单元测试和集成测试时使用的通用类。

类 ReflectionTestUtils 提供了一组基于反射的实用方法,用于在测试场景修改常数值、设置非公有变量、调用非公有 setter 方法、调用非公有配置或生命周期回调方法。

类 AopTestUtils 提供了一组与 AOP 相关的实用方法,用于获取被 Spring 代理隐藏的对象引用。例如,使用 EasyMock 或 Mockito 库时用 Spring 代理对模拟对象进行了包装,需要直接访问模拟对象进行测试时,就需要类 AopTestUtils 提供的方法。

(2) Spring MVC。

包 org. springframework. test. web 提供了类 ModelAndViewAssert,这个类可以和 JUnit、TestNG 或任何其他单元测试框架一起使用,用于处理 Spring MVC ModelAndView 对象。

使用 ModelAndViewAssert 和 Spring Servlet API 模拟对象(例如,MockHttpServletRequest、MockHttpSession)可以将 Spring MVC 控制器作为 POJO 进行单元测试。如果需要对 Spring MVC 和 REST 控制器与 WebApplicationContext 配置进行集成测试,需要使用 Spring MVC Test 框架。

2. 集成测试

重要的是,我们不必将应用部署到服务器上就能完成一些集成测试。spring-test 库文件提供了对集成测试的支持,这个库文件中包含了包 org. springframework. test。包 org. springframework. test 提供了一些类,用于进行与 Spring 容器的集成测试。这种集成测试不依赖于应用服务器或部署环境,测试速度比单元测试慢。但是,与用 Selenium 进行集成测试的方法(依赖于应用服务器或部署环境)相比,测试速度要快得多。

1）集成测试目标

Spring 集成测试支持的主要目标如下：

- 在测试执行时管理 Spring IoC 容器缓存。
- 提供 test fixture 实例的依赖注入。
- 提供适合于集成测试的事务管理。
- 提供 Spring 特定的基类，帮助开发人员编写集成测试。

2）对 JDBC 测试的支持

包 org.springframework.test.jdbc 提供了类 JdbcTestUtils，这个类提供了一组方法用于简化标准的数据库测试场景。

3）注解

Spring 提供了大量的注解支持 Spring 应用的测试，主要有如下几类：

- Spring 测试注解——Spring 框架提供了一些 Spring 测试特定的注解，用于和 Spring TestContext 框架一起进行单元测试和集成测试。
- Spring 标准注解——Spring TestContext 框架还支持一些标准的注解（不是 Spring 测试特定的注解）。
- Spring JUnit 4 测试注解——是能用于 SpringRunner、Spring JUnit 规则或 Spring JUnit 4 支持类的注解。
- Spring JUnit Jupiter 测试注解——只能用于 SpringExtension 和 JUnit Jupiter（即 JUnit5 中的编程模型）的注解。
- 用于测试的元注解——大多数用于测试的注解可以用作元注解。

4）Spring TestContext 框架

Spring TestContext 框架（即包 org.springframework.test.context）专为测试 Spring 应用提供通用的、注解驱动的单元测试和集成测试支持。直接使用 JUnit 等测试框架对 Spring 应用进行测试存在一些问题，Spring TestContext 框架可以使我们能够结合 JUnit、TestNG 等测试框架更好地测试 Spring 应用。

5）Spring MVC Test 框架

Spring MVC Test 框架提供了统一的 API，用于测试 Spring MVC 代码，这个 API 可以和 JUnit、TestNG 或任何其他测试框架一起使用。Spring MVC Test 框架是基于 Servlet API 模拟对象的，因此，不需要使用 Servlet 容器。

6）WebTestClient

spring-test 包含的 WebTestClient（org.springframework.test.web.reactive.server.WebTestClient）用于测试 WebFlux 服务器，Spring WebFlux 是 Spring 5 引入的支持反应式编程的 Web 应用框架。

9.2 Spring MVC Web 应用测试起步

下面将创建一个简单的 Spring Web 应用，用 JUnit 对这个应用进行单元测试。对于应用中的单个 Java 类，我们已经学习过进行单元测试的方法（见第 4 章）。现在要学习的是使用 JUnit、Spring Test（MockMVC）和 Spring Boot 测试 Java 代码与 Spring 框架的交互。

本节首先使用 STS 3.9.4 创建一个简单 Spring 应用，然后运行、测试这个 Spring Boot 应用。

9.2.1 创建一个简单的 Spring 应用

创建一个简单的 Spring 应用的步骤如下：

1. 创建一个 Maven 项目

(1) 在 STS 中选择 File→New→Maven Project 菜单项，在新建 Maven 项目的向导中选中 Create a simple project，如图 9.1 所示。

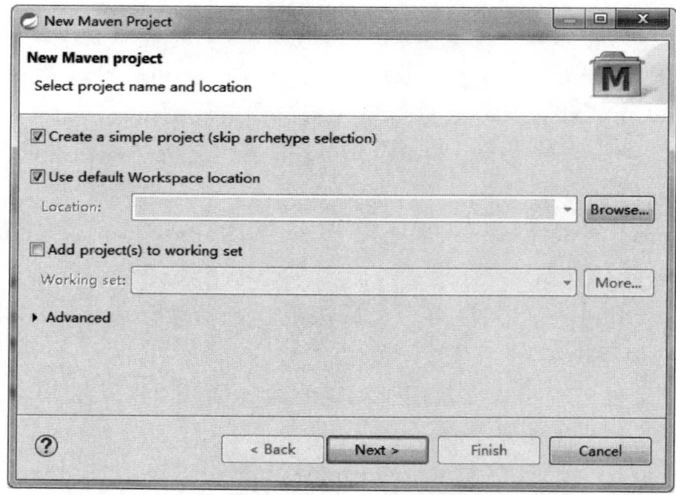

图 9.1 创建 Maven 项目向导 1

(2) 单击 Next 按钮，输入 Group Id、Artifact Id，如图 9.2 所示。

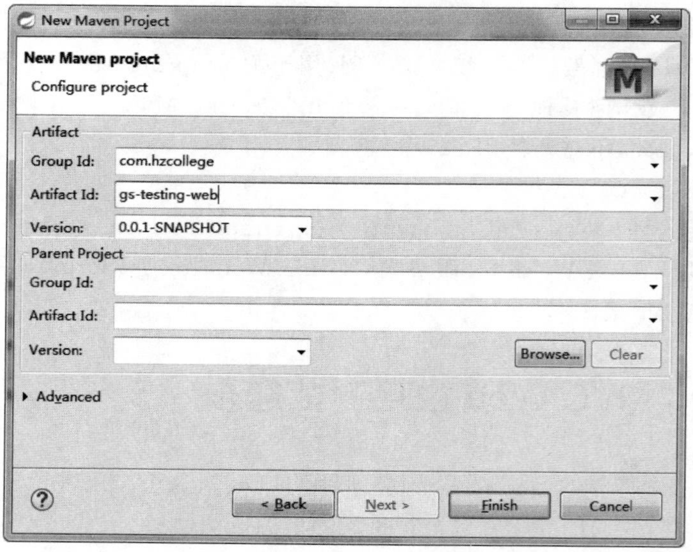

图 9.2 创建 Maven 项目向导 2

(3) 单击 Finish 按钮,在包浏览器中展开项目 gs-testing-web,单击 pom. xml 项,如图 9.3 所示。

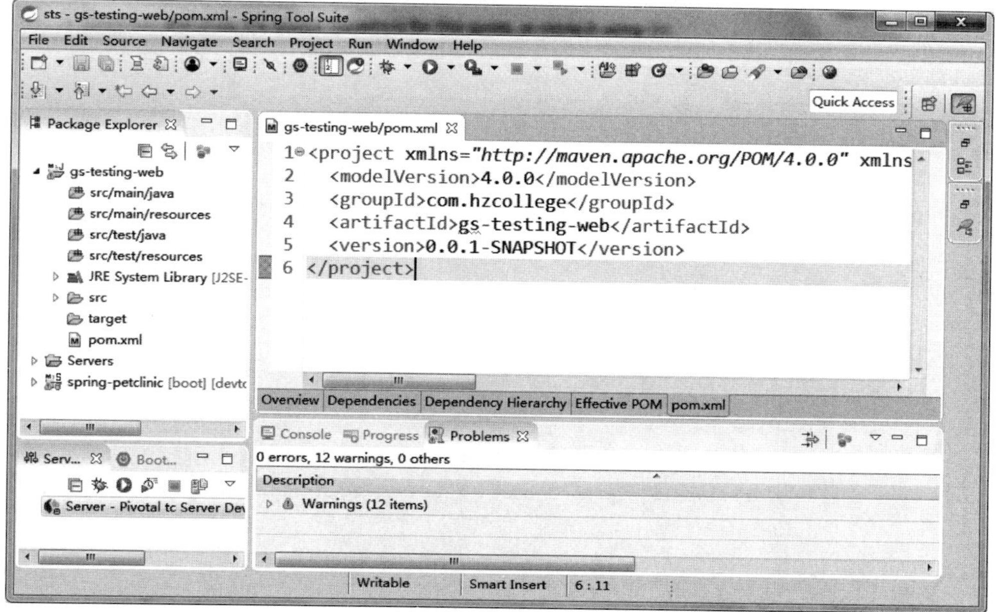

图 9.3 Maven 项目创建完成

(4) 修改 pom. xml 文件,如下:

```
<?xml version = "1.0" encoding = "UTF - 8"?>
< project xmlns = "http://maven. apache. org/POM/4. 0. 0" xmlns:xsi = "http://www. w3. org/2001/
XMLSchema - instance"
    xsi: schemaLocation = "http://maven. apache. org/POM/4. 0. 0 http://maven. apache. org/xsd/
maven - 4. 0. 0. xsd">
    < modelVersion > 4. 0. 0 </modelVersion >

    < groupId > org. springframework </groupId >
    < artifactId > gs - testing - web </artifactId >
    < version > 0. 1. 0 </version >

    < parent >
        < groupId > org. springframework. boot </groupId >
        < artifactId > spring - boot - starter - parent </artifactId >
        < version > 2. 0. 3. RELEASE </version >
    </parent >

    < dependencies >
        < dependency >
            < groupId > org. springframework. boot </groupId >
            < artifactId > spring - boot - starter - web </artifactId >
```

```
        </dependency>
        <dependency>
            <groupId>org.springframework.boot</groupId>
            <artifactId>spring-boot-starter-test</artifactId>
            <scope>test</scope>
        </dependency>
    </dependencies>

    <properties>
        <java.version>1.8</java.version>
    </properties>

    <build>
        <plugins>
            <plugin>
                <groupId>org.springframework.boot</groupId>
                <artifactId>spring-boot-maven-plugin</artifactId>
            </plugin>
        </plugins>
    </build>

</project>
```

(5) 在包浏览窗口中,右击 src/main/java,在弹出的快捷菜单中,选择 New→Folder 菜单项,在出现的 New Folder 窗口输入 Folder name,如图 9.4 所示。

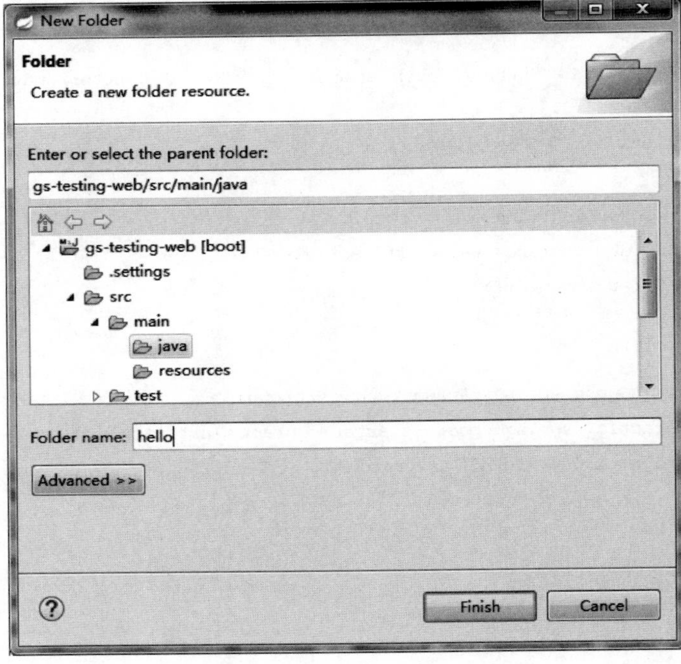

图 9.4 新建文件夹

(6) 单击 Finish 按钮,创建了一个简单的 Java Maven 项目,如图 9.5 所示。

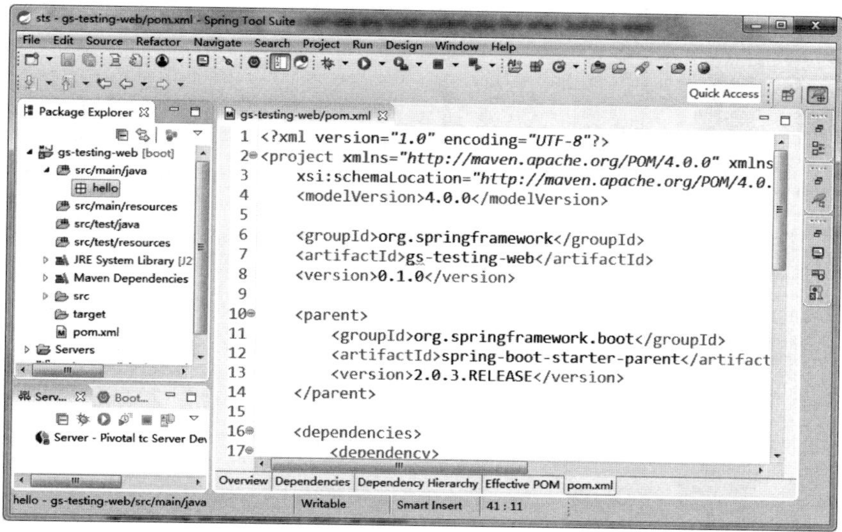

图 9.5 新建文件夹完成

2. 创建 Spring 控制器

(1) 在包浏览窗口中,右击 src/main/java 包下的 hello。在弹出的快捷菜单中,选择 New→Class 菜单项。在新建类导航中输入类名 HomeController,如图 9.6 所示。

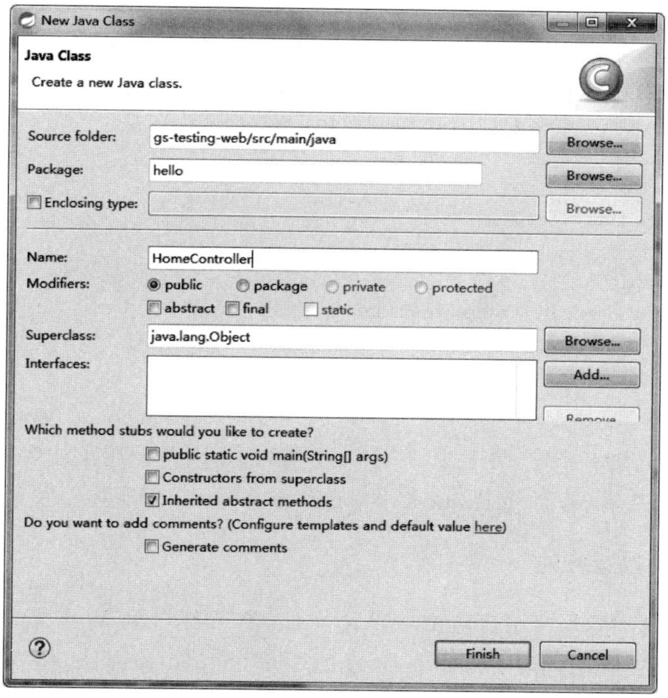

图 9.6 新建类

(2) 单击 Finish 按钮，将在编辑器中显示 HomeController. java，如图 9.7 所示。

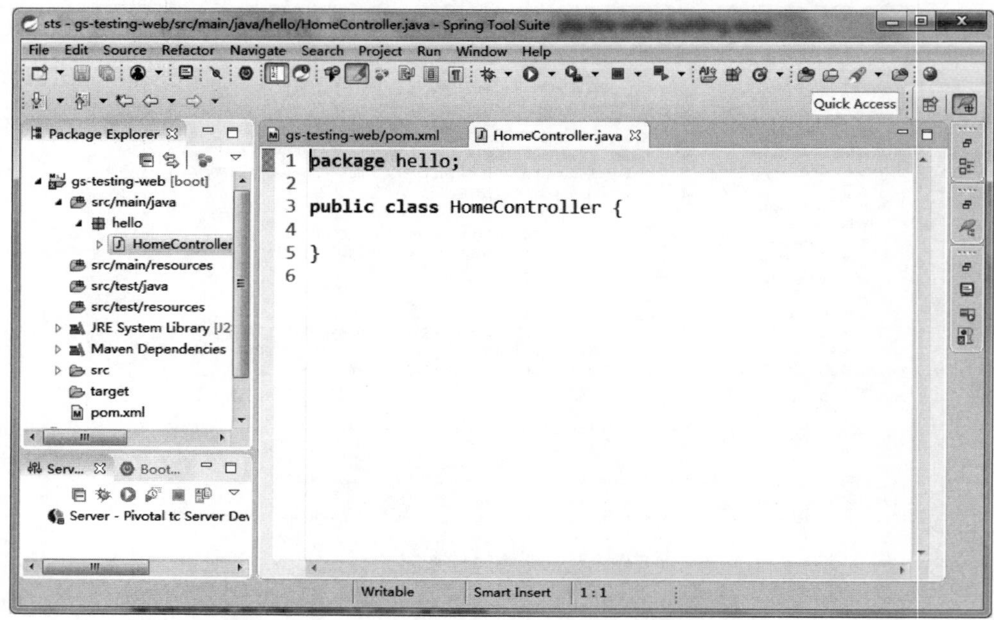

图 9.7 新建类完成

(3) 修改 HomeController. java 文件如下：

```
package hello;

import org.springframework.stereotype.Controller;
import org.springframework.web.bind.annotation.RequestMapping;
import org.springframework.web.bind.annotation.ResponseBody;

@Controller
public class HomeController {

    @RequestMapping("/")
    public @ResponseBody String greeting() {
        return "Hello World";
    }
}
```

上面的示例代码没有指定 GET、PUT、POST 等，这是因为使用了注解，@RequestMapping 默认映射所有 HTTP 请求，而 @RequestMapping(method=GET) 指定映射到 GET 方法。

3. 使应用是可以运行的

传统的方法是将 Web 应用打包成 WAR 文件，然后部署到 Web 服务器。一个简单的方法是创建一个独立应用，利用 Spring Boot 编写一个 main()方法，将 Web 应用和内置的 Tomcat 打包成可以执行的 jar 文件。首先编写一个 Application 类。

src/main/java/hello/Application. java 文件如下：

```
package hello;

import org.springframework.boot.SpringApplication;
import org.springframework.boot.autoconfigure.SpringBootApplication;

@SpringBootApplication
public class Application {

    public static void main(String[] args) {
        SpringApplication.run(Application.class, args);
    }
}
```

在上面的示例代码中，使用了注解@SpringBootApplication，@SpringBootApplication注解可以替代@Configuration、@EnableAutoConfiguration、@ComponentScan注解，简化Spring的配置。

- @Configuration：将类标注为Bean。
- @EnableAutoConfiguration：告诉Spring Boot按照类路径、其他Bean和各种属性设置自动增加Bean。
- @ComponentScan：告诉Spring在hello包内查找其他组件、配置、服务，使得Spring可以找到HelloController。

此外，对于Spring MVC应用，通常会增加注解@EnableWebMvc，这个注解将Spring应用标注为Web应用。但是，当Spring Boot感知到类路径中有spring-webmvc时，它会自动增加@EnableWebMvc注解。

Main()方法使用了Spring Boot的SpringApplication.run()方法启动应用。我们注意到，上面的示例代码没有一行XML，也没有web.xml。这个Web应用是100%纯Java的，没有必要处理传统Spring应用开发时的烦琐配置。

9.2.2 运行Spring应用

在包浏览窗口中，右击pom.xml。在弹出的快捷菜单中，选择Run As→1 Maven Build菜单项。在运行设置窗口中的Goals文本框内输入spring-boot:run，如图9.8所示。

单击Run按钮，等待Maven构建完成，如图9.9所示。

在浏览器地址栏输入http://localhost:8080，将显示Hello World，如图9.10所示。

9.2.3 测试Spring应用

下面从一个简单的测试开始，检查一下应用上下文是否启动。首先在pom.xml文件中增加测试范围的Spring Test依赖。

```
<dependency>
    <groupId>org.springframework.boot</groupId>
    <artifactId>spring-boot-starter-test</artifactId>
    <scope>test</scope>
</dependency>
```

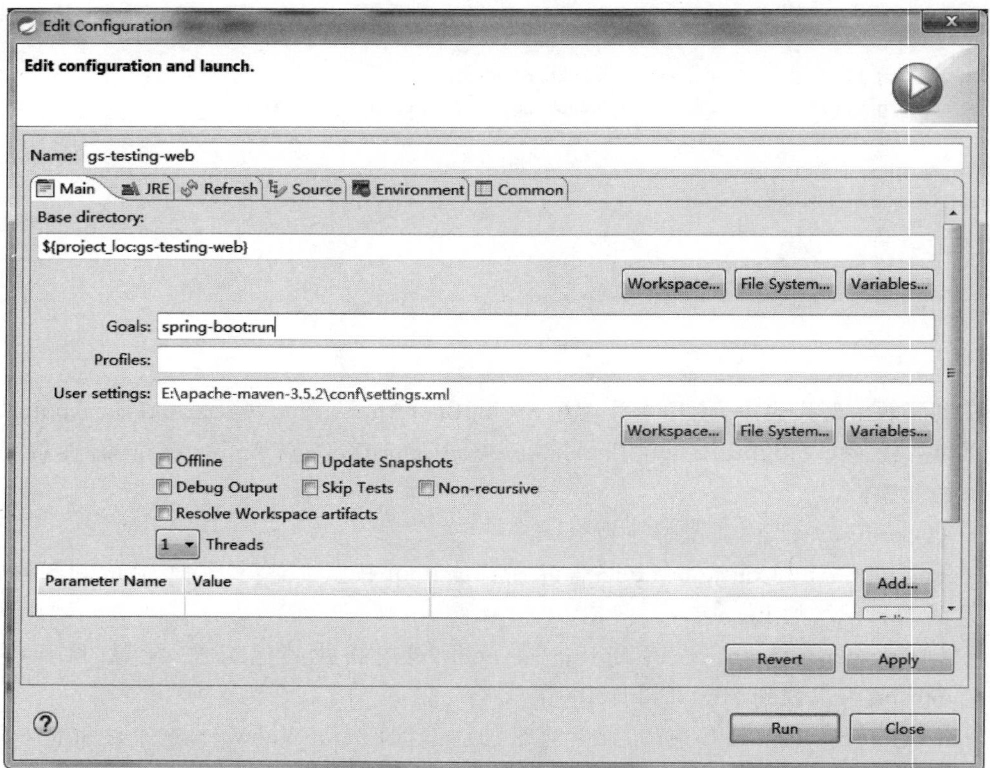

图 9.8 编辑运行配置

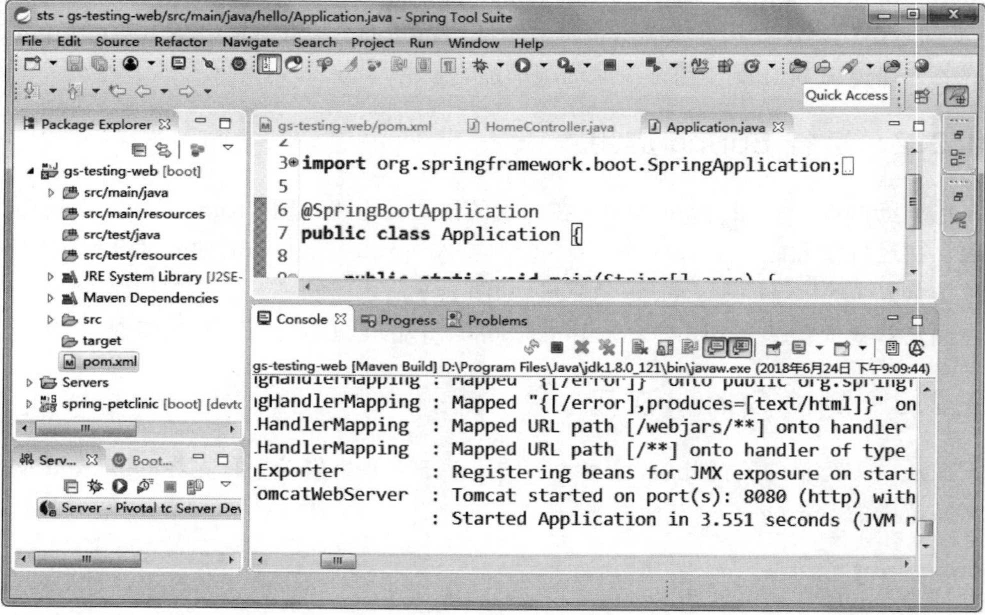

图 9.9 执行 Maven 运行任务完成

图 9.10　访问 Web 应用

其次，用@RunWith 和@SpringBootTest 注解和一个空测试方法创建一个测试用例。

src/test/java/hello/ApplicationTest.java 文件如下：

```
package hello;

import org.junit.Test;
import org.junit.runner.RunWith;
import org.springframework.boot.test.context.SpringBootTest;
import org.springframework.test.context.junit4.SpringRunner;

@RunWith(SpringRunner.class)
@SpringBootTest
public class ApplicationTest {

    @Test
    public void contextLoads() throws Exception {
    }
}
```

在上面的示例代码中，注解@SpringBootTest 告诉 Spring Boot 查找主配置类(例如，使用@SpringBootApplication 注解的类就是主配置类)，使用主配置类启动 Spring 应用上下文。

可以在 IDE 或用命令行 mvn test 执行这个测试用例，这个测试用例将测试通过。

增加断言，判断应用上下文创建了控制器。

src/test/java/hello/SmokeTest.java 文件如下：

```
package hello;

import static org.assertj.core.api.Assertions.assertThat;

import org.junit.Test;
import org.junit.runner.RunWith;
import org.springframework.beans.factory.annotation.Autowired;
import org.springframework.boot.test.context.SpringBootTest;
import org.springframework.test.context.junit4.SpringRunner;

@RunWith(SpringRunner.class)
@SpringBootTest
public class SmokeTest {
```

```
    @Autowired
    private HomeController controller;

    @Test
    public void contexLoads() throws Exception {
        assertThat(controller).isNotNull();
    }
}
```

在上面的示例代码中，注解@Autowired被Spring框架识别，Spring框架在测试方法运行前注入控制器。我们使用了AssertJ(assertThat()等)表示测试断言。

编写测试用例，判断应用的行为。为此，启动应用，侦听连接，发送HTTP请求，判断响应。

src/test/java/hello/HttpRequestTest.java文件如下：

```
package hello;

import org.junit.Test;
import org.junit.runner.RunWith;

import org.springframework.beans.factory.annotation.Autowired;
import org.springframework.boot.test.context.SpringBootTest;
import org.springframework.boot.test.context.SpringBootTest.WebEnvironment;
import org.springframework.boot.test.web.client.TestRestTemplate;
import org.springframework.boot.web.server.LocalServerPort;
import org.springframework.test.context.junit4.SpringRunner;

import static org.assertj.core.api.Assertions.assertThat;

@RunWith(SpringRunner.class)
@SpringBootTest(webEnvironment = WebEnvironment.RANDOM_PORT)
public class HttpRequestTest {

    @LocalServerPort
    private int port;

    @Autowired
    private TestRestTemplate restTemplate;

    @Test
    public void greetingShouldReturnDefaultMessage() throws Exception {
        assertThat(this.restTemplate.getForObject("http://localhost:" + port + "/",
                String.class)).contains("Hello World");
    }
}
```

在包浏览窗口中，右击pom.xml。在弹出的快捷菜单中，选择Run As→6 Maven Test

菜单项。构建成功后如图 9.11 所示。

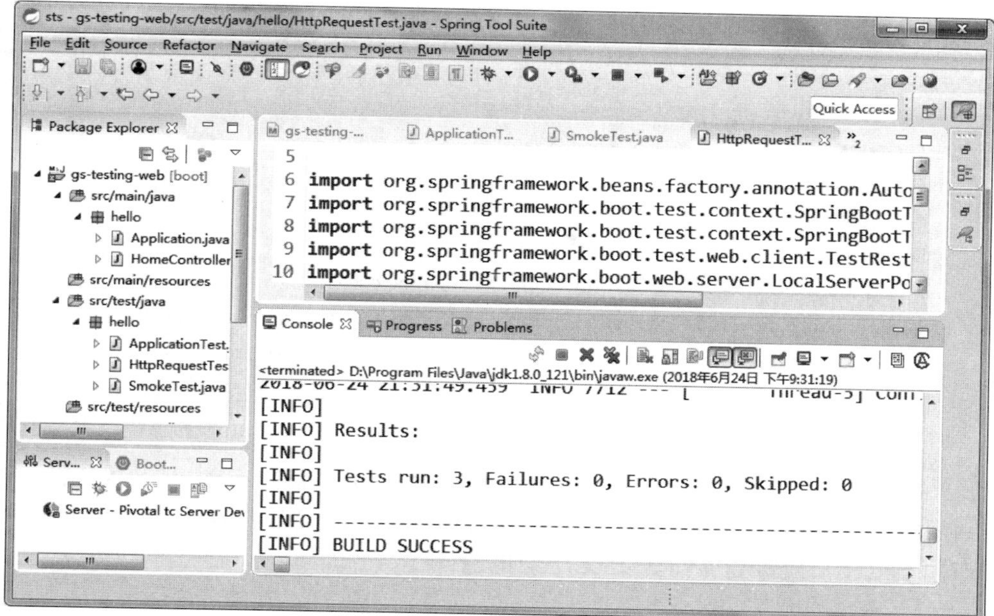

图 9.11 第 1 次执行 Maven 测试任务完成

上面的示例代码中使用了 webEnvironment=RANDOM_PORT 以随机端口启动 Web 服务器,用@LocalServerPort 注入端口。

另一个方法是不必启动 Web 服务器,只测试 Web 应用层。Spring 框架处理接收到的 HTTP 请求,并传递给控制器。这就需要使用 Spring 框架的 MockMvc 了。我们可以使用注解@AutoConfigureMockMvc 标注这样的测试用例。

src/test/java/hello/ApplicationTest.java 文件如下:

```
package hello;


import static org.hamcrest.Matchers.containsString;
import static org.springframework.test.web.servlet.request.MockMvcRequestBuilders.get;
import static org.springframework.test.web.servlet.result.MockMvcResultHandlers.print;
import static org.springframework.test.web.servlet.result.MockMvcResultMatchers.content;
import static org.springframework.test.web.servlet.result.MockMvcResultMatchers.status;

import org.junit.Test;
import org.junit.runner.RunWith;
import org.springframework.beans.factory.annotation.Autowired;
import org.springframework.boot.test.autoconfigure.web.servlet.AutoConfigureMockMvc;
import org.springframework.boot.test.context.SpringBootTest;
import org.springframework.test.context.junit4.SpringRunner;
import org.springframework.test.web.servlet.MockMvc;
```

```
@RunWith(SpringRunner.class)
@SpringBootTest
@AutoConfigureMockMvc
public class ApplicationTest {

    @Autowired
    private MockMvc mockMvc;

    @Test
    public void shouldReturnDefaultMessage() throws Exception {
this.mockMvc.perform(get("/")).andDo(print()).andExpect(status().isOk())
                .andExpect(content().string(containsString("Hello World")));
    }
}
```

在这个测试用例中，我们启动了 Spring 应用上下文，但是没有启动 Web 服务器。还可以通过使用@WebMvcTest 注解，把测试范围缩小到 Web 应用层，WebLayerTest.java 的主要代码如下(用户应该能够补全 import 语句)。

```
src/test/java/hello/WebLayerTest.java 文件如下：
@RunWith(SpringRunner.class)
@WebMvcTest
public class WebLayerTest {

    @Autowired
    private MockMvc mockMvc;

    @Test
    public void shouldReturnDefaultMessage() throws Exception {
this.mockMvc.perform(get("/")).andDo(print()).andExpect(status().isOk())
                .andExpect(content().string(containsString("Hello World")));
    }
}
```

这个测试用例的断言与前一个测试用例一样，所不同的是，在这个测试用例中，Spring Boot 仅实例化了 Web 应用层，而不是整个 Spring 应用上下文。在有多个控制器的应用中，我们甚至可以仅实例化单个控制器，例如，使用注解@WebMvcTest(HomeController.class)。

在包浏览窗口中，右击 pom.xml。在弹出的快捷菜单中，选择 Run As→6 Maven Test 菜单项。构建成功后如图 9.12 所示。

到目前为止，我们的 HomeController 是非常简单的，没有依赖关系。为了更接近真实的场景，我们在一个新的控制器中引入一个组件保存 greeting。使用两个类：GreetingController 和 GreetingService，GreetingController 类依赖于 GreetingService 类。

src/main/java/hello/GreetingController.java 文件如下：

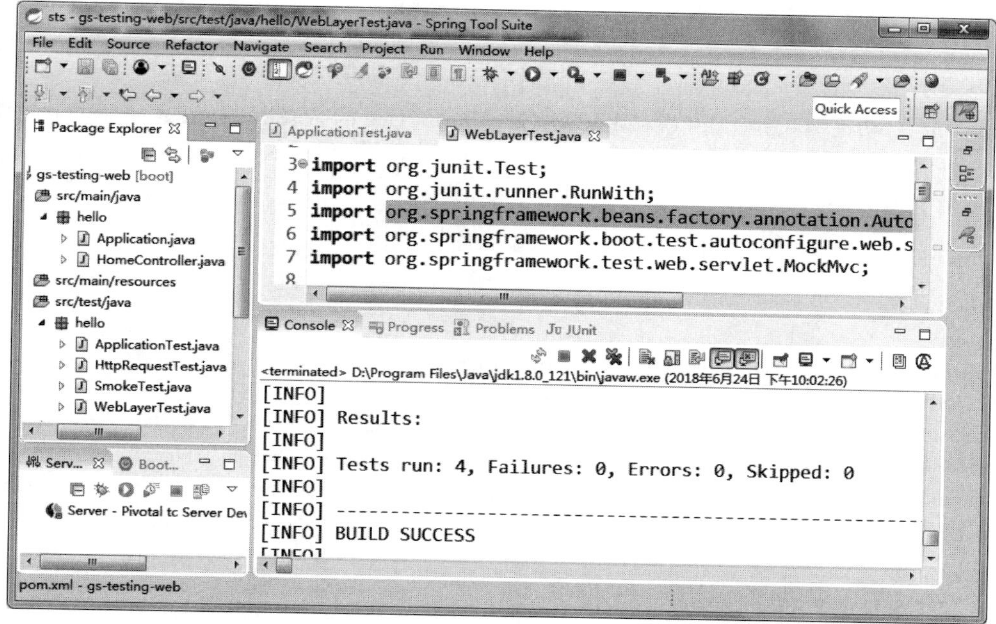

图 9.12　第 2 次执行 Maven 测试任务完成

```
package hello;

import org.springframework.stereotype.Controller;
import org.springframework.web.bind.annotation.RequestMapping;
import org.springframework.web.bind.annotation.ResponseBody;

@Controller
public class GreetingController {
    private final GreetingService service;
    public GreetingController(GreetingService service) {
        this.service = service;
    }
    @RequestMapping("/greeting")
    public @ResponseBody String greeting() {
        return service.greet();
    }
}
```

src/main/java/hello/GreetingService.java 文件如下：

```
package hello;

import org.springframework.stereotype.Service;

@Service
public class GreetingService {
    public String greet() {
```

```
        return "Hello World";
    }
}
```

Spring 自动注入 GreetingController 对 GreetingService 的依赖(GreetingController 的构造器签名告诉了 Spring 这个依赖关系)。为了用@WebMvcTest 测试控制器 GreetingController,需要使用下面的代码。

src/test/java/hello/WebMockTest.java 文件如下:

```
package hello;

import static org.hamcrest.Matchers.containsString;
import static org.mockito.Mockito.when;
import static org.springframework.test.web.servlet.request.MockMvcRequestBuilders.get;
import static org.springframework.test.web.servlet.result.MockMvcResultHandlers.print;
import static org.springframework.test.web.servlet.result.MockMvcResultMatchers.content;
import static org.springframework.test.web.servlet.result.MockMvcResultMatchers.status;

import org.junit.Test;
import org.junit.runner.RunWith;
import org.springframework.beans.factory.annotation.Autowired;
import org.springframework.boot.test.autoconfigure.web.servlet.WebMvcTest;
import org.springframework.boot.test.mock.mockito.MockBean;
import org.springframework.test.context.junit4.SpringRunner;
import org.springframework.test.web.servlet.MockMvc;

@RunWith(SpringRunner.class)
@WebMvcTest(GreetingController.class)
public class WebMockTest {

    @Autowired
    private MockMvc mockMvc;

    @MockBean
    private GreetingService service;

    @Test
    public void greetingShouldReturnMessageFromService() throws Exception {
        when(service.greet()).thenReturn("Hello Mock");
this.mockMvc.perform(get("/greeting")).andDo(print()).andExpect(status().isOk())
                .andExpect(content().string(containsString("Hello Mock")));
    }
}
```

用@MockBean 创建和注入了 GreetingService 的模拟(否则,应用上下文就不能启动),使用 Mockito 设置断言。

在包浏览窗口中,右击 pom.xml。在弹出的快捷菜单中,选择 Run As→6 Maven Test 菜单项。构建成功后如图 9.13 所示。

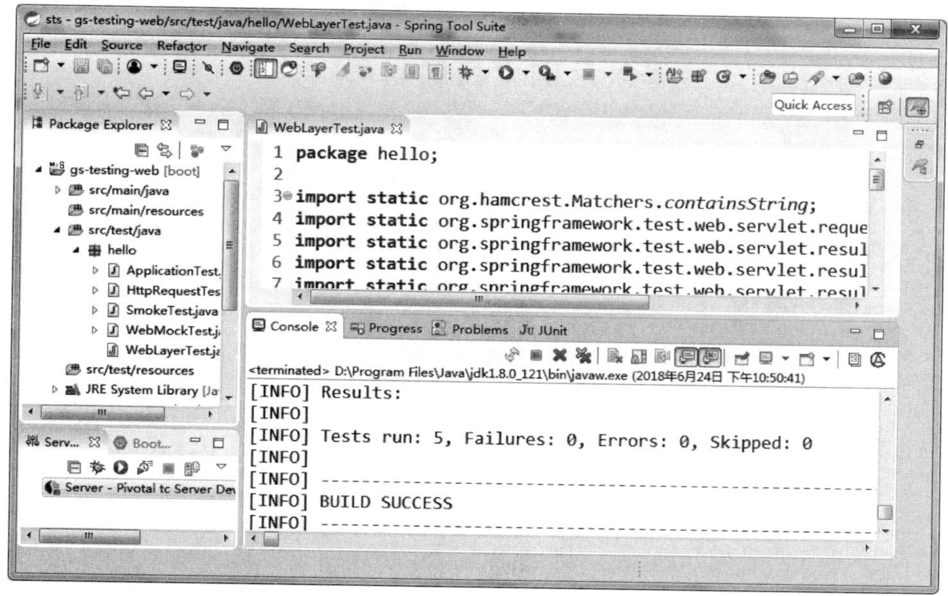

图 9.13　第 3 次执行 Maven 测试任务完成

9.3　Spring MVC Web 应用测试演练

初学者在学习编程和自动化测试时往往会感到很难，一个好的学习方法是多读读示例项目的源代码，正所谓"熟读唐诗三百首，不会作诗也会吟"。

Spring 官方提供了一个 Spring 应用示例项目 Spring PetClinic Sample Application (SPSA，https://github.com/spring-projects/spring-petclinic)，SPSA 项目的主分支是基于 Spring Boot 和 Thymeleaf 的。SPSA 还有几个分支使用了不同的技术实现的 SPSA 应用示例，如表 9.1 所示。

表 9.1　示例项目 SPSA 的分支

分支项目名称	所用技术
spring-framework-petclinic	基于 XML 配置的 Spring 框架、JSP、数据持久层技术(JDBC、JPA 和 Spring Data JPA)
javaconfig branch	与 spring-framework-petclinic 基本相同，不同的是用 Java 配置代替了 XML 配置
spring-petclinic-angularjs	AngularJS 1. x、Spring Boot 和 Spring Data JPA
spring-petclinic-angular	Petclinic REST API (spring-petclinic-rest)的 Angular 4 前端
spring-petclinic-microservices	用 Spring Cloud 构建的 Spring Petclinic 的分布式版本
spring-petclinic-reactjs	ReactJS (TypeScript) 和 Spring Boot
spring-petclinic-graphql	基于 React Appolo、TypeScript 和 GraphQL Spring boot starter 的 GraphQL 版本
spring-petclinic-kotlin	spring-petclinic 的 Kotlin 版本
spring-petclinic-rest	后端 REST API

9.3.1 在 STS 中导入示例项目源代码

首先用 Git 命令检出项目源代码：

```
git clone https://github.com/spring-projects/spring-petclinic.git
```

然后在 STS 中选择 File→Import 菜单项，在导入向导中，展开 Maven，选择 Existing Maven Projects，如图 9.14 所示。

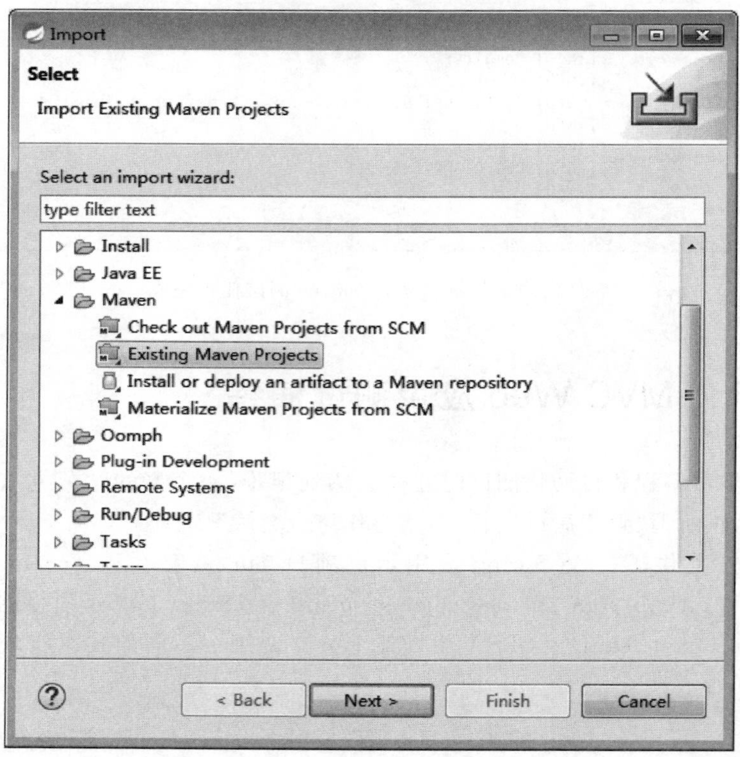

图 9.14 导入 Maven 项目向导 1

单击 Next 按钮，再单击 Browser 按钮，找到用 Git 命令检出的文件夹 spring-petclinic，如图 9.15 所示。

单击 Finish 按钮，在包浏览窗口中展开 spring-petclinic，单击 pom.xml，如图 9.16 所示。

右击 pom.xml，再选择 Run As→2 Maven Build 菜单项进行构建，构建成功后，在文件夹 spring-petclinic-master\target 中生成文件 spring-petclinic-2.0.0.BUILD-SNAPSHOT.jar。在 Windows 命令行输入如下命令启动示例应用。

```
java -jar spring-petclinic-2.0.0.BUILD-SNAPSHOT.jar
```

在浏览器地址栏输入 http://localhost:8080 访问示例应用。

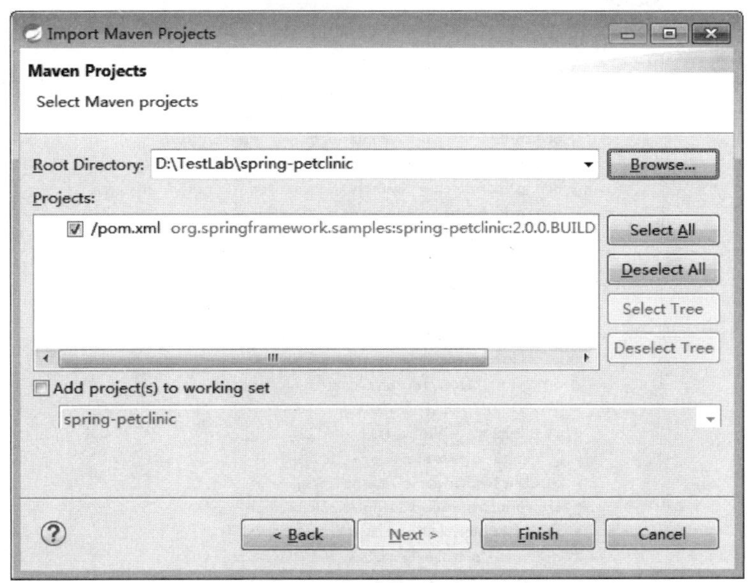

图 9.15　导入 Maven 项目向导 2

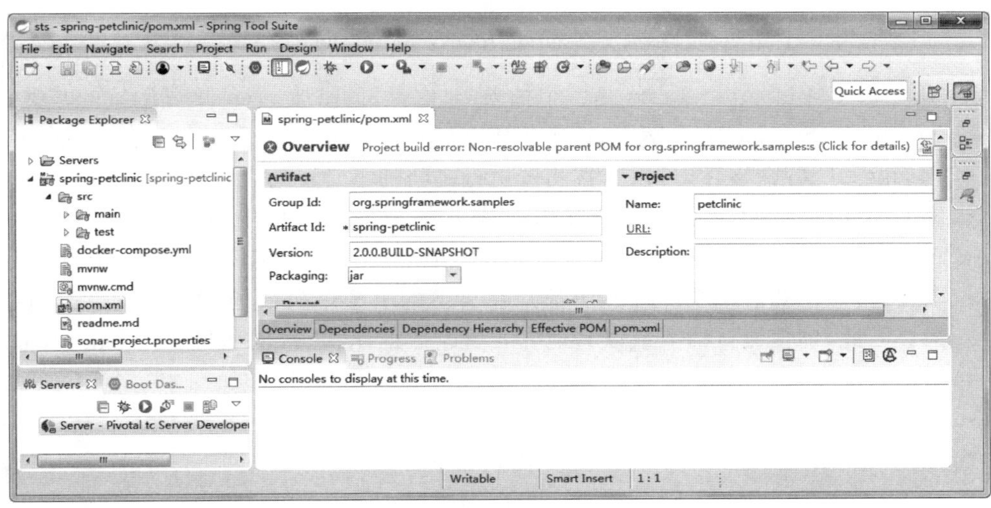

图 9.16　导入 Maven 项目完成

9.3.2　代码分析

SPSA 示例项目演示了在 JUnit 4 环境下 Spring TestContext 框架的功能。大部分测试功能都包含在类 AbstractClinicServiceTests 中。下面以项目 spring-framework-petclinic 为例，对代码做一些分析。在 STS 包浏览窗口中，展开项目 spring-framework-petclinic，如图 9.17 所示。

类 ValidatorTests 是一个普通的 JUnit 测试类，与传统的 JUnit 单元测试类不同的是，它使用了一个新的断言库 assertj（传统的 JUnit 使用的是 Hamcrest 断言库）。

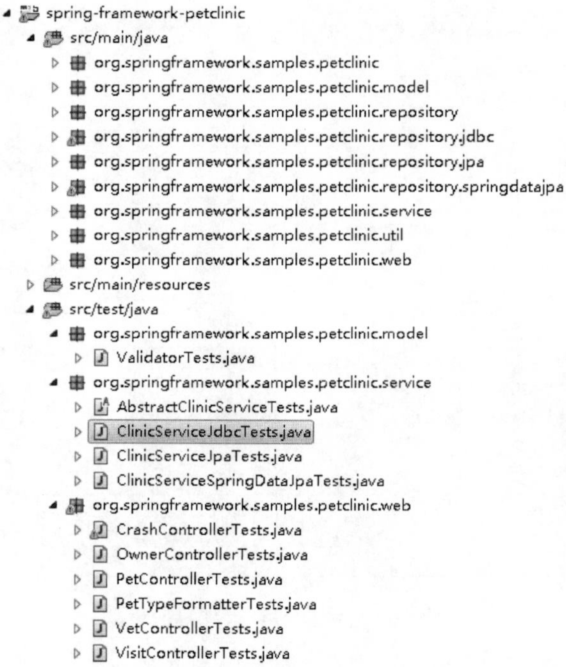

```
spring-framework-petclinic
  src/main/java
    org.springframework.samples.petclinic
    org.springframework.samples.petclinic.model
    org.springframework.samples.petclinic.repository
    org.springframework.samples.petclinic.repository.jdbc
    org.springframework.samples.petclinic.repository.jpa
    org.springframework.samples.petclinic.repository.springdatajpa
    org.springframework.samples.petclinic.service
    org.springframework.samples.petclinic.util
    org.springframework.samples.petclinic.web
  src/main/resources
  src/test/java
    org.springframework.samples.petclinic.model
      ValidatorTests.java
    org.springframework.samples.petclinic.service
      AbstractClinicServiceTests.java
      ClinicServiceJdbcTests.java
      ClinicServiceJpaTests.java
      ClinicServiceSpringDataJpaTests.java
    org.springframework.samples.petclinic.web
      CrashControllerTests.java
      OwnerControllerTests.java
      PetControllerTests.java
      PetTypeFormatterTests.java
      VetControllerTests.java
      VisitControllerTests.java
```

图 9.17 示例项目 spring-framework-petclinic 的结构

类 AbstractClinicServiceTests 是一个抽象类，它是 ClinicService 集成测试的基类。AbstractclinicServiceTests 及其子类使用了 Spring TestContext 框架的如下服务：

- Spring IoC 容器缓存，可以节省测试执行之间的不必要的设置时间。
- test fixture 实例依赖注入，意味着不需要执行应用程序上下文查找。例如，在类 AbstractclinicServiceTests 中，用注解@Autowired 标注实例变量 clinicService。
- 事务管理，意味着每个测试方法都是在自己的事务中执行的，默认情况下会自动回滚。因此，即使测试插入或以其他方式更改数据库状态，也不需要在 teardown 方法中编写清理代码。
- 应用上下文 ApplicationContext，用于显式 bean 查找。

类 AbstractClinicServiceTests 的主要代码如下：

```
package org.springframework.samples.petclinic.service;
//import …

public abstract class AbstractClinicServiceTests {

    @Autowired
    protected ClinicService clinicService;

    @Test
    public void shouldFindOwnersByLastName() {
        Collection<Owner> owners = this.clinicService.findOwnerByLastName("Davis");
        assertThat(owners.size()).isEqualTo(2);
        owners = this.clinicService.findOwnerByLastName("Daviss");
```

```
        assertThat(owners.isEmpty()).isTrue();
    }

    @Test
    public void shouldFindSingleOwnerWithPet() {
        Owner owner = this.clinicService.findOwnerById(1);
        assertThat(owner.getLastName()).startsWith("Franklin");
        assertThat(owner.getPets().size()).isEqualTo(1);
        assertThat(owner.getPets().get(0).getType()).isNotNull();
        assertThat(owner.getPets().get(0).getType().getName()).isEqualTo("cat");
    }

    @Test
    @Transactional
    public void shouldInsertOwner() {
        Collection<Owner> owners = this.clinicService.findOwnerByLastName("Schultz");
        int found = owners.size();

        Owner owner = new Owner();
        owner.setFirstName("Sam");
        owner.setLastName("Schultz");
        owner.setAddress("4, Evans Street");
        owner.setCity("Wollongong");
        owner.setTelephone("4444444444");
        this.clinicService.saveOwner(owner);
        assertThat(owner.getId().longValue()).isNotEqualTo(0);

        owners = this.clinicService.findOwnerByLastName("Schultz");
        assertThat(owners.size()).isEqualTo(found + 1);
    }
//……

}
```

在上面的代码中，注解@Autowired 标注实例变量 clinicService 为被测应用对象。注解@Test 标注方法 shouldFindOwnersByLastName()等为测试方法。注解@Transactional 标注方法 shouldInsertOwner()在自己的事务中执行。

在类 AbstractClinicServiceTests 的子类中应当用注解@ContextConfiguration 指明 Spring context 配置文件。类 AbstractClinicServiceTests 有三个子类：ClinicServiceJdbcTests、ClinicServiceJpaTests 和 ClinicServiceJpaTests。例如，子类 ClinicServiceJdbcTests 的主要代码如下：

```
package org.springframework.samples.petclinic.service;

//import …

@ContextConfiguration(locations = {"classpath:spring/business-config.xml"})
@RunWith(SpringJUnit4ClassRunner.class)
@ActiveProfiles("jdbc")
```

```
public class ClinicServiceJdbcTests extends AbstractClinicServiceTests {
}
```

在上面的代码中，注解@ContextConfiguration(locations 指明了 Spring context 配置文件为 classpath:spring/business-config. xml，被标注的类 ClinicServiceJdbcTests 将读取配置文件 business-config. xml。注解@RunWith(SpringJUnit4ClassRunner. class)标注类 ClinicServiceJdbcTests 在 SpringJUnit4 运行器中运行。注解@ActiveProfiles("jdbc")标注类 ClinicServiceJdbcTests 加载 ApplicationContext 时激活 bean 定义 profile(jdbc)。在配置文件 business-config. xml 中已经定义好了三种 bean 定义 profile：jdbc、jpa 和 spring-data-jpa。

包 org. springframework. samples. petclinic. web 中有六个测试类：CrashControllerTests、OwnerControllerTests、PetControllerTests、PetTypeFormatterTests、VetControllerTests 和 VisitControllerTests。分别对六个控制器类 CrashController、OwnerController、PetController、PetTypeFormatter、VetController 和 VisitController 进行测试。

下面以类 CrashControllerTests 为例，对这六个控制器类进行分析。

```
package org.springframework.samples.petclinic.web;

//import…

@RunWith(SpringJUnit4ClassRunner.class)
@ContextConfiguration({"classpath:spring/mvc - core - config.xml", "classpath:spring/mvc -
test - config.xml"})
@WebAppConfiguration
public class CrashControllerTests {

    @Autowired
    private CrashController crashController;

    @Autowired
    private SimpleMappingExceptionResolver simpleMappingExceptionResolver;

    private MockMvc mockMvc;

    @Before
    public void setup() {
        this.mockMvc = MockMvcBuilders
                .standaloneSetup(crashController)
                .setHandlerExceptionResolvers(simpleMappingExceptionResolver)
                .build();
    }

    @Test
    public void testTriggerException() throws Exception {
        mockMvc.perform(get("/oups"))
                .andExpect(view().name("exception"))
                .andExpect(model().attributeExists("exception"))
                .andExpect(forwardedUrl("exception"))
```

```
            .andExpect(status().isOk());
    }
}
```

在上面的代码中，注解@Autowired标注了两个被测类：CrashController和SimpleMappingExceptionResolver。注解@WebAppConfiguration标注测试类CrashControllerTests加载WebApplicationContext。注解@WebAppConfiguration必需和注解@ContextConfiguration一起使用。注解@WebAppConfiguration的默认值file:src/main/webapp指定了Web应用的根路径。方法setup()给实例变量mockMvc赋值(创建一个模拟MVC测试环境)。方法testTriggerException()中的代码mockMvc.perform(get("/oups"))执行一个请求；代码.andExpect(view().name("exception"))添加验证断言。换句话说，方法testTriggerException()的作用是，如果访问http://WebApplicationContext/oups时，那么视图层(view)和模型层(model)应当出现异常，页面应当重定向到异常页面，测试通过。

实训任务

任务1：参照9.2节，创建一个简单Spring Boot应用，然后运行、测试这个Spring Boot应用。

任务2：参照9.3节，在STS中导入示例项目源代码，分析代码，执行测试。

第10章 Android App测试

本章主要内容

Android App 测试简介

Android App 测试工具

Android App 测试演练

知识拓展：Appium 介绍

移动应用在企业的地位越来越重要，消费者对移动设备的要求也越来越高。为适应这一需求，测试团队必须在移动设备推出市场之前，对其性能进行一系列的评估和测试。然而，这是一项既耗时又耗资源的工作，尤其是移动设备的种类、型号繁多，移动设备的自动化测试非常复杂。如何更有效地进行移动应用的测试是我们必须面对的问题。

10.1 什么是 Android App 测试

本节首先简要介绍了 Android App 测试，然后介绍了 Android App 测试的常见工具。

10.1.1 Android App 测试简介

Android 是一种基于 Linux 的自由及开放源代码的操作系统，主要使用于移动设备，如智能手机和平板电脑，由 Google 公司和开放手机联盟领导及开发。

Android App 是指基于 Android 操作系统的移动应用，由于 Android App 是一个新型的软件，从它诞生开始就对软件测试非常重视。Android App 的开发语言是 Java 编程语言，可以用 Java 集成开发工具(例如 Eclipse 或 IntelliJ IDEA)开发 Android App。Google 提供了 Android App 的集成开发环境 Android Studio。

Android Studio 以简化测试为设计宗旨。只需完成几次单击操作，便可建立一个在本地 JVM 上运行的 JUnit 测试，或建立一个在设备上运行的仪器测试。

当然，也可以通过集成测试框架来扩展测试能力，例如可以集成 Mockito(mockito 是 Java 程序单元测试 mock 框架）在本地单元测试中测试 Android API 调用，以及集成 Espresso 或 UI Automator 在仪器测试中演练用户交互。

可以利用 Espresso 测试记录器自动生成 Espresso 测试。

Google 用测试金字塔描述了 Android App 的三个测试级别：单元测试、集成测试和 UI

测试,如图 10.1 所示。

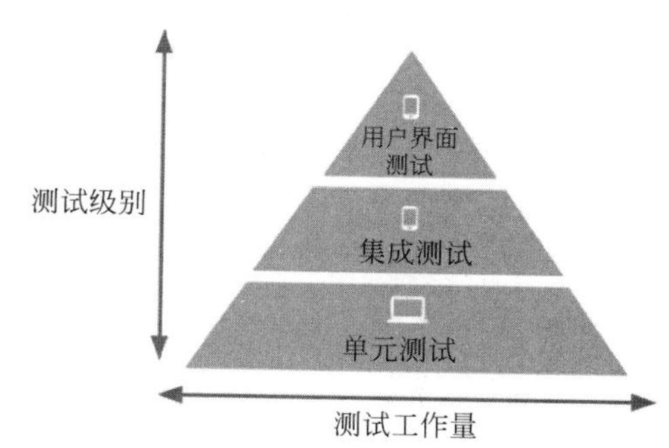

图 10.1 Android App 测试金字塔

Google 建议这三个级别的测试在 Android App 测试中所占的百分比分别为 70%、20%、10%。

Android 框架包含了一个测试框架,用于对 Android App 进行测试。SDK 工具包含了设置和运行测试的工具。Android SDK 包含了三个包:android.test、android.test.mock 和 android.test.suitebuilder。

- android.test:用于编写 Android 测试用例和测试套件。
- android.test.mock:为各种 Android App 构件提供了实用类(桩或模拟类)。
- android.test.suitebuilder:支持 Test Runner 的实用类。

10.1.2 Android App 测试工具

以下介绍几种 Android App 测试工具。

1. Robotium Android 测试工具

Robotium 是一款经常使用的自动化测试工具软件,支持 Android。

Robotium 是一个免费的 Android UI 测试工具。它适用于为不同的 Android 版本和子版本测试自动化。软件开发人员经常把它描述为 Android Selenium。Robotium 测试是用 Java 写的。事实上,Robotium 是一个单元测试库。

但通过 Robotium 创建测试需要花费很多时间和努力,因为为了自动化测试还需要修改程序源代码。该工具也不适合与系统软件的交互,它不能锁定和解锁智能手机或平板电脑。Robotium 也没有录制回放功能,也不提供截图。

详见官网 https://github.com/robotiumtech/robotium(http://www.robotium.org)。

2. MonkeyRunner Android App 测试工具

MonkeyRunner 是一款流行的 Android 测试工具,用于自动化功能测试。

这个工具比 Robotium 低一个层次。它不必处理源代码来做自动化测试;可以用 Python 写,并且可以使用录制工具来创建测试。

MonkeyRunner 可以连接到计算机或模拟真实设备运行测试。该工具有一个接口,用它来控制智能手机、平板电脑或外部模拟器的 Android 代码。

这个测试工具的缺点是,它必须为每个设备编写脚本。另一个问题是,每次测试程序的用户界面变化都需要调整测试脚本。

3. Ranorex Android App 测试工具

Ranorex 不仅可以支持最新 Android 版本,还支持从 Android 2.2 开始的早期版本和分支版本。

Ranorex 的优势是它有详细的截屏报告。它能通过 WiFi 连接智能手机和平板电脑。

使用这个 Android 测试工具的自动化测试工程师不必使用 XML 数据格式,就可以详细编写数据驱动的测试。Ranorex 使自动化测试工程师只要单击鼠标就可容易地创建测试。它允许详细声明额外的程序模块,来用于在后期开发周期中测试更复杂的场景。

它是一个商业的移动应用工具,其许可价格为 1990 欧元。不过 Ranorex 搜索功能相当慢;它需要 30s 来完成这样的操作。我们必须为 Ranorex 配备 APK 文件设备,否则无法通过这个工具实现自动化测试,因为它只能在 APK 文件设备上工作。

详见官网 https://www.ranorex.com。

4. Appium Android App 测试自动化框架

这是一个可以为 iOS 和 Android 做自动化测试的框架。它是一个开源工具。它支持 2.3 及以后的 Android 版本。Appium 利用 WebDriver 接口运行测试。它支持多种编程语言,如 Java、C#、Ruby 和其他在 WebDriver 库中的语言。

它可以控制移动设备上的 Safari 和 Chrome。这样测试移动网站可使用 Appium 和这些浏览器。

一些自动化测试工程师抱怨说,它没有详细的报告。其弱点还有减少了在移动设备上的 XPath 支持。

详见官网 http://appium.io。

5. UI Automator Android App 测试自动化工具

这款工具是 Google 最近发布的。它支持从 4.1 开始的 Android 版本。这样就要再选择另一个 Android 应用测试工具来做早期版本自动化测试。UI Automator 能够与各种 Android 软件产品交互,包括系统中的应用。这使 UI Automator 可以锁定和解锁智能手机或平板电脑。

通过这个工具创建的脚本可以在许多不同的 Android 平台上执行。它可以重现复杂的用户操作动作。

UI Automator 也可以利用一个设备的外部按键,如回放键、音量调节键、开关键来控制。

它可以集成测试框架 TestNG。在这种情况下,UI Automator 可以生成丰富和详细的报告,类似于 Ranorex 生成报告。另外,这个工具搜索速度非常快。

软件测试专家发现 UI Automator 是一款适用于许多 Android 平台的移动应用测试。它是一款最适合 Android 应用测试的工具之一,因为它是由 Google 专门为这个操作系统发布的。

通常约有 80%的新软件 Bug 能在所有支持的平台上重现。因此,一个可执行在广泛使用的平台上的移动测试工具是可以发现高达 80%的缺陷。其余 20%将会在其他平台上被发现。这意味着,在大多数情况下,在更少的测试平台上完整地做测试比在众多平台上匆忙测试更好。

目前,Android 操作系统设备上约 66%使用的是 Android 4.1。这就是许多自动化测试工程师认定 UI Automator 是最合适的解决方案的原因。

Ranorex 经常用于早期的 Android 版本测试。

详见官网 https://developer.android.com/training/testing/ui-automator。

6. TestBird 测试平台

这个工具平台是 TestBird 前不久发布的。TestBird 自动回归测试平台为手游/App 开发者提供 App 自动化回归测试，简单单击自动生成图片用例；多台手机同时执行用例回归；基线对比，找出问题；调整基线，维护测试用例；一键生成报告，全面提升测试效率和质量。

TestBird 最初是从手游测试开始起步，在手游圈积累了很高的知名度，目前在逐步向 App 测试领域进军，同时 TestBird 也加入了智能硬件的测试领域。基于全球首创的对象识别技术，TestBird 可以深入到移动 App& 游戏内部所有功能的深度解析能力。TestBird 建立了云手机、云测试和云分析三大测试平台，通过自助 App 功能测试、远程真机调试、真机兼容性测试、真人体验测试、真人压力测试和崩溃分析等，为移动应用提供从研发到上线再到运营的一站式质量管理服务。

详见官网 https://www.testbird.com。

10.2 Android App 测试起步

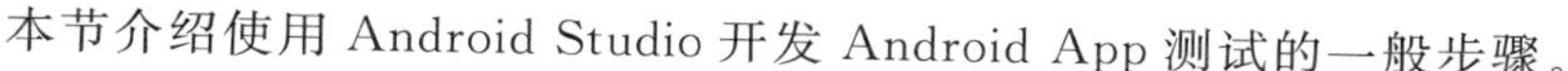

本节介绍使用 Android Studio 开发 Android App 测试的一般步骤。

10.2.1 从模板新建 Android Studio 项目

启动 Android Studio，如图 10.2 所示。

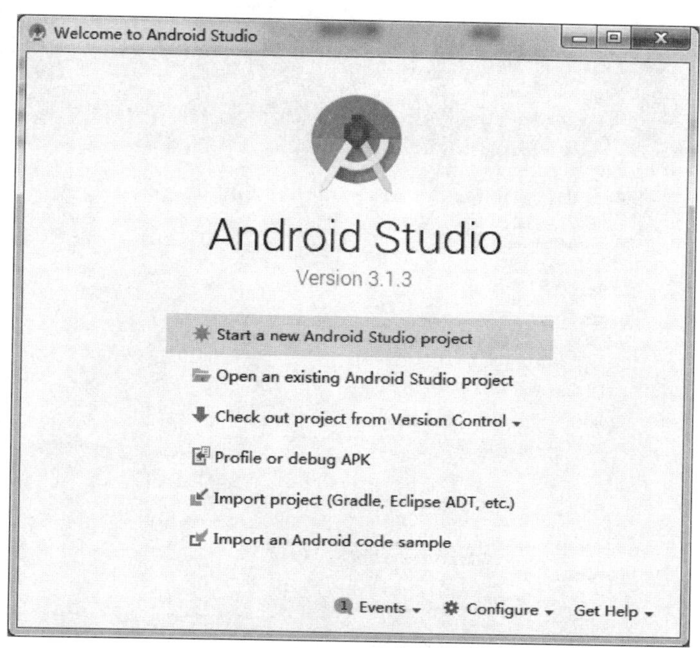

图 10.2　Android Studio 启动界面

单击 Start a new Android Studio project 链接，输入 Application name、Company domain、Project location，单击“下一个”按钮，如图 10.3 所示。

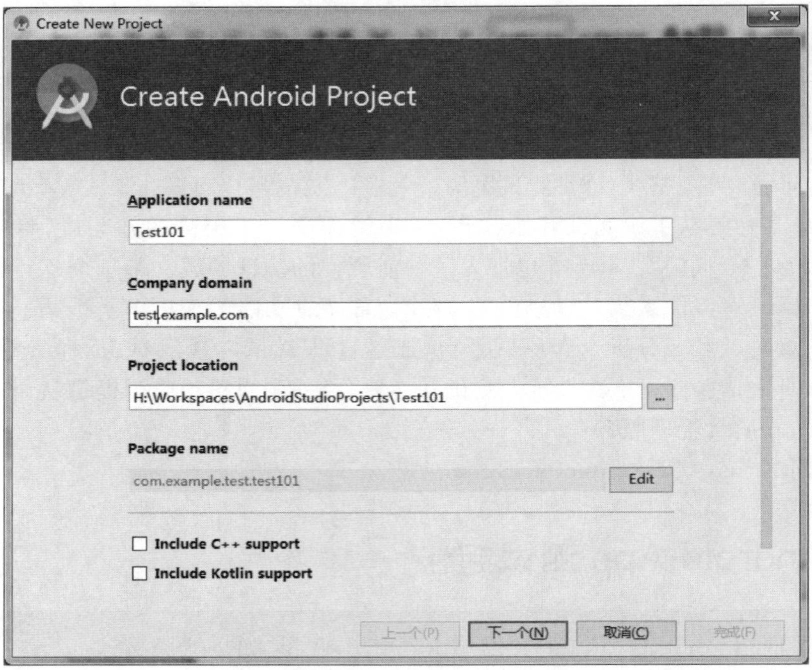

图 10.3 输入 App 名称

选择设备类型、API 版本，单击“下一个”按钮，如图 10.4 所示。

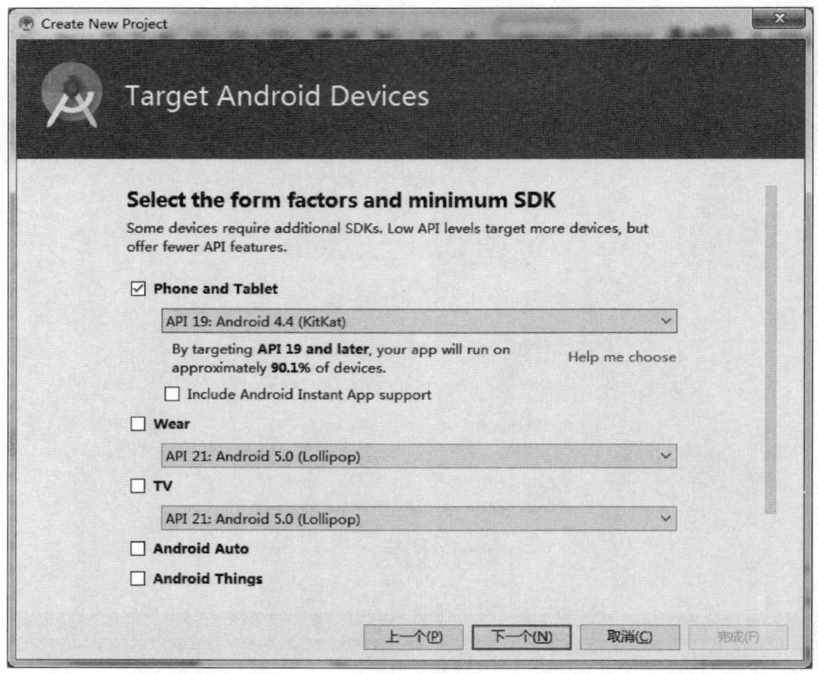

图 10.4 选择 App 的运行设备

选择 Activity 模板，单击“下一个”按钮，如图 10.5 所示。

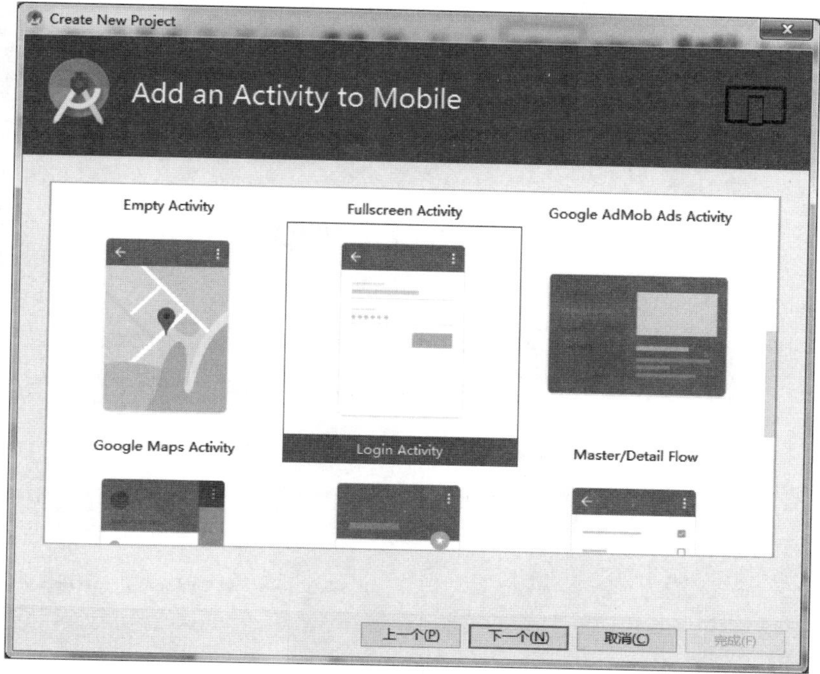

图 10.5 选择 Activity 模板

设置 Activity，输入 Activity Name、Layout Name 和 Title，单击“完成”按钮，如图 10.6 所示。

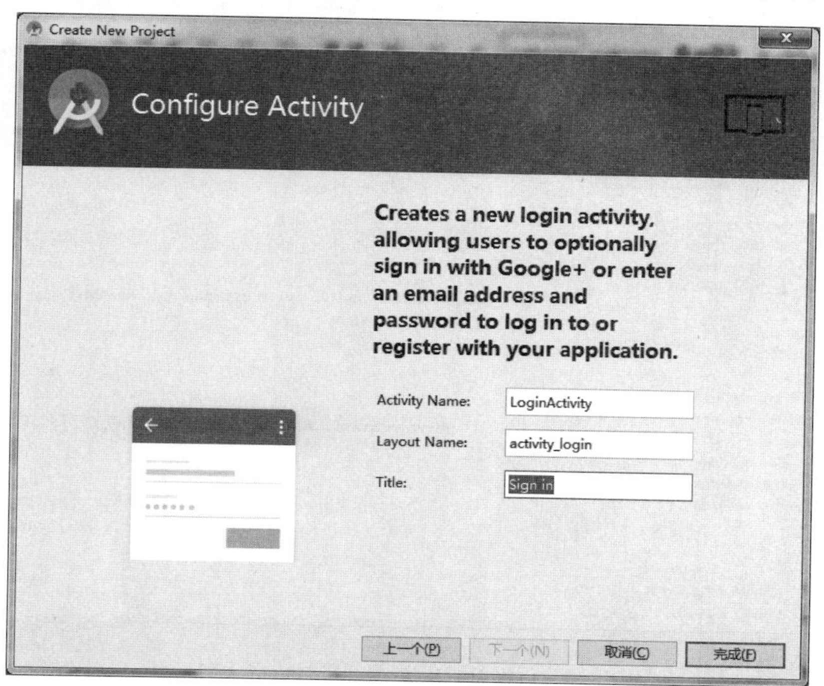

图 10.6 设置 Activity

等待 Gradle 完成构建任务，如图 10.7 所示。

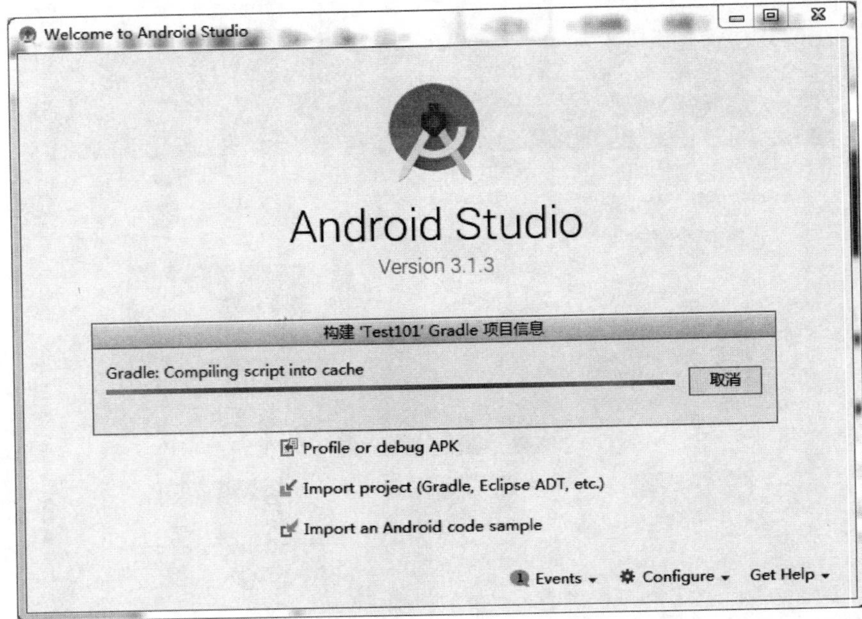

图 10.7 Gradle 正在构建 App

Gradle 构建完成后，Android Studio 的界面如图 10.8 所示。

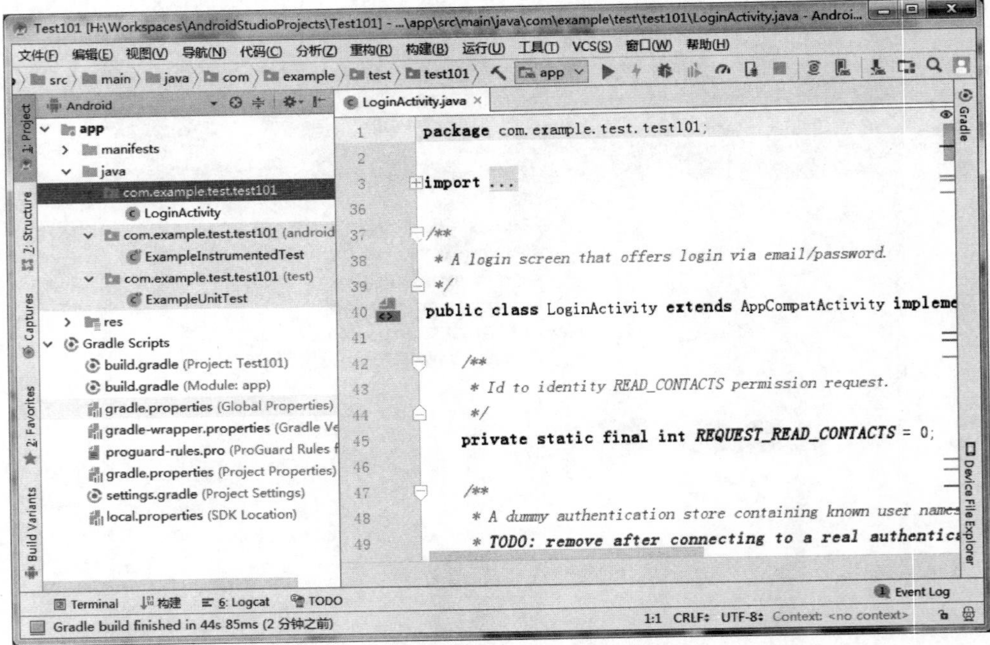

图 10.8 从模板新建的 Android Studio 项目

10.2.2 Android Studio 项目分析

从 LoginActivity 模板创建的 Android Studio 项目有三个类：LogoinActivity、ExampleInstrumentedTest 和 ExampleUnitTest。

LogoinActivity：它是 Android App 的登录屏幕类，提供了输入用户名、密码登录系统的功能。

```
package com.example.test.test101;

//import …

/**
 * A login screen that offers login via email/password.
 */
public class LoginActivity extends AppCompatActivity implements LoaderCallbacks<Cursor> {

    /**
     * Id to identity READ_CONTACTS permission request.
     */
    private static final int REQUEST_READ_CONTACTS = 0;

    /**
     * A dummy authentication store containing known user names and passwords.
     * TODO: remove after connecting to a real authentication system.
     */
    private static final String[] DUMMY_CREDENTIALS = new String[]{
            "foo@example.com:hello", "bar@example.com:world"
    };
    /**
     * Keep track of the login task to ensure we can cancel it if requested.
     */
    private UserLoginTask mAuthTask = null;

    // UI references.
    private AutoCompleteTextView mEmailView;
    private EditText mPasswordView;
    private View mProgressView;
    private View mLoginFormView;

    @Override
    protected void onCreate(Bundle savedInstanceState) {
        super.onCreate(savedInstanceState);
        setContentView(R.layout.activity_login);
        // Set up the login form.
        mEmailView = (AutoCompleteTextView) findViewById(R.id.email);
        populateAutoComplete();

        mPasswordView = (EditText) findViewById(R.id.password);
        mPasswordView.setOnEditorActionListener(new TextView.OnEditorActionListener() {
```

```
            @Override
            public boolean onEditorAction(TextView textView, int id, KeyEvent keyEvent) {
                if (id == EditorInfo.IME_ACTION_DONE || id == EditorInfo.IME_NULL) {
                    attemptLogin();
                    return true;
                }
                return false;
            }
        });

        Button mEmailSignInButton = (Button) findViewById(R.id.email_sign_in_button);
        mEmailSignInButton.setOnClickListener(new OnClickListener() {
            @Override
            public void onClick(View view) {
                attemptLogin();
            }
        });

        mLoginFormView = findViewById(R.id.login_form);
        mProgressView = findViewById(R.id.login_progress);
    }

    private void populateAutoComplete() {
        if (!mayRequestContacts()) {
            return;
        }

        getLoaderManager().initLoader(0, null, this);
    }

    private boolean mayRequestContacts() {
        if (Build.VERSION.SDK_INT < Build.VERSION_CODES.M) {
            return true;
        }
        if (checkSelfPermission(READ_CONTACTS) == PackageManager.PERMISSION_GRANTED) {
            return true;
        }
        if (shouldShowRequestPermissionRationale(READ_CONTACTS)) {
            Snackbar.make(mEmailView, R.string.permission_rationale, Snackbar.LENGTH_
INDEFINITE)
                    .setAction(android.R.string.ok, new View.OnClickListener() {
                        @Override
                        @TargetApi(Build.VERSION_CODES.M)
                        public void onClick(View v) {
                            requestPermissions(new String[]{READ_CONTACTS}, REQUEST_READ
_CONTACTS);
                        }
                    });
        } else {
            requestPermissions(new String[]{READ_CONTACTS}, REQUEST_READ_CONTACTS);
        }
```

```
            return false;
        }

        /**
         * Callback received when a permissions request has been completed.
         */
        @Override
        public void onRequestPermissionsResult(int requestCode, @NonNull String[] permissions,
                                               @NonNull int[] grantResults) {
            if (requestCode == REQUEST_READ_CONTACTS) {
                if (grantResults.length == 1 && grantResults[0] == PackageManager.PERMISSION_
GRANTED) {
                    populateAutoComplete();
                }
            }
        }


        /**
         * Attempts to sign in or register the account specified by the login form.
         * If there are form errors (invalid email, missing fields, etc.), the
         * errors are presented and no actual login attempt is made.
         */
        private void attemptLogin() {
            if (mAuthTask != null) {
                return;
            }

            // Reset errors.
            mEmailView.setError(null);
            mPasswordView.setError(null);

            // Store values at the time of the login attempt.
            String email = mEmailView.getText().toString();
            String password = mPasswordView.getText().toString();

            boolean cancel = false;
            View focusView = null;

            // Check for a valid password, if the user entered one.
            if (!TextUtils.isEmpty(password) && !isPasswordValid(password)) {
                mPasswordView.setError(getString(R.string.error_invalid_password));
                focusView = mPasswordView;
                cancel = true;
            }

            // Check for a valid email address.
            if (TextUtils.isEmpty(email)) {
                mEmailView.setError(getString(R.string.error_field_required));
                focusView = mEmailView;
                cancel = true;
```

```
        } else if (!isEmailValid(email)) {
            mEmailView.setError(getString(R.string.error_invalid_email));
            focusView = mEmailView;
            cancel = true;
        }

        if (cancel) {
            // There was an error; don't attempt login and focus the first
            // form field with an error.
            focusView.requestFocus();
        } else {
            // Show a progress spinner, and kick off a background task to
            // perform the user login attempt.
            showProgress(true);
            mAuthTask = new UserLoginTask(email, password);
            mAuthTask.execute((Void) null);
        }
    }

    private boolean isEmailValid(String email) {
        //TODO: Replace this with your own logic
        return email.contains("@");
    }

    private boolean isPasswordValid(String password) {
        //TODO: Replace this with your own logic
        return password.length() > 4;
    }

    /**
     * Shows the progress UI and hides the login form.
     */
    @TargetApi(Build.VERSION_CODES.HONEYCOMB_MR2)
    private void showProgress(final boolean show) {
        // On Honeycomb MR2 we have the ViewPropertyAnimator APIs, which allow
        // for very easy animations. If available, use these APIs to fade-in
        // the progress spinner.
        if (Build.VERSION.SDK_INT >= Build.VERSION_CODES.HONEYCOMB_MR2) {
            int shortAnimTime = getResources().getInteger(android.R.integer.config_
shortAnimTime);

            mLoginFormView.setVisibility(show ? View.GONE : View.VISIBLE);
            mLoginFormView.animate().setDuration(shortAnimTime).alpha(
                    show ? 0 : 1).setListener(new AnimatorListenerAdapter() {
                @Override
                public void onAnimationEnd(Animator animation) {
                    mLoginFormView.setVisibility(show ? View.GONE : View.VISIBLE);
                }
            });

            mProgressView.setVisibility(show ? View.VISIBLE : View.GONE);
```

```
            mProgressView.animate().setDuration(shortAnimTime).alpha(
                    show ? 1 : 0).setListener(new AnimatorListenerAdapter() {
                @Override
                public void onAnimationEnd(Animator animation) {
                    mProgressView.setVisibility(show ? View.VISIBLE : View.GONE);
                }
            });
        } else {
            // The ViewPropertyAnimator APIs are not available, so simply show
            // and hide the relevant UI components.
            mProgressView.setVisibility(show ? View.VISIBLE : View.GONE);
            mLoginFormView.setVisibility(show ? View.GONE : View.VISIBLE);
        }
    }

    @Override
    public Loader<Cursor> onCreateLoader(int i, Bundle bundle) {
        return new CursorLoader(this,
                // Retrieve data rows for the device user's 'profile' contact.
                Uri.withAppendedPath(ContactsContract.Profile.CONTENT_URI,
                        ContactsContract. Contacts. Data. CONTENT _ DIRECTORY ),
ProfileQuery.PROJECTION,

                // Select only email addresses.
                ContactsContract.Contacts.Data.MIMETYPE +
                        " = ?", new String[]{ContactsContract.CommonDataKinds.Email
                .CONTENT_ITEM_TYPE},

                // Show primary email addresses first. Note that there won't be
                // a primary email address if the user hasn't specified one.
                ContactsContract.Contacts.Data.IS_PRIMARY + " DESC");
    }

    @Override
    public void onLoadFinished(Loader<Cursor> cursorLoader, Cursor cursor) {
      List<String> emails = new ArrayList<>();
      cursor.moveToFirst();
      while (!cursor.isAfterLast()) {
          emails.add(cursor.getString(ProfileQuery.ADDRESS));
          cursor.moveToNext();
      }

      addEmailsToAutoComplete(emails);
    }

    @Override
    public void onLoaderReset(Loader<Cursor> cursorLoader) {

    }

    private void addEmailsToAutoComplete(List<String> emailAddressCollection) {
```

```
            //Create adapter to tell the AutoCompleteTextView what to show in its dropdown list.
            ArrayAdapter<String> adapter =
                    new ArrayAdapter<>(LoginActivity.this,
                            android.R.layout.simple_dropdown_item_1line, emailAddressCo
llection);

            mEmailView.setAdapter(adapter);
        }


        private interface ProfileQuery {
            String[] PROJECTION = {
                    ContactsContract.CommonDataKinds.Email.ADDRESS,
                    ContactsContract.CommonDataKinds.Email.IS_PRIMARY,
            };

            int ADDRESS = 0;
            int IS_PRIMARY = 1;
        }

        /**
         * Represents an asynchronous login/registration task used to authenticate
         * the user.
         */
        public class UserLoginTask extends AsyncTask<Void, Void, Boolean> {

            private final String mEmail;
            private final String mPassword;

            UserLoginTask(String email, String password) {
                mEmail = email;
                mPassword = password;
            }

            @Override
            protected Boolean doInBackground(Void... params) {
                // TODO: attempt authentication against a network service.

                try {
                    // Simulate network access.
                    Thread.sleep(2000);
                } catch (InterruptedException e) {
                    return false;
                }

                for (String credential : DUMMY_CREDENTIALS) {
                    String[] pieces = credential.split(":");
                    if (pieces[0].equals(mEmail)) {
                        // Account exists, return true if the password matches.
                        return pieces[1].equals(mPassword);
                    }
```

```
                }

                // TODO: register the new account here.
                return true;
            }

            @Override
            protected void onPostExecute(final Boolean success) {
                mAuthTask = null;
                showProgress(false);

                if (success) {
                        finish();
                } else {
                        mPasswordView.setError(getString(R.string.error_incorrect_
password));

                        mPasswordView.requestFocus();
                }
            }

            @Override
            protected void onCancelled() {
                mAuthTask = null;
                showProgress(false);
            }
        }
    }
```

ExampleInstrumentedTest：它是真机单元测试类。

```
package com.example.test.test101;

import android.content.Context;
import android.support.test.InstrumentationRegistry;
import android.support.test.runner.AndroidJUnit4;

import org.junit.Test;
import org.junit.runner.RunWith;

import static org.junit.Assert.*;

/**
 * Instrumented test, which will execute on an Android device.
 *
 * @see <a href="http://d.android.com/tools/testing">Testing documentation</a>
 */
@RunWith(AndroidJUnit4.class)
public class ExampleInstrumentedTest {
    @Test
    public void useAppContext() {
        // Context of the app under test.
```

```
        Context appContext = InstrumentationRegistry.getTargetContext();
        assertEquals("com.example.test.test101", appContext.getPackageName());
    }
}
```

ExampleUnitTest：它是模拟单元测试类。

```
package com.example.test.test101;

import org.junit.Test;

import static org.junit.Assert.*;

/**
 * Example local unit test, which will execute on the development machine (host).
 *
 * @see <a href="http://d.android.com/tools/testing">Testing documentation</a>
 */
public class ExampleUnitTest {
    @Test
    public void addition_isCorrect() {
        assertEquals(4, 2 + 2);
    }
}
```

10.2.3 运行 App 和测试

右击 LoginActivity 类，选择"运行 Login Activity"菜单项将运行 App。

右击 ExampleInstrumentedTest 类，选择"运行 ExampleInstrumentedTest"菜单项将运行真机单元测试。

右击 ExampleUnitTest 类，选择"运行 ExampleUnitTest"菜单项将运行模拟单元测试。

10.3 Android App 测试演练

本节先介绍 App 单元测试、UI 测试、集成测试、性能测试的一般概念，然后介绍 Google 提供的测试示例。

10.3.1 App 单元测试

第 4 章单元测试的一般方法适用于 Android App 的单元测试，特别地，我们一般用单元测试对 Android App 包含处理逻辑的单元进行测试，而处理复杂的 UI 交互事件的单元不适合使用单元测试，应当使用 UI 测试框架。

Android App 单元测试可以分为以下两种：

- 模拟单元测试——是指在开发机的 JVM 上运行的单元测试。
- 真机单元测试——是指运行在真机或模拟器上的单元测试。

1. 模拟单元测试

如果测试不依赖或很少依赖于 Android,那么应当使用模拟单元测试。模拟单元测试通常使用 Mock 框架,例如 Mockito。

模拟单元测试的一般步骤如下:

- 设置测试环境。
- 创建模拟单元测试类。
- 模拟对 Android 的依赖。
- 运行模拟单元测试。

2. 真机单元测试

真机单元测试可以利用 Android API 和支持的其他 API(例如,Android Test)。如果测试需要访问设备信息(例如,目标 App 的 Context),或者要求 Android 组件(例如,Parcelable 或 SharedPreference 对象)的真实实现,就需要创建真机单元测试。

真机单元测试的一般步骤如下:

- 设置测试环境。
- 创建真机单元测试类。
- 创建测试套件。
- 运行真机单元测试。

10.3.2 App UI 测试

UI 测试的目的是确保 App 满足功能性要求,UI 测试的方法有两种:一种是人工测试,测试员操作 App,通过用户界面与 App 交互,验证 App 能够正常运行;另一种是 UI 自动化测试,使用 UI 测试框架,编写测试代码,模拟人工操作 App,进行特定场景的测试。

UI 自动化测试可以分为以下两种:

- 单应用中的 UI 测试。这种类型的测试目标是验证被测 App 在用户执行特定动作或在交互活动中输入特定输入时能按预期进行。它允许你检查被测 App 响应用户交互返回正确的 UI 输出。UI 测试框架 Espresso 允许你以编程方式模拟用户行为并测试复杂的 App 内部用户交互。
- 跨应用的 UI 测试。这种测试的目标是验证不同用户 App 之间或用户 App 和系统 App 之间能够正常交互。例如,用户可能想测试他的相机 App 与第三方社交媒体 App 或者默认的 Android 照片 App 能够正确共享图片。支持跨应用程序交互的 UI 测试框架,如 UI Automator,允许用户为这样的场景创建测试。

1. 单应用中的 UI 测试

Android 测试提供的 Espresso 测试框架提供了编写 UI 测试的 API,使得我们可以在单个应用中模拟用户与 App 的交互。Espresso API 是真机测试 API,使用 AndroidJUnitRunner 测试运行器。

单应用中的 UI 测试的一般步骤如下:

(1) 设置 Espresso。
(2) 创建 Espresso 测试类。
(3) 使用 ActivityTestRule。
(4) 访问 UI 组件。
(5) 指定 View Matcher。
(6) 在 AdapterView 中定位 View。
(7) 执行操作。
(8) 使用 Espresso Intent 隔离测试 Activity。
(9) 使用 Espresso Web 测试 WebView。
(10) 验证测试结果。
(11) 在真机或模拟器上运行 Espresso 测试。

2. 跨应用的 UI 测试

Android Test 提供的 UI Automator 测试框架提供了编写 UI 测试的 API,使得我们可以与真机上的可见元素交互。UI Automator 测试可以使用方便的描述符,例如,组件中显示的文本或内容描述,查找 UI 组件。UI Automator API 是真机测试 API,使用 AndroidJUnitRunner 测试运行器。

跨应用的 UI 测试的一般步骤如下:
(1) 设置 UI Automator。
(2) 检查真机上的 UI。
(3) 确认 Activity 是可以访问的。
(4) 创建 UI Automator 测试类。
(5) 访问 UI 组件。
(6) 指定 selector。
(7) 执行一个操作。
(8) 执行一组操作。
(9) 执行对可滚动 View 的操作。
(10) 验证测试结果。
(11) 在真机或模拟器上运行 Espresso 测试。

10.3.3 App 集成测试

如果 App 使用了一些用户不能与其直接交互的组件,例如,Service 或 Content Provider,就必须使用集成测试,验证这些组件工作正常。

1. Service 的测试

Android 测试提供了隔离测试 Service 对象的 API。ServiceTestRule 类是一个 JUnit 4 规则,它在单元测试方法运行前启动 Service,在单元测试完成后终止 Service。

Service 测试的一般步骤如下:
(1) 设置测试环境。

(2) 创建 Service 集成测试。

(3) 运行 Service 集成测试。

2. Content Provider 的测试

为了隔离地测试 Content Provider，需要使用 ProviderTestCase2 类。ProviderTestCase2 类允许我们使用 Android Mock 对象类(例如，IsolatedContext 和 MockContentResolver)访问文件和数据库。

通过编写 JUnit 4 测试类可以对 Content Provider 进行集成测试。

Content Provider 测试的一般步骤如下：

(1) 创建 ProviderTestCase2 的子类。

(2) 用@RunWith(AndroidJUnit4.class)标注测试类。

(3) 指定 Android Test 提供的 AndroidJUnitRunner 类作为默认的测试运行器。

(4) 设置 Context，如下面的代码片段所示：

```
@Override
protected void setUp() throws Exception {
    super.setUp();
    setContext(InstrumentationRegistry.getTargetContext());
}
```

10.3.4 App 性能测试

App 性能测试与 Web 应用的性能测试(见第 7 章)有很大的不同，影响 App 性能的因素如表 10.1 所示。

表 10.1 影响 App 性能的因素中英文对照表

核心因素	
ANR rates	ANR 率
Crash rates	崩溃率
Excessive wakeups	唤醒次数过多
Stuck partial wake locks	部分唤醒锁定操作卡住
其他因素	
Excessive background Wi-Fi scans	后台 WiFi 扫描次数过多
Excessive background network usage	后台网络使用量过高
App startup time	应用程序启动时间
Slow rendering	呈现速度慢
Frozen frames	冻结的帧
Permission denials	权限否认

Android 官方提供了一些工具，例如，dumpsys、systrace 度量 UI 性能。如何使用这些工具对 App 性能进行度量和调优超出了本书的范围。下面以一个自动化 UI 性能测试示例使读者体验一下自动化 UI 性能测试。

1. 下载示例代码

使用如下的命令下载示例代码：

```
git clone https://github.com/googlecodelabs/android-perf-testing.git
```

或在下载地址 https://github.com/googlecodelabs/android-perf-testing/archive/master.zip 直接下载压缩文件 android-perf-testing-master.zip。解压后应当有一个文件夹 android-perf-testing-master。

打开 Android Studio。在 Android Studio 启动屏幕(见图 10.9)单击 Open an existing Android Studio project 链接。

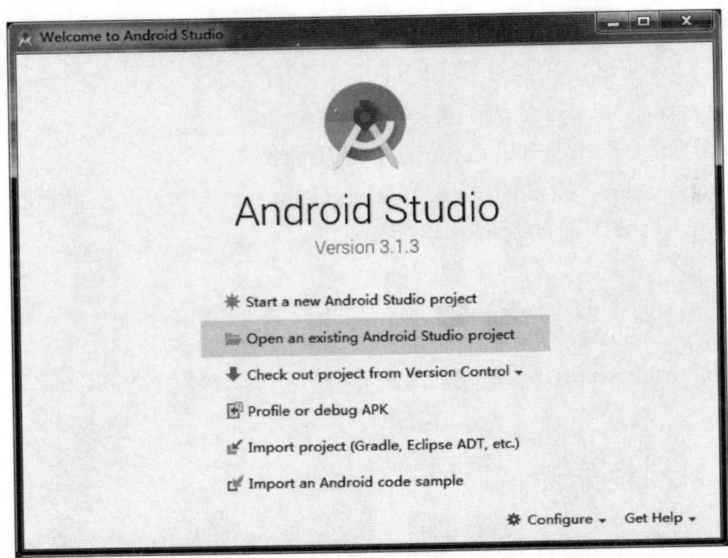

图 10.9 Android Studio 启动屏幕

或者选择 File→Open 菜单项。在 Open File or Project 窗口,选择 android-perf-testing-master 文件夹下的文件 settings.gradle,单击 OK 按钮,如图 10.10 所示。

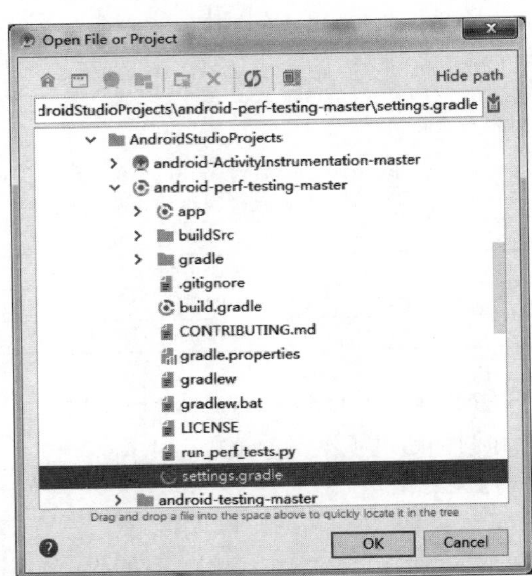

图 10.10 Open File or Project 窗口

在 Android Studio 窗口的左上角选择 Project 菜单项，打开 Project 导航窗口，可以在 Android、Project、Packages 等视图窗口之间切换，如图 10.11 所示。

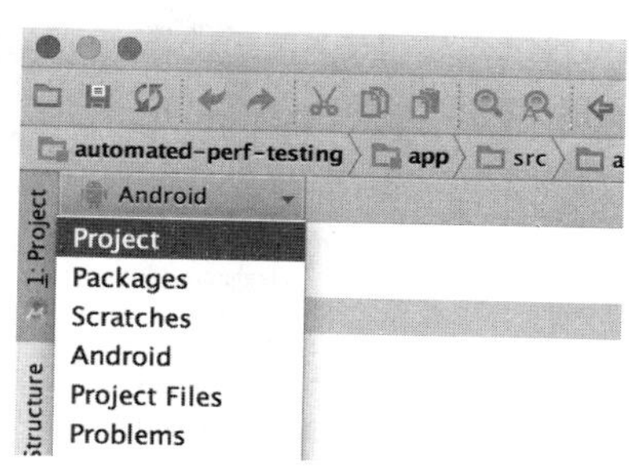

图 10.11 切换视图窗口

等待项目导入完成，Android Studio 底部的状态栏显示"Gradle build finished…"，如图 10.12 所示。

单击 Android Studio 菜单栏上绿色 Run 图标，安装和运行 App，如图 10.13 所示。

如果还没有连接 Android 设备，则连接 Android 设备。从设备列表中选择设备运行 App，如图 10.14 所示。

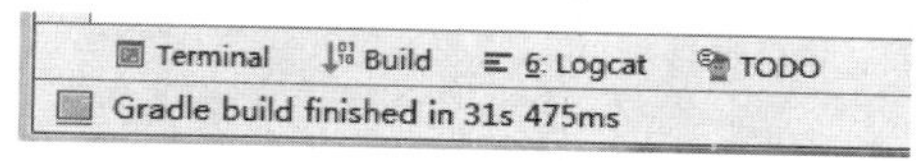

图 10.12 Android Studio 底部的状态栏

图 10.13 Android Studio 菜单栏上绿色 Run 图标

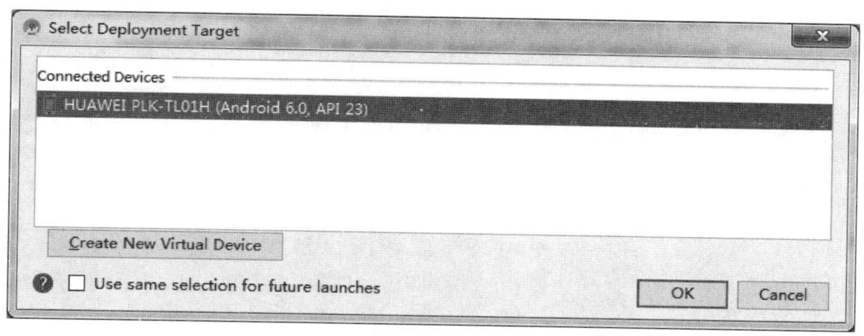

图 10.14 连接设备列表

如果 App 在设备上运行成功，那么显示画面如图 10.15 所示。

这个示例 App 实现了如下的简单功能：

- 可以使用 UPDATETEXT 更新 TextView。
- 触击 OPEN LIST VIEW 显示 ListView。这个 ListView 实现有各种性能问题。
- 触击 OPEN RECYCLE RVIEW，显示 RecyclerView。这个 RecyclerView 消除了 ListView 实现的一些性能问题。

2. 示例 App 性能问题分析

让我们手工检查一下示例 App 的卡顿现象。

运行示例 App，触击 OPEN LIST VIEW，如图 10.16 所示。

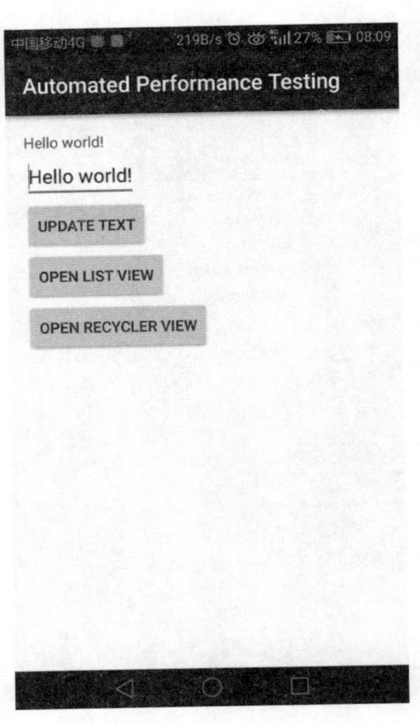

图 10.15 示例 App 主画面

图 10.16 Simple List Activity

滚动到 List 的底部，滚动得越多，卡顿越严重。这是因为示例 App 在以每 16 毫秒一帧提供渲染时遇到了麻烦(这是大多数 UI 相关的性能问题的主要原因)。因此，Android 会跳过帧并导致视觉卡顿。当向下滚动页面时，App 跳过的帧会越来越多，直至在到达 List 底部前崩溃。众所周知，性能问题不仅与 App 有关，而且与设备有关。如果使用高端设备测试这个示例 App，或许看不到卡顿现象。建议使用中低端设备测试这个示例 App。

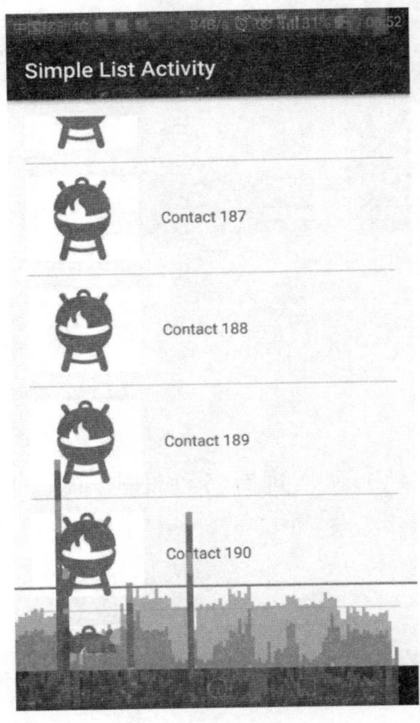

图 10.17 GPU 呈现模式分析—在屏幕上显示为条形图

当然，可以不用依赖肉眼观察设备上的卡顿现象。在大多数 Android 设备上，有一个开发人员选项 GPU rendering profile，启用 Show on screen as bars，可以帮助我们观察卡顿现象。例如，在华为 PLK-TL01H 手机上，单击“设置”→“开发人员选项”菜单项，开启“GPU 呈现模式分析”→“在屏幕上显示为条形图”。然后再测试示例 App。屏幕将显示如图 10.17 所示。

在 Android 设备屏幕上的底部/中部的绿色线表明，在向渲染子系统提供帧时，应用程序应该尝试不跨越 16 毫秒的重要屏障。帧被绘制为横跨屏幕的水平时间序列，每个矩形条表示帧。矩形条的高度表示绘制帧的时间，当线的任何有色部分都在绿色条上时，表示丢失的帧超时 16 毫秒并导致卡顿。矩形条的颜色表示在帧渲染的每个主要阶段花费的时间量。矩形条的橙色部分表示示例 App 处理代码的时间；这个示例 App 浪费了大量的时间。

当观察到卡顿现象时，常使用工具 Systrace 进行深入分析。

3. 使用 Systrace 进行 App 性能分析

Systrace 是一个用 Python 编写的分析 App 性能的工具，在文件夹 android-sdk\platform-tools 下有一个文件夹 systrace。因此，要使用 Systrace，需要安装 Python、pylint 和 pywin32。我们安装了 Python 2.7。

打开 Android Studio 终端，输入命令：

```
python %ANDROID_HOME%/platform-tools/systrace/systrace.py --time=10 -o %userprofile%/trace.html gfx view res
```

Systrace 将运行持续 10 秒，让你有足够的时间重现前面看到的卡顿现象。在 Systrace 命令还在运行时，打开示例 App 在 Simple List View 中滚动。Systrace 将收集数据，并保存到文件 trace.html。

用浏览器打开文件 trace.html，将看到如图 10.18 的页面。

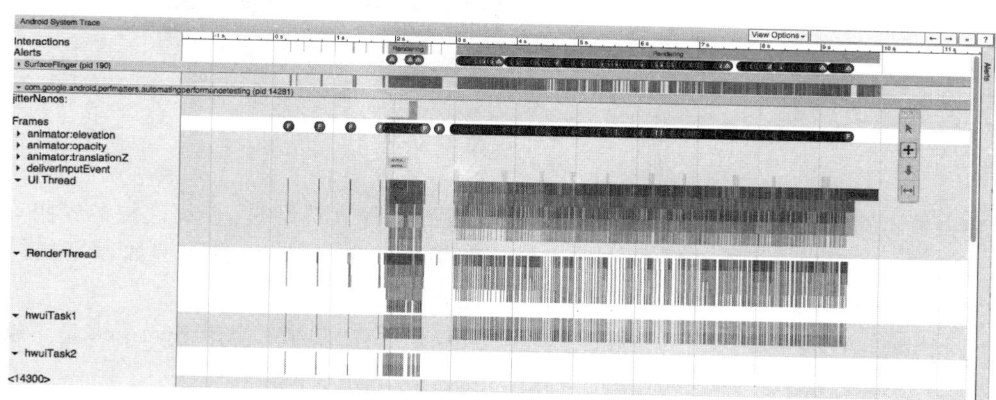

图 10.18 trace.html 页面

在这个窗口的右上角有一个浮动导航条，用于缩放和平移，如图 10.19 所示。

也可以用快捷键 W、A、S、D 进行缩放和平移。

首先注意到最上端的警报，如图 10.20 所示。

这里的警报行突出显示在跟踪过程中可能出现的问题；如果单击一个，则在浏览器底部打开一个详细面板，可以读取警报细节，如图 10.21 所示。

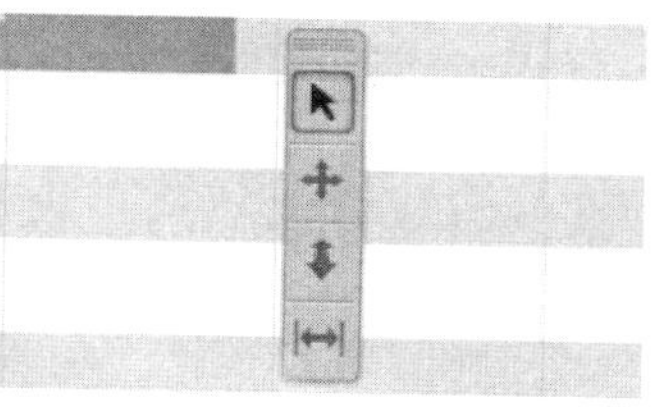

图 10.19 用于缩放和平移浮动导航条

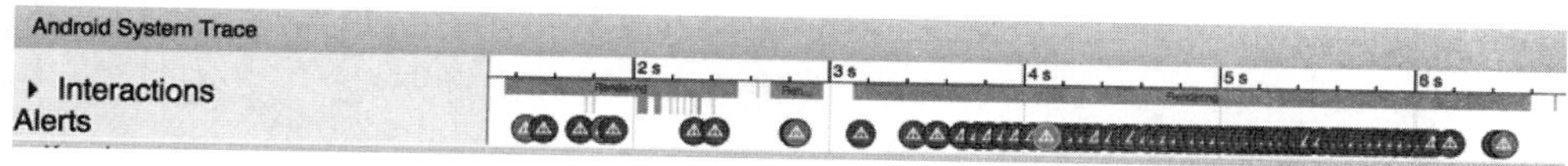

图 10.20 最上端的警报

1 item selected:	Alert (1)
Alert	Inflation during ListView recycling
Time spent	7.808 ms
ListView items inflated	1
obtainView	took 7.33ms
setupListItem	took 0.48ms
Frame	
Description	ListView item recycling involved inflating views. Ensure your Adapter#getView() recycles the incoming View, instead of constructing a new one.

图 10.21 浏览器底部的详细面板

我们注意到示例 App 的 ListView 实现存在多个问题。警报会提供有关性能改进的详细信息以及帮助解决问题的文档链接。接着通常有一个带有包名称的标题。如果没有，那么在其他包名称的右边使用箭头来展开相应的部分，直到包名可见。

如果是第一次使用 Systrace，或许会注意到帧行，如图 10.22 所示。

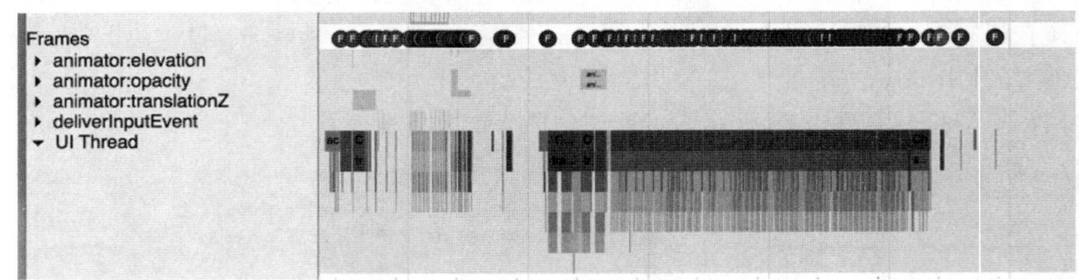

图 10.22 帧

在浏览器窗口的底部，你将会找到非绿色警报的解释。特别是，查找这种的警报，它表明示例 App 已经超时 16 毫秒还没有产生帧。警报也指出了其他问题，例如，非回收 view 或错误的费时的布局。单击红色警报查看更多性能问题。

Systrace 是查找性能问题的主要工具，但是，仅用手工的方式使用 Systrace 是不够的，还需要 Systrace 自动化测试。

4. 使用 Espresso 进行自动化 UI 测试

1）增加库依赖

使用 Espresso 的第一步是增加库依赖，打开 app/build.gradle 文件，在 dependencies 部分，取消如下四行的注释。

```
androidTestCompile "com.android.support:support-annotations:${supportLibVersion}"
androidTestCompile 'com.android.support.test:runner:0.5'
androidTestCompile 'com.android.support.test:rules:0.5'
androidTestCompile 'com.android.support.test.espresso:espresso-core:2.2.1'
```

编辑修改了 Gradle 脚本后，Android Studio 会在文件编辑器的顶部用黄色信息条提示是否同步 Gradle。单击 Sync Now 菜单项，等待项目构建和配置完成。

2）编写 Espresso 测试代码

展开 app/src/androidTest/java/，打开 SimpleListActivityTest.java 文件。取消对 ActivityTestRule 的注释，如下面的代码所示：

```
@Rule
public ActivityTestRule<SimpleListActivity> mActivityRule = new ActivityTestRule<>(
        SimpleListActivity.class);
```

取消对测试方法 scrollFullList 的注释，如下面的代码所示：

```
@Test
@PerfTest
public void scrollFullList() throws InterruptedException {
    ListView listView = (ListView) mActivityRule.getActivity().findViewById(android.R.id.
list);

    // Get last position and offset for zero-indexed position tracking.
    int lastPosition = listView.getAdapter().getCount() - 1;

    // Espresso method of scrolling to the last item.
    onData(anything()).atPosition(lastPosition);

    // Standard Android method of scrolling to the last position.
    listView.smoothScrollToPositionFromTop(lastPosition, 0, SCROLL_TIME_IN_MILLIS);

    // Scrolling is performed asynchronously so we need to periodically loop and detect if
    // we're finished scrolling yet. This can be delayed by any work being done to display
    // data items in the ListView.
    while (listView.getLastVisiblePosition() != lastPosition) {
        Thread.sleep(300);
    }
}
```

最后取消对@PerfTest 的注释，如下面的代码所示：

```
@PerfTest
    public class SimpleListActivityTest {
```

在不能解析符号的代码行，按 Alt+Enter 键，选择 Import class，导入相应的库文件。

3）运行测试

运行 Gradle 任务 connectedCheck，为此，单击 Android Studio 右边的 Gradle 链接打开 Gradle projects 窗口，如图 10.23 所示。

双击 android-perf-testing-master→android-perf-testing-master→Tasks→verification 下的 connectedCheck 任务，等待任务执行完成。将会在手机上看到示例 App 自动执行。用浏览器打开文件 android-perf-testing-master/app/build/reports/androidTests/connected/index.html. 将会显示如图 10.24 的测试报告。

还可以用命令行运行测试，打开 Android Studio 终端(Terminal)窗口，在终端窗口输入命令：

```
gradlew :app:connectedCheck
```

或许可以看到异常 OutOfMemoryException。在大多数设备上，ListView 的低劣实现都会引起这个异常。

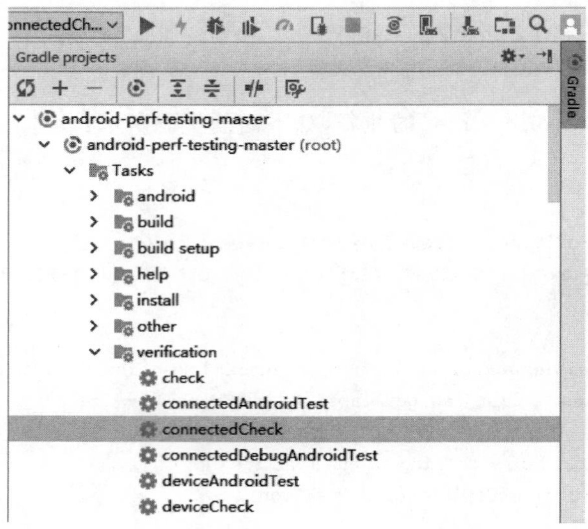

图 10.23　Gradle projects 窗口

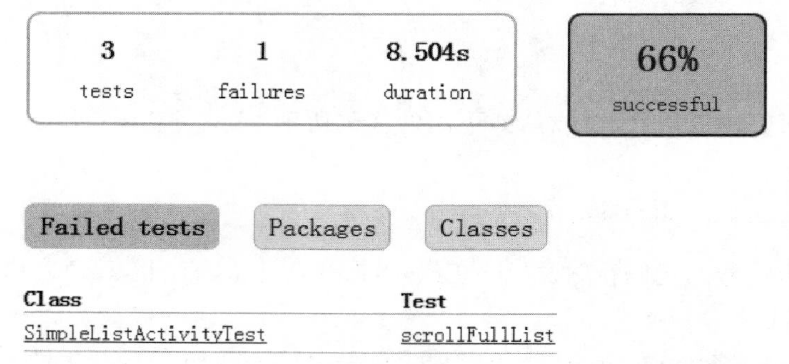

Generated by Gradle 4.1 at 2018-7-26 12:14:54

图 10.24　测试报告

5. 使用 MonkeyRunner 自动化 Systrace

1) MonkeyRunner 环境配置

修改 android-sdk\tools\bin 文件夹下的 monkeyrunner.bat 文件，将其中的 set frameworkdir= 修改为 set frameworkdir=..\lib，在 tools 文件夹下新建 framework 文件夹，将\android-sdk\platform-tools 文件夹下的 adb.exe 复制到 framework 文件夹。这样就可以运行 monkeyrunner 命

令了。

2）执行 MonkeyRunner 脚本

在 Windows 命令行输入命令：

```
%ANDROID_HOME%\platform-tools\adb devices -l
```

将显示连接设备列表，如图 10.25 所示。

```
管理员: C:\Windows\system32\cmd.exe
C:\Users\lenovo>%ANDROID_HOME%\platform-tools\adb devices -l
List of devices attached
MYV0215724018797       device product:PLK-TL01H model:PLK_TL01H device:HWPLK transport_id:2

C:\Users\lenovo>
```

图 10.25　连接设备列表

在 Android Studio 终端，将目录改变为项目 android-perf-testing 的根目录，输入如下命令：

```
gradlew  : app: assembleDebug  : app: assembleDebugAndroidTest  : app: installDebug  :
app:installDebugAndroidTest
```

命令运行结果如图 10.26 所示。

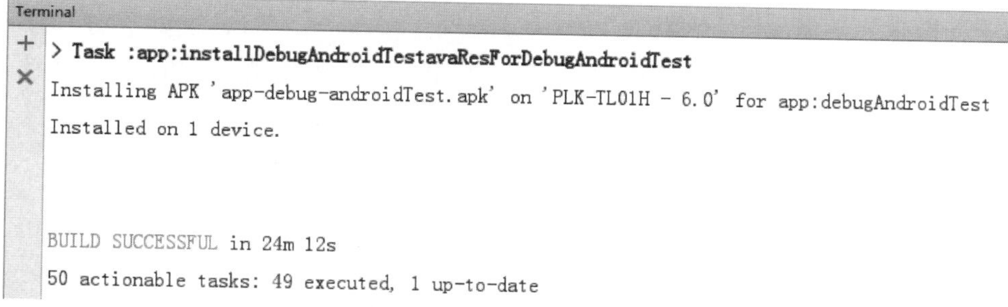

图 10.26　Gradle 构建结果

在 Android Studio 终端，在项目 android-perf-testing 的根目录，输入如下命令：

```
monkeyrunner run_perf_tests.py . MYV0215724018797
```

这里 run_perf_tests.py 是 Python 脚本（项目 android-perf-testing 的根目录），. 是日志文件存放的文件夹，MYV0215724018797 是 Android 设备 ID。结果如图 10.27 所示。

会看到手机运行了性能测试。

3）为 MonkeyRunner 增加 Gradle 任务

打开文件 buildSrc/src/main/groovy/com/google/android/perftesting/RunLocalPerfTestsTask。取消对任务实现代码的注释。

阅读文件 buildSrc/src/main/groovy/com/google/android/perftesting/PerfTestTaskGeneratorPlugin。这是一个定制 Gradle 插件，它负责查询连接的 Android 设备，为每个设备设置 Gradle 任务 RunLocalPerfTestsTask。这个定制 Gradle 插件也产生一个通用 Gradle

```
管理员: C:\Windows\system32\cmd.exe - monkeyrunner  E:\Workspaces\AndroidStudioProjects\and...

E:\Workspaces\AndroidStudioProjects\android-perf-testing-master>monkeyrunner  E:\Worksp
Writing logs to: .\
Using device_id: MYV0215724018797
Your ANDROID_HOME is set to: E:\Android\android-sdk
Cleaning data files
Waiting for a device to be connected.
Device connected.
Starting dump permission grant
Starting storage permission grant
Clearing gfxinfo on device
Executing systrace
Starting test
180727 09:22:58.094:S [TestThread] [com.android.chimpchat.adb.AdbChimpDevice] Error exe
perftesting.TestListener com.google.android.perftesting.test/android.support.test.runne
180727 09:22:58.094:S [TestThread] [com.android.chimpchat.adb.AdbChimpDevice]com.androi
180727 09:22:58.094:S [TestThread] [com.android.chimpchat.adb.AdbChimpDevice]   at com.
180727 09:22:58.094:S [TestThread] [com.android.chimpchat.adb.AdbChimpDevice]   at com.
```

图 10.27　MonkerRunner 运行结果

任务 RunLocalPerfTests。

打开 app/build. gradle,取消最后一行的注释。

```
apply plugin: PerfTestTaskGeneratorPlugin
```

在第 1 行增加如下代码:

```
import com.google.android.perftesting.PerfTestTaskGeneratorPlugin
```

在文件编辑器的顶部用黄色信息条提示是否同步 Gradle。单击 Sync Now 菜单项,等待项目构建和配置完成。你将会注意到在 Gradle projects 中增加了新的 Gralde 任务,如图 10.28 所示。

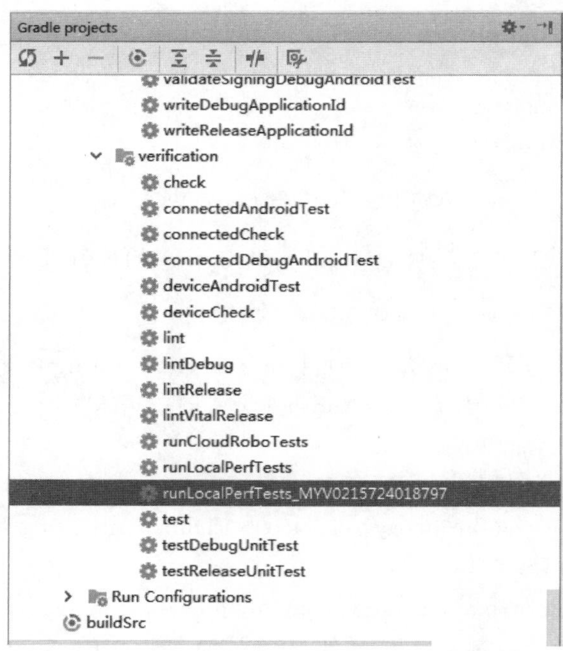

图 10.28　Gradle project 中增加了新的 Gralde 任务

双击 Gradle 任务 runLocalPerfTests，耐心等待构建、安装和运行示例 App，启动 MonkeyRunner。你将会注意到手机上运行了性能测试。

6. 收集更多数据

打开文件夹 app/src/androidTests 下的文件 SimpleListActivityTest.java。取消对@Rule 注解的以 Enable 开头的类成员变量的注释。如下面的代码所示。

```
@Rule
public EnableTestTracing mEnableTestTracing = new EnableTestTracing();

@Rule
public EnablePostTestDumpsys mEnablePostTestDumpsys = new EnablePostTestDumpsys();

@Rule
public EnableLogcatDump mEnableLogcatDump = new EnableLogcatDump();

@Rule
public EnableNetStatsDump mEnableNetStatsDump = new EnableNetStatsDump();
```

导入相应的类。

取消对下面的代码的注释：

```
@Rule
public Timeout globalTimeout = new Timeout(
    SCROLL_TIME_IN_MILLIS + MAX_ADAPTER_VIEW_PROCESSING_TIME_IN_MILLIS, TimeUnit.
MILLISECONDS);
```

打开 TestListener.java，取消对下面的代码的注释：

```
@Override
public void testRunStarted(Description description) throws Exception {
    Log.w(LOG_TAG, "Test run started.");
    // Cleanup data from past test runs.
    deleteExistingTestFilesInAppData();
    deleteExistingTestFilesInExternalData();
...
@Override
public void testRunFinished(Result result) throws Exception {
    Log.w(LOG_TAG, "Test run finished.");
...
```

重新运行测试。

7. 解决性能问题

运行性能测试时已经发现了一些性能问题，可以用收集的信息解决这些性能问题。我们观察到如下错误信息：

```
1) scrollFullList(com.google.android.perftesting.SimpleListActivityTest)
Script: org.junit.runners.model.TestTimedOutException: test timed out after 2500 milliseconds
```

```
Script: at java.lang.Thread.sleep(Native Method)
Script: at java.lang.Thread.sleep(Thread.java:1031)
Script: at java.lang.Thread.sleep(Thread.java:985)
Script: at com.google.android.perftesting.SimpleListActivityTest.scrollFullList
(SimpleListActivityTest.java:101)
Script: at java.lang.reflect.Method.invoke(Native Method)
Script: at org.junit.runners.model.FrameworkMethod$1.runReflectiveCall(FrameworkMethod.
java:50)
Script: at org.junit.internal.runners.model.ReflectiveCallable.run(ReflectiveCallable.java:
12)
Script: at org.junit.runners.model.FrameworkMethod.invokeExplosively(FrameworkMethod.java:
47)
Script: at org.junit.internal.runners.statements.InvokeMethod.evaluate(InvokeMethod.java:
17)
Script: at org.junit.internal.runners.statements.FailOnTimeout$CallableStatement.call
(FailOnTimeout.java:298)
Script: at org.junit.internal.runners.statements.FailOnTimeout$CallableStatement.call
(FailOnTimeout.java:292)
Script: at java.util.concurrent.FutureTask.run(FutureTask.java:237)
Script: at java.lang.Thread.run(Thread.java:818)
```

这个错误信息也记录在文件 test.failure.log 中。打开文件 gfxinfo.dumpsys.log，将看到一行信息，表明存在严重的卡顿（例如，大约是 92%）。

```
** Graphics info for pid 31367 [com.google.android.perftesting] **

Stats since: 19840518836088ns
Total frames rendered: 323
Janky frames: 296 (91.64%)
90th percentile: 117ms
95th percentile: 125ms
99th percentile: 133ms
Number Missed Vsync: 290
Number High input latency: 0
Number Slow UI thread: 295
Number Slow bitmap uploads: 286
Number Slow issue draw commands: 15
```

打开 Systrace，观察表明性能问题的警告数量。Systrace 警告清楚地表明 List View recycling view 问题以及 getView()所花费的时间太长。为了解决这个问题，打开 com.google.android.perftesting.contacts.ContactsArrayAdapter 类文件，优化代码。修改如下的代码：

```
LayoutInflater inflater = LayoutInflater.from(getContext());

// This line is wrong, we're inflating a new view always instead of only if it's null.
// For demonstration purposes, we will leave this here to show the resulting jank.
convertView = inflater.inflate(R.layout.item_contact, parent, false);
```

将最后一行修改为：

```
if (convertView == null) {
    convertView = inflater.inflate(R.layout.item_contact, parent, false);
}
```

重新运行测试，在浏览器中刷新 trace. html。可以注意到 getView()仍然导致性能问题。分析 getView()中的 Bitmap 代码，可以发现应当用缓存装载 Bitmap。修改如下的代码：

```
// Let's just create another bitmap when we need one. This makes no attempts to re-use
// bitmaps that were previously used in rendering past list view elements, causing a large
// amount of memory to be consumed as you scroll farther down the list.
Bitmap bm = BitmapFactory.decodeResource(convertView.getResources(), R.drawable.bbq);
contactImage.setImageBitmap(bm);
```

优化后的代码应当为：

```
Glide.with(contactImage.getContext())
    .load(R.drawable.bbq)
    .fitCenter()
.into(contactImage);
```

重新运行测试，在浏览器中刷新 trace. html。

10.3.5 App 测试示例

网址 https://github.com/googlesamples/android-testing 中包含了一组测试示例，展示了 Android App 自动化测试的各种框架和技术的应用。

1. 测试示例

1）Espresso 测试示例

(1) BasicSample：基本的 Espresso 测试示例。

(2) CustomMatcherSample：扩展 Espresso，匹配 EditText 的 hint 属性的测试示例。

(3) DataAdapterSample：DataAdapter 测试示例。

(4) IdlingResourceSample：与后台任务同步的测试示例。

(5) IntentsBasicSample：intended()和 intending()基本用法示例。

(6) IntentsAdvancedSample：模拟用户使用相机拍照的测试示例。

(7) MultiWindowSample：Espresso 处理不同窗口的示例。

(8) RecyclerViewSample：RecyclerView 的 Espresso 测试示例。

(9) WebBasicSample：使用 Espresso-web 与 WebView 交互的测试示例。

(10) BasicSampleBundled：使用 Eclipse 和其他 IDE 的测试示例。

(11) MultiProcessSample：使用 multiprocess Espresso 的示例。

2）UI Automator 测试示例

BasicSample：基本的 UI Automator 测试示例。

3）AndroidJUnitRunner 测试示例

AndroidJunitRunnerSample：测试注解、参数化测试和创建测试套件的示例。

4）JUnit4 Rule 测试示例

（1）BasicSample：ActivityTestRule 简单用法示例。

（2）IntentsBasicSample：IntentsTestRule 简单用法示例。

（3）ServiceTestRuleSample：ServiceTestRule 简单用法示例。

2. 测试准备

测试示例需要的软件版本如下：

- Android SDK v23。
- Android Build Tools v23。
- Android Support Repository rev17。

3. 用示例学习 Android App 测试

这些测试示例使用了 Gradle 构建工具，运行 gradlew. bat 将自动下载 Gradle。为了构建某个测试项目，在测试项目的目录中输入命令 gradlew assemble 或者在 Android Studio 中导入项目，在 Android Studio 中构建。

使用命令 gradlew connectedAndroidTest 在连接的模拟器或真机上运行测试。

使用命令 gradlew test 在开发机的 JVM 环境运行测试。

或者在 Android Studio 中运行测试。

10.4 知识拓展：Appium 介绍

本节介绍 App 测试工具——Appium。在当今的软件行业中，一个应用常常需要提供多个终端，以满足广泛的客户需求。掌握了 Appium 工具的使用，就可以开发 App 测试，既能测试 Android App 又能测试 IOS App，取得事半功倍的效果。

10.4.1 Appium 简介

Appium 是一个开源的测试自动化框架，用于测试原生应用、移动 Web 应用和混合型应用，它是跨平台的，即这些应用的平台是 iOS 手机、Android 手机和 Windows 桌面。原生应用是指用 iOS、Android 或 Windows SDK 编写的应用，移动 Web 应用是指使用移动浏览器访问的 Web 应用（Appium 支持 iOS 上的 Safari、Chrome 或者 Android 的内置浏览器）。混合应用是指原生应用与移动 Web 应用的结合，通常通过一个原生应用内嵌浏览器实现两者的结合。

重要的是，Appium 是跨平台的，我们可以使用相同的 API 为多种不同的平台（iOS、Android 和 Windows）上的应用编写测试用例。

移动应用自动化测试应当遵循如下原则：

- 不需要重编译应用或修改应用就可以对移动应用进行自动化测试。
- 编写和运行测试用例不应当限定特定的语言和框架。
- 一个移动应用测试自动化框架不需要“重复造轮子”，意指 API 应当是通用的。

- 一个移动应用测试自动化框架应当是开源的。

为了遵循上面的原则，Appium 的解决方法分别如下：

第一条，采用底层驱动商提供的自动化框架，这样就不需要在移动应用中包含 Appium 或者第三方代码或框架重新编译应用了，这表明被测的应用与发布的应用完全相同。Appium 使用的供应商框架如下：

- IOS 9.3 以上——苹果的 XCUITest。
- IOS 9.3 以下——苹果的 UIAutomation。
- Android 4.2+——Google 的 UiAutomator/ UiAutomator2。
- Android 2.3+——Google 的 Instrumentation(Selendroid 项目提供 Instrumentation 支持)。
- Windows——Microsoft 的 WinAppDriver。

第二条，将底层驱动商提供的框架包装在一套 API-WebDriver API 中。

WebDriver(也称 Selenium WebDriver)其实是一个 C/S 架构的协议(JSON Wire Protocol)。通过这个协议，用任何语言编写的客户端都可以发送 HTTP 请求给服务器，现已有用常见的编程语言编写的客户端。这就意味着用户可以自由选择想要使用的测试框架和执行器，也可以将任何包含 HTTP 客户端的库文件加入到用户的代码中。换句话说，Appium 的 WebDriver 不是一个技术上的测试框架，而是一个自动化库。

第三条，因为 WebDriver 已经是 Web 应用自动化测试的事实标准，并且是正在起草的 W3C 标准。移动 Web 应用的自动化测试不需要另起炉灶，只需要在 WebDriver 的基础上，扩展一些适合移动端自动化测试的 API。

第四条，Appium 是开源的。

可以通过以下 Appium 概念来认识 Appium。

1. C/S 架构

Appium 的核心是一个提供 REST API 支持的 Web 服务器。它接受客户端的连接，侦听客户端的命令，在手机设备上执行这些命令，然后通过 HTTP 的响应展现命令执行的结果。这种架构给我们提供了很好的开放特性：任何语言只要有 HTTP 客户端的 API，就可以使用这个语言编写测试代码。然而，使用 Appium 客户端库编写测试代码将更容易。我们还可以将服务器放在与测试不同的计算机上，我们可以借助 Sauce Labs 这样的云服务，编写测试代码，接受命令以及解析命令。

2. Session

自动化的过程通常在 session 上下文中执行。客户端初始化一个与服务器的 session 会话，虽然不同的语言初始化的方式不同，但是它们都要发送 POST/session 请求到服务器端，这些请求中都会带有一个 JSON 对象——desired capabilities。这时服务器端会启动自动化 session，然后返回一个 session ID，以后的命令都会用这个 session ID 去匹配。

3. Desired Capabilities

desired capabilities 这个对象其实是一个键值对(key-value)的集合，这些键值对被发送到服务器端后，服务器解析这些键值对就知道了客户端对哪种自动化 session 感兴趣，然后就会启动相应的 session。不同的键值对决定了服务器端在自动化测试中的要完成的任务。例如，platformName 的值为 iOS 就是告诉服务器启动一个 iOS 的 session，而不是 Android 或 Windows session。如果 safariAllowPopups 的值为 true，就是告诉服务器，对于 Safari 自动化 session，可以使用 JavaScript 打开新窗口。这些键值对的具体含义请看官方文档。

4. Appium Server

Appium Server 是一个使用 Node.js 参见 11.1.1 和 11.3.1 节编写的服务器。

5. Appium Clients

有许多不同语言的客户端库(Java、Ruby、Python、PHP、JavaScript 和 C#)，它们支持 Appium 对 WebDriver 协议的扩展。当使用 Appium 时，将使用这些客户端库代替 WebDriver 客户端。Appium Server 支持的客户端库如表 10.2 所示。

表 10.2 Appium Server 支持的客户端库

语　　言	库 地 址
Ruby	https://github.com/appium/ruby_lib
Python	https://github.com/appium/python-client
Java	https://github.com/appium/java-client
JavaScript(Node.js)	https://github.com/admc/wd
Objective C	https://github.com/appium/selenium-objective-c
PHP	https://github.com/appium/php-client
C# (.NET)	https://github.com/appium/appium-dotnet-driver

6. Appium Desktop

在不同的操作系统下，有不同的 Appium Desktop。它们包含了运行 Appium Server 所需要的全部内容。Appium Desktop 还附带 Inspector，使用 Inspector 可以检查应用的层次。

10.4.2 Appium 起步

1. Appium 测试环境搭建

1) Appium 的安装

有两种安装 Appium 的方法，使用 Node.js 包管理工具 NPM 安装和下载 Appium Desktop 安装。使用 NPM 安装前需要安装 Node。安装 Appium 的 NPM 命令如下：

```
npm install -g appium
```

或

```
npm --registry http://registry.cnpmjs.org install -g appium
```

下载 Appium Desktop 很简单，地址是：

```
https://github.com/appium/appium-desktop/releases
```

2）Appium Driver

若要进行特定平台的自动化测试，需要使用 Appium Driver。这些 Appium Driver 的安装要求与特定平台的应用开发要求类似，例如，使用 Appium Android Driver 进行 Android 应用的测试自动化，需要安装 Android SDK。

Appium Driver 列表如下：

- XCUITest Driver(用于 iOS 应用测试)。
- UiAutomator2 Driver(用于 Android 应用测试)。
- Windows Driver(用于 Windows 桌面应用测试)。
- Mac Driver(用于 Mac 桌面应用测试)。
- (BETA) Espresso Driver(用于 Android 应用测试)。

3）验证安装

可以使用 appium-doctor 验证 Appium 的安装，首先用命令：

```
npm install -g appium-doctor
```

安装 appium-doctor，然后，运行 appium-doctor 命令时指定-ios 或者-android 分别验证 iOS 或 Android 的 Appium 环境安装成功。

4）Appium 客户端库

Appium 只是一个 HTTP 服务器，需要和客户端库联合使用才能用于自动化测试。Appium 和 Selenium 使用了相同的协议——WebDriver。Appium 和标准的 Selenium 客户端库可以联合使用，Appium 还有自己的客户端库。Appium 客户端库扩展了 Selenium 客户端库。

可以在网址 http://appium.io/docs/en/about-appium/appium-clients/index.html 下载 Appium 客户端库。

5）启动 Appium

如果是使用 NPM 安装了 Appium，就使用命令：

```
appium
```

启动 Appium。如果是安装了 Appium Desktop，就单击“启动”按钮。

下面以 Windows 7 64 位环境安装 Appium Desktop 为例介绍。Appium Desktop 启动后的界面如图 10.29 所示。

Appium 启动后将显示 Appium 版本和端口(默认端口是 4723)。这个端口是重要的，测试客户端就是通过这个端口与 Appium 建立连接。

2. 用 Appium 进行 Android App 测试

以下以一个基本的 Android App 测试为例，开始 Appium 测试。我们将使用 UiAutomator2 和 Javascript 完成 Appium 测试。

1）准备

安装 Android 8.0 模拟器并运行。在网址 https://github.com/appium/sample-code/blob/master/sample-code/apps/ApiDemos/bin/ApiDemos-debug.apk 下载被测 App。

2）设置客户端库

以 Webdriver.io 客户端为例，设置 Appium 客户端库。新建一个文件夹，例如，AppiumClient。在这个文件夹下执行命令：

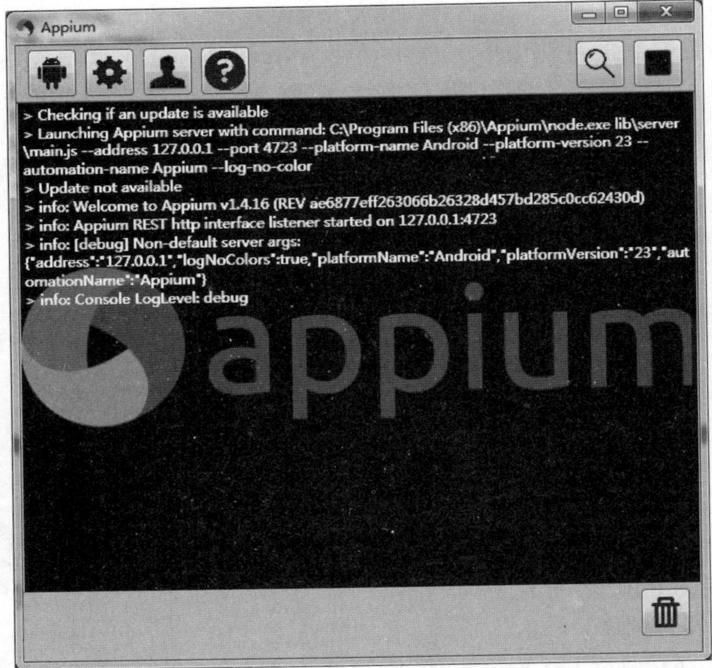

图 10.29　Appium Desktop 启动后的界面

```
npm install webdriverio
```

3）会话初始化

创建一个测试文件 apptest.js，加入一行代码初始化客户端对象：

```
// javascript
const wdio = require('webdriverio');
```

还要启动 Appium 会话，为此，需要定义一组服务器选项和 Desired Capabilitity，然后调用 wdio.remote()。一般需要如下的 Desired Capabilitity（详见 http://appium.io/docs/en/writing-running-appium/caps/index.html）。

- platformName：平台名称。可选的平台名称有：iOS，Android 或 FirefoxOS。
- platformVersion：平台版本。
- deviceName：设备名称。
- app：被测 App 的路径（或者用 browserName 指定被测 Web 应用使用的浏览器）。
- automationName：驱动名称。

现在测试文件 apptest.js 如下：

```
// javascript
const opts = {
  port: 4723,
  desiredCapabilities: {
    platformName: "Android",
    platformVersion: "8.0",
    deviceName: "Android Emulator",
    app: "/path/to/the/downloaded/ApiDemos.apk",
```

```
    automationName: "UiAutomator2"
  }
};

const client = wdio.remote(opts);
```

4）执行测试命令

在测试文件 apptest.js 中增加一些代码，启动会话，执行一些测试命令，结束会话。现在测试文件 apptest.js 如下：

```
// javascript

const wdio = require('webdriverio');

const opts = {
  port: 4723,
  desiredCapabilities: {
    platformName: "Android",
    platformVersion: "8.0",
    deviceName: "Android Emulator",
    app: "/path/to/the/downloaded/ApiDemos.apk",
    automationName: "UiAutomator2"
  }
};

const client = wdio.remote(opts);

client
    .init()
    .click("~App")
    .click("~Alert Dialogs")
    .back()
    .back()
    .end();
```

在以上的测试文件中，我们告诉 Appium 按照 App 的层次查找元素并单击元素，webdriverio 约定用～前缀表示按可访问的 id 查找元素。

可以使用 Node 运行这个测试文件。如果测试环境和测试代码没有问题，那么将看到 Appium 显示日志信息，App 也将启动并模拟人工操作。

实训任务

任务 1：在 10.3.5 节中选择一个 Espresso 测试示例，分析、构建、执行这个测试示例。

任务 2：在 10.3.5 节中选择 UI Automator 测试示例 BasicSample，分析、构建、执行这个测试示例。

任务 3：在 10.3.5 节中选择 AndroidJUnitRunner 测试示例 AndroidJunitRunnerSample，分析、构建、执行这个测试示例。

任务 4：按照 10.3.4 节的步骤，完成示例项目的性能测试。

第11章 Web前端测试

本章主要内容

Web 前端测试简介

Web 前端测试工具

Jasmine 测试演练

知识拓展：Jubula 介绍

近年来，前端开发成为软件行业的热门话题，前端测试也应运而生。尽管软件测试的基本理论、方法、原则仍然适用于前端测试，但是，前端开发有自己的特点。因此，我们仍然需要更有针对性的测试方法，使得前端测试更有效。

11.1 什么是 Web 前端测试

本节首先介绍 Web 前端测试的概念，然后介绍常见的 Web 前端测试工具。

11.1.1 Web 前端测试简介

随着软件技术的发展，分层的思想被软件行业广为接受。典型的 MVC(Model-View-Controller)设计模式就是这种分层思想的体现。MVC 把应用程序分成三个既相对独立又相互联系的部分，模型层负责管理应用的数据、逻辑和业务规则；视图层负责信息的展现，是与终端用户交互的软件层；控制层负责在模型层和视图层之间传递数据或操作。MVC 设计模式的优点之一是当改变视图层时，可以不需要改变模型层，使得软件更容易维护。不同的编程语言有自己的 MVC 实现，我们把 MVC 实现称为 MVC 框架。例如，Java 中的 Spring MVC 框架、. NET 中的 ASP. NET MVC 框架、JavaScript 中的 Ember. js MVC 框架等。我们可以把模型层称为后端，把视图层成为前端。

不管是桌面应用程序，还是 C/S 或 B/S 应用程序，都可以用 MVC 设计模式。我们把对视图层的测试称为前端测试。前端测试的范围很广，限于篇幅，本章不可能面面俱到，这里重点介绍 Web 应用的前端测试，在 11.4 节，我们将对通用的前端测试工具 Jubula 做一个简单介绍。

Web 应用前端的实现技术有很多，国内流行的 Web 应用前端实现技术是 JavaScript，而 JavaScript 框架、库或工具的数量也是非常多的。下面列出九款 JavaScript 框架或库。

1. jQuery

jQuery 是一个轻量级的、快速的、功能丰富的 JavaScript 库。它通过可以跨多个浏览器工作的易于使用的 API 使得 HTML 文档遍历和操作、事件处理、动画和 Ajax 等变得更为简单。由于通用性和可扩展性的结合，jQuery 已经改变了数百万人编写 JavaScript 的方式。

详见官网 https://jquery.com/。

2. Bootstrap

Bootstrap 是一个很受欢迎的开源的前端开发组件库，使得我们可以使用 HTML、CSS 和 JS 开发响应式、移动设备优先的 Web 应用。

详见官网 https://getbootstrap.com/。

3. ExtJS

ExtJS 是一个完整的 JavaScript 框架，它有强大的 UI 组件库，使得开发人员可以快速构建有大量数据处理的企业级 Web 应用或移动应用。

详见官网 https://www.sencha.com/。

4. Node.js

Node.js 是在 Chrome 的 V8 JavaScript 引擎上构建的 JavaScript 运行时。Node.js 使用了事件驱动的非阻塞 I/O 模型，使其是轻量级的和高效的。Node.js 包含的包管理工具 NPM 使得开发人员可以从 NPM 网站（https://www.npmjs.com/）获得 JavaScript 库。NPM 网站是世界上最大的开源 JavaScript 库网站。

详见官网 https://nodejs.org。

5. Angular JS

Angular JS 诞生于 2009 年，由 Misko Hevery 等人创建，后为 Google 收购，是一款优秀的前端 JS 框架，已经被用于 Google 的多款产品中。Angular JS 有着诸多特性，最为核心的是 MVW（Model-View-Whatever）、模块化、自动化双向数据绑定、语义化标签、依赖注入、可测试性等。Angular JS 自 2.0 版本后简称为 Angular。Angular 结合了声明式模板、依赖注入、端到端工具和集成的最佳实践，可用于开发跨平台的应用（Web 应用、移动应用和桌面应用）。

详见官网 https://angularjs.org/。

6. Vue

Vue 是一套用于构建用户界面的渐进式框架。与其他大型框架不同的是，Vue 被设计为可以自底向上逐层应用。Vue 的核心库只关注视图层，不仅易于上手，还便于与第三方库或既有项目整合。另一方面，当与现代化的工具链以及各种支持类库结合使用时，Vue 也完全能够为复杂的单页应用提供驱动。

详见官网 https://vuejs.org/。

7. Ember

Ember 是一个用于创建 Web 应用的 JavaScript MVC 框架，旨在帮助你构建具有丰富和复杂的用户交互的网站。它为开发人员提供了许多在现代 Web 应用中管理复杂性所必需的特性，以及能够支持快速迭代的集成开发工具包。

Ember 采用基于字符串的 Handlebars 模板，支持双向绑定、观察者模式、计算属性（依赖其他属性动态变化）、自动更新模板、路由控制、状态机等。Ember 使用自身扩展的类来创建 Ember 对象、数组、字符串、函数，提供大量方法与属性用于操作。

详见官网 https://www.emberjs.com/。

8. Backbone

Backbone 是一个轻量级的前端 MVC 框架，用于结构化管理页面中的大量 JS，建立与服务器、视图间的无缝连接，为构建复杂的应用提供基础框架。

Backbone 正如它的英文含义"骨干"所表明的，我们不能独立使用 Backbone，因为它的基础函数、DOM 操作、AJAX 都依赖于第三方库。Backbone 依赖的库有 Underscore（基础函数库，必选）、jQuery/Zepto（支持 DOM 操作、AJAX 的库可选）。

详见官网 http://backbonejs.org。

9. React

React 是 Facebook 开发的一款声明式的、高效的、灵活的 JavaScript 库，用于构建用户界面。首先，React 不是一个 MVC 框架，它是构建易于可重复调用的 Web 组件，侧重于 UI，也就是 View 层。其次，React 是单向的从数据到视图的渲染，非双向数据绑定。此外，React 不直接操作 DOM 对象，而是通过虚拟 DOM 用 diff 算法以最小的步骤作用到真实的 DOM 上。

详见官网 https://reactjs.org/。

JavaScript 框架或库数不胜数，但是，我们注意到软件的可测试性在 JavaScript 框架或库中有了体现。例如 jQuery 团队开发了 JavaScript 单元测试框架 QUnit，Angular JS 声称具有可测试特性等。

11.1.2 Web 前端测试工具

Web 前端测试工具有很多，以下列举六种。

1. JS 单元测试框架 Jasmine

Jasmine 是一个用于测试 JavaScript 代码的单元测试框架，支持行为驱动开发（Behavior-Driven Development，BDD）。它不依赖于任何其他的 JavaScript 框架。它不需要一个 DOM。其简洁、明了的语法让你可以轻松地编写测试。

详见官网 https://jasmine.github.io/。

2. QUnit 前端测试工具

QUnit 是一个强大的 JavaScript 单元测试框架，该框架是由 jQuery 团队的成员开发的，它是 jQuery 的官方测试套件。QUnit 被广泛使用在 jQuery、jQuery UI、jQuery Mobile 等项目中，它可以测试使用任何 JavaScript 库编写的 JavaScript 代码，包括使用 jQuery 编写的 JavaScript 代码。

详见官网 https://qunitjs.com/。

3. JSHint 前端测试工具

JSHint 是一个静态 JavaScript 代码分析工具，它与 JSLint 类似，都是 JavaScript 的代码质量检查工具，主要用来检查代码质量以及找出一些潜在的代码缺陷并提供相关的代码改进意见。

使用方式有三种：

第一种方法，进入 JSHint 首页，粘贴你的代码，选择相关的选项，它能即时分析代码，提示代码中的问题。

第二种方法，使用命令行的方式检查 JavaScript 代码。

第三种方法，在 IDE 中使用 JSHint，很多文本编辑器或 IDE 都有 JSHint 插件。

详见官方网站 http://jshint.com。

4. Mocha

Mocha 是一种功能丰富的 JavaScript 测试框架，它运行在 Node.js 和浏览器上，使异步测试变得简单和有趣。Mocha 测试可以连续运行，它提供了灵活且准确的测试报告。

详见官方网站 https://mochajs.org。

5. Karma

Karma 是一个简单的 JavaScript 测试工具，允许用户在多个真实浏览器中执行 JavaScript 代码。Karma 是一个测试运行器，Karma 的主要目标是使测试驱动开发更容易、更快速和更有趣。通过使用插件，Karma 可以和测试框架（例如，Jasmine、Mocha、QUnit）一起使用。Karma 主要用于 JavaScript 单元测试，也可以用于系统测试（端到端的测试）。对于 AngularJS 代码，可以使用 karma-ng-scenario 插件进行端到端的测试。建议使用 Protractor 进行端到端的测试。Protractor 是一个 Angular 和 AngularJS 应用的端到端测试框架。在持续集成服务器（例如，Jenkins、Semaphore、TeamCity 或 Travis）上可以使用 Karma。

详见官方网站 http://karma-runner.github.io/2.0/index.html。

6. Jubula

Jubula 是一个免费的跨平台的、自动化 GUI 测试工具，是 Eclipse 的一个插件。它来源于 BREDEX GmbH 公司的商业测试工具 GUIDancer。BREDEX GmbH 公司也提供了一个独立版本的 Jubula。

前端实现技术不仅仅有 HTML 和 JavaScript，还有 JavaFX、SWT、RCP 和 Swing。

JavaFX 提供了强大的、基于 Java 的 UI 平台，能够处理数据驱动的大型业务应用程序。JavaFX 应用程序完全是用 Java 开发的，同时利用了基于标准的编程实践和设计模式的强大力量。JavaFX 提供了一组丰富的 UI 控件、图形和媒体 API，并带有高性能的硬件加速图形和媒体引擎，以便简化可视化应用程序的开发。

SWT(Standard Widget Toolkit)是一个开源的 GUI 编程框架，与 AWT/Swing 有相似的用处，著名的开源 IDE-Eclipse 就是用 SWT 开发的。在 SWT 之前，Sun 已经提供了一个跨平台 GUI 开发工具包 AWT (Abstract Window Toolkit)。AWT 框架底层使用原生窗口部件(native widgets)构建，只能使用各个平台窗口部件的子集。

RCP(Rich Client Platform)指富客户端平台，一种广泛的基于 Web 的应用客户端，其特点是服务同表现完全地物理分离，表现逻辑完全由客户端来负责。

Swing 是一个用于开发 Java 应用程序用户界面的开发工具包。Swing 以抽象窗口工具包(AWT)为基础使跨平台应用程序可以使用任何可插拔的外观风格。Swing 开发人员只用很少的代码就可以利用 Swing 丰富、灵活的功能和模块化组件来创建优雅的用户界面。

Jubula 支持用 HTML、JavaFX、SWT、RCP 和 Swing 实现的前端测试。

详见官方网站 http://www.eclipse.org/jubula/。

11.2 Jasmine 测试起步

本节介绍 Web 前端测试工具 Jasmine 的安装和示例代码。

11.2.1 Jasmine 的安装

在 Jasmine 官网 https://github.com/jasmine/jasmine#installation 下载 Jasmine 独立版 jasmine-standalone-3.1.0.zip。

在 Web 应用项目文件夹下创建一个子文件夹 jasmine。

将 jasmine-standalone-3.1.0.zip 解压到新创建的 jasmine 文件夹下。

将下面的代码增加到你的 HTML 文件中：

```
<link rel = "shortcut icon" type = "image/png" href = "jasmine/lib/jasmine - {3.1.0}/jasmine_favicon.png">
<link rel = "stylesheet" type = "text/css" href = "jasmine/lib/jasmine - {3.1.0}/jasmine.css">

<script type = "text/javascript" src = "jasmine/lib/jasmine - {3.1.0}/jasmine.js"></script>
<script type = "text/javascript" src = "jasmine/lib/jasmine - {3.1.0}/jasmine - html.js"></script>
<script type = "text/javascript" src = "jasmine/lib/jasmine - {3.1.0}/boot.js"></script>
```

解压后的主要文件夹和文件如下：

- lib——Jasmine 测试框架文件夹，包含了三个 JS 文件、一个样式表文件和一个图标文件。
- spec——测试示例代码文件夹，包含了两个 JS 文件。

- src——源代码文件夹，包含了两个待测的 JS 文件。
- SpecRunner. html——测试示例运行器文件，在浏览器中打开这个文件，将执行测试示例，如图 11.1 所示。

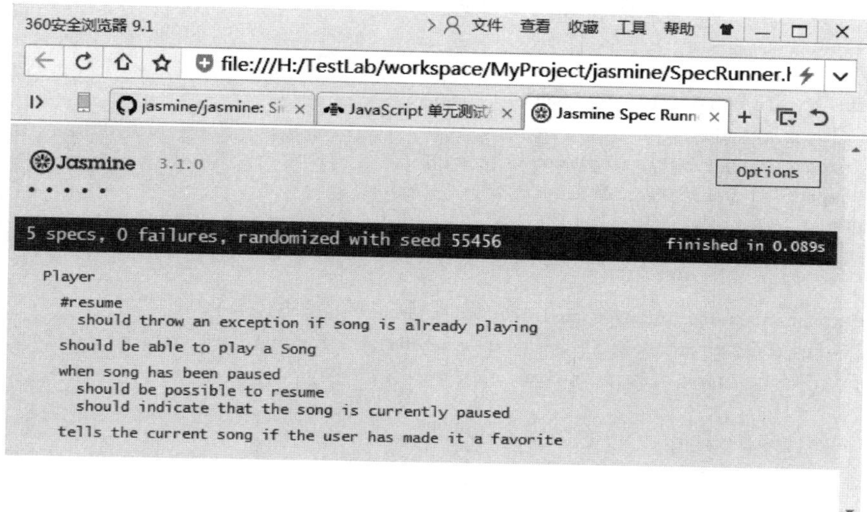

图 11.1 测试示例执行结果

11.2.2 示例代码解析

PlayerSpec. js 文件如下：

```
describe("Player", function() {
  var player;
  var song;

  beforeEach(function() {
    player = new Player();
    song = new Song();
  });

  it("should be able to play a Song", function() {
    player.play(song);
    expect(player.currentlyPlayingSong).toEqual(song);

    //demonstrates use of custom matcher
    expect(player).toBePlaying(song);
  });

  describe("when song has been paused", function() {
    beforeEach(function() {
      player.play(song);
      player.pause();
    });
```

```
    it("should indicate that the song is currently paused", function() {
      expect(player.isPlaying).toBeFalsy();

      // demonstrates use of 'not' with a custom matcher
      expect(player).not.toBePlaying(song);
    });

    it("should be possible to resume", function() {
      player.resume();
      expect(player.isPlaying).toBeTruthy();
      expect(player.currentlyPlayingSong).toEqual(song);
    });
  });

  // demonstrates use of spies to intercept and test method calls
  it("tells the current song if the user has made it a favorite", function() {
    spyOn(song, 'persistFavoriteStatus');

    player.play(song);
    player.makeFavorite();

    expect(song.persistFavoriteStatus).toHaveBeenCalledWith(true);
  });

  //demonstrates use of expected exceptions
  describe("#resume", function() {
  it("should throw an exception if song is already playing", function() {
    player.play(song);

    expect(function() {
      player.resume();
    }).toThrowError("song is already playing");
  });
 });
});
```

describe 是 Jasmine 的全局函数，作为一个测试套件(Test Suite)的开始，它通常有两个参数：字符串和方法。字符串作为特定测试套件的名字和标题。方法是包含实现测试套件的代码。PlayerSpec.js 包含了三个测试套件 Player、when song has been paused 和 #resume。

全局函数 it 定义了 Spec。和 describe 类似，it 也有两个参数：字符串和方法。每个 Spec 包含一个或多个 expect 方法，用于测试需要测试的代码。例如，it 代码块 should be able to play a Song 中包含了两个 expect 方法。

Jasmine 中的每个 expect 方法都是一个断言，返回值可以是 true 或者 false。当每个 Spec 中的所有 expect 方法返回值都是 true 时，通过测试。若有任何一个 expect 的返回值是 false，则未通过测试。而方法的内容就是测试主体。

JavaScript 的作用域的规则仍然适用，所以在 describe 定义的变量对测试套件中的任何 it 代码块都是可见的。

expect 方法定义的是期望(Expectation),一个值代表实际值;另一个是匹配的值,代表期望值。例如,expect(player. currentlyPlayingSong). toEqual(song)的实际值是 player. currentlyPlayingSong,期望值是 song。

每一个 Matcher 返回一个布尔值,在实际值和期望值之间比较。它负责通知 Jasmine,此 expect 是真或者假。然后 Jasmine 会认为相应的 spec 是通过还是失败。例如,expect (player. currentlyPlayingSong). toEqual(song)中的 toEqual()就是一个 Matcher。任何 Matcher 可以在调用此 Matcher 之前用 not 的 expect 调用,计算负值的判断。例如,expect (player). not. toBePlaying(song)。toBePlaying 是自定义的 Matcher,在 SpecHelper. js 文件中定义了 toBePlaying。

```
beforeEach(function () {
 jasmine.addMatchers({
    toBePlaying: function () {
      return {
        compare: function (actual, expected) {
          var player = actual;

          return {
            pass: player.currentlyPlayingSong == = expected && player.isPlaying
          };
        }
      };
    }
 });
});
```

Jasmine 提供了全局的 beforeEach 和 afterEach 方法。正像其名字一样,beforeEach 方法在 describe 中的每个 Spec 执行之前运行,afterEach 方法在每个 Spec 调用后运行。是不是似曾相识?没错,在 JUnit 单元测试框架中我们就见过,这两个方法分别称为 Setup 和 Teardown 方法。PlayerSpec. js 中包含了两个 beforeEach 方法。

describe 可以嵌套,Spec 可以定义在任何一层。这样就可以让一个测试套件由一组树状的方法组成。在每个 Spec 执行前,Jasmine 遍历树结构,按顺序执行每个 beforeEach 方法。Spec 执行后,Jasmine 同样执行相应的 afterEach 方法。PlayerSpec. js 中测试套件 Player 包含了两个测试套件 when song has been paused 和#resume。

11.3 Jasmine 测试演练

本节介绍测试运行器 Karma 和 Karma 与 Jenkins 的集成。

11.3.1 测试运行器 Karma

Karma 是一个基于 Node. js 的 JavaScript 测试执行过程管理工具(Test Runner)。该工具可用于测试所有主流 Web 浏览器,也可集成到 CI(Continuous Integration)工具,还可以和其他代码编辑器一起使用。这个测试工具的一个强大特性就是:它可以监控(Watch)

文件的变化，然后自行执行，通过 console.log 显示测试结果。

1. Karma＋Jasmine 环境安装和配置

1）安装 Node.js

在 Node.js 官网 https://nodejs.org/en/download/ 下载 Node.js 安装程序并运行。Node.js 附带了一个包管理工具 npm。

NPM 能解决 Nodel.js 代码部署上的很多问题，常见的使用场景有以下几种：

- 允许用户从 NPM 服务器下载别人编写的第三方包到本地使用。
- 允许用户从 NPM 服务器下载并安装别人编写的命令行程序到本地使用。
- 允许用户将自己编写的包或命令行程序上传到 NPM 服务器供别人使用。

2）安装 Karma

新建一个文件夹，例如，D:\TestLab\Karma，在命令行输入命令：

```
d:
cd D:\TestLab\Karma
npm i karma
```

将 Karma 的.bin 文件夹（例如，D:\TestLab\karma\node_modules\.bin）加入到 PATH 环境变量。

3）初始化 Karma，生成配置文件 karma.conf.js

在命令行输入命令：

```
karma init
```

按 Tab 键选择问题的答案，按 Enter 键确认选择的答案，继续下一个问题。执行以下步骤直到完成：

```
Microsoft Windows [版本 6.1.7601]
版权所有 (c) 2009 Microsoft Corporation.保留所有权利.

D:\TestLab\karma > cd D:\TestLab\karma\node_modules\.bin

D:\TestLab\karma\node_modules\.bin > karma init

Which testing framework do you want to use ?
Press tab to list possible options. Enter to move to the next question.
> jasmine

Do you want to use Require.js ?
This will add Require.js plugin.
Press tab to list possible options. Enter to move to the next question.
> no

Do you want to capture any browsers automatically ?
Press tab to list possible options. Enter empty string to move to the next quest
ion.
> Chrome
```

```
>

What is the location of your source and test files ?
You can use glob patterns, eg. "js/*.js" or "test/**/*Spec.js".
Enter empty string to move to the next question.
>

Should any of the files included by the previous patterns be excluded ?
You can use glob patterns, eg. "**/*.swp".
Enter empty string to move to the next question.
>

Do you want Karma to watch all the files and run the tests on change ?
Press tab to list possible options.
> yes

Config file generated at "D:\TestLab\karma\node_modules\.bin\karma.conf.js".

D:\TestLab\karma\node_modules\.bin>
```

4）安装集成包 karma-jasmine

使用如下命令安装集成包 karma-jasmine：

```
npm i karma-jasmine
```

5）安装 jasmine-core

使用如下命令安装 jasmine-core：

```
npm i jasmine-core --save-dev
```

6）安装 html 测试报告插件

使用如下命令安装 html 测试报告插件：

```
npm i karma-jasmine-html-reporter --save-dev
```

Karma 插件是 NPM 模块，因此，建议在 package.json 文件中指定依赖，以便安装需要的 Karma 插件。package.json 文件的内容如下所示：

```
package.json:
{
  "devDependencies": {
  "karma": "~0.10",
  "karma-mocha": "~0.0.1",
  "karma-growl-reporter": "~0.0.1",
  "karma-firefox-launcher": "~0.0.1"
  }
}
```

然后，使用如下命令就可以安装 Karma 插件了：

```
npm install --save-dev
```

否则，使用命令 npm install karma—< plugin name > --save-dev 安装一个插件。

使用命令 npm list -depth=0 列出已安装的 Karma 插件。

2. 自动化单元测试步骤

1）创建被测 JS 文件

创建用于实现某种业务逻辑的文件，就是我们平时写的 JS 脚本。将被测 JS 文件放在 11.2.1 节所创建的项目文件夹的 jasmine/src 文件夹中。例如，实现字符串按逆序重排的 JS 文件 myjs.js 如下：

```
function reverse(name){
    return name.split("").reverse().join("");
}
```

2）创建测试文件

将测试 JS 文件放在 11.2.1 节所创建的项目文件夹的 jasmine/spec 文件夹中。符合 Jasmine API 的测试 JS 脚本 myjs.spec.js 文件如下：

```
describe("A suite of basic functions", function() {
    it("reverse word",function(){
        expect("DCBA").toEqual(reverse("ABCD"));
    expect("Conan").toEqual(reverse("nano"));
    });
});
```

3）修改 karma.conf.js 配置文件

我们只修改了生成的 karma.conf.js 中的 files、exclude 和 reporters 配置项。修改后的 karma.conf.js 文件如下：

```
// Karma configuration
// Generated on Sat Jun 09 2018 15:38:19 GMT + 0800 (中国标准时间)

module.exports = function(config) {
  config.set({

    // base path that will be used to resolve all patterns (eg. files, exclude)
    basePath: '',

    // frameworks to use
    // available frameworks: https://npmjs.org/browse/keyword/karma - adapter
    frameworks: ['jasmine'],


    // list of files / patterns to load in the browser
    files: [
    'workspace/jasmine/src/ ** / * .js',
    'workspace/jasmine/spec/ ** / * .spec.js'
     ],
```

```
// list of files / patterns to exclude
exclude: ['karma.conf.js'],


// preprocess matching files before serving them to the browser
// available preprocessors: https://npmjs.org/browse/keyword/karma-preprocessor
preprocessors: {
},


// test results reporter to use
// possible values: 'dots', 'progress', 'kjhtml'
// available reporters: https://npmjs.org/browse/keyword/karma-reporter
reporters: ['kjhtml'],


// web server port
port: 9876,


// enable / disable colors in the output (reporters and logs)
colors: true,


// level of logging
// possible values: config.LOG_DISABLE || config.LOG_ERROR || config.LOG_WARN || config.
LOG_INFO || config.LOG_DEBUG
logLevel: config.LOG_INFO,


// enable / disable watching file and executing tests whenever any file changes
autoWatch: true,


// start these browsers
// available browser launchers: https://npmjs.org/browse/keyword/karma-launcher
browsers: ['Chrome'],


// Continuous Integration mode
// if true, Karma captures browsers, runs the tests and exits
singleRun: false,

// Concurrency level
// how many browser should be started simultaneous
```

```
    concurrency: Infinity
  })
}
```

4）启动 Karma

使用如下命令：

```
karma start karma.conf.js
```

浏览器会自动打开，如图 11.2 所示。

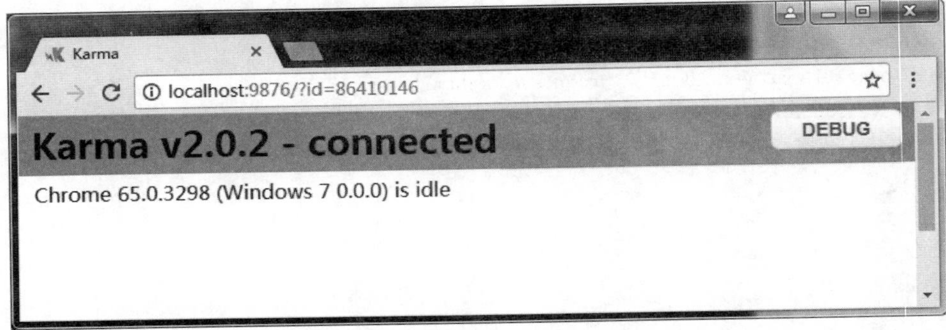

图 11.2　Karma 启动后自动打开的浏览器页面

单击 DEBUG 按钮，显示测试报告，如图 11.3 所示。

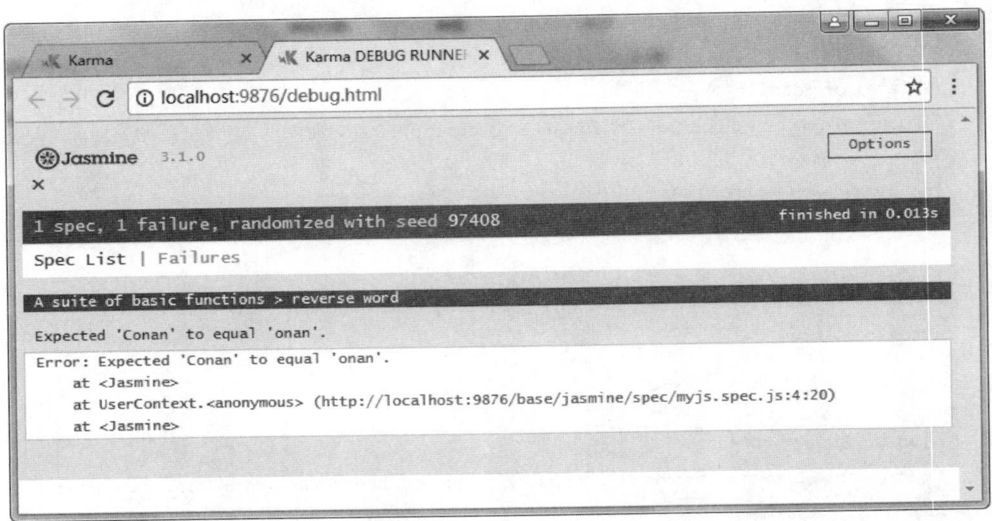

图 11.3　Karma HTML 测试报告

修改 myjs.spec.js，将其中的“expect("Conan").toEqual(reverse("nano"));”修改为：

```
expect("Conan").toEqual(reverse("nanoC"));
```

重新单击图 11.2 中的 DEBUG 按钮，显示新的测试报告，如图 11.4 所示。

5）增加代码覆盖率检查和报告

输入如下命令安装 karma-coverage：

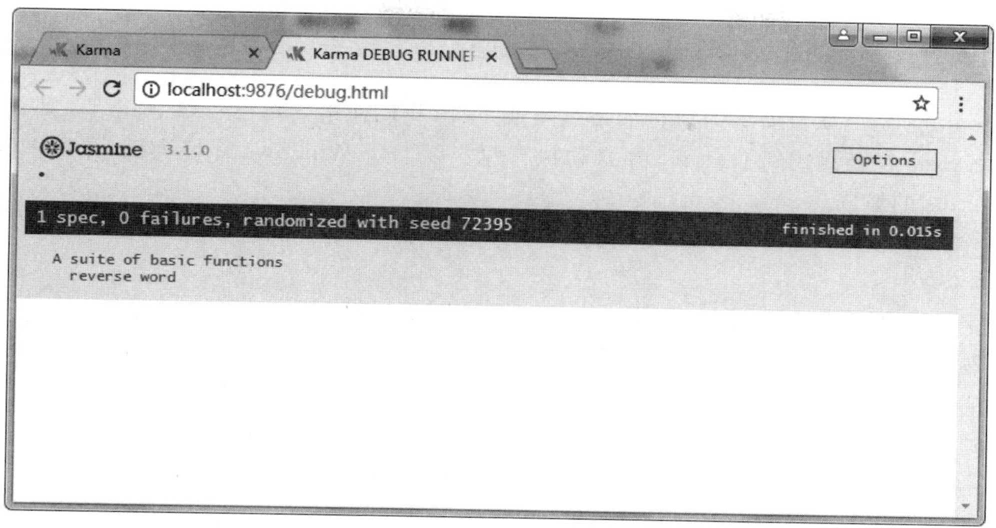

图 11.4 修改 JS 文件后的测试报告

```
npm install karma-coverage
```

修改 karma.conf.js 配置文件

```
reporters: ['kjhtml','coverage'],
preprocessors : {'jasmine/src/myjs.js': 'coverage'},
coverageReporter: {
  type : 'html',
  dir : 'workspace/coverage/'
},
```

重启动 Karma，在文件夹 workspace/coverage/下找到 index.html，用浏览器打开 index.html 文件，如图 11.5 所示。

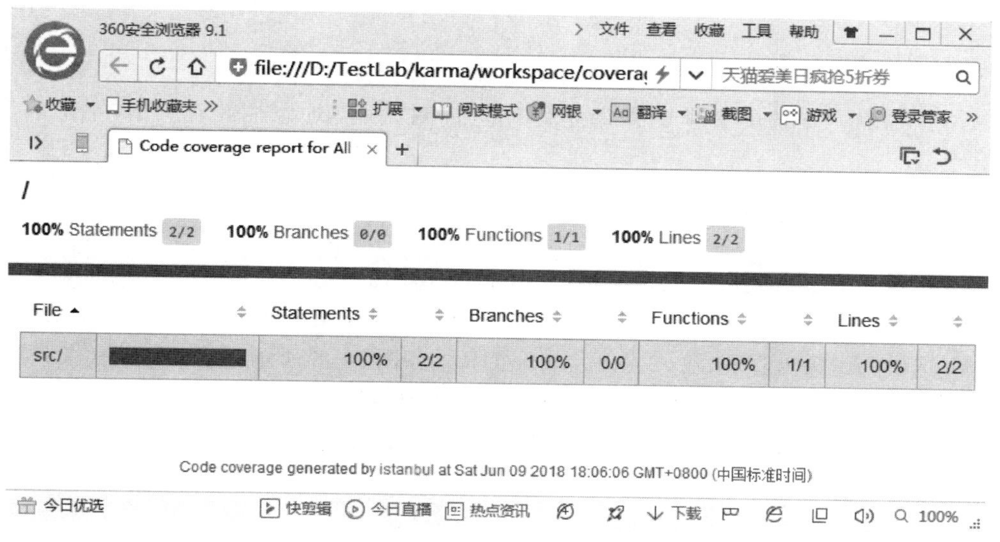

图 11.5 测试覆盖率报告

11.3.2 Karma 与 Jenkins 集成

Jenkins 是一款目前最为流行的持续集成工具，我们在第 5 章已经做了介绍。那么，如何让 Karma 也能集成到 Jenkins，并自动执行呢？以下以 Windows 环境为例，介绍 Karma 与 Jenkins 的集成。

1. 准备

设置 JENKINS_HOME 环境变量，例如，JENKINS_HOME=D:\.jenkins。在命令行用命令 java -jar Jenkins.war 启动 Jenkins 服务器，Jenkins 的安装和使用详见第 5 章。

在 Jenkins 所在的计算机上安装 Node、Karma、Karma 插件。详见 11.3.1 节。

安装 Karma 插件 karma-junit-reporter，目的是为了生成 XML 单元测试报告，以便在 Jenkins Web 页面显示单元测试报告。

2. 配置 Karma

修改 11.3.1 节示例中的 Karma 配置文件 Karma.conf.js，需要修改的配置项如下：

```
preprocessors : {'jasmine/src/ ** / * .js': 'coverage'},
coverageReporter: {
        type : 'html',
        dir : 'coverage/'
},

reporters: ['kjhtml','coverage','junit'],

    junitReporter: {
  outputDir:'reports/',
      outputFile: 'test - results.xml',
    },

singleRun = true;
```

其中 singleRun = true 配置项的作用是保证运行测试后，浏览器自动退出，不影响下次执行。

3. 创建 Jenkins 任务

(1) 新建一个自由风格的软件项目，如图 11.6 所示。

(2) 选中 Github project，输入项目源代码在 Github 仓库的地址，如图 11.7 所示。

(3) 选中 Git 源码管理，输入 Repository URL，如图 11.8 所示。

(4) 选中 Poll SCM 构建触发器，输入日程表，如图 11.9 所示。

(5) 增加构建步骤 Execute Windows batch command，输入如下命令：

```
d:
cd D:\.jenkins\workspace\KarmaTest
karma start karma.conf.js
```

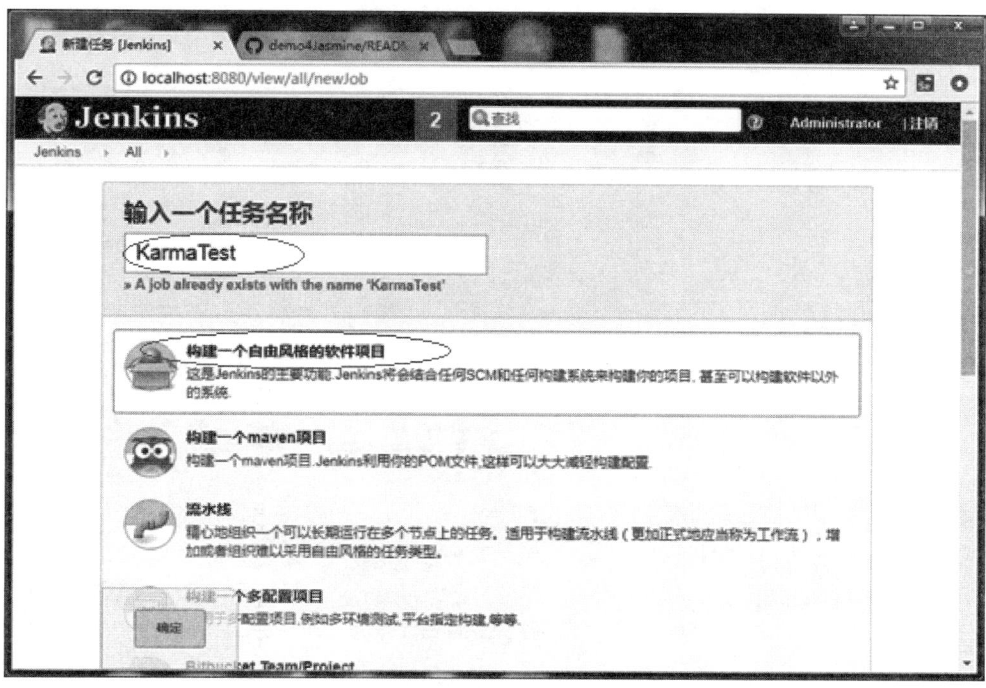

图 11.6 新建一个自由风格的软件项目

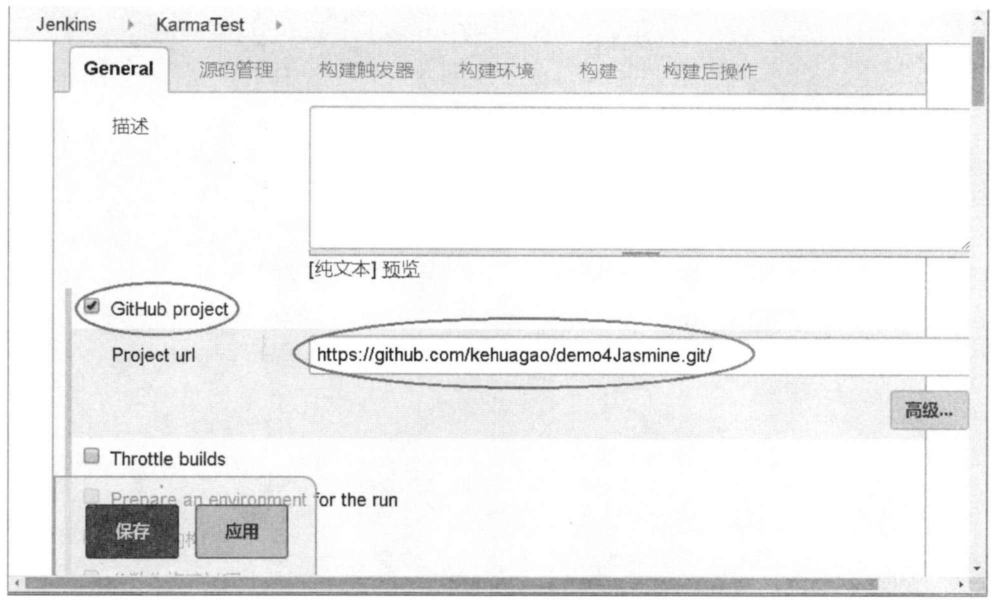

图 11.7 输入项目源代码在 Github 仓库的地址

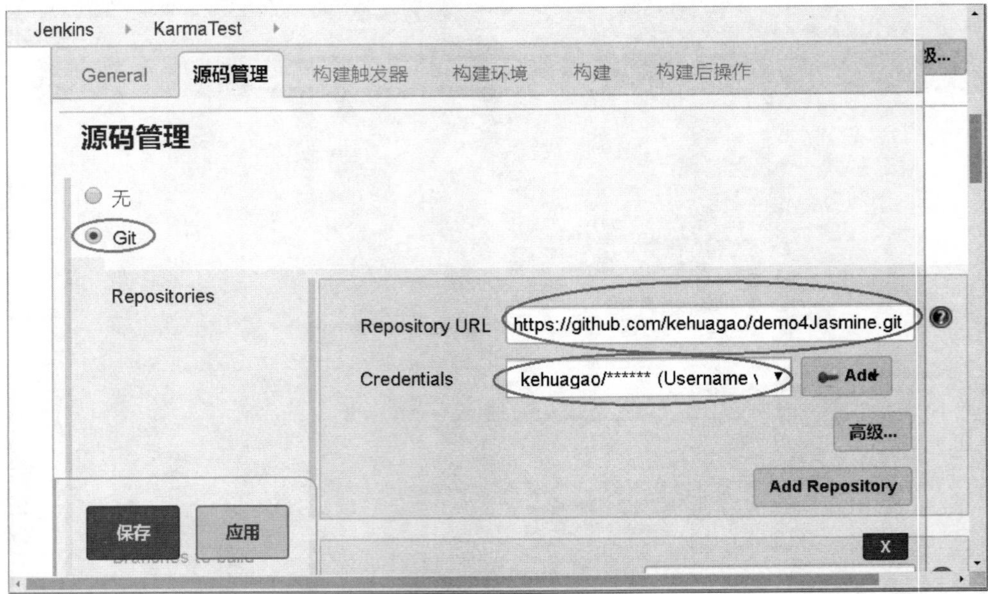

图 11.8　输入 Git 源码管理项目的 Repository URL

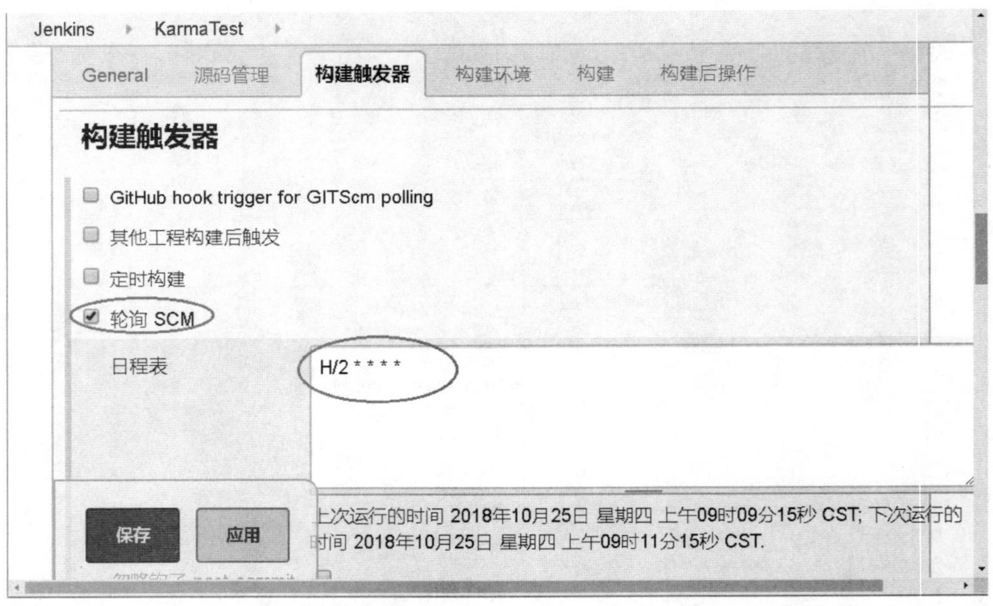

图 11.9　设置构建触发器

如图 11.10 所示。

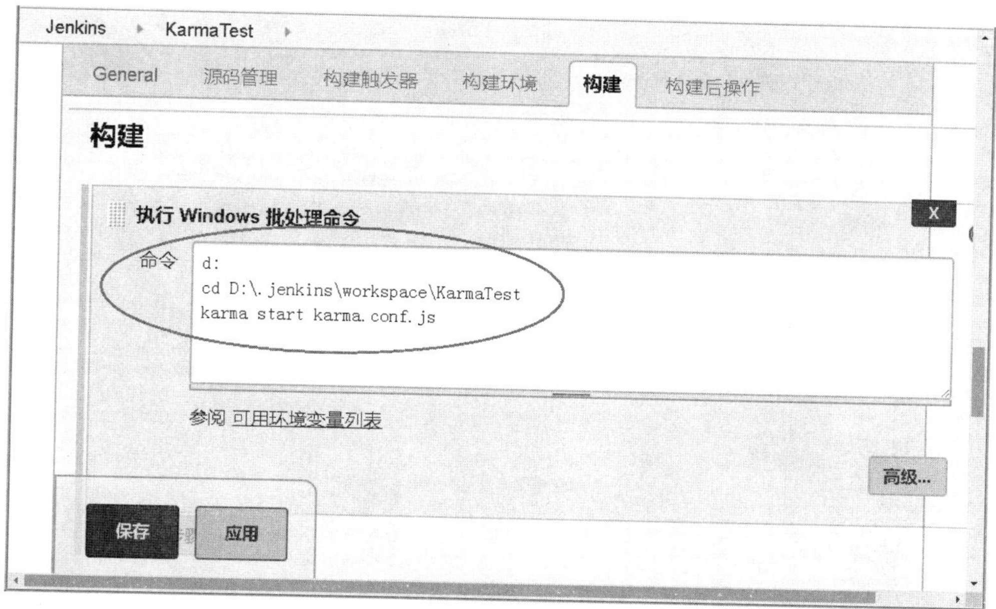

图 11.10 输入构建命令

(6) 增加构建后操作步骤 Publish HTML Report,如图 11.11 所示。

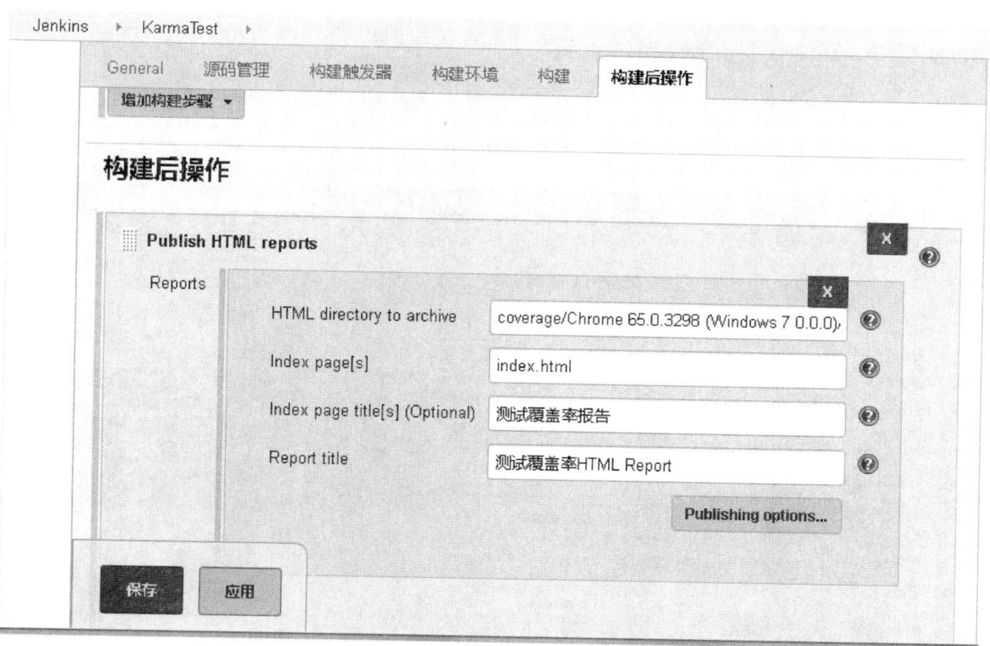

图 11.11 设置构建后操作步骤 Publish HTML Report

(7) 增加构建后操作步骤 Publish JUnit test result report,输入测试报告(XML)为 reports/ ** / * . xml,如图 11.12 所示。

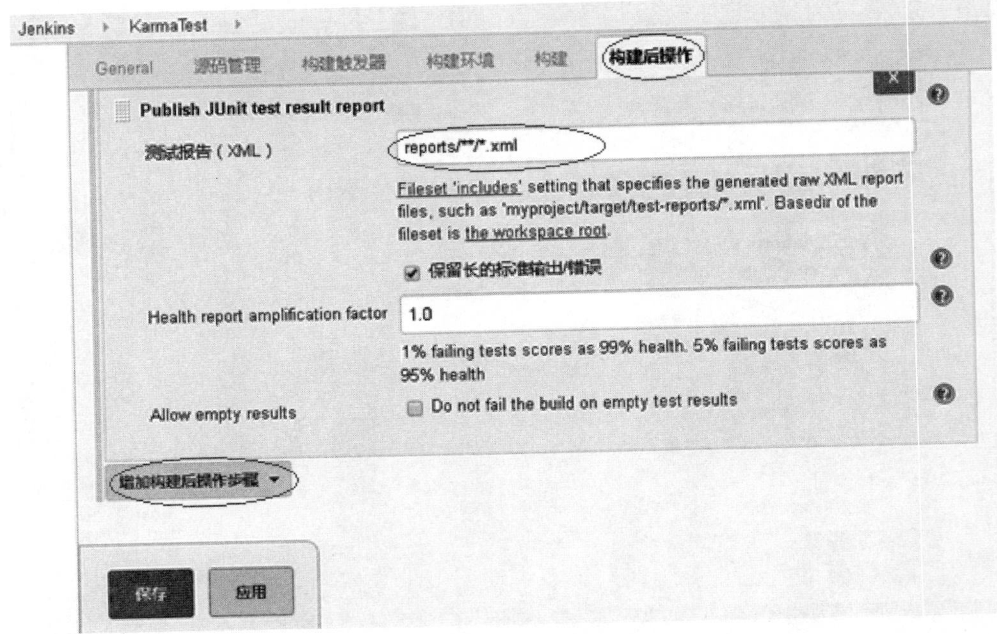

图 11.12　设置构建后操作步骤 Publish JUnit test result report

（8）保存新建的 Jenkins 任务。

4. 执行 Jenkins 任务，查看测试报告

Jenkins 任务将会按照我们的设置自动执行。也可以手动执行，选择 Jenkins 任务后，单击“立即构建”选项开始执行任务，如图 11.13 所示。

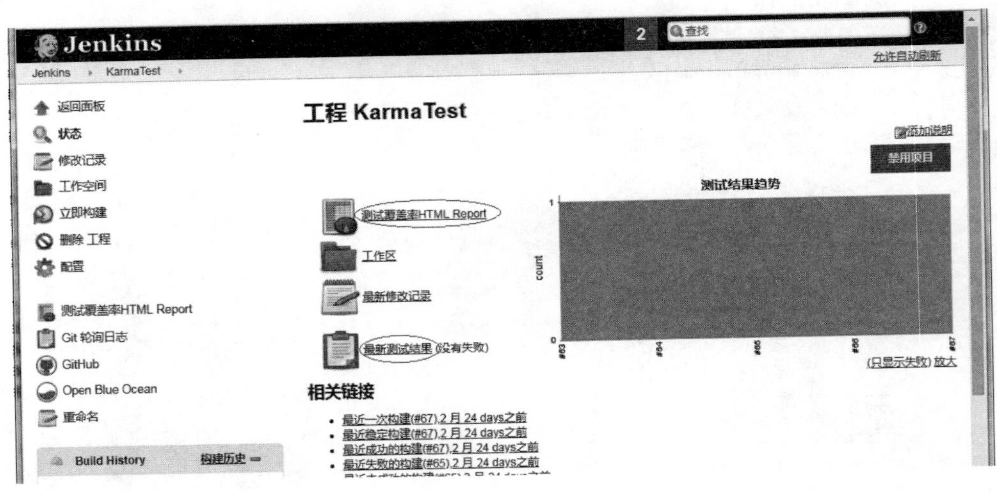

图 11.13　执行 Jenkins 任务后的页面

单击“测试覆盖率 HTML Report”链接，将显示测试覆盖率报告，如图 11.14 所示。单击图 11.13 中的“最新测试结果”链接，将显示单元测试报告，如图 11.15 所示。

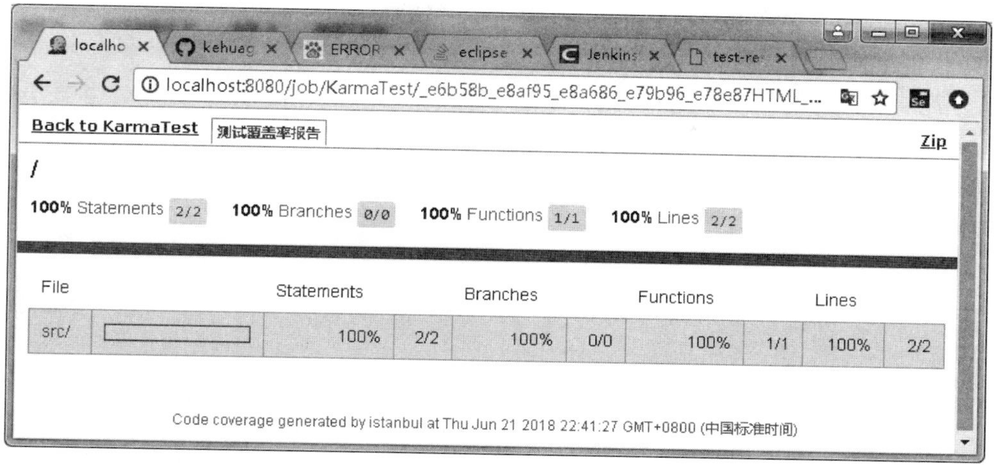

图 11.14 显示测试覆盖率报告

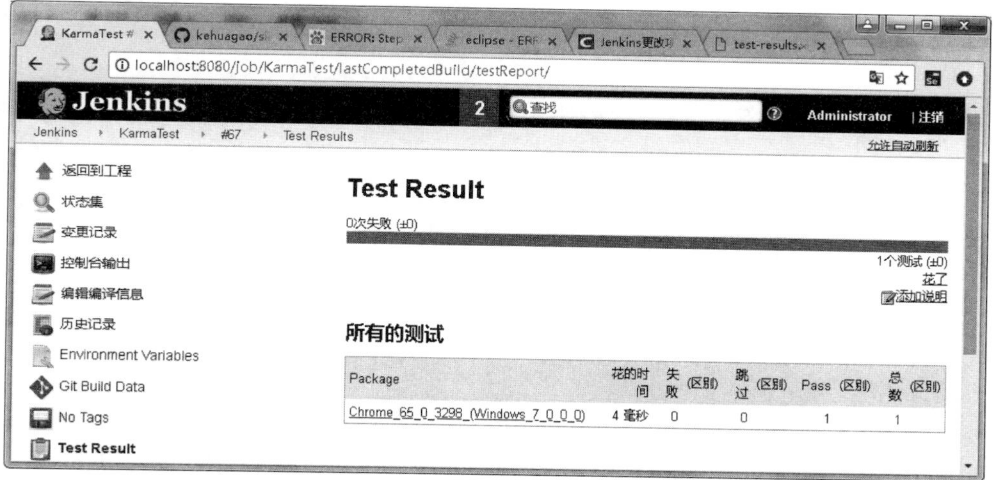

图 11.15 显示单元测试报告

11.4 知识拓展：Jubula 介绍

本节介绍前端测试工具 Jubula。

11.4.1 Jubula 起步

在官网 http://www.eclipse.org/jubula/(或 https://testing.bredex.de/)下载 Jubula。下载安装步骤简述如下：

- 打开下载页面。
- 注册和登录。
- 单击下载安装程序链接。

- 在 Jubula 下载部分单击下载页面。
- 根据操作系统下载相应的安装程序。
- 使用下载的.exe 文件安装，并将文件夹保存在首选位置(本书保存在 C:\ Program Files)。
- 一旦安装完成，便可以从“所有程序”中启动 Jubula 或启动 AUT Agent，如图 11.16 所示。

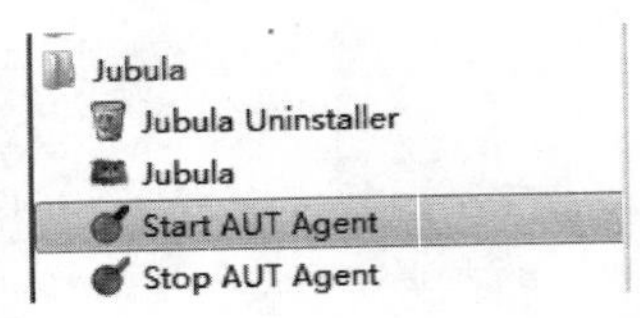

图 11.16 启动 Jubula 或启动 AUT Agent 的菜单

Jubula 启动后的界面如图 11.17 所示。

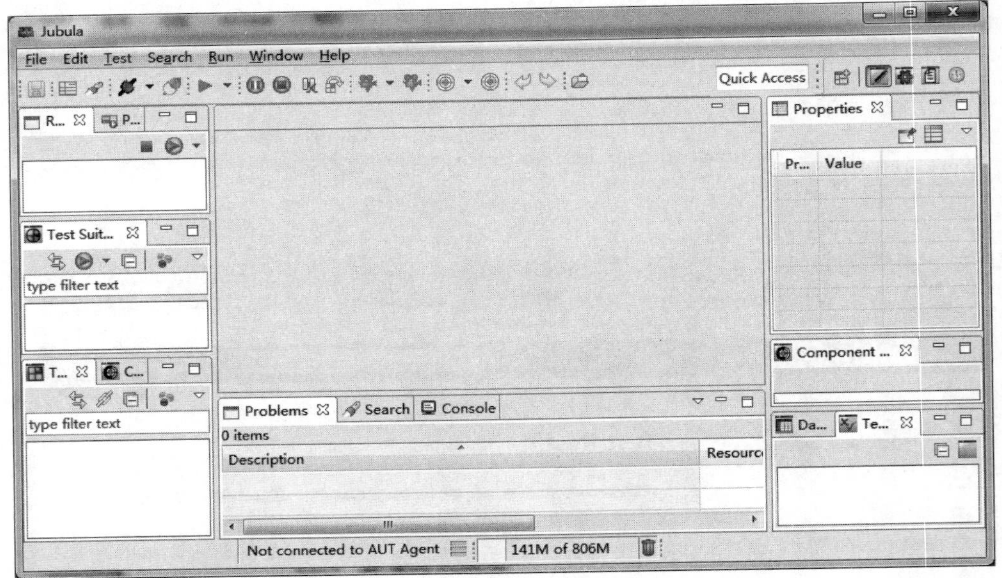

图 11.17 Jubula 启动后的界面

Jubula 有三个透视图 Function Test Specification、Function Test Execution 和 Function Test Reporting。可以单击 Window→Open Perspective→Function Test Specifition/Window→Open Perspective→Function Test Execution/Window→Open Perspective→Function Test Reporting 菜单项进行透视图的切换，也可以单击右上角的三个图标完成透视图的切换。

单击 Window→Preferences 菜单项可进行一些设置，如图 11.18 所示。

展开左边的 Test，选择 Database Connection，如图 11.19 所示。

单击 Add 按钮，增加数据库连接设置或修改数据库连接设置。Jubula 提供了四种数据库支持：H2、Oracle、MySQL 和 PostGreSQL。Jubula 内置了 H2 数据库，默认的 H2 设置如图 11.20 所示。

H2 数据库文件默认存放在 C:\Users\lenovo\.jubula\database(注：lenovo 是登录 Windows 的账号)，如果 H2 数据库出现问题，那么可以删除 H2 数据库文件，Jubula 可重建数据库文件。

单击 Test→Select Database 菜单项连接数据库。Jubula 中的测试项目信息都保存在数据库中，因此，必须首先连接数据库，才能新建测试项目。

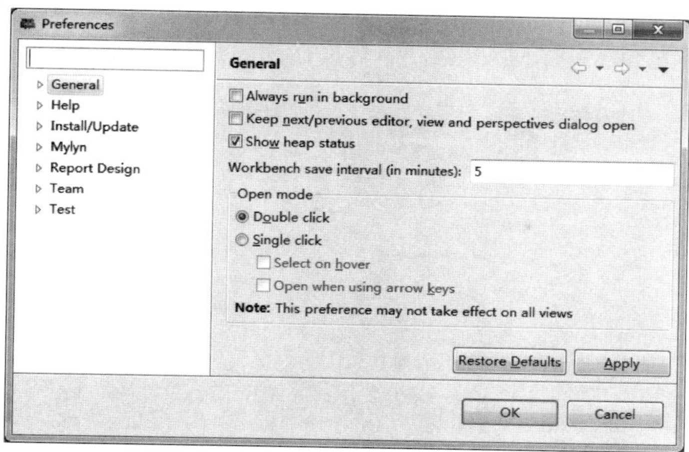

图 11.18　Preferences 设置

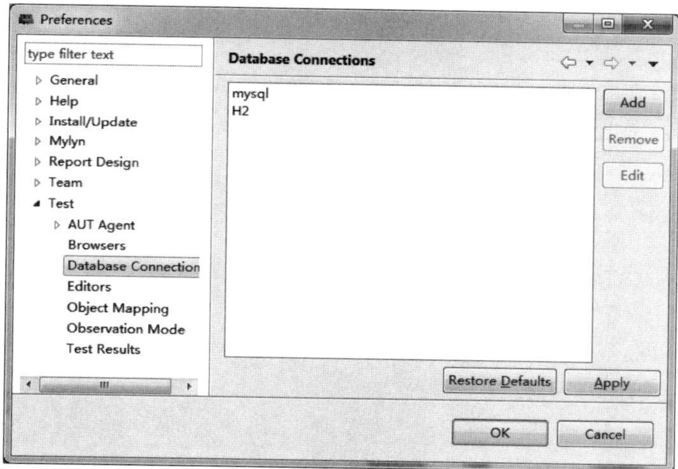

图 11.19　Database Connection 设置

图 11.20　默认的 H2 设置

单击工具栏中的 Connect to AUT Agent 按钮，连接到 AUT Agent。在 Jubula 底部的状态栏中将显示连接到 AUT Agent 的状态信息，如图 11.21 所示。

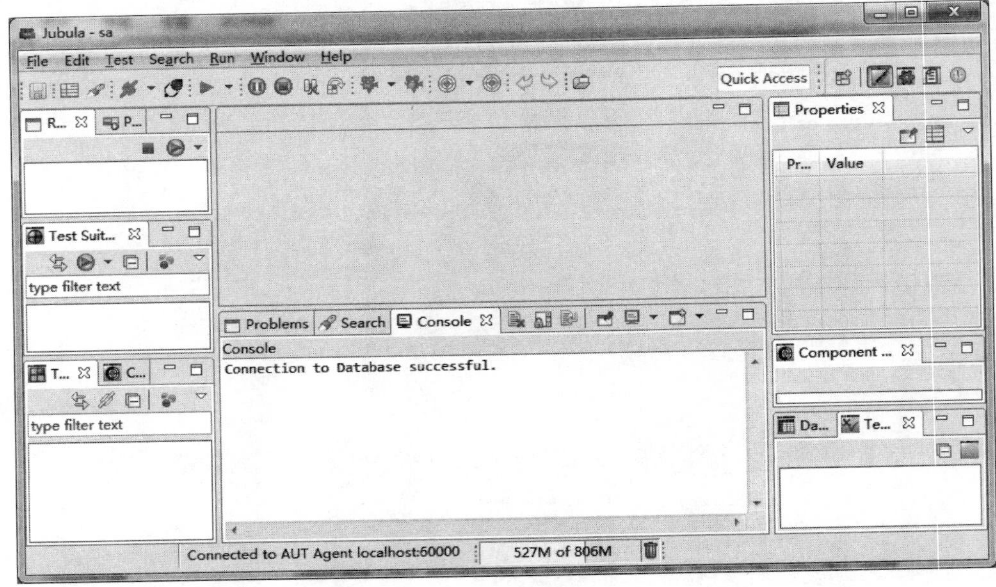

图 11.21 连接到 AUT Agent 的状态信息

11.4.2 Jubula 演练

Jubula 自带了两个 AUT：DVDTools 和 SimpleAdder。下面以 SimpleAdder 为例，演示 Jubula 用于测试的操作步骤。

Step 1，创建项目，单击 Test→New 菜单项打开新建项目向导，输入项目名称，例如 MyProject，选择项目工具箱为 concrete，AUT 工具箱为 swing，输入 AUT 执行文件的路径为 C:\Program Files\jubula_8.5.0.127\examples\AUTs\SimpleAdder\swing\SimpleAdder.cmd，如图 11.22 所示。

单击 Finish 按钮，结果如图 11.23 所示。

Step 2，设置 AUT(可选)。

在 Test Suite 浏览窗口中，右击 MyProject 项目，单击 Properties 菜单项，在项目属性对话框中，单击 AUT 属性，选择 MyProject，单击 Edit 按钮，可设置 AUT。

Step 3，创建测试用例，在 Test Case 浏览窗口中，右击 Test Cases：项，单击 New→New Test Case 菜单项，创建一个测试用例——My Test Case。

在左下角的测试用例浏览窗口中双击 My Test Case 测试用例，打开测试用例编辑器。

在左下角的测试用例浏览器中，展开内置的测试用例模板 unbound_modules_concrete，将 Action(basic)-Input via Keyboard-Component with Text Input 下的 ub_cti_replaceText 拖动到测试用例编辑器(重复一次这个操作)。

将 Action(basic)-Click 下的 ub_grc_clickLeft_single 拖动到测试用例编辑器。

New Project wizard

Project properties

Define a new Project.
You can adapt the project defaults via the Project Properties later on.

Project name: MyProject

Project toolkit: concrete

AUT toolkit: swing

AUT executable: C:\Program Files\jubula_8.5.0.127\examples\AUTs\SimpleAdder\swing\Sir Browse...

☑ Load project template

You can specify how to start your AUT now, or click "Finish" and configure your AUT later.
If your AUT requires extra parameters or start information, then you can configure these
things in the Project Properties.

Help Finish Cancel

图 11.22 创建项目

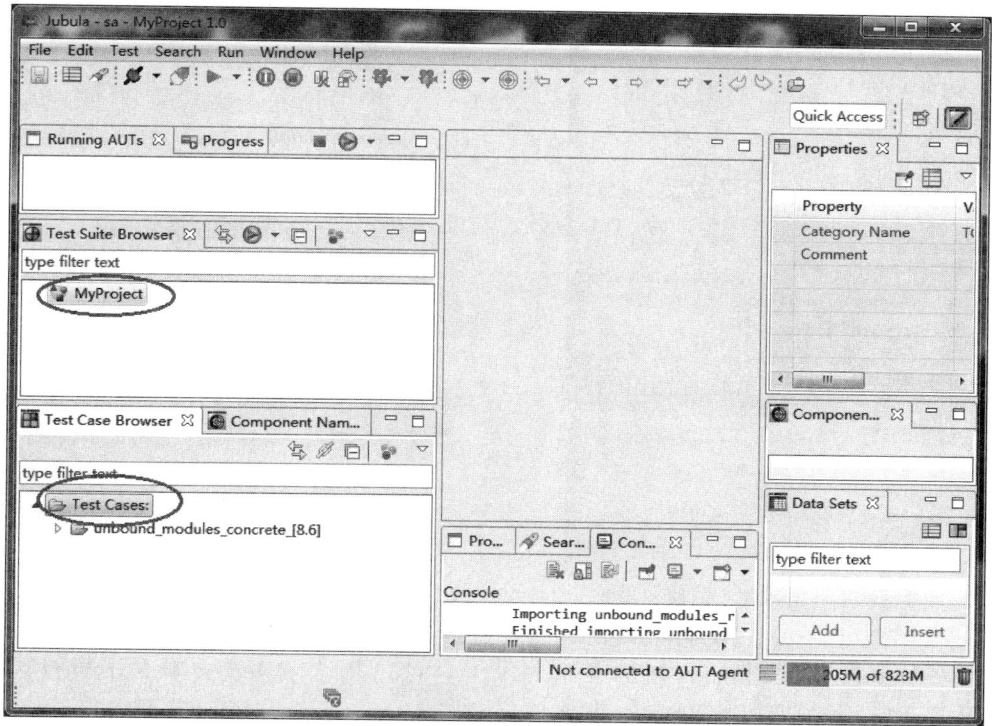

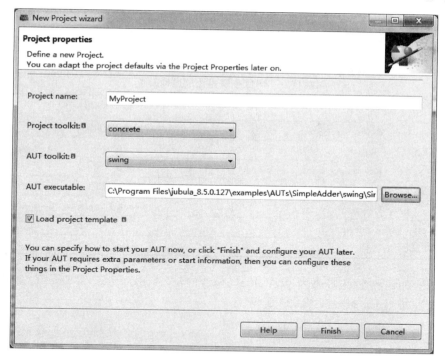

图 11.23 新建的 MyProject 项目

将 Action(basic)-Check-Component with Text 下的 ub_ctx_checkText 拖动到测试用例编辑器。

这样新建了四个测试步骤，修改其属性如表 11.1 所示。

表 11.1 测试步骤对应的属性及值

Property	Value
Test Case Reference Name	Enter Value1
TEXT[String]	=Value1
Test Case Reference Name	Enter Value2
TEXT[String]	=Value2
Test Case Reference Name	Click Equals Button
Test Case Reference Name	Check Result
TEXT[String]	=Result

它们相应的组件名称修改为 txtValue1、txtValue2、btnEqulas、txtResult。四个测试步骤的属性设置如图 11.24～图 11.27 所示。

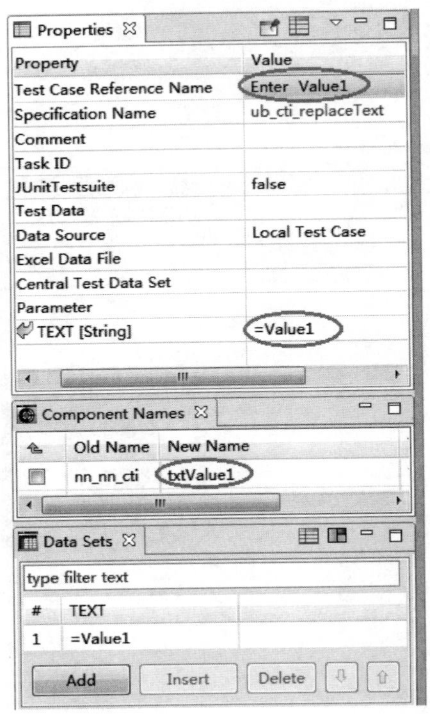

图 11.24 测试步骤 1 的属性设置

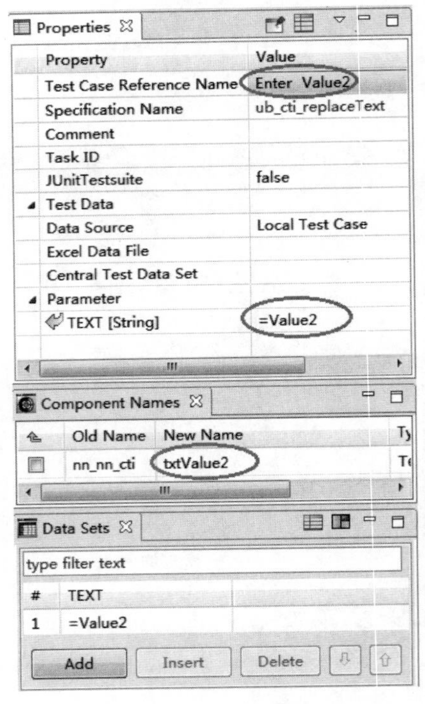

图 11.25 测试步骤 2 的属性设置

Step 4，准备测试数据，在测试用例编辑器中，选择 My Test Case。在右下角的数据视图中单击 Add 按钮，增加测试数据，如图 11.28 所示。

单击工具栏中的保存按钮，保存测试用例。

Step 5，创建测试用例集。

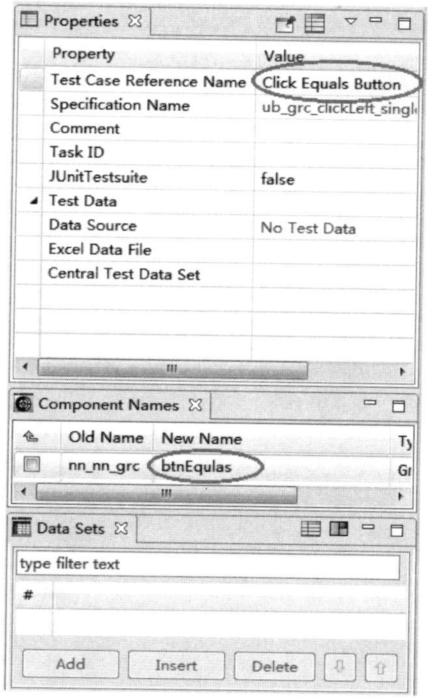

图 11.26 测试步骤 3 的属性设置

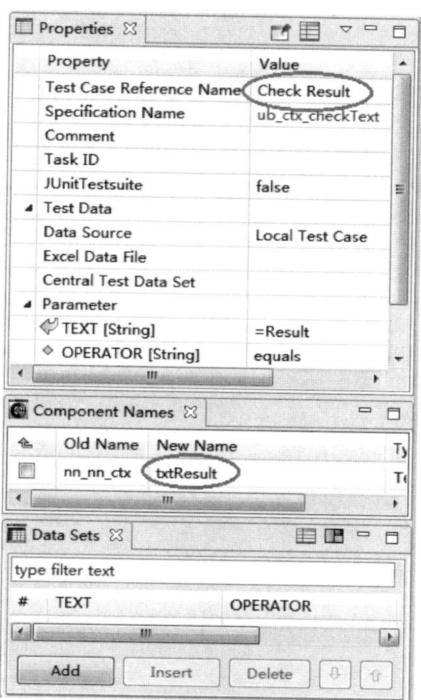

图 11.27 测试步骤 4 的属性设置

Data Sets | Test Result

type filter text

#	Value1	Value2	Result
1	-5	10	5
2	5	10	15
3	100	99	199

Add Insert Delete

图 11.28 增加测试数据

在左边的测试用例集浏览窗口中右击 MyProject 项目，单击 New→New Test Suite 菜单项，新建一个名称为 My Test Suite 的测试用例集。双击新建的测试用例集 My Test Suite，打开测试用例集编辑器。将测试用例浏览窗口中的测试用例 My Test Case 拖动到测试用例集编辑器中，如图 11.29 所示。

单击工具栏中的保存按钮，保存测试用例集。

Step 6，将 AUT 分配给测试套件(可选)。

在测试用例集编辑器中选择 My Test Suite，设置测试用例集 My Test Suite 的属性 AUT Name 为 MyProject，如图 11.30 所示。

Step 7，使用技术对象标识符映射逻辑测试对象。

在测试用例集浏览窗口中右击 My Test Suite 测试套件，单击 Open with→Object

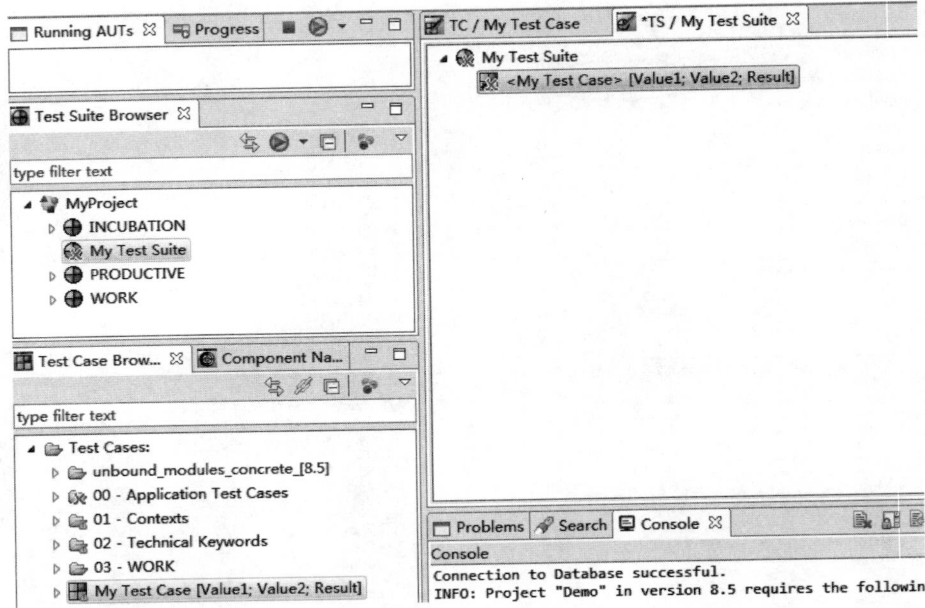

图 11.29　创建测试用例集

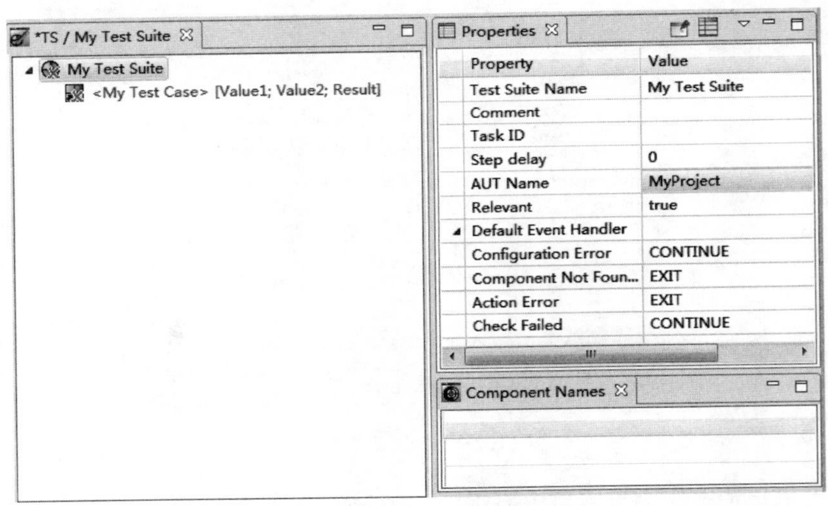

图 11.30　将 AUT 分配给测试套件

Mapping Editor 菜单项。

单击工具栏中的 Start AUT 按钮(或者按 Ctrl+R 键),打开对象映射编辑器。

单击工具栏中的 Start Object Mapping Mode 按钮,启动对象映射模式。

将光标移动到 AUT 界面的组件上,按 Ctrl+Shift+Q 键,将组件名称添加到对象映射编辑器的未分配技术名称列表框,如图 11.31 所示。

将未分配组件名称列表框中的测试组件名称拖动到未分配技术名称列表框相应的技术名称上完成待测组件与测试组件的配对,如图 11.32 所示。

Step 8,执行测试用例集。

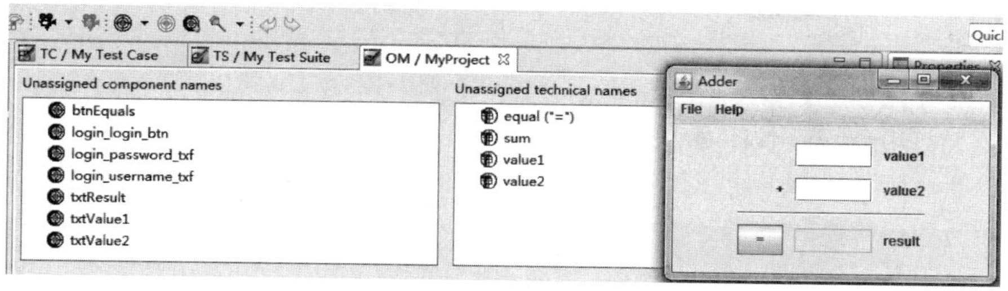

图 11.31 未分配技术名称列表框

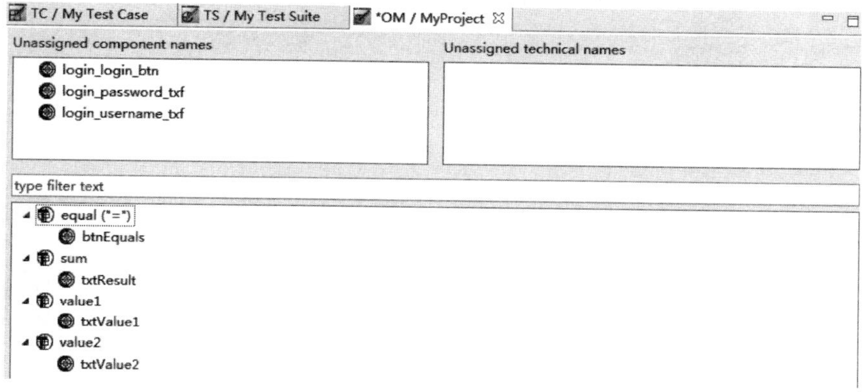

图 11.32 待测组件与测试组件的配对

删除测试用例集中不必要的模板和测试用例中不必要的模板，单击工具栏中的保存按钮。

单击 Window→Open Perspective→Function Test Execution 菜单项。

单击测试用例集工具栏中的 Start Test Execution 按钮，启动测试过程。可观察到 AUT 的运行情况，如图 11.33 所示。

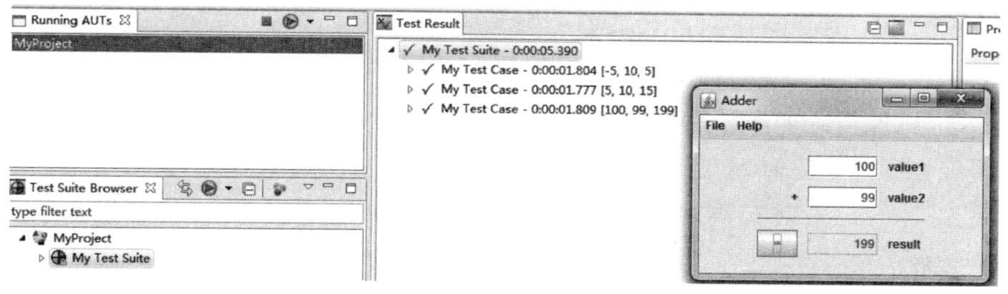

图 11.33 执行测试用例集

实训任务

任务 1：安装 Jasmine，分析、执行 Jasmine 附带的测试示例。

任务 2：安装和配置 Karma，对一个简单的 JavaScript 文件进行单元测试。

任务 3：参照 11.3.2 节的演示，在 Jenkins 中创建任务，自动执行 Karma。

附录A

本附录中简单介绍了软件开发和测试中常用的工具 Docker、Maven 和 Git。在本书的多处用到了这些工具，由于篇幅所限，我们只是介绍了这些工具的最基本的使用方法，目的是提供一个速查方式。

A.1 Docker 基础

什么是 Docker

Docker 是开发人员和运维人员用容器开发、部署和运行应用的平台。用 Linux 容器部署应用被称为容器化。容器化越来越流行是因为容器具有如下优点：

- 灵活——即使是最复杂的应用程序也可以被容器化。
- 轻量级——容器利用并共享主机内核。
- 可互换——可以即时部署更新和升级。
- 可移植——可以在本地构建，部署到云，并在任何地方运行。
- 可伸缩——可以增加和自动分发容器副本。
- 可堆叠——可以垂直和动态地堆叠服务。

通过运行镜像启动容器。镜像是一个可执行的包，它包含运行应用程序所需的所有内容——代码、运行时、库、环境变量和配置文件。

容器是镜像的运行时实例，它可以被启动、开始、停止、删除。每个容器都是相互隔离的、保证安全的平台。

可以把容器看作是一个简易版的 Linux 环境(包括 root 用户权限、进程空间、用户空间和网络空间等)和运行在其中的应用程序。

Docker 仓库是集中存放镜像文件的场所。有时候会把仓库和仓库注册服务器(Registry)混为一谈，并不严格区分。实际上，仓库注册服务器上往往存放着多个仓库，每个仓库中又包含了多个镜像，每个镜像有不同的标签(tag)。

仓库分为公开仓库(Public)和私有仓库(Private)两种形式。

最大的公开仓库是 Docker Hub(https://hub.docker.com/)，存放了数量庞大的镜像供用户下载。

当然，用户也可以在本地网络内创建一个私有仓库。

当用户创建了自己的镜像之后就可以使用 push 命令将它上传到公有或者私有仓库，这样下次在另外一台机器上使用这个镜像时候，只需要从仓库上 pull 下来就可以了。

镜像仓库、镜像和容器的关系如图 A.1 所示。

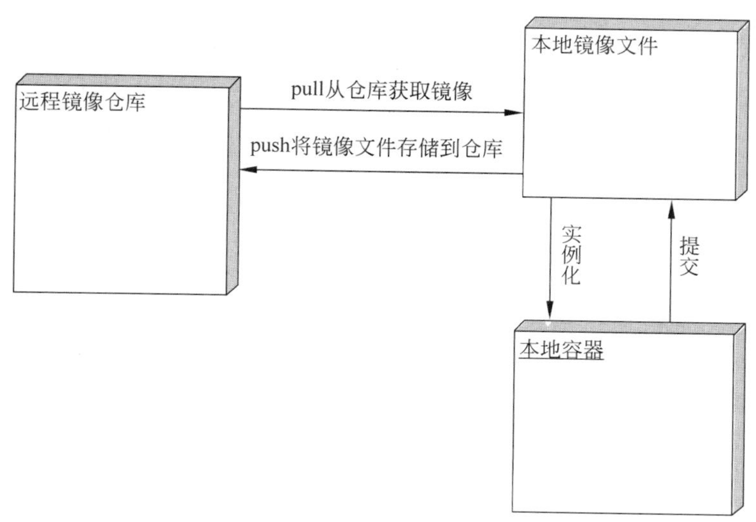

图 A.1 镜像仓库、镜像和容器的关系

Docker 很像虚拟机，但却不是虚拟机。在传统的虚拟机环境，首先需要有一台计算机，然后在计算机上安装操作系统，再安装虚拟机监视器，例如，VirtualBox(https://www.virtualbox.org)或 VMware(http://www.vmware.com)。最后，可以在虚拟机监视器上创建虚拟机镜像。虚拟机镜像是一个逻辑计算机，有自己的 BIOS 和模拟硬件，可以在虚拟机镜像中安装操作系统，这个操作系统可以与原计算机上的操作系统相同，也可以不同。因此，可以在一台计算机上实现多个操作系统环境。虚拟机架构如图 A.2 所示。

Docker 与虚拟机有些不同。Docker 是一个安装在主机上的程序，相当于虚拟机监视器。Docker 可以在容器中启动应用，容器是被隔离的，就像虚拟机。但是容器没有自己的操作系统，容器使用的是主机的操作系统。这一点与虚拟机不同，虚拟机可以有自己的操作系统。Docker 架构如图 A.3 所示。

图 A.2 虚拟机架构示意图

图 A.3 Docker 架构示意图

与虚拟机比较，Docker 有如下优点：

- 容器比虚拟机节省资源。
- 容器的启动比虚拟机更快。
- 不同的容器可以交互，可以使用多个容器组成一个更复杂的环境。例如，我们需要一个 LNMP(Linux、Nginx、MySQL 和 PHP)环境，可以在一个 Linux 虚拟机中安装 Nginx、PHP 和 MySQL。也可以使用两个 Docker 容器构建 LNMP 环境：一个容器安装了 Nginx 和 PHP，另一个 Docker 容器安装了 MySQL。Docker 实现方案更具有弹性。

Docker 的安装

Docker 是建立在 Linux 的基础上的，这意味着，Docker 容器使用的是主机的 Linux 操作系统。在 Linux 环境下安装 Docker 相对比较简单。下面以 Windows 7(64 位为例)。

按照 Docker 官网上的说明，若要安装 Docker for Windows，在 Windows 上运行 Docker，系统要求，Windows10x64 位，支持 Hyper-V。如果 Windows 版本过旧(Windows 7/8.1)，可以使用 Docker Toolbox 在 Windows 上运行 Docker。因此，在 Windows 环境运行 Docker，需要下载 Docker Toolbox 或 Docker for Windows。

Docker Toolbox 的官网下载地址是：

https://docs.docker.com/toolbox/overview/#ready-to-get-started

如果下载速度很慢，可以使用国内的下载地址 https://get.daocloud.io/#install-docker-for-mac-windows。访问这个地址，如图 A.4 所示。

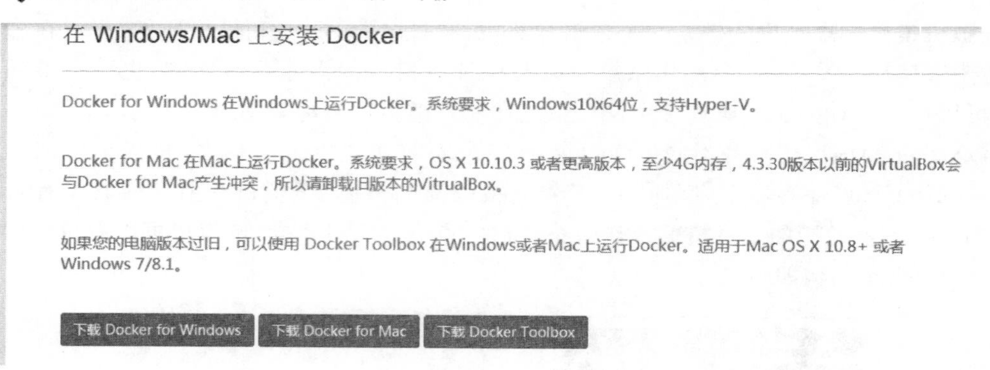

图 A.4 下载 Docker Toolbox

单击“下载 Docker Toolbox”按钮，将显示 Docker Toolbox 的各个版本，选择下载最新版本 DockerToolbox-18.01.0-ce.exe，如图 A.5 所示。

双击下载的 Docker Toolbox 安装文件 DockerToolbox-18.01.0-ce.exe，如图 A.6 所示。

在 Docker Toolbox 安装向导中，一步一步单击 Next 按钮。可以指定安装文件夹，如图 A.7 所示。

单击 Next 按钮，将看到 Docker Toolbox 包含的工具，可以根据需要选择安装，如图 A.8 所示。

Index of Docker Toolbox

DockerToolbox-18.01.0-ce.exe	2018-01-11T22:39:46Z	209.9MB
DockerToolbox-18.01.0-ce.pkg	2018-01-11T22:39:24Z	200.6MB
md5sum.txt	2018-01-11T22:40:07Z	102.0B
sha256sum.txt	2018-01-11T22:40:05Z	168.0B
DockerToolbox-17.12.0-ce.exe	2017-12-28T03:31:32Z	205.2MB
DockerToolbox-17.12.0-ce.pkg	2017-12-28T03:31:23Z	194.2MB

图 A.5　选择 Docker Toolbox 版本

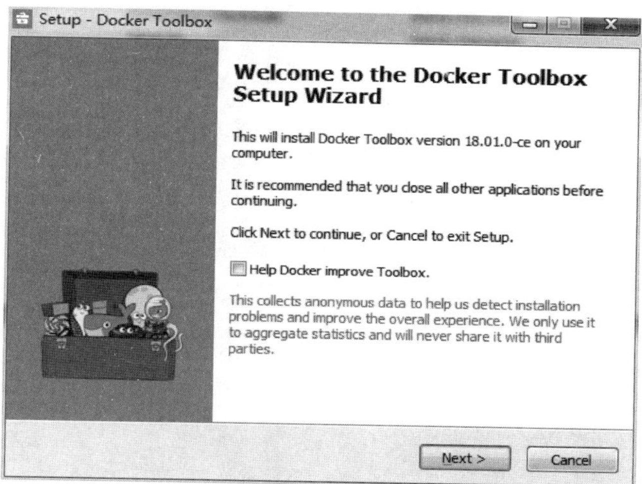

图 A.6　Docker Toolbox 安装向导 1

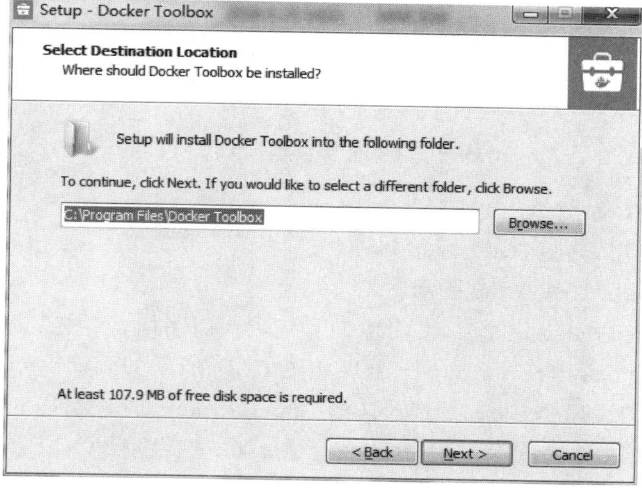

图 A.7　Docker Toolbox 安装向导 2

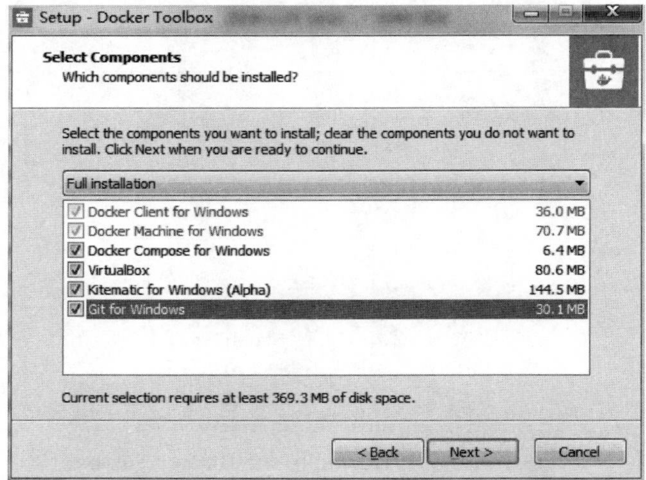

图 A.8 Docker Toolbox 安装向导 3

单击 Next 按钮，如图 A.9 所示。

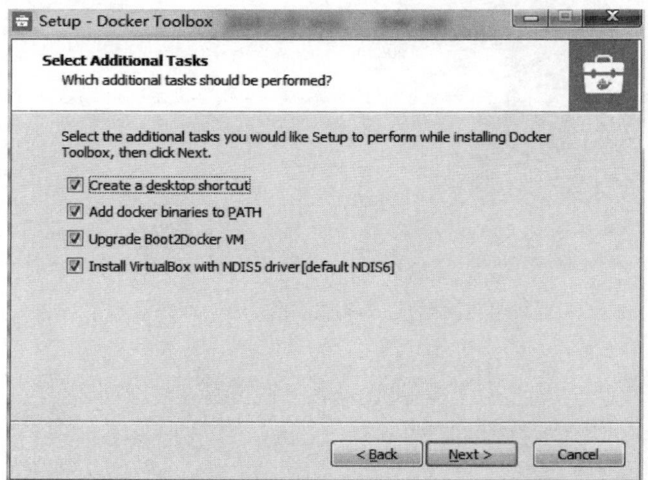

图 A.9 Docker Toolbox 安装向导 4

单击 Next 按钮，如图 A.10 所示。

单击 Install 按钮，如图 A.11 所示。

单击“安装”按钮，如图 A.12 所示。

单击 Finish 按钮，安装完成后，桌面增加了三个快捷图标，如图 A.13 所示。

双击 Docker Quickstart Terminal，出现如图 A.14 所示的画面。

图 A.14 中说的意思是，没有找到默认的 Boot2Docker ISO 文件，正在下载最新的发布包。但实际上，这个文件在安装路径中已经有了。将安装路径 C:\Program Files\Docker Toolbox 下的文件 boot2docker.iso 复制到 C:\Users\lenovo\.docker\cache（这里 lenovo 是登录 Windows7 的用户名称）。重新启动 Docker Quickstart Terminal。显示如下，说明 Docker 启动成功。至此，Windows7 上的 Docker 安装完成。

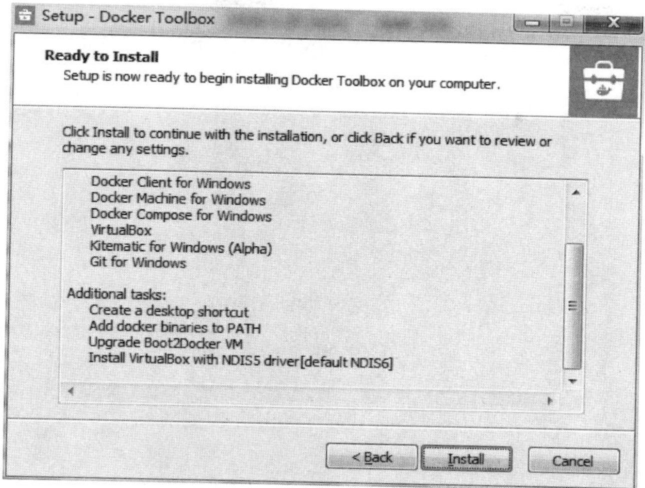

图 A.10　Docker Toolbox 安装向导 5

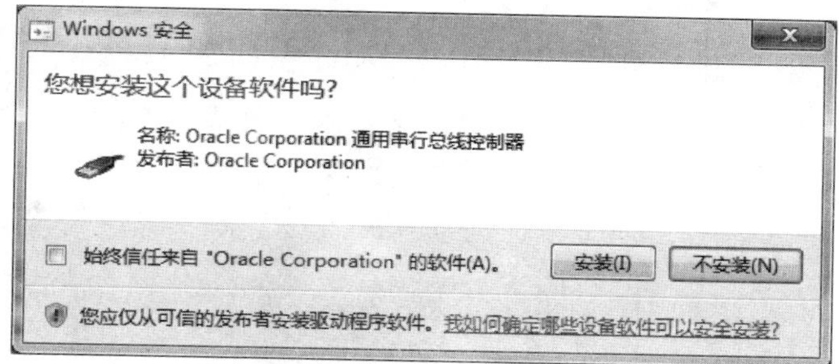

图 A.11　Docker Toolbox 安装向导 6

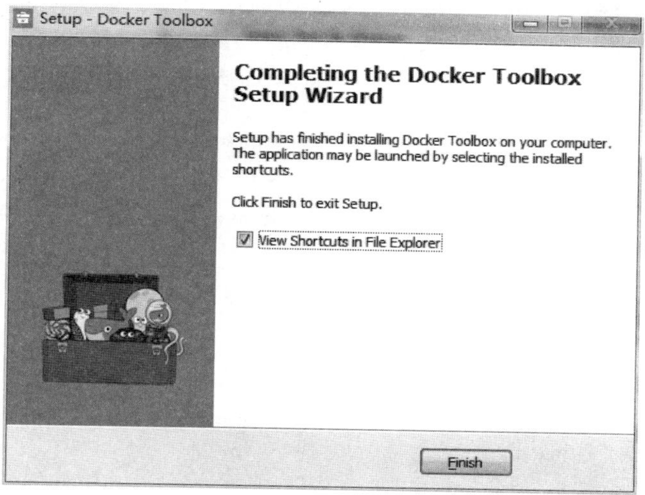

图 A.12　Docker Toolbox 安装向导 7

图 A.13　Docker Toolbox 快捷图标

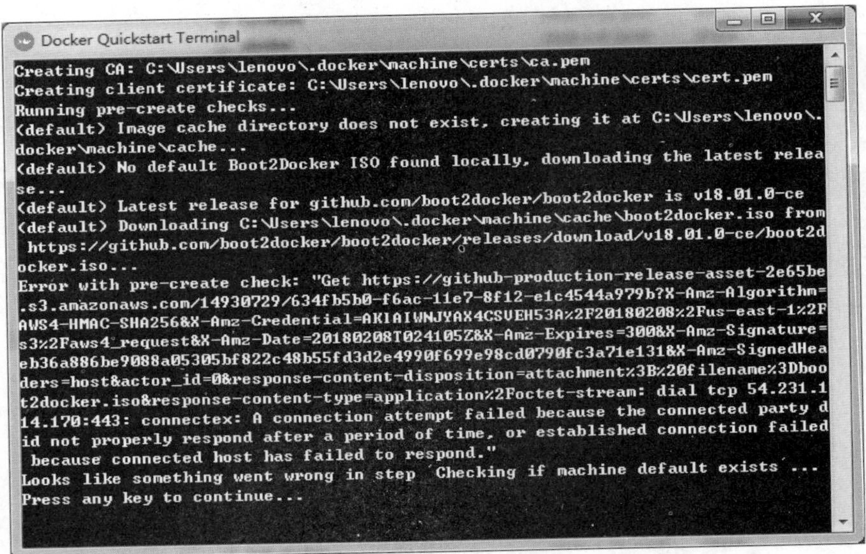

图 A.14　首次启动 Docker Quickstart Terminal

Docker Quickstart Terminal 启动成功后，如图 A.15 所示。

注意，首次运行 Docker Quickstart Terminal，将在默认的文件夹（C:\Users\lenovo\.docker）中创建一些文件（例如，虚拟磁盘文件 disk.vmdk）。当下载了一些镜像文件后，虚拟磁盘文件 disk.vmdk 会变得很大。如果需要，可以改变这些文件的位置。在首次运行 Docker Quickstart Terminal 之前，新建一个环境变量 MACHINE_STORAGE_PATH，就会改变这些文件的位置。

注意，由于版本升级，如果不是用最新版本安装，Boot2Docker.ISO 可能不是最新文件。可以在浏览器直接下载，例如，在 https://github.com/boot2docker/boot2docker/releases 下载 boot2docker.iso，如图 A.16 所示。

单击 boot2docker.iso 链接下载 boot2docker.iso。

如果 Windows 满足系统的要求（Windows10x64 位，支持 Hyper-V），可以单击“下载 Docker for Windows”按钮，下载文件 InstallDocker.msi。直接安装 Docker。

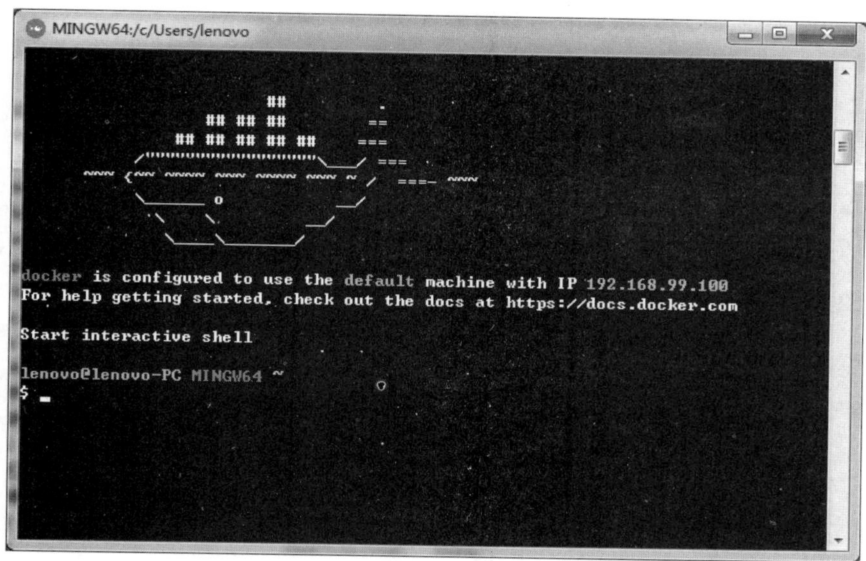

图 A.15 Docker Quickstart Terminal 启动成功

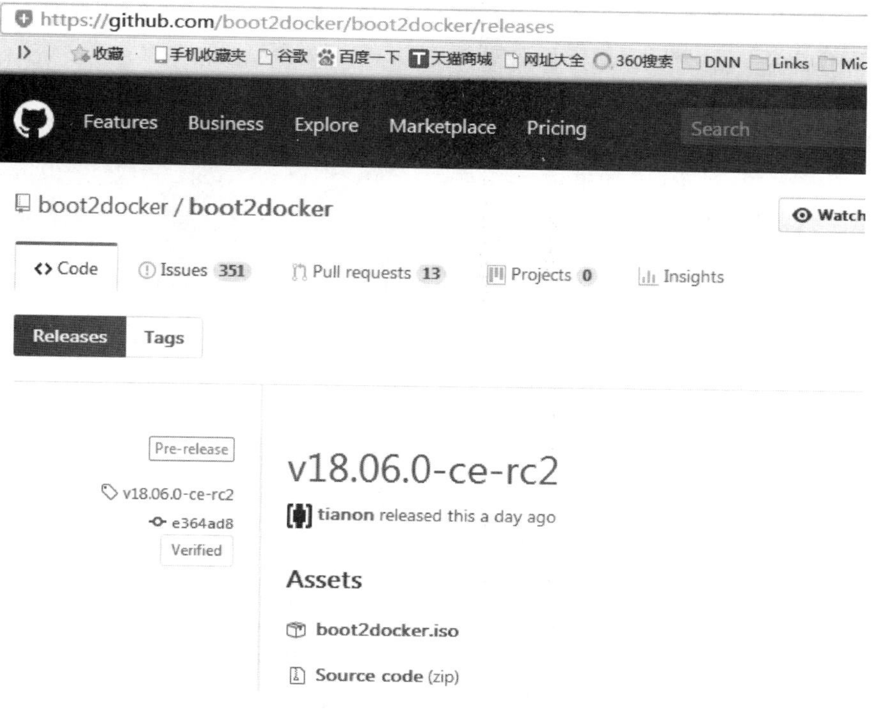

图 A.16 下载 boot2docker.iso

为了给 Docker Tools Box for Windows 设置代理，在 Docker Quickstart Terminal 中输入如下命令：

```
docker - machine ssh default
```

进入 Linux 命令行，输入如下命令编辑配置文件：

```
sudo vi /var/lib/boot2docker/profile
```

在 profile 文件中填入代理：

```
export "HTTP_PROXY = http://proxy.host:port"
export "HTTPS_PROXY = https://proxy.host:port"
export "NO_PROXY = 192.168.99.100"
```

保存后输入如下命令重启 Docker 服务：

```
sudo /etc/init.d/docker restart
```

输入命令 exit 退出 Linux 命令行，返回 Docker Quickstart Terminal 命令行。

Docker Toolbox 是一个针对旧的 Mac 和 Windows，创建 Docker 环境的辅助工具包。其中包括：

- Docker Machine——使我们可以使用 docker-machine 命令在虚拟机上安装 Docker 引擎，管理虚拟机。
- Docker Engine——通常，Docker 指的是 Docker Engine，它是一个由 Docker 守护进程、REST API(与守护进程交互的接口)、客户端(命令行接口 CLI，与守护进程通信)组成的 C/S 应用。使我们可以使用 Docker 命令。
- Docker Compose——用于定义和运行多个容器的 Docker 应用，可以使用 YAML 文件配置应用的服务，然后使用 docker-compose 命令启动所有服务。
- Kitematic——Docker 图形用户界面。
- 为 Docker 命令行预置的 shell。
- Oracle VirtualBox——一款开源的虚拟机软件。

Docker 常用命令

Docker Toolbox 有三个命令：docker、docker-machine 和 docker-compose。

docker：容器的运行时命令，使用 docker 命令，可以创建、发布、下载 Docker 镜像，管理 Docker 容器。

docker-machine：用于在虚拟机上安装 Docker 引擎，创建、管理 Docker 主机。使用 docker-machine 命令，可以启动、检查、停止和重新启动托管主机，升级 Docker 客户端和守护进程，并配置 Docker 客户端与主机进行对话。

docker-compose：用于定义和运行多容器 Docker 应用。利用 docker-compose 命令，可以用一个 YAML 文件(docker-compose.yml)设置应用的服务，然后，使用单个命令，创建和启动配置文件中设置的所有服务。

在命令后加参数--help 可以查看命令的用法。可以注意到每个命令又有子命令。

在使用 Docker 命令时，如果需要使用容器或镜像 id 时，无需全部 id，只需前几个字符，也可使用“容器镜像名：版本号”形式。

Docker 命令的常用子命令如表 A.1 所示。

表 A.1 docker 命令的常用子命令

序 号	命 令	作用和说明
1	docker images	查看本机的镜像,可通过该方法查看到镜像 id 等信息
2	docker pull [options] name [:tag]	获取镜像。其中,name 为镜像名 [:tag]为版本,默认为最新的(也就是会自己加上一个参数——latest)
3	docker rmi <镜像 id>	删除镜像(需要删除其下所有容器)
4	docker run -d image	运行镜像,构建出一个容器。-d 是可选项,表示后台运行。进行端口映射,例如,使用下面的可选项 -8080:80 将容器内的 80 端口映射到主机的 8080 端口 挂载目录:将宿主机的文件共享给容器,例如 docker run -d --name= test -v /opt/test:/usr/databases docker-test test 是容器的名字,需唯一 -v 表示创建一个数据卷并挂载到容器里, 示例表示把宿主机的/opt/test 目录挂载到容器的/usr/databases 目录下 docker-test 是镜像的名字 查看容器当前信息,可在该命令的 Mounts 信息中,找到挂载目录信息 docker inspect <容器 id>
5	docker ps	查看目前正在运行的容器
6	docker ps -a	查看所有容器
7	docker stop <容器 id>	停止容器
8	docker rm <容器 id<	删除容器
9	docker start <容器 id>	启动一个运行(run)过的容器
10	docker exec [options] container command [arg...]	在运行的容器中执行命令。例如: docker exec -it <容器 id> bash 可以进入一个容器。
11	docker build [OPTIONS] PATH |URL|-	依据文件 Dockerfile 制作镜像文件
12	docker commit [OPTIONS] CONTAINER [REPOSITORY [:TAG]]]	从容器创建一个新的镜像文件

制作镜像

下面以制作一个简单的镜像文件为例,介绍制作镜像的基本方法。假定有一个 Web 应用——myweb. war。我们想在 Docker 容器上运行这个 Web 应用。

在 Docker Tools 的安装目录中创建一个子目录,例如,workspace,将 myweb. war 复制到 workspace 中。在 workspace 中创建文件 Dockerfile,编辑输入如下内容:

```
# (继承自哪个镜像)注意,注释不能添加在和命令同行,会报错
FROM tomcat
```

```
#（维护人员信息）
MAINTAINER kehua 527358657@qq.com
#（同一目录下要打包成镜像的文件，复制到 tomcat 的运行目录下）
COPY myweb.war /usr/local/tomcat/webapps
```

然后在 workspace 目录下使用下面的命令制作镜像文件：

```
docker build . -t myweb:latest
```

使用命令 docker images 查看镜像文件 myweb 出现在镜像文件列表中。

使用如下的命令验证镜像文件工作正常。

```
docker run -d -p 8888:8080 myweb
```

Dockerfile 文件中还可以使用如下的命令：

RUN——执行容器中操作系统的命令(例如，对于 CentOS，可以执行 cp、mv 等等。)

EXPOSE——指定该容器暴露的端口，可以通过多个 EXPOSE 暴露多个端口。

ENV——设置环境变量。例如，ENV JAVA_HOME /var/java。

ADD——将本地文件复制到容器中。例如 ADD . /usr/local/app。"."表示当前目录中的所有文件。

CMD——容器启动时执行的命令，最多一条。

A.2 Maven 基础

Apache Ant(http://ant.apache.org/)是一个应用程序构建工具，主要用于 Java 应用的构建。Ant 内置的任务使我们可以编译、装配、测试和运行 Java 应用。Ant 也可以应用于非 Java 应用的构建，例如 C 或 C++应用。如果软件开发项目不仅需要构建工具，还需要依赖管理，可以使用 Apache 的 Ant 和 Ivy。

Maven 起源于 Jakarta Turbine 项目，Jakarta Turbine 项目使用的是 Ant 构建工具，Jakarta Turbine 项目有几个 Ant 子项目，每个项目都有自己的 build.xml 文件，为了简化这些项目的构建，Maven 就应运而生了。

Gradle(https://gradle.org/)是一个基于 Apache Ant 和 Apache Maven 概念的项目自动化构建工具。它使用一种基于 Groovy 的特定领域语言(DSL)来声明项目设置，抛弃了基于 XML 的各种烦琐配置。

Maven 简介

Apache Maven(http://maven.apache.org/)是一个基于项目对象模型(Project Object Model，POM)的软件项目构建和管理工具，它的主要目标是使开发者在最短的时间内完成开发任务。为了达到这个目标，Maven 试图解决下面的问题：

- 使构建过程更容易。这一点类似于 Ant。
- 提供一致的构建系统。只要熟悉了一个 Maven 项目的构建，就可以很容易地用于其他项目的构建。

- 提供项目管理信息。Maven 提供了很多项目管理信息，这些信息来源于 POM 和源代码。例如，项目描述、开发者列表、版本控制系统地址、版本发布管理、缺陷管理系统地址、依赖列表、包含测试覆盖的单元测试报告等。
- 提供软件开发最佳实践指导。例如，单元测试的规格说明、执行和报告都是 Maven 构建的任务。单元测试的最佳实践是测试代码与源代码隔离，并与源代码有相同的目录结构。
- 使用测试用例命名约定(即测试类的名称是在被测类名后加 Test)。

在 Windows 环境安装 Maven

检查 JDK 安装

下载 Maven，下载地址为 http://maven.apache.org/download.html，包含针对不同平台的各种版本的 Maven 下载文件。选择下载 apache-maven-3.5.2-bin.zip。

将 apache-maven-3.5.2-bin.zip 解压到磁盘，例如 C 盘。

设置环境变量 M2_HOME 指向 Maven 的安装目录，例如，C:\apache-maven-3.5.2。在环境变量 path 尾部加上“%M2_HOME%\bin;”。

验证 Maven 安装，打开 cmd 命令窗口，输入“mvn -v”，窗口显示如图 A.17 所示，表明 Maven 安装成功。

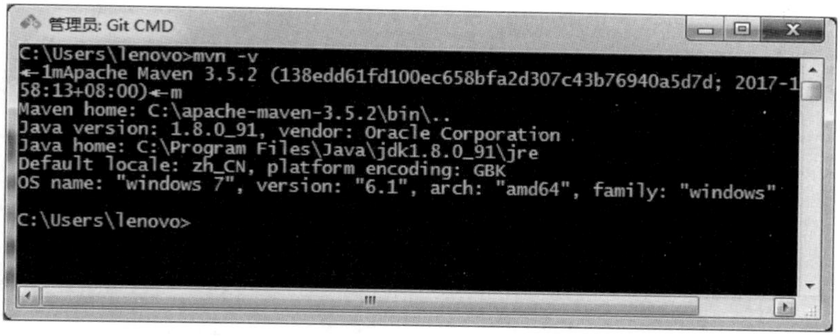

```
管理员: Git CMD
C:\Users\lenovo>mvn -v
←1mApache Maven 3.5.2 (138edd61fd100ec658bfa2d307c43b76940a5d7d; 2017-1
58:13+08:00)←m
Maven home: C:\apache-maven-3.5.2\bin\..
Java version: 1.8.0_91, vendor: Oracle Corporation
Java home: C:\Program Files\Java\jdk1.8.0_91\jre
Default locale: zh_CN, platform encoding: GBK
OS name: "windows 7", version: "6.1", arch: "amd64", family: "windows"

C:\Users\lenovo>
```

图 A.17 验证 Maven 安装成功

Maven 配置文件 settings.xml

有两个目录中有 settings.xml 文件：一个是 Maven 的安装目录的 conf 子目录，例如，C:\apache-maven-3.5.2\conf；另一个是 Windows 用户目录的.m2 子目录，例如，C:\Users\lenovo\.m2。这两个文件的作用范围不同，前者是全局范围的，整台计算机上的所有用户都会直接受到该配置的影响，而后者是用户范围的，只有当前用户才会受到该配置的影响。默认情况下，.m2 文件夹下放置了 Maven 本地仓库.m2/repository。所有的 Maven 构件(artifact)都被存储到该仓库中，以方便重用。可以在配置文件 settings.xml 中设置 Maven 本地仓库的位置，还可以在配置文件 settings.xml 中设置代理服务器。

Maven 的使用

Maven 项目的核心是 pom. xml，它定义了项目的基本信息，用于描述项目如何构建、声明项目依赖，等等。

Maven 的使用有两种方式：一种是在命令行输入命令；另一种是在 Eclipse 中使用。在 cmd 命令行，改变目录到 Maven 项目 pom. xml 文件所在的目录中，输入 Maven 的命令，例如：

```
mvn build
```

可以完成项目的构建。

在 Eclipse 中使用 Maven 需要安装 Maven 插件，启动 Eclipse 之后，在菜单栏中选择 Help，然后选择 Install New Software 菜单项，接着会看到一个 Install 对话框，单击 Work with：后的 Add 按钮，会得到一个新的 Add Repository 对话框，在 Name 文本框中输入 m2e，Location 文本框中输入 http://m2eclipse. sonatype. org/sites/m2e，然后单击 OK 按钮。Eclipse 会下载 m2eclipse 安装站点上的资源信息。等待资源载入完成之后，再将其全部展开，就能看到如图 A. 18 所示的界面。

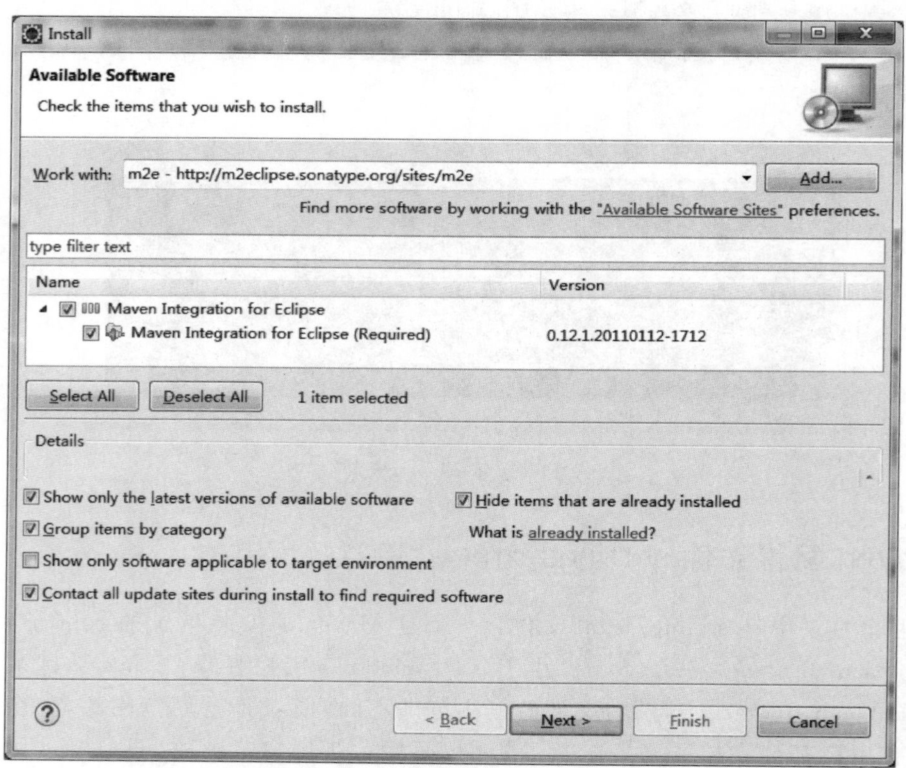

图 A. 18　Eclipse 安装 Maven 插件

按提示操作，直到安装完成。

单击 Eclipse 主菜单中的 Windows→Preferences 菜单项，在弹出的对话框中，展开左边的 Maven 选项，选择 Installation 子项，在右边的面板中，能够看到有一个默认的 Embedded

Maven 安装被选中了，单击 Add 按钮，然后选择 Maven 安装目录 M2_HOME，添加完毕之后选择一个外部的 Maven，如图 A.19 所示。

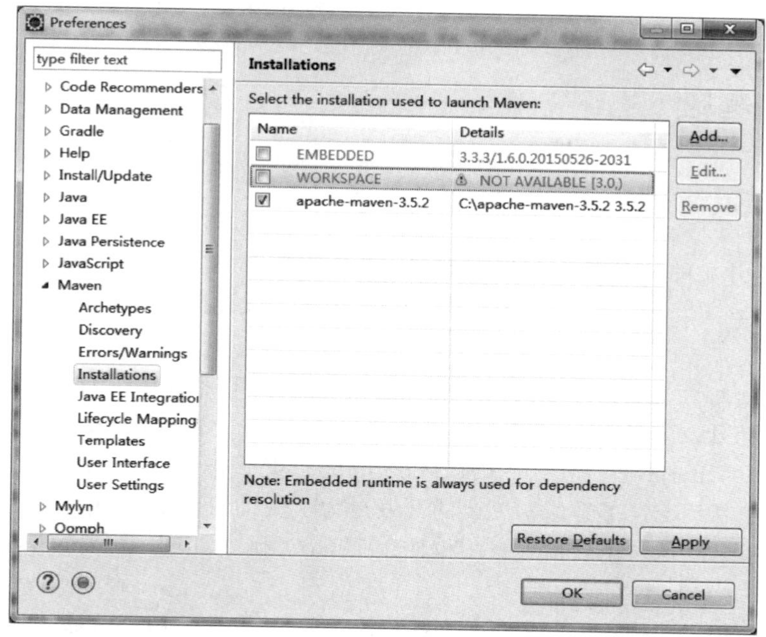

图 A.19　Eclipse 中设置 Maven 安装

选择左边 Maven 下的 User Settings 选项，单击 Global Settings 文本框右边的 Browse 按钮，选择 Maven 安装目录的子目录 conf 下的 settings.xml 文件，如图 A.20 所示。

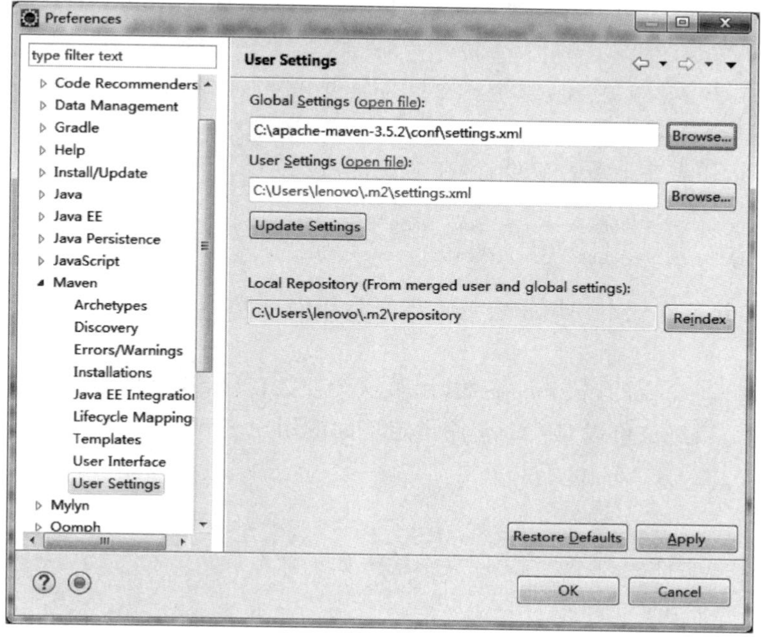

图 A.20　Eclipse 中设置 Maven 用户配置文件

在Eclipse环境中，可以导入Maven项目或者创建Maven项目。右击Maven项目的pom. xml文件，在弹出的快捷菜单中选择Run As-Maven Build菜单项，可以完成项目的构建。

A.3 Git基础

什么是Git

Git是一个开源的分布式版本控制系统，可以有效、高速地处理从很小到非常大的项目。Git是Linus Torvalds为了帮助管理Linux内核开发而开发的一个开放源码的版本控制软件。

Torvalds开始着手开发Git是为了作为一种过渡方案来替代BitKeeper，后者之前一直是Linux内核开发人员在全球使用的主要源代码工具。开放源码社区中的有些人觉得BitKeeper的许可证并不适合开放源码社区的工作，因此Torvalds决定着手研究许可证更为灵活的版本控制系统。尽管最初Git的开发是为了辅助Linux内核开发的过程，但是我们已经发现在很多其他自由软件项目中也使用了Git。例如，很多Freedesktop的项目迁移到了Git上。

Git与常用的版本控制工具CVS、Subversion等不同，它采用了分布式版本库的方式，不需要服务器端软件支持。

在Windows上安装Git

在Windows上使用Git，可以从Git官网(https://git-scm.com/)直接下载安装程序，然后按默认选项安装即可。

安装完成后，在“开始”菜单选择Git→Git Bash菜单项，弹出一个与命令行窗口类似的窗口，这就说明Git安装成功！

安装完成后，还需要最后一步设置，在命令行输入：

```
$ git config --global user.name "Your Name"
$ git config --global user.email "email@example.com"
```

因为Git是分布式版本控制系统，所以，每台机器都必须自报家门：你的名字和Email地址。

注意git config命令的--global参数，用了这个参数，表示这台机器上所有的Git仓库都会使用这个配置，当然也可以对某个仓库指定不同的用户名和Email地址。

Git的使用

首先创建一个文件夹，在这个文件夹中输入如下命令：

```
git init
```

初始化文件夹，使其被git管理。

把文件添加到版本仓库，输入如下命令：

```
git add readme.txt
git commit -m "commit readme.txt"
```

从 git 仓库中克隆到本地当前目录，例如：

```
git clone https://github.com/YOUR-GITHUB-ACCOUNT-NAME/simple-java-maven-app
```

这里 YOUR-GITHUB-ACCOUNT-NAME 是你的 Github 账号。

虽然 Git 不需要一个中心服务器就可以使用，但是进行团队开发时，还是有一个中心服务器会更便于管理。对于学习者来说，常用 Github(https://github.com/)作为远程仓库。

参考文献

[1] Spillner A，Linz T，Schaefer H. Software Testing Foundations. 4th ed. USA：Sheridan，2014.

[2] Koomen T，Pol M. Test Process Improvement：A Practical Step-by-Step Guide to Structured Testing. USA：Addison-Wesley. 1999.

[3] Pressman，Roger S. Software engineering：a practitioner's approach. 5th). USA：McGraw-Hill，2001.

[4] CSTQB. 软件测试专业术语中英文对照表. 2018. http://www.cstqb.cn/Filedown.aspx? fileid=1902.

[5] CSTQB. ISTQB 测试人员认证初级(基础级)大纲. 2018. http://www.cstqb.cn/Filedown.aspx? fileid=1899.

[6] Whittaker J A. 探索式软件测试[M]. 北京：清华大学出版社，2010.

[7] 宋光照，傅江如，刘世军. 手机软件测试最佳实践[M]. 北京：电子工业出版社，2009.

[8] 朱少民. 软件测试方法和技术[M]. 3 版. 北京：清华大学出版社，2014.

图书资源支持

感谢您一直以来对清华版图书的支持和爱护。为了配合本书的使用，本书提供配套的资源，有需求的读者请扫描下方的“书圈”微信公众号二维码，在图书专区下载，也可以拨打电话或发送电子邮件咨询。

如果您在使用本书的过程中遇到了什么问题，或者有相关图书出版计划，也请您发邮件告诉我们，以便我们更好地为您服务。

我们的联系方式：

地　　址：北京市海淀区双清路学研大厦 A 座 701

邮　　编：100084

电　　话：010－62770175－4608

资源下载：http://www.tup.com.cn

客服邮箱：tupjsj@vip.163.com

QQ：2301891038（请写明您的单位和姓名）

资源下载、样书申请

书圈

扫一扫，获取最新目录

用微信扫一扫右边的二维码，即可关注清华大学出版社公众号“书圈”。